PHYSIQUE
EXPÉRIMENTALE ET PRATIQUE

POUR LE

PREMIER ENSEIGNEMENT DE CETTE SCIENCE

(PROGRAMME DU BREVET ÉLÉMENTAIRE)

PAR

L'ABBÉ J. LORIDAN

LICENCIÉ ÈS SCIENCES
PROFESSEUR A L'INSTITUTION SAINT-JEAN, A DOUAI

Ouvrage orné de 200 gravures
et contenant 400 exercices de physique pratique.

PARIS

LIBRAIRIE POUSSIELGUE FRÈRES
CH. POUSSIELGUE, SUCCESSEUR
RUE CASSETTE, 15

1888

PHYSIQUE

EXPÉRIMENTALE ET PRATIQUE

OUVRAGES DU MÊME AUTEUR

Physique (Cours élémentaire de), contenant le programme du baccalauréat ès lettres et celui du brevet supérieur, avec 285 exercices. Ouvrage orné de plus de 400 gravures intercalées dans le texte, et d'une planche en couleur. In-12 broché. . . . . . 6 fr.

— Cartonné. . . . . 6 fr. 25

Chimie (Cours élémentaire de), avec de nombreuses figures dans le texte, contenant le programme du baccalauréat ès lettres. In-18 Jésus, cartonné. . . . . 3 fr.

Chimie expérimentale et pratique, à l'usage des maisons d'éducation, pour le premier enseignement de cette science (programme du brevet élémentaire), avec de nombreuses figures intercalées dans le texte. In-16. (*Sous presse.*)

ALLIANCE DES MAISONS D'ÉDUCATION CHRÉTIENNE

PHYSIQUE
EXPÉRIMENTALE ET PRATIQUE

POUR LE

PREMIER ENSEIGNEMENT DE CETTE SCIENCE

(PROGRAMME DU BREVET ÉLÉMENTAIRE)

PAR

L'ABBÉ J. LORIDAN

LICENCIÉ ÈS SCIENCES
PROFESSEUR A L'INSTITUTION SAINT-JEAN, A DOUAI

—

Ouvrage orné de 260 gravures
et contenant 400 exercices de physique pratique

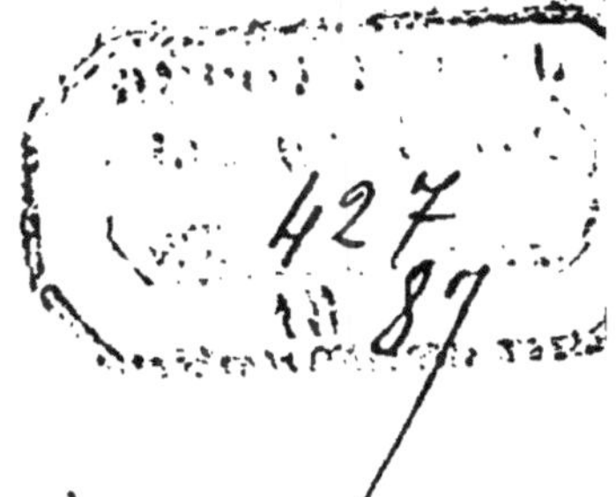

PARIS

LIBRAIRIE POUSSIELGUE FRÈRES
CH. POUSSIELGUE, SUCCESSEUR
RUE CASSETTE, 15
—
1888

PRÉFACE

Ceci n'est pas un livre savant. Conformément à son titre, cet ouvrage n'a d'autre prétention que d'expliquer et de reproduire par de simples expériences les phénomènes les plus connus ou les plus importants de la physique. Cette science se retrouve partout, non seulement dans tous les programmes actuels d'études, ce qui est assez nouveau, mais aussi dans nos observations quotidiennes, ce qui est par suite fort ancien. Chacun, en effet, a bien souvent l'occasion de faire de la physique ; il arrive même à plusieurs d'en faire sans le savoir. Bien plus, serait-il téméraire d'avancer que, même loin des laboratoires et des livres, au milieu des loisirs ou des travaux de la campagne plus que partout ailleurs, on se trouve comme à chaque instant en présence de quelqu'un de ces phénomènes que la physique a mission d'expliquer ? Un grammairien a pu dire autrefois qu'on n'entendait nulle part plus de figures de rhétorique que sur le marché ; il est tout aussi vrai de prétendre que l'homme des champs, comme disait Delille, fait plus que personne des observations physiques.

On connaît peut-être, ou plutôt on lira avec plaisir, croyons-nous, l'histoire du chameau et du derviche. Cet apologue anglais, qui trouve ici sa place, montrera mieux que tous les discours quelle singulière pénétration peut communiquer à l'esprit cette habitude de l'observation, que l'étude de la physique doit développer.

Il s'agit d'un chameau perdu. — Un derviche voyageait seul dans le désert, quand soudain il se trouva en présence de deux marchands. « Vous avez perdu un chameau? dit-il aux marchands. — Eh ! oui, reprirent-ils vivement. — N'était-il pas borgne de l'œil droit et boiteux de la jambe gauche? dit le derviche. — En vérité, disent les marchands. — N'avait-il pas perdu une dent de devant? ajouta le derviche. — Si fait, répliquèrent les voyageurs. — N'était-il pas chargé de miel d'un côté, et de blé de l'autre? — Très certainement, dirent-ils. Mais puisque vous venez de le voir et que vous l'avez si parfaitement observé, vous pouvez vraisemblablement nous conduire près de lui. — Mes amis, dit le derviche, je n'ai jamais vu votre chameau, et je n'en avais même jamais entendu parler avant de vous rencontrer. — La belle histoire, assurément ! s'écrièrent les marchands ; mais que sont devenues les pierres précieuses qui formaient une partie de sa cargaison? — Je n'ai jamais vu votre chameau pas plus que vos bijoux, » répéta le derviche. Sur ce, ils se saisirent de sa personne, et, sans plus tarder, le traînèrent devant le cadi. Là, après les plus minutieuses recherches, on ne trouva rien sur lui ; bien plus, on manquait de preuve évidente pour le convaincre de vol ou de mauvaise foi. On allait le traiter comme un sorcier, quand le derviche, avec le plus grand calme, s'adressa au tribunal en ces termes : « Après m'être fort amusé de votre surprise, je conviens cependant que vos soupçons n'étaient point sans quelque fondement. Vous saurez donc que j'ai vécu longtemps et dans la solitude ; or, même dans le désert, j'ai trouvé ample matière à mes observations.

« J'ai reconnu que j'avais rencontré le pas d'un chameau qui s'était éloigné de son maître, parce que je n'ai vu sur la même route aucune trace de pas d'homme. J'ai constaté que l'animal était privé d'un œil, parce qu'il n'avait coupé l'herbe que d'un seul côté de son chemin. Je me suis aperçu qu'il était boiteux d'une jambe à l'empreinte plus faible qu'un de ses sabots laissait sur le sable ; enfin je conclus que l'animal avait perdu une dent, parce que partout où il avait mangé il restait une petite touffe d'herbe au milieu de la bouchée. Pour ce qui est de son chargement, les fourmis que je voyais fort affairées m'avaient fait reconnaître qu'il y avait du blé d'un côté ; et des essaims d'abeille, qu'il y avait du miel de l'autre [1]. »

La conclusion de cette ingénieuse histoire est donc qu'il est bon d'apprendre à observer, lors même qu'on ne voudrait devenir ni magicien, ni sorcier, ni même physicien. Les faits ainsi constatés par une expérience directe et personnelle, vérifiés ensuite et expliqués dans ce petit livre, se grouperont peu à peu pour former dans l'esprit tout un corps de science. Ainsi de son propre aveu faisait Newton.

---

[1] *Penny Magazine.*

« Je ne sais, disait-il, ce que le monde pense de moi ; mais, quant à moi, je me fais l'effet d'un enfant jouant sur le bord de la mer et s'amusant à ramasser de temps en temps un caillou plus poli, une coquille moins commune que les autres, tandis que le grand océan de la vérité s'étend majestueux et insondable devant moi. » Cette physique pratique que nous offrons à la jeunesse est le fruit d'un semblable travail. Longtemps nous avons recueilli à travers les livres, les laboratoires et les revues, et en particulier dans l'intéressante « Revue de la Nature », les expériences les plus faciles à réaliser. Offertes au public par les savants qui les ont imaginées, elles appartenaient désormais à tous, comme les coquilles que le flot roule sur le rivage de la mer. On en trouvera dans ce livre une petite collection soigneusement classée, mais sans nom d'auteur.

Heureux serions-nous si ces simples notions de physique développaient dans nos jeunes lecteurs l'habitude de l'observation qui est propre à tous les âges. Plus heureux surtout si leurs regards, habitués à lire dans le grand livre que la nature ouvre devant eux, savent s'élever de la créature jusqu'au Créateur.

Douai, le 3 juillet 1887.

PHYSIQUE EXPÉRIMENTALE

ET PRATIQUE

~~~✕~~~

PRÉLIMINAIRES

<div align="right">Rien ne se perd dans la nature.
LAVOISIER.</div>

Trois états de la matière. — Structure des corps.

1. Divers états des corps. — Les corps peuvent
être solides, liquides ou gazeux. Qui ne sait que l'eau
se rencontre sous chacun de ces trois états ? Mettez
un morceau de glace dans un vase placé sur le feu :
vous observerez aussitôt que la glace fond, après
quelques instants le vase ne contient plus que de
l'eau ; attendez un moment encore, l'eau bouillira,
une vapeur s'en dégagera, et pour peu que se prolonge l'expérience, toute l'eau aura disparu, parce que
la chaleur l'aura réduite au même état gazeux que
l'air.

Que l'eau soit dure comme la glace, qu'elle coule
en ruisseaux, ou qu'elle soit invisible comme l'air,
c'est toujours le même corps, c'est toujours la même
eau, ne présentant de différence que dans l'état où
elle se trouve.

Les corps peuvent donc être solides, liquides ou

<div align="right">1</div>
~~~

gazeux; mais examinons de plus près en quoi diffèrent ces trois états.

2. ÉTAT SOLIDE. -- Un corps solide, tel qu'une pierre, un morceau de bois, ont une *forme* déterminée qu'il n'est pas toujours facile de changer ; il faut un certain effort pour briser la pierre, pour casser le bois, et quand ce travail de division est fait, qu'on a réduit la pierre ou le bois en morceaux, on a bien encore la même quantité, le même poids, le même volume de bois ou de pierre, mais chacun de ces deux corps a changé de *forme*. Un corps solide ne se laisse donc diviser qu'avec plus ou moins de difficulté ; de lui-même il conserve le *même volume et la même forme*.

3. ÉTAT LIQUIDE. — Tout autres sont les liquides tels que l'eau, l'huile, le vin. Qu'on vide la bouteille qui en est remplie dans des verres de différente forme, et aussitôt ces liquides semblent se mouler dans le verre, ils en prennent parfaitement la forme. Ainsi, tandis qu'il faut briser la glace pour en remplir un verre, il suffit de verser, de faire couler de l'eau pour que ce liquide change aussitôt de forme. Par suite les liquides, sous le même poids et le même volume, peuvent prendre une forme variable.

4. ÉTAT GAZEUX. *Existence de l'air*. — Nous vivons plongés dans l'air, comme les poissons vivent plongés dans l'eau ; mais, tandis que nous voyons aisément l'eau des étangs ou des fleuves, nous ne distinguons pas aussi facilement l'air qui nous entoure ; aussi nous semble-t-il plus difficile d'admettre son existence.

Fig. 1. — Existence de l'air.

Essayons toutefois de montrer qu'un verre qui paraît vide est, en réalité, rempli d'air. Renversons à la surface de l'eau un verre à boire que nous tenons à la main, enfonçons-le bien droit : l'eau s'abaisse dans le verre à mesure qu'il descend, et son niveau y reste plus bas que dans la cuvette où nous faisons l'expérience. Il y a donc dans le verre un corps qui empêche l'eau d'y monter; ce corps est de l'air, c'est un gaz (fig. 1).

Changement de volume. — Gonflons une vessie en y soufflant de l'air des poumons, puis lions-la soigneusement : elle est actuellement pleine d'air. Nous pouvons la serrer entre les mains et la comprimer; nous changeons bien sa forme et celle du volume d'air qu'elle contient, mais nous ne pouvons, sans la faire éclater, chercher à réduire à rien ce gaz qui oppose à la pression des mains une si faible résistance. Les gaz *changent* donc, eux aussi, de *volume* plus facilement encore que les liquides.

Augmentation de volume. — Mais il y a mieux : les gaz cherchent toujours à *augmenter de volume.*

I. Versez sur la table quelques gouttes de pétrole, de benzine ou d'éther, et aussitôt vous sentirez, même à distance, l'odeur que dégagent ces liquides. Après quelques minutes, il ne restera plus trace de benzine ou d'éther, tout sera évaporé, et la salle sera remplie de cette odeur : la benzine, l'éther seront devenus une sorte de gaz qui se répand partout. Un gaz augmente donc aisément de volume.

II. *Ballon gonflé par aspiration.* — Prenez un petit flacon, que vous fermerez avec un bouchon percé de deux trous. Engagez un tube de verre ou de métal dans chacun de ces trous, puis adaptez à l'extrémité intérieure de l'un de ces tubes un petit ballon en caoutchouc, et fermez alors la bouteille avec son bouchon. Le petit ballon renfermé dans la bouteille sera loin d'être gonflé, mais vous le verrez s'enfler aussitôt que vous aspirerez avec la bouche l'air de la bouteille (fig. 2).

Fig. 2. — Expansibilité de l'air.

Ainsi le peu d'air que vous avez laissé dans le ballon se détend quand il est moins comprimé; il n'était si petit que parce qu'il était fortement pressé; dès qu'on diminue la pression, il augmente de volume. A défaut de ballon, l'expérience se fait encore en plongeant dans l'eau de savon le tube droit. En aspirant par le tube coudé, une bulle de savon se forme au bout du tube droit.

III. *Vessie dans le vide.* — Une vessie fermée et placée sous le récipient de la machine pneumatique se gonfle complètement dès qu'on y fait le vide (fig. 3). Pour conclure, nous voyons que les gaz changent et augmentent facilement de volume.

Fig. 3. — Expansibilité des gaz.

5. DIVISION DES CORPS. — Il n'est pas toujours également facile de partager, de diviser un corps; l'effort qu'il faut faire pour cela dépend évidemment de l'état où on le prend.

Tandis que la glace se broie, se pile au marteau, l'eau se divise avec la main, et l'aile d'un moucheron suffit pour fendre l'air.

Pour obtenir une division moins grossière, raclons avec un couteau un morceau de craie : nous en détachons une fine poussière qui est encore de la craie, mais en poudre impalpable; de même l'eau qui tombe en cascades ou qui jaillit en jet puissant se laisse diviser par l'air en poussière, en nuages formés de gouttelettes imperceptibles.

La division sera plus complète encore en faisant une *dissolution*. Un grain de sel mis dans l'eau chaude, un morceau de sucre agité dans le café ou dans l'eau fraîche communiquent leur saveur au liquide; on sent le sel, on sent le sucre dans chaque goutte de liquide qui les a dissous. Le sel, le sucre, maintenant rendus invisibles, n'ont pas disparu, mais ils sont réduits à leur dernier état de division; coulant comme de l'eau, ils en partagent les propriétés [1].

Les liquides subissent parfois aussi la même division, pourvu qu'ils puissent se mélanger : une goutte d'encre violette grosse comme une tête d'épingle suffit pour colorer une bouteille pleine d'eau; quelques gouttes de vin font aisément de l'eau rougie; dans chacune de ces expériences, les liquides qu'on a mélangés se pénètrent, se divisent mutuellement, et on réalise ainsi, sans aucun effort, leur division la plus complète.

6. MOLÉCULES DES CORPS. — Après ce qui précède, il devient facile d'entendre ce que signifie ce mot nouveau de *molécules*.

Les corps peuvent être divisés : un morceau de grès s'émiette sous le marteau en grains de sable; la craie raclée avec un canif donne une poussière plus

---

[1] Comment Dieu, disait Paul, peut-il être partout
  Puisqu'on ne le voit pas du tout?
— Moi, je sais bien comment, dit Petit-Jean : c'est comme
Un verre d'eau sucrée où le sucre est fondu.
Ce n'était pas très mal pour un petit bonhomme;
Plus d'un sage peut-être eût moins bien répondu.
(L. RATISBONNE, Théologie enfantine.)

fine; la suie ou la fumée qu'une bougie dépose sur une carte, sur une soucoupe, forment une poudre plus impalpable encore; mais plus profonde encore est la division du sucre qu'on a mis dissoudre, puisqu'on ne voit même plus de grains. Tous ces faits nous prouvent que les corps peuvent être réduits en grains aussi petits qu'on le désire. Ces derniers éléments d'un corps sont ses *molécules*. Les molécules sont donc la poussière rendue invisible des corps.

I. Si maintenant nous revenons sur nos premières observations, nous constaterons que les molécules sont intimement soudées entre elles, dans les corps *solides*, par une force qu'on appelle la *cohésion*. Aussi faut-il faire effort pour les partager, et surtout pour les broyer.

II. Les molécules sont, au contraire, mobiles dans les liquides; elles roulent l'une sur l'autre, comme des billes qu'on chercherait à empiler; mieux encore, elles coulent plus facilement que du sable sec mis en tas.

Mais il y aurait moyen de fixer ces molécules, de les empêcher de rouler : il suffirait de les rendre solides. C'est ainsi que l'hiver l'eau se fige, se congèle dans une bouteille; de même on obtiendrait instantanément une masse solide en versant un peu d'acide chlorhydrique dans la liqueur de cailloux qu'on aurait versée dans un verre.

III. Enfin les molécules des gaz se *repoussent* mutuellement; aussi ces corps cherchent-ils à se répandre, et font-ils pression sur les parois de la vessie ou du ballon de caoutchouc qui en est rempli.

Conclusion. — Les divers états d'un corps dépendent de l'état de ses molécules. La chaleur et la dissolution sont des moyens de séparer ces molécules; mais, si profonde que soit la division de ces molécules, si petit que soit leur volume, leur poids reste invariable, et la moindre parcelle d'un corps ne saurait se perdre [1].

QUESTIONS

1. D'où viennent ces grains blancs qu'on trouve à l'endroit où était tombée une goutte d'eau salée? (5)

2. Quelle différence présentent les solides, les liquides et les gaz au triple point de vue de la forme, du volume et des molécules ?

3. Par quels moyens peut-on diviser un corps solide?

4. Un centimètre cube d'encre est versé dans un litre d'eau : quelle quantité d'encre contient le centimètre cube d'eau colorée? (5)

5. Qu'est devenue l'eau d'un vase qu'on retrouve vide?

POROSITÉ ET COMPRESSIBILITÉ DES CORPS

> Nous sommes entre deux infinis : l'infiniment grand des espaces célestes et l'infiniment petit des distances atomiques.　(P. Secchi.)

7. Structure des corps. — Les corps sont, comme nous l'avons vu, formés de molécules comme une maison est faite avec des briques ou des pierres superposées et reliées entre elles. Mais cette poussière des corps est-elle si bien cimentée par la force de cohésion, qu'il n'y ait point de vide entre les grains? Ou bien les corps sont-ils comme un boulet de neige formé de flocons rapprochés, mais toujours assez séparés pour s'imbiber d'eau et pour se comprimer davan-

---

[1] Si du sel ou du sable un grain ne peut périr,
L'être qui pense en moi craindra-t-il de mourir?

Le corps, né de la poudre, à la poudre est rendu,
L'esprit retourne au ciel, dont il est descendu.
(L. Racine.)

tage? Les expériences et les faits que nous allons signaler vont nous prouver que tous les corps sont à la fois *poreux* et *compressibles,* comme une boule de neige, bien qu'à des degrés différents.

8. PoROSITÉ. — Les *pores* sont les ouvertures dont les corps sont traversés. Il y a dans la peau des pores par lesquels se dégage la sueur; il y a aussi des pores dans un morceau de liège, qu'il est si facile de comprimer entre les doigts. Mais il faut ici entendre par pores des vides, des ouvertures de dimensions beaucoup plus petites.

On conçoit aisément l'existence de vides entre les grains d'un tas de sable; aussi le sable boit-il avec avidité l'eau dont on l'a arrosé. On voit de même des corps solides, en apparence fort compacts, absorber des liquides.

9. I. PoROSITÉ DES SOLIDES. — Un morceau de craie s'imbibe d'*eau* presque aussi aisément qu'un morceau de sucre posé simplement à la surface de l'eau. Une pipe dont la terre est encore neuve s'attache à la langue parce qu'elle en absorbe la salive. On fabrique même des vases en terre poreuse (alcarazas), qui laissent perler et suinter à leur surface l'eau dont ils sont remplis.

Le marbre est moins poreux que la craie, et cependant une tache d'*huile* pénètre dans une plaque de marbre comme dans le bois.

Une goutte de *mercure* étendue avec le pouce à la surface de métaux tels que le zinc, le cuivre, l'argent, pénètre à l'intérieur, et bientôt on constate que ces gouttelettes de vif-argent ont pénétré dans le métal et l'ont rendu cassant. — Chacun de ces liquides pénètre donc dans les pores de ces divers corps solides.

10. II. PoROSITÉ DES LIQUIDES. — Les *liquides* peuvent également se pénétrer mutuellement : de l'alcool, qu'on peut colorer avec de l'encre violette pour obser-

ver mieux les circonstances de l'expérience, versé avec soin à la surface de l'eau, reste au-dessus de ce liquide. Supposons qu'un petit flacon ait été rempli à volumes égaux de ces deux liquides, et qu'on le ferme avec un bouchon traversé par un long tube droit, puis qu'on mêle les deux liquides en les agitant; aussitôt l'eau se colore, et on remarque que le liquide diminue de volume et descend dans le tube de *b* en *a*. Un litre d'eau et un litre d'alcool font donc moins de deux litres de mélange. Il faut conclure de ce fait que l'alcool et l'eau, en se mélangeant, remplissent mieux tous leurs vides ou tous leurs pores (fig. 4).

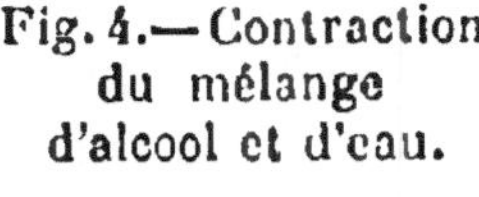

Fig. 4.—Contraction du mélange d'alcool et d'eau.

11. III. Gaz. — Les *gaz* traversent facilement les solides; en outre ils se répandent, pour s'y dissoudre, dans certains liquides tels que l'eau, nouvelle preuve de la porosité des liquides.

L'eau paraît très limpide et sans bulles gazeuses dans un flacon d'eau de seltz; mais aussitôt qu'on l'ouvre le gaz se dégage de toutes parts, il sort du liquide où il avait pénétré.

De même les gaz traversent le papier, le bois, les métaux eux-mêmes. Versez quelques gouttes d'acide sulfurique ou chlorhydrique sur des morceaux de zinc placés dans un verre à boire à moitié rempli d'eau, puis fermez le verre avec un morceau de papier : un gaz se dégagera de l'eau, ce sera de l'hydrogène, et vous pourrez l'enflammer au-dessus du papier avec une allumette.

Autre expérience. — Versez une goutte d'ammoniaque dans un verre dont vous fermerez ensuite l'ouverture avec une feuille de papier, puis renversez sur ce premier verre un second verre dont les parois ont été mouillées avec de l'acide chlorhydrique : une fumée blanche assez épaisse se formera dans les deux verres; elle sera due au mélange des deux gaz, qui se fait à travers le papier (fig. 5).

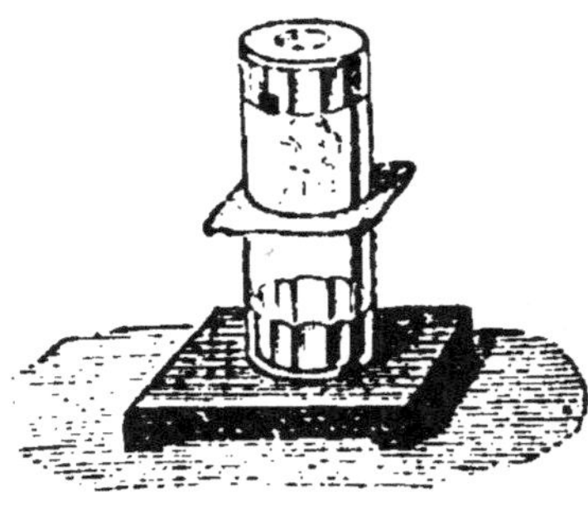

Fig. 5. — Porosité du papier.

12. **APPLICATIONS.** — Nos petites expériences de porosité nous rendent compte des phénomènes suivants qu'il nous suffira d'énoncer.

1. Une feuille de papier se resserre peu à peu et se tend fortement quand on a collé ses bords sur une planche ou sur un cadre après avoir mouillé sa surface.

2. Les cordes mouillées grossissent et se raccourcissent.

3. Certaines pierres sont assez poreuses pour laisser suinter l'eau; aussi en fait-on des *filtres*.

4. Nos vêtements et nos chaussures laissent se dégager dans l'air, à travers leur tissu, la sueur de la transpiration.

5. Au contraire, les vêtements et les chaussures en caoutchouc garantissent bien le corps de l'eau extérieure, mais conservent à la surface du corps la sueur qui ne cesse de s'y produire.

6. Le verre est une des substances les moins poreuses. Il ne faudrait donc pas croire que dans les lampes à pétrole ce liquide suinte à travers le verre du réservoir; il ne peut s'échapper que par la mèche, ou sortir entre le réservoir et la monture métallique du bec de la lampe.

7. Les œufs perdent de leur poids et s'altèrent quand on les laisse à l'air libre; ils se conservent fort bien si on les place dans la cendre, et mieux encore

si on recouvre d'un vernis ou de gomme arabique leur coquille, fort poreuse.

13. COMPRESSIBILITÉ. — Dans l'état ordinaire, les molécules des corps laissent des vides qui peuvent être comblés ou occupés par des gaz et des liquides. Ces pores peuvent également disparaître sous une pression suffisante.

1. Il n'y a point de difficulté à comprimer un *gaz*. La balle de liège d'un pistolet d'enfant ne s'échappe avec force qu'après qu'on a réduit sensiblement le volume d'air comprimé.

2. Mais les *liquides* tels que l'eau ne sont pas suffisamment compressibles pour le montrer par une expérience facile à réaliser.

3. Les corps *solides* s'aplatissent quand on les comprime assez : une lame de plomb, une feuille d'or, diminue d'épaisseur sous le marteau, et l'acier passé au laminoir, qui le rend plus compact, gagne en poids et en solidité.

Les pièces de monnaie ne sont, avant d'être frappées, que de simples disques découpés dans des feuilles formées avec l'alliage monétaire ; les deux empreintes qu'elles portent y sont formées du même coup par la pression du balancier, fait curieux qui atteste la compressibilité du cuivre, de l'argent et de l'or.

La compressibilité est donc la propriété que les solides et les liquides possèdent, comme les gaz, d'être réduits de volume.

QUESTIONS

Porosité. — 1. Un jour que, sur l'une des places de Rome, le pape Sixte V faisait dresser un obélisque, les câbles se sont trouvés trop longs ; un des assistants s'écria : « Mouillez les cordes ! » Quel effet attendait-il de l'exécution de cet ordre ? (12)

2. Pourquoi recouvrir d'argile les endroits du plancher où l'on a laissé tomber de l'huile ? (9)

3. Quand on mélange de l'eau-de-vie et de l'eau, qui est-ce qui diminue, le poids ou le volume ? (10)

4. Pourquoi les portes ou les fenêtres faites en bois neuf ferment-elles difîlcilement l'hiver et joignent-elles mal l'été ? (9)

5. Comment expliquer qu'un clou s'enfonce dans le bois ? (9)

6. On verse de l'eau trouble sur du papier buvard, et elle filtre claire; expliquer le phénomène.

7. Pourquoi les ouvriers carriers, afin de détacher les pierres, y enfoncent-ils des coins en bois, qu'ils trempent ensuite avec de l'eau ?

8. Est-il bon de garder aux pieds des chaussures en caoutchouc ? (12)

9. Peut-on admettre que si des bouteilles vides et soigneusement bouchées sont jetées au fond de la mer, puis retirées pleines d'eau, ce liquide a filtré à travers le verre ? (12)

Compressibilité. — 10. On laisse tomber une bille de verre sur une plaque couverte de poussière ou d'huile, d'où vient que l'empreinte qu'elle y laisse s'agrandit avec la hauteur de chute ? (13)

11. D'où vient la difficulté de faire rentrer dans le goulot d'une bouteille le gros bouchon qui la fermait ? (13)

FORCES

> En fait de forces, rien ne se perd
> et rien ne se crée dans la nature.
> (CL. BERNARD.)

Définition. — Différents genres de forces. — Composition des forces.

14. I. QU'EST-CE QU'UNE FORCE ? — Pour ne pas donner à cette question une réponse trop sommaire, prenons deux exemples qui nous permettront de poser ensuite les termes d'une définition de la force.

L'enfant qui jette une balle en l'air et la frappe de la main au moment où elle retombe fait un effort, et cet effort produit un mouvement de la balle, qui vole rapide dans la direction où elle vient d'être lancée. L'effort developpé, c'est une force, et le mouvement de la balle, c'est l'effet de cette force.

Mais toute force ne produit pas un mouvement; il y a un effort à faire pour arracher une racine enfoncée en terre ou pour briser un bâton; c'est grâce encore à un effort, à la force de tout son poids, qu'un enfant maintient une porte fermée pour empêcher son camarade de l'ouvrir. Dans ces derniers exemples, la force est uniquement employée à surmonter, à vaincre une résistance.

Nous pouvons donc dire, pour conclure, qu'*une force est toute cause qui produit un mouvement ou surmonte une résistance.*

15. I. Différents genres de forces. — *Forces mécaniques.* — Il y a d'abord les forces mécaniques dont l'existence est aussi visible que l'effet qu'elles produisent.

Les meules d'un moulin destinées à moudre le grain peuvent être mises en mouvement de différentes manières; sans parler des moulins à bras, qui sont encore usités dans certains pays d'Orient, pour nous, nous utilisons, pour les faire mouvoir, soit la force du vent, dans les moulins à vent; soit la chute de l'eau, dans les moulins à eau; soit la force de la vapeur, dans les moulins à vapeur.

Dans chacun de ces cas, les meules sont mises en mouvement, et le grain est broyé; il y a à la fois mouvement produit et résistance vaincue. Il y a donc une force dépensée; mais l'origine seule de cette force diffère, suivant qu'on utilise la force musculaire des bras ou la force du vent, de l'eau ou de la vapeur.

16. II. Force centrifuge. — Il peut arriver que

les pierres meulières des moulins éclatent et soient projetées avec force quand elles tournent trop rapidement. Elles deviennent alors une force redoutable, qui a occasionné plus d'une fois la mort des ouvriers. D'où vient cette nouvelle force? Quel est son nom?

L'expérience suivante va nous l'apprendre. Lorsque l'on fait tourner une pierre attachée à une ficelle en ui communiquant un mouvement de fronde, la corde

Fig. 6.
Force centrifuge.

se tend d'autant plus que la vitesse de rotation est plus grande ; vient même le moment où la corde se rompt et la pierre s'élance avec rapidité. La tension de la corde, suivie de sa rupture, est due, dans ce cas, à une force appelée *force centrifuge,* parce qu'elle tend toujours à éloigner de la main la pierre que l'on agite dans l'air.

Au lieu d'une pierre, faisons tourner dans l'air un petit vase rempli d'eau : la corde sera de nouveau fort tendue, mais l'eau ne s'écoulera pas, même au moment où la position du vase sera renversée. Il y a donc une force qui empêche l'eau de tomber. C'est la force centrifuge qui pèse sur l'eau et qui, pour le moment, supprime ou détruit son poids (fig. 6).

La force centrifuge est donc une force qui tend à éloigner un mobile de l'axe autour duquel il tourne.

17. III. FORCES MOLÉCULAIRES. — Nous avons bien constaté dans le chapitre précédent que les corps sont formés de molécules reliées entre elles, sans nous demander alors quel est le lien qui les unit, le ciment qui les rapproche.

Ce lien, parfois si difficile à briser, c'est une nouvelle force qu'on retrouve partout : dans la pierre

qu'on veut partager, dans le bâton à briser, et jusque
dans l'eau que doit fendre la rame du batelier.

D'où vient cette force ? Rien que du rapprochement
des molécules ; vous la voyez se produire quand vous
superposez deux morceaux de verre bien propres et
bien polis : il devient aussitôt difficile de les séparer ;
elle se manifeste encore en déposant un morceau de
verre ou de carton à la surface de l'eau : l'eau se soulève plutôt que de se séparer quand on relève le carton ou le verre.

A cette force spéciale, nommée *cohésion*, est due
l'existence d'une force d'un nouveau genre et d'une
grande importance, qu'on appelle *élasticité*. Un ressort
d'acier qu'on plie, une bande de caoutchouc qu'on étire
reviennent à leur première position aussitôt qu'on les
abandonne. Un coussin en caoutchouc gonflé d'air
rebondit sous la pression du corps, comme les ressorts d'un sommier élastique. Autant d'exemples qui
prouvent que les corps élasti-
ques reprennent d'eux-mêmes
leur première forme.

Voulons-nous savoir main-
tenant quels *effets* peut produire cette force, rapprochons
une balle de liège ou un petit
caillou suspendu à un fil d'une
des branches d'un diapason au
moment où il résonne, ou d'une
aiguille à tricoter implantée
dans une table, et nous verrons le petit pendule lancé en
l'air ; formons encore un petit
cercle avec un ressort d'acier
dont nous lions ensemble les

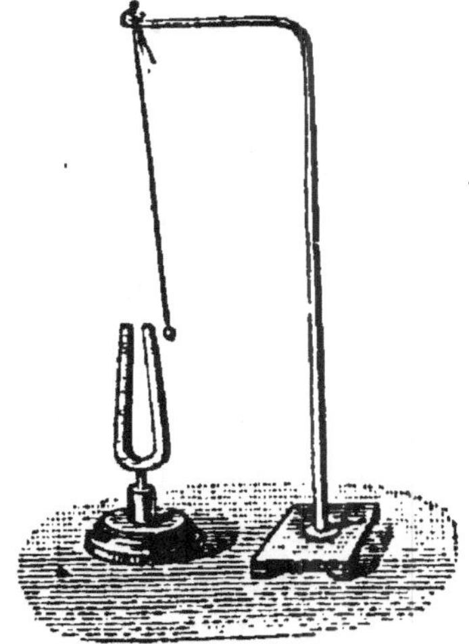

Fig. 7. — Élasticité
d'un diapason.

deux bouts, puis plions le cercle entre les doigts de
manière à former une sorte de 8, et lions avec un

bout de fil les deux parties contiguës du cercle ainsi déformé. Si maintenant nous plaçons le cercle sur une table, de façon que la lame du ressort y repose à plat et que nous brûlions le fil avec une allumette, nous verrons le ressort bondir jusqu'au plafond en reprenant sa forme; il y a à la fois, dans cette expérience, force et mouvement. L'élasticité est donc un nouveau genre de force.

18. I. COMPOSITION DES FORCES. — Il y a plusieurs manières de réunir des forces, d'atteler des chevaux à un chariot. Parfois on les place à la file, et l'on reconnaît sans peine que la force qui entraîne le chariot est égale à la somme des forces développées par chaque cheval. Plus communément, en d'autres pays, les chevaux sont attelés de front, et si on y regarde bien, on verra que l'endroit où l'attelage est relié au chariot s'avance entre les deux chevaux, comme s'ils étaient encore en file ; en outre, l'effort produit par les chevaux est encore le même que dans le premier cas. — Ainsi, quand deux forces égales sont parallèles, elles peuvent être remplacées par une troisième qui produirait le même effet, et cette nouvelle force, égale à la somme des deux autres, est placée à égale distance de ces deux forces et agit dans le même sens. On l'appelle leur *résultante*.

II. Prenons maintenant trois cordons de même longueur, lions-les ensemble par un bout, et à l'autre extrémité suspendons soit des poids de 3, 4 et 5 grammes (fig. 8, B), soit de petits cailloux, puis faisons reposer deux de ces cordons sur deux clous, ou mieux sur deux petites roulettes assez rapprochées et fixées sur une ligne horizontale. Le cordon qui pendra entre les deux clous tendra les deux autres, les fera descendre un peu, puis tout restera en repos. A ce moment, le poids qui tend ce cordon sera soutenu par les deux autres poids, qui, bien qu'ils tirent obliquement, agissent ensemble comme la force directement opposée au caillou ou au poids suspendu.

Dans ce cas, les forces F, F′ R repré-présentées par nos trois corps pesants agissent toutes obliquement, chacune d'elles s'oppose au mouvement que produiraient les deux autres; elle est donc égale à la résultante de leur action. Par suite, quand deux forces *f*, *f′* sont inclinées, leur résultante *r* est plus petite que leur somme. Et en effet, dans le cas où nous nous sommes placés, la plus grande force, qui est 5 grammes, est plus petite que 3+4 ou 7, somme des deux autres forces auxquelles elle fait équilibre.

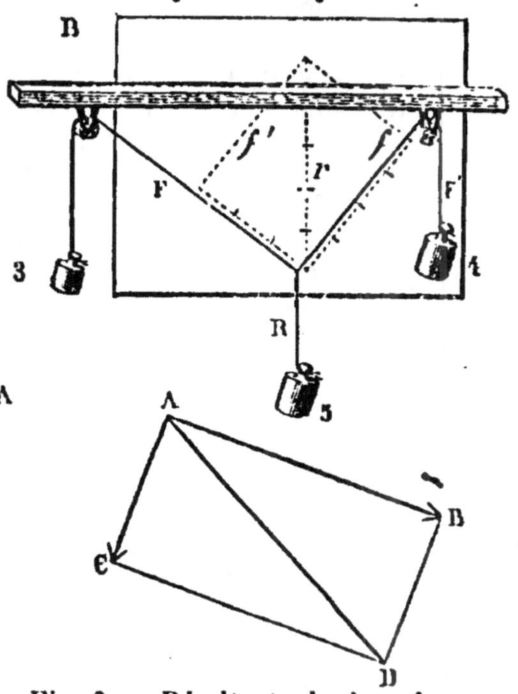

Fig. 8. — Résultante de deux forces concourantes.

A. Construction de la résultante.
B. Vérification du théorème.

Si deux forces inclinées sont représentées par les lignes AC, AB (fig. 8, A), leur résultante est exprimée par la diagonale AD du parallélogramme ABCD construit sur ces deux forces.

QUESTIONS

1. D'où vient qu'un petit ressort suffit pour faire tourner les rouages d'une montre pendant tout un jour? (17)

2. Pourquoi une balle de plomb rebondit-elle moins bien qu'une bille de verre? (17)

3. Sur quoi repose l'emploi des jarretières élastiques? (17)

4. Comment se fait-il que certaines serrures se referment d'elles-mêmes? (17)

5. Pourquoi suspendre les sonnettes à des ressorts? (17)

6. Un entonnoir dont la tige est bouchée est suspendu à une ficelle : on le remplit d'eau, on tord la ficelle, puis, au moment où on laisse le vase tourner, on voit des gouttelettes d'eau s'échapper du vase avec force. Expliquer ce phénomène. (16)

7. Trois enfants se font équilibre en tirant chacun d'une main sur un anneau en fer : à quoi est égale la résultante de l'effort de deux d'entre eux? (18)

PESANTEUR

Ce que Dieu seul a fait, Newton seul l'imagine,
Et chaque astre répète en proclamant leur nom :
Gloire à Dieu, qui créa les mondes et Newton.
(DELILLE.)

I. Existence de cette force. — II. Ses éléments. — III. Centre de gravité.

19. TOUS LES CORPS SONT PESANTS. — C'était en 1665. Newton avait vingt-trois ans ; il se reposait à la campagne de ses premiers travaux scientifiques. Assis à l'ombre d'un pommier, il songeait à de nouveaux projets d'études, quand une pomme se détachant de l'arbre vint à tomber sous ses yeux. Rien de plus vulgaire que ce fait, rien de moins commun toutefois que les réflexions que cette simple observation fit naître dans cet esprit déjà mûri par l'étude. Et, en effet, ne doit-on pas se demander avec lui pour quelle raison le fruit qui se détache de la branche se rapproche du sol plutôt que de monter en l'air, comme les ballons? Serait-il vrai que la terre sollicite et attire vers sa surface tout

corps libre d'obéir à son action? Newton le crut. Pour lui, et après lui pour tout le monde aujourd'hui, les corps ne tombent que parce que la terre les attire. Le globe qui nous porte exerce sur tout ce qui nous entoure une action aussi certaine que celle d'un aimant sur le fer.

Avez-vous déjà vu comment la limaille de fer se déplace quand on en approche un petit aimant? Elle se précipite sur lui, puis elle se fixe à sa surface. C'est ainsi que la terre agit sur la pomme qui se détache de l'arbre, sur la plume qui vole et finit par tomber, avec cette différence toutefois que l'aimant n'attire que le fer, tandis que la terre attire tous les corps indistinctement.

Vingt-deux ans après cette simple observation, Newton donnait les lois qui régissent le cours des astres, et dans son livre des *Principes* il étendait à tous les corps célestes ces lois de l'attraction que la chute d'une pomme lui avait fait découvrir pour la terre.

20. À QUOI RECONNAÎT-ON QUE LES CORPS SONT PESANTS? — A différents effets qu'ils produisent et qui sont dus à cette action que la terre exerce sur eux, comme nous allons le voir.

I. Remarquons d'abord que tous les corps *finissent par tomber*, il n'y a pas d'exception à cette loi générale. Les nuages, les ballons, les cerfs-volants montent bien dans l'air; mais tôt ou tard le nuage se fond en pluie, le ballon se dégonfle et tombe, le cerf-volant s'abat quand le vent tombe.

II. Suspendez une pomme à un fil, ou encore placez-la sur une feuille de papier tendue ou sur une table; elle ne tombe pas, il est vrai; mais s'ensuit-il que la pesanteur ne l'attire pas? Le fil qui est tendu, la feuille de papier, qui devient bombée, montrent bien que la pesanteur doit être détruite par une autre force pour que la pomme reste en repos. Cette force, c'est la résistance du fil ou du papier, c'est une *réaction* égale à la pesanteur.

Voulez-vous voir combien grande peut être parfois cette réaction ? Remplissez d'eau une bouteille à goulot étroit, puis enfoncez dans l'eau un fétu de paille plié en deux, et faites en sorte que le bout du chaume trouve, à l'intérieur du flacon, un point d'appui : vous pourrez alors soulever la bouteille par l'extrémité libre de la paille. La raideur du fétu soutiendra seule alors, par sa réaction, le poids du verre et de l'eau (fig. 9).

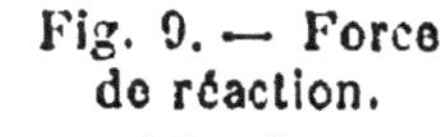

Fig. 9. — Force de réaction.

21. I. QUELLE DIRECTION PRENNENT LES CORPS EN TOMBANT ? — Les corps tombent suivant la *verticale*. On appelle ainsi une ligne qui, dressée à la surface de l'eau, ne penche ni à droite ni à gauche, ou lui est perpendiculaire. Et, en effet, versez de l'encre dans une soucoupe, puis attachez une balle de plomb à un fil fin, et soutenez ce *fil à plomb* au-dessus de l'encre : vous verrez d'abord que le fil se tient bien vertical au-dessus du liquide ; vous constaterez même que son image, que vous apercevrez à la surface du liquide formant miroir, est en ligne droite avec le fil (fig. 10).

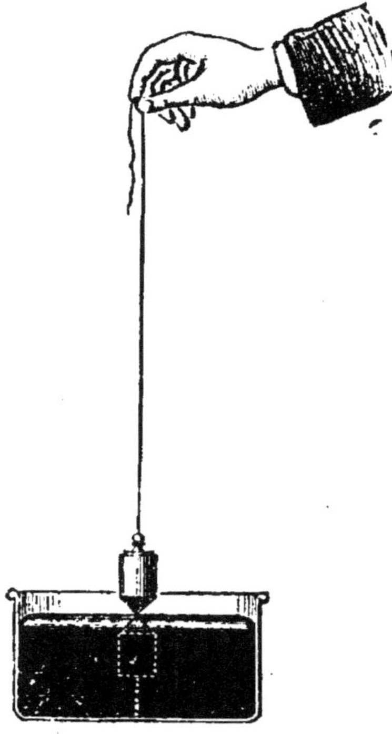

Fig. 10. — Le fil à plomb est perpendiculaire à la surface d'un liquide en repos.

Mais ce plomb tend le fil qui le soutient dans la direction où la pesanteur cherche à l'entraîner ; la direction verticale du fil est donc celle de la force de pesanteur.

22. II.. EN OUTRE, LES CORPS SE DIRIGENT DANS LEUR CHUTE VERS LE CENTRE DE LA TERRE. — Les murailles, les puits, même les puits profonds de 500 mètres dans les mines de charbon, ont aussi cette direction verticale, et l'on constate qu'une pierre qu'on laisse tomber du haut d'une maison ou de l'ouverture d'un puits suit toujours la même direction, sans s'écarter jamais de sa ligne verticale.

Qu'arriverait-il si le puits allait jusqu'au centre de la terre ? Le corps y tomberait ; et comme l'observation que nous faisons donne partout le même résultat, nous devons conclure de ces faits que tous les corps tombent *vers le centre de la terre*. Notre globe est suspendu dans l'espace comme le soleil, comme la lune, que nous voyons dans le ciel ; ne pouvant pas voir ce qui se passe à la surface de la terre, demandons-nous ce que nous verrions sur la lune si, à travers une lunette, nous examinions ce qui se passe à sa surface. Voici qu'une pierre est lancée verticalement dans l'espace ; elle retombera bientôt, et reviendra au point de départ ; une autre pierre lancée à l'autre bout de la lune semblerait devoir tomber vers la terre et quitter la lune sans retour ; mais, attirée vers la lune comme la première, elle retombera comme elle. Ainsi se passent les phénomènes de la chute des corps pour deux points pris sur la terre aux *antipodes* l'un de l'autre. Tous les corps obéissent donc à cette loi d'attraction posée par Newton. Cette loi universelle repose sur des phénomènes qui ont toujours été observés. Toutefois Newton a eu le mérite de la poser le premier, et, comme il le dit, il l'a découverte « en y pensant toujours »

Application. — L'ouvrier maçon emploie le fil à

plomb pour élever une muraille, il s'assure ainsi que la muraille est bien dressée. D'autres fois il se sert d'une équerre traversée par un fil à plomb pour ranger les tas de briques en lignes horizontales.

23. COMMENT EMPÊCHER UN CORPS DE TOMBER? — En fixant son *centre de gravité.*

Sans doute il y a un moyen en apparence plus simple : il consiste à mettre le corps sur une surface plus large; mais ce moyen ne suffit pas toujours, et d'ailleurs il y a bien des circonstances où il n'est pas praticable.

Un écolier sait bien faire tenir une canne ou une règle au bout de son doigt en la soutenant par un bout ou par son milieu; il tient un livre sur la pointe d'un crayon ; un jongleur se promène avec une chaise dont un des pieds appuie sur son menton. Dans chacune de ces expériences un point seulement du corps est fixé, les autres ne le sont pas, et cependant, comme ils sont pesants, eux aussi, on se demande pourquoi ils ne tombent pas. La première raison que nous donnerons de cet équilibre, c'est que le centre de gravité est fixé. Le *centre de gravité* d'un corps est, en effet, au point de vue pratique, *un point qu'il suffit de fixer pour empêcher le corps de tomber.* Un disque de carton (fig. 11) reste horizontal si on le suspend à un fil qui passe par son centre.

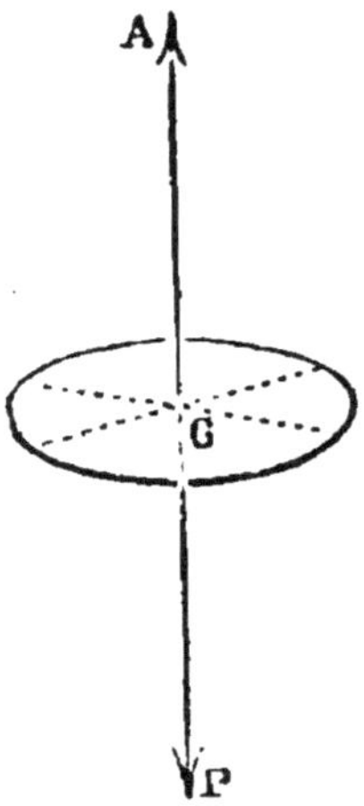

Fig. 11.
Existence du centre de gravité.

Mais à quoi tient cette propriété du centre de gravité? Pour l'expliquer, reprenons notre comparaison de la voiture attelée de deux chevaux de même force (18). Elle se déplace comme elle le ferait si les deux chevaux étaient en file; attelons encore deux autres chevaux, un de chaque côté des deux premiers, la voiture conservera la même direction; la résultante de ces couples de forces égales est donc toujours placée au milieu de la ligne qui unit les points où elles agissent.

De même, une canne AB peut se diviser en morceaux de bois pesants, et comme on pourrait prendre à partir de son milieu M le même nombre de poids égaux à droite et à gauche, tout se passe comme si le

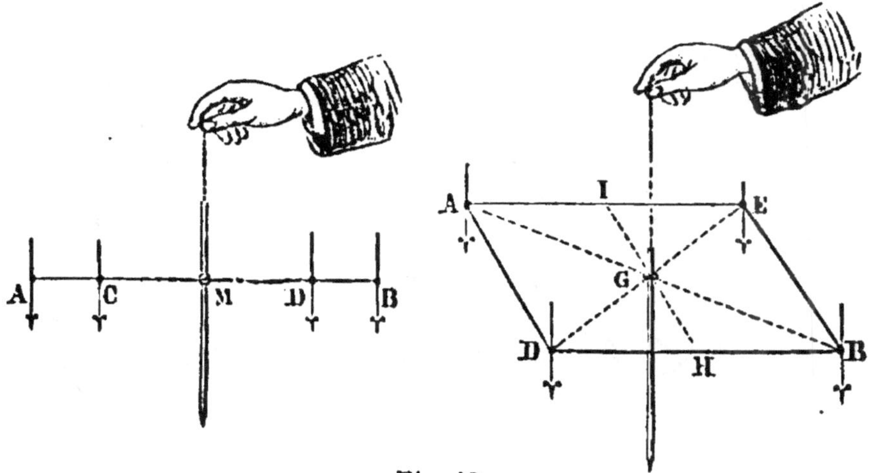

Fig. 12.
Centre de gravité d'une ligne AB ou d'un parallélogramme ABED.

poids de la canne était tout entier en son milieu. Aussi suffit-il de supporter ce bâton en son milieu pour l'empêcher de tomber (fig. 12). Pareillement, dans le parallélogramme ABCD, le centre de gravité est au point G, milieu de toutes les lignes telles que AB, DE, IH, qui passent par ce point.

24. Corps supportés en un point. — Cette explication convient à tous les cas où un corps pesant n'est fixé qu'en un point. Implantez une épingle dans un bouchon, puis à droite et à gauche enfoncez dans le bouchon la pointe de deux couteaux ou les dents de deux fourchettes, et placez la pointe de l'épingle sur le goulot d'une bouteille (fig. 13) : l'équipage $p\,p'$ ainsi formé pourra se tenir et même osciller sans tomber, parce que son centre de gravité P parviendra toujours à passer en dessous du point d'appui en oscillant comme un pendule.

Attachez encore un fer à repasser à un tisonnier en

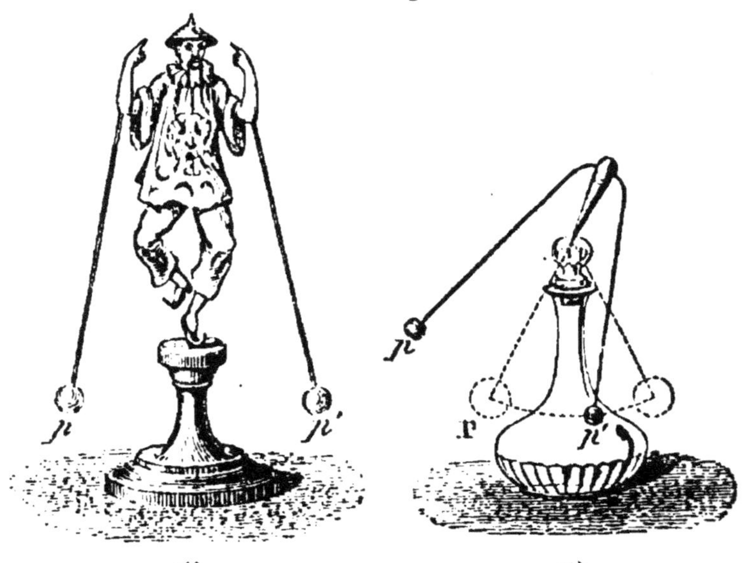

Fig. 13. — Équilibriste.
1. Expérience.   2. Explication.

fer, et vous pourrez le faire osciller après avoir fait poser la pointe du tisonnier sur le bord d'une table. Les deux masses pesantes attachées au bouchon, le tisonnier, dont une extrémité repose sur le bord d'une table, représentent le balancier dans la main de l'équilibriste. Aidé de ce contrepoids,

> Son pied touche, sans qu'on le voie,
> A la corde qui plie et dans l'air le renvoie.
> Le balancier jeté,
> Notre étourdi chancelle, étend les bras et tombe[1].

25. CORPS REPOSANT SUR UNE SURFACE. — Regardez maintenant cette voiture qui occupait le haut de la

[1]
> C'est le balancier qui vous gêne,
> Mais qui fait votre sûreté.   (FLORIAN.)

route; un chariot plus pesamment chargé la dérange, elle se place sur l'une des pentes du chemin; voici qu'elle penche en s'appuyant sur les côtés beaucoup plus bas : va-t-elle verser? Rien n'est à craindre tant que son centre de gravité tombe entre ses roues; la chute est imminente si ce point tombe sur l'une d'elles; mais elle tombera immanquablement si la verticale abaissée de ce centre tombe en dehors des points d'appui que les roues fournissaient à la voiture.

Pour reproduire ce phénomène dans une petite

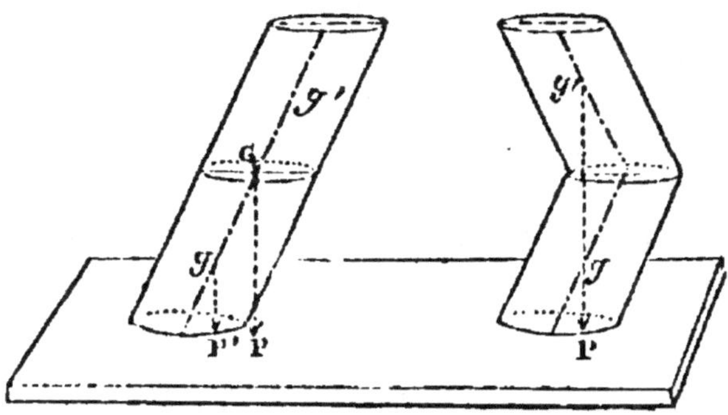

Fig. 14. — Conditions d'équilibre d'un corps reposant sur une surface par plusieurs points.

expérience, sans danger à courir, scions au bout d'un manche à balai deux morceaux de bois taillés en biseau; nous obtenons ainsi deux cylindres obliques : chacun d'eux placé sur une table reste en équilibre, parce que son centre de gravité g tombe en P' à l'intérieur de sa base d'appui. Mais mettons-les superposés sur le prolongement l'un de l'autre (fig. 14). Voici qu'ils tombent : le centre de gravité G, que nous venons de reporter sur leur surface de contact, tombe actuellement en dehors de la base d'appui. On peut bien cependant mettre ces deux cylindres l'un sur l'autre, mais à la condition de placer leurs axes dans des directions inverses, afin de ramener la verticale g' P dans cette surface de contact.

Observez encore l'attitude que prennent les ouvriers qui portent une charge.

S'ils la placent sur la tête, ils se tiennent bien droits, afin que le centre de gravité passe dans la direction du corps.

S'ils la portent sur le dos, ils se penchent en avant, afin de rejeter ce centre en avant, entre les deux pieds.

Sur le côté, ils inclinent du côté opposé.

Sur la poitrine, ils se penchent en arrière. Et dans chacune de ces positions le centre de gravité du porteur et de sa charge tombe à l'intérieur de la base d'appui représentée par les deux pieds.

Conclusion. — *I. Tous les corps sont attirés vers le centre de la terre par la force de la pesanteur.*

II. Toute force directement opposée à la pesanteur maintient les corps en équilibre.

QUESTIONS

1. Comment appelle-t-on la force qui fait tomber les corps ? (19)

2. Quelle direction suivent les corps dans leur chute? (21)

3. Que faut-il pour qu'un corps se tienne en équilibre ? (23)

4. Pourquoi une boule, un pain de sucre couché se tiennent-ils aussitôt en équilibre dans la position qu'on leur a donnée? (25)

5. D'où vient qu'il est d'autant plus difficile de faire tenir une canne droite sur le doigt, qu'elle est plus longue? (24)

6. Pourquoi, lorsqu'on va tomber, se rejette-t-on aussitôt dans une direction contraire? (25)

7. Pourquoi une voiture plus haute est-elle plus exposée à verser? (25)

8. Pourquoi met-on la charge très bas dans les camions ou autres voitures pesamment chargées? (25)

9. Pourquoi une flèche lancée en l'air se retourne-t-elle en tombant?

10. Qu'adviendrait-il si l'atmosphère était immobile, c'est-à-dire si elle ne tournait pas en même temps que la terre ?

(Cert. él. sup. Ardennes.)

PENDULE — BALANCE

> Fixe en son coin, la vieille horloge
> A tout passant qui l'interroge
> Redit son éternel discours :
> Jamais! toujours!
>
> (LONGFELLOW.)

I. — Pendule.

26. QU'EST-CE QU'UN PENDULE ? — C'est *un fil à plomb qui oscille autour du point où il est attaché* (fig. 15). — Regardez cette balle de plomb : depuis le moment où elle a été écartée de la verticale, elle va et vient, elle oscille sans parvenir à se fixer dans sa première position d'équilibre. C'est la pesanteur qui, de chacune des extrémités de l'arc de cercle qu'elle décrit, la ramène vers la verticale ; et n'était le frottement du point d'appui, le pendule oscillerait indéfiniment sans s'arrêter.

Fig. 15.
Pendule simple.

Pour diminuer encore ce frottement du pendule, fixons deux épingles à la même hauteur dans un morceau de bouchon ; puis, à égale distance des deux pointes, enfonçons dans le liège une extrémité d'un long fétu de paille dont l'autre bout porte une pièce de 10 centimes ou le disque plus lourd d'une pièce de 5 francs. Le pendule est ainsi confectionné ; il suffit maintenant de faire reposer ses pointes sur un morceau de fer blanc échancré pour qu'il puisse osciller fort long-temps sans frottement appréciable.

27. De quoi dépendent les battements d'un pen-dule? — Le temps d'une oscillation d'un pendule ou le nombre de ses battements par minute ne peuvent dépendre que de la pesanteur et des conditions d'installation du pendule. Voici, en effet, ce que l'expérience apprend à ce sujet.

I. *Durée constante des petites oscillations.* — Galilée, jeune encore, examinait les oscillations d'un lustre suspendu à la voûte d'une église de Pise; il les compte pendant quelques minutes; puis, après avoir abandonné cette observation, il y revient, et dans le même temps trouve le même nombre d'oscillations. Ainsi chaque oscillation a la même durée, même lorsque le pendule décrit un arc plus court, comme il le fait nécessairement à la fin de son mouvement (1583).

II. *Durée indépendante de la nature du pendule.*

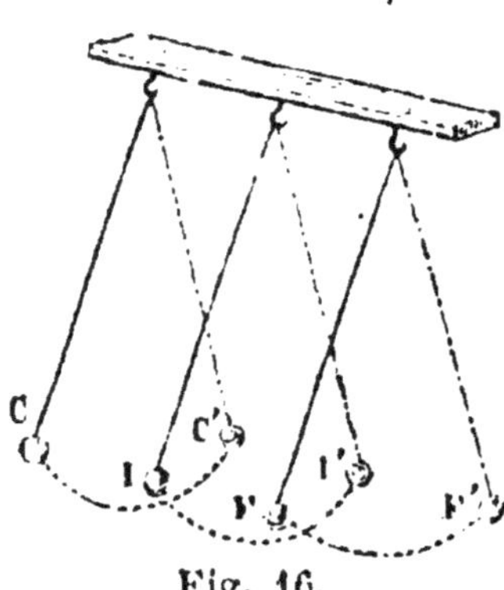

Fig. 16.
Loi des masses.

— On suspend à des fils de même longueur des billes C, I, F de verre, de marbre, de plomb, on les écarte du même angle, puis, les laissant retomber ensemble, on les laisse osciller (fig. 16). Ces corps arrivent tous ensemble au bout de leur course et dans le même temps font le même nombre de battements. Il s'ensuit que l'on peut employer telle substance que l'on veut pour faire un pendule : la vitesse du pendule n'en sera pas modifiée. Toutefois, pour atténuer la résistance de l'air, les pendules d'horloge ont le plus souvent la forme aplatie d'une lentille M en cuivre remplie de plomb (fig. 17).

28. — III. *La longueur d'un pendule augmente*

la durée de ses oscillations. — Comptons le nombre d'oscillations que fait un pendule en une minute, puis réduisons sa longueur au quart; ce petit pendule

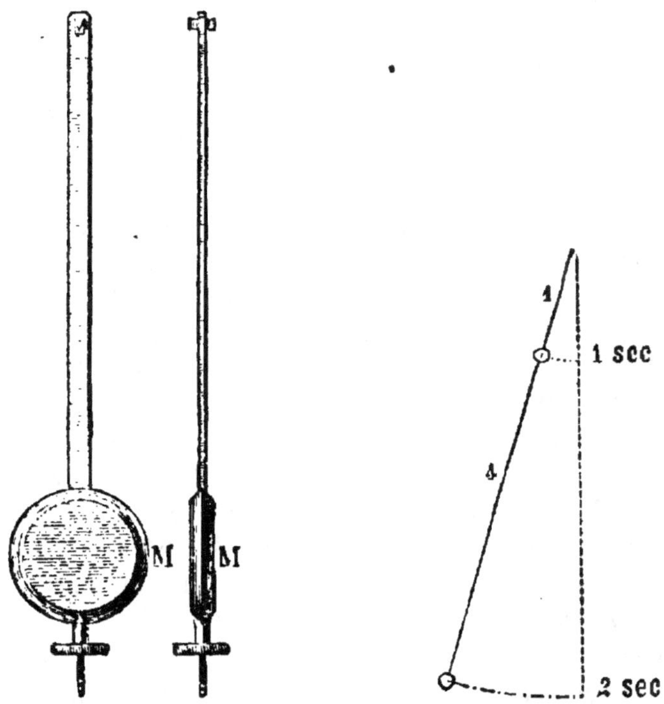

Fig. 17. — Pendule composé.　　Fig. 18. — Loi des longueurs.

aura une allure beaucoup plus précipitée, il fera dans une minute deux fois plus de battements. Chacun d'eux durera donc deux fois moins (fig. 18)[1].

Application. — Les *pendules des horloges* subissent l'influence du *temps*, c'est-à-dire de la chaleur. Ils s'allongent en été et se raccourcissent en hiver. Ils font donc plus d'oscillations par jour quand il fait froid; aussi les aiguilles marchent-elles alors plus

[1] Le *plus grand pendule* du monde est celui de l'hôtel de ville d'Avignon : ce géant des horloges mesure 17 mètres; sa lentille pèse 60 kilog. Il met quatre secondes et demie pour décrire son arc, de près de 3 mètres de longueur.　　(*Nature*, 1886.)

vite et l'horloge avance. On remédiera évidemment à
ces irrégularités dans la marche des horloges en rac-
courcissant le balancier si l'horloge retarde, en l'allongeant, au contraire, si elle avance.

IV. *Enfin la durée des oscillations dépend, pour
un pendule, de l'action de la pesanteur.*

Nous avons déjà constaté (16) que la force centrifuge se développe dans tout corps qui tourne autour
d'un point, et que cette force tend à en éloigner le mobile. Mais la terre tourne autour d'un axe, comme
une orange autour d'une aiguille qui la traverse et
qu'on fait tourner entre les doigts. Il suit de là qu'une
force centrifuge se produit en chaque point de la terre
par le fait de sa rotation, et aussi que cette force y diminue l'action exercée par la pesanteur. Et comme
une plus grande force centrifuge correspond à une
plus grande vitesse, il faut admettre que la pesanteur
est sensiblement affaiblie à l'équateur, où les corps
tournent le plus vite; moins diminuée pour nous,
qui sommes moins éloignés de l'axe de la terre, tandis qu'elle conserve toute sa force aux pôles.

D'autre part, nous savons que c'est la pesanteur
qui fait parcourir son arc à la masse d'un pendule;
si la pesanteur diminue, comme à l'équateur, le pendule ira moins vite; si la pesanteur augmente, comme
aux pôles, le pendule ira plus vite. Les savants qui
se sont transportés en ces régions éloignées du pôle et
de l'équateur ont vérifié chacune de ces prévisions[1].

---

[1] *Observation de Galilée.* — « Lorsque, étant encore enfant,
Galilée, apparemment quelque peu distrait pendant le service divin, reconnaissait que par les oscillations des lustres on saurait
mesurer la hauteur totale de la *voûte de l'église* (28), il ne pouvait
pas prévoir que le pendule serait un jour porté d'un pôle à l'autre
pour déterminer la *forme de la terre*, ou plutôt pour démontrer
que l'inégale densité des couches terrestres influait sur la longueur du pendule à secondes par des perturbations locales. »

(DE HUMBOLDT, *Cosmos*.)

Ils ont vu dans ce fait une nouvelle preuve de la rotation de la terre et de sa forme aplatie.

II. — Balance.

> La balance est le plus sûr des instruments scientifiques.
>
> (J.-B. Dumas.)

20. Levier. — Regardez cet ouvrier qui veut soulever cette lourde pierre pour la déplacer ensuite : tous les efforts de ses mains ne parviendraient même pas à l'ébranler ; mais voici qu'il s'arme d'une tige de fer longue et solide ; il enfonce une de ses extrémités

Fig. 19. — Levier des carriers.

sous la pierre, puis glissant une pièce de bois sous la tige pour lui servir d'*appui*, il pèse de tout son poids à l'autre extrémité de la tige, et aussitôt le bloc de pierre se soulève, assez du moins pour qu'on puisse introduire en dessous un rouleau qui le soutiendra (fig. 19).

Cette tige, cette *pince* des ouvriers, c'est un *levier*, et cette machine, si simple qu'elle soit, augmente au centuple les forces de l'homme. L'ouvrier qui s'en sert a deux moyens d'en accroître la puissance : tout d'abord il y applique le bras, et si sa force musculaire ne suffit pas, il fait peser en ce point le poids de tout son corps; en outre, il est bon à voir que l'effet du levier augmente à mesure que la force dont l'ouvrier dispose s'éloigne du point d'appui du levier. La puissance d'un levier dépend donc à la fois de la force qui le sollicite et de la longueur du bras de levier. Il le savait bien cet intrépide Archimède, qui affirmait qu'avec un levier il aurait soulevé la terre, pourvu qu'on lui donnât un point d'appui.

Expérience. — Suspendons par un fil aux extrémités d'une règle, d'un côté un encrier, de l'autre un cahier roulé; puis posons la règle sur la tête, ou mieux sur la pointe d'un clou. Après quelques tâtonnements, nous parviendrons à maintenir la règle horizontale et en repos. Mais, regardez-y bien, le clou ne divise pas la règle en deux parties égales. Le plus *pesant* des deux corps suspendus est aussi le plus *rapproché* du point d'appui. C'est là une loi générale : si une des parties de la règle est trois fois plus grande que l'autre, concluez-en que l'encrier, que nous supposons plus rapproché du point d'appui, est trois fois plus lourd que le cahier.

Constatez encore qu'on ne peut changer de place les deux objets : le cahier mis au lieu de l'encrier ne permet plus de maintenir la règle en repos.

30. QU'EST-CE QU'UNE BALANCE ? — Est-il bien nécessaire de répondre qu'une balance est un instrument destiné à peser les corps?

Les balances ordinaires sont formées d'un *fléau* ou *levier* partagé en deux parties égales par le point d'appui.

Inutile d'ajouter qu'il y a encore dans une balance deux *plateaux* ou *bassins* suspendus à ses extrémités et une *aiguille* fixée au milieu (fig. 20).

Expériences. — I. *Construction d'une balance.* — Il ne sera pas sans intérêt de faire une petite *balance* aussi légère que sensible. Prenons pour cela deux

aiguilles à tricoter bien droites, et partageons l'une
d'elles en deux morceaux d'inégale longueur. Puis,

Fig. 20. — Balance ordinaire.

après avoir découpé un petit dé dans un morceau de
liège, implantons chacune de nos trois tiges d'acier

Fig. 21. — Balance théorique.

dans trois des faces du dé qui aboutissent au même
sommet : les trois tiges sont à angle droit, le centre

du morceau de liège représente le milieu de chacune d'elles. Notre balance est faite : appuyez sur le bord de deux verres à boire formant support les extrémités de la plus courte des deux petites tiges qui formera l'*axe* autour duquel oscillera la balance. La longue aiguille est le *fléau* de la balance; l'autre tige qui se dresse au-dessus et en dessous est son *aiguille* (fig. 21).

31. II. *Employons* notre *balance.* — Remarquez d'abord comment elle oscille autour de ses deux points d'appui. Comme une balance ordinaire, elle redevient enfin horizontale. Poussez son aiguille vers le bas, faites-la osciller de nouveau, elle ira plus vite; repoussez-la vers le haut suffisamment, et vous constaterez que le fléau se renversera, sans qu'il vous soit possible de le fixer dans la position que la pesanteur lui a fait quitter.

Dans le premier cas, on dit que l'équilibre est *stable :* la balance oscille, mais ne se retourne pas; dans le second, au contraire, il est *instable :* la balance abandonne aussitôt la position qu'on lui avait donnée, sans pouvoir la reprendre d'elle-même.

32. III. Essai d'une balance. — Il y a des balances *défectueuses* qui donnent deux poids différents pour un même corps, suivant qu'on le place dans le bassin de droite ou dans celui de gauche. C'est bien de pareils instruments qu'il convient de dire qu'ils ont deux poids et deux mesures.

Pour *essayer* une balance, mettez un poids de 100 grammes dans chacun de ses bassins : si l'aiguille se tient verticale, la balance est bonne; si la balance penche, elle est mauvaise. Dans une semblable balance les bras ne sont pas égaux.

Faisons à ce sujet une expérience. Voici deux petits carrés égaux découpés dans une carte de visite; engagez-les à chacune des extrémités de l'aiguille formant le fléau de notre balance, ils ne se feront équi-

libre que si on les fixe à la même distance du milieu
de la balance. Au contraire, mettez d'un côté un de ces
carrés, et de l'autre un autre morceau de carte deux
fois plus grand; sur le fléau en équilibre, les distances de nos papiers seront doubles l'une de l'autre,
le papier le plus lourd est toujours le plus rapproché
de l'axe (29).

IV. *Comment se servir d'une balance fausse?* —
En employant la double pesée. Mettons dans l'un des
bassins d'une balance juste ou fausse le corps à peser
et dans l'autre du sable; puis remplaçons le corps
par des poids gradués jusqu'à ce que le fléau rede-
vienne horizontal : le nombre de grammes ainsi sub-
stitués au corps représente évidemment son poids
exact.

QUESTIONS

1. Montrer dans une sonnette, dans la pédale de la
meule d'un remouleur, dans un croque-noix, l'emploi de
leviers. (29)

2. Quels avantages particuliers présente l'emploi du
levier dans une brouette? (29)

3. Comment pèse-t-on avec une balance romaine? (29)

4. Le loquet d'une porte n'est-il pas aussi un levier?

5. Si une série de poids comprenait seulement 1, 2, 5,
10 grammes, pourrait-on peser de 1 à 10 grammes? —
Quel est le poids de la série qui figure d'ordinaire en
double?

6. Pourquoi les conducteurs qui veulent dégager leur
voiture embourbée poussent-ils sur les rayons des
roues? (29)

7. Comment faire tous les poids de 1 à 40 grammes avec
la série de 1, 3, 9, 27 grammes?

CHUTE DES CORPS — INERTIE

> Le temps est du mouvement sur
> de l'espace.　　(JOUBERT.)

**I. Chute des corps. — Énoncé des lois de la chute
des corps. — Inertie.**

**33. I. TOUS LES CORPS TOMBENT ÉGALEMENT VITE
DANS LE VIDE.** — Voilà certes une proposition qui
paraît d'autant moins évidente, qu'elle est constamment contredite par ce qui se passe sous nos yeux.
Comment! je vois des plumes, des feuilles, le panache
des pissenlits s'envoler et voguer dans l'air plutôt que
de descendre, et l'on prétendra qu'une balle de plomb
ne tombe pas plus vite qu'une feuille de papier! Mais
alors pourquoi les savants eux-mêmes ont-ils employé des parachutes pour faire leur descente à terre
moins lourdement? Ces faits sont exacts; aussi ne
prétendent-ils pas que *dans l'air* le duvet et la pierre
tombent aussi vite l'un que l'autre; mais ils prouvent,
et nous allons faire cette expérience, que si on supprime cette résistance ou encore qu'on la rende égale
pour deux corps qui tombent, ils toucheront terre
en même temps.

Expériences. — 1. Laissez tomber une feuille de
papier, et observez combien lentement elle descendra
jusqu'à terre; froissez-la, faites-en une boule que vous
laisserez ensuite tomber, et observez la différence de
chute. Le poids de ces deux mobiles n'a pas changé,
seule la résistance de l'air a diminué pour la boule
de papier. Ainsi un même corps tombe d'autant moins
vite qu'il éprouve plus de résistance dans sa chute.

La feuille et la boule de papier tomberaient donc aussi vite l'une que l'autre, s'il n'y avait pas d'air[1].

2. Recouvrez un sou d'un morceau de papier des mêmes dimensions, laissez tomber ces deux disques après les avoir superposés; le papier étant au-dessus, ils arriveront en même temps à terre, bien que leur poids soit assurément fort différent.

3. Est-il besoin de faire cette autre expérience : déposez dans une boîte ouverte des morceaux de papier, une plume, des sous; attendrez-vous le résultat de l'expérience pour vous persuader que tous ces corps seront encore dans la boîte au moment où le sol l'arrêtera? Puisque les corps légers ne restent pas en retard, ils tombent donc aussi vite que les corps plus lourds; la résistance seule de l'air peut retarder leur chute.

34. II. COMMENT TROUVER L'ESPACE PARCOURU PAR UN CORPS PENDANT UN TEMPS CONNU ? — Les corps tombent fort vite à la surface de la terre; il ne leur faut que quelques secondes pour tomber du haut des tours les plus élevées; en 10 secondes, un caillou arriverait au fond d'un puits qui aurait 490 mètres de profondeur.

Aussi ne faut-il pas s'étonner qu'il soit difficile de trouver quel espace un mobile parcourt, sous l'action de la pesanteur, pendant chacune de ses secondes de chute. On trouve, en effet, difficilement des hauteurs de 20 mètres, de 45 mètres, comme il en faudrait dans des conditions convenables, pour que la chute se prolongeât pendant 2, pendant 3 secondes.

Il faut donc nous borner ici à résumer ce que l'on sait sur ce point depuis les observations de Galilée (1602). Quand un mobile tombe pendant

1, 2, 3, 4 secondes,

---

[1] Galilée avait constaté par expérience que des boules de plomb d'inégale grosseur qu'on laissait tomber du haut de la tour penchée de Pise touchaient le sol au même moment.

les espaces qu'il parcourt augmentent comme les carrés de ces nombres, qui sont :

$$1, 4, 9, 16.$$

Ainsi, une pierre qui parcourt 4^m90 dans la première seconde, en parcourt

$$4^m90 \times 4 = 19^m6 \text{ en 2.secondes,}$$
$$4^m90 \times 9 = 44^m1 \text{ en 3 secondes.}$$

On obtient donc *l'espace parcouru en un certain nombre de secondes en multipliant par 4^m9 le carré de ce nombre de secondes.*

En d'autres termes, on peut dire que les espaces parcourus par un corps, pendant *chacune* des secondes de sa chute, varient comme les nombres impairs : 1, 3, 5, 7. Il parcourt 1 mètre dans la 1re seconde, 3 dans la 2°, 5 dans la 3°.

La chute des corps devient donc de plus en plus rapide : elle se précipite; aussi dit-on que leur mouvement est *varié;* il est même *uniformément varié,* puisque l'espace augmente toujours de la même quantité, soit deux mètres à chaque seconde.

35. EXPÉRIENCE. — Ne pouvant indiquer un appareil assez simple pour démontrer la loi des espaces pour les corps pris en chute libre, retardons leur mouvement avec un plan incliné. Faisons rouler une bille sur une tringle de bois assez longue et un peu relevée à une de ses extrémités, elle ira moins vite qu'en chute libre. D'autre part, suspendons un fil à plomb à un clou pour en faire un pendule, nous trouverons facilement de quel point il faut laisser tomber la bille pour qu'elle arrive au bout de la règle au moment où le pendule termine une oscillation. Si maintenant on laisse tomber la bille d'un point quatre fois plus éloigné du bout de la tringle, on constate que pendant ce temps de chute le pendule a fait deux oscillations. A défaut de pendule, on pourrait évaluer le temps de

chute à l'aide des battements du pouls. Galilée mesurait l'eau qui s'écoulait d'un réservoir pendant le déplacement de la bille. Il trouvait ainsi que le volume de l'eau recueillie était double, quand l'espace parcouru était quatre fois plus grand. Le mobile parcourt donc un espace quatre fois plus grand dans un temps double. Ce qui démontre la loi.

II. Inertie.

36. Qu'est-ce que l'inertie ? — L'inertie est la propriété que possèdent les corps de ne pouvoir par eux-mêmes changer d'état. Le principe de l'inertie se formule donc en deux propositions :

Un corps en repos ne peut de lui-même se mettre en mouvement.

Un corps qui se meut ne peut de lui-même se mettre en repos.

En deux mots, les corps sont purement *passifs;* ils subissent l'action des forces, ils ne la modifient pas; ils se contentent de la conserver tout entière et toujours.

Vous attendez avec raison la preuve de ce nouveau principe, qui semble, lui aussi, en contradiction avec toutes les idées reçues. Bornons-nous, pour l'établir, à rappeler quelques faits.

Une bille est lancée avec la main sur le plancher d'un long corridor; elle s'élance et s'arrête avant d'avoir touché la muraille qui le termine; mais la bille n'irait-elle point plus loin encore sur la glace qui recouvre une rivière comme une plaque de marbre? D'où vient donc la différence dans le chemin parcouru? C'est la même bille, la même main, la même force d'impulsion ; seules les résistances au mouvement ont changé; si l'on pouvait supprimer tout frottement, la bille courrait encore. Elle ne peut donc d'elle-même ni s'arrêter, ni se mettre au repos, ni modifier son mouvement.

Il résulte de là que tout projectile, une fois lancé et soustrait à l'action d'une force étrangère, conserve le mouvement qu'il a acquis; il parcourt le même espace dans chaque minute; son *mouvement* est dès lors régulier ou *uniforme*.

Il résulte encore de ce principe qu'on ne peut expliquer le mouvement d'un corps sans admettre l'existence d'une force qui l'élance; aussi le mouvement inaltérable des astres est-il une preuve sensible que la main même de Dieu les a jetés dans l'espace au jour de leur création. Seuls les êtres *animés* ou doués de la vie se mettent en mouvement d'eux-mêmes et modifient à leur gré la direction qu'ils prennent; les êtres *inertes*, au contraire, ou la matière inanimée, ne modifie ni la vitesse ni la direction de son mouvement.

37. *Expériences d'inertie.* — I. Suspendez un seau rempli d'eau à un clou à l'aide d'une corde, et faites-le osciller comme un pendule; puis arrêtez le seau brusquement au milieu de l'arc qu'il décrit : l'eau sautera par-dessus bord ; et, en effet, mis en mouvement avec le seau, ce liquide continue son oscillation, bien que le vase soit arrêté.

II. Suspendez au même clou deux billes du même poids, formant pendules, puis laissez-en tomber une au contact de l'autre: elle s'arrêtera subitement, et l'autre achèvera l'arc interrompu.

Ainsi l'une des billes ne perd son mouvement que pour le communiquer tout entier à l'autre, et celle-ci n'est déplacée que grâce à l'impulsion de la première.

III. En outre, observons qu'il faut un temps parfois appréciable pour qu'un corps en repos sorte de son inertie sous l'action d'une force.

Placez une bande de papier entre le bouchon d'une carafe et une bille pesante que vous poserez dessus : un coup un peu vif donné sur le papier le détachera sans ébranler la bille.

IV. On répète la même expérience en mettant droite sur une table une pièce de cinq francs posée sur la tranche.

V. De même encore, un coup sec donné avec une règle

plate sur la base d'une pile de dames à jouer superposées
en détachera une ou deux sans renverser l'édifice.

QUESTIONS

1. Pourquoi est-on lancé dans le sens où marchait une
voiture quand elle s'arrête subitement? (36)

2. Pourquoi faut-il, en descendant d'une voiture en
marche, courir dans la même direction pour ne pas tomber? (36)

3. Pourquoi enfonce-t-on le manche d'un marteau ou
d'un balai en frappant son extrémité contre le sol? (36)

4. Pourquoi un écuyer debout, qui saute au-dessus de
la selle de son cheval lancé au galop, y retombe-t-il à
la même place? (36)

5. Quel espace parcourt un corps en chute libre pendant la 1re, la 2e, la 3e seconde? (34)

6. Un corps parcourt 4^m9 par seconde; quel espace par-
courra-t-il en dix secondes? (34)

7. Quel temps faut-il à un corps pour parcourir 313^m
sous l'action de la pesanteur?

HYDROSTATIQUE

PRESSIONS EXERCÉES PAR LES LIQUIDES SUR LES PAROIS DES VASES

> Un vaisseau plein d'eau est un
> nouveau principe de mécanique pour
> multiplier les forces à tel degré
> qu'on voudra, puisque un homme,
> par ce moyen, pourra enlever tel
> fardeau qu'on lui proposera.
> (PASCAL.)

38. PRINCIPE DE PASCAL (1631). — Il existe une
différence essentielle entre le mode de transmission

de pression des solides et celui des liquides. Pressez avec une règle sur le fond d'un tube, la pression ne s'exercera que sur le fond du tube; pressez, au contraire, sur l'eau qui remplit ce tube, la pression se fera sentir sur les côtés comme sur le fond du vase. Pascal a particulièrement observé les conditions de cette transmission de la pression dans les liquides. Nous les réduirons à trois.

1. *Les pressions se transmettent dans tous les sens.* — Adaptez une tige dont une extrémité est garnie d'étoupe à une pomme d'arrosoir plongée dans l'eau, et aspirez l'eau comme vous le feriez avec une seringue, puis retirez de l'eau la pomme d'arrosoir et refoulez le liquide qu'elle contient : vous le verrez jaillir dans tous les sens suivant le nombre et la position des trous qui y avaient été pratiqués (fig. 22).

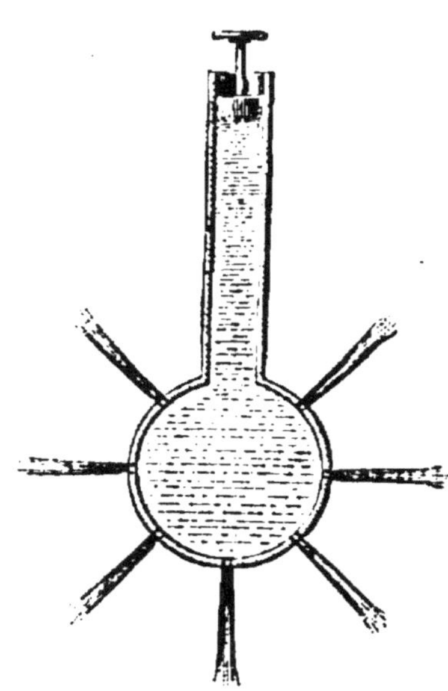

Fig. 22. — Transmission des pressions dans tous les sens.

2. *Les pressions conservent la même intensité sur des surfaces égales.* — Introduisez des tubes en verre de différents calibres dans les ouvertures pratiquées à la base supérieure d'une boîte à conserves remplie d'eau ou dans les tubulures d'un ballon, puis soufflez dans l'un de ces tubes ou comprimez-en l'air à l'aide d'une poire en caoutchouc, et vous verrez l'eau monter partout à la même hauteur. Les colonnes soulevées dans deux tubes de même ouverture, et qui mesurent les pressions transmises, sont par suite égales (fig. 23).

3. Enfin observez que l'eau prend aussi la même

hauteur dans deux de ces tubes C et A, l'un étroit et l'autre plus large. Les colonnes d'eau soulevées T,T' ont donc ici des poids différents, et comme elles ont la même hauteur, la plus large T est la plus pesante. La pression transmise à la plus grande ouverture augmente donc avec sa largeur ou sa surface; il en résulte en B des pressions contraires F,F', qui s'équilibrent.

Pascal avait une façon pittoresque de formuler ce principe. Il supposait un vase rempli d'eau et bien

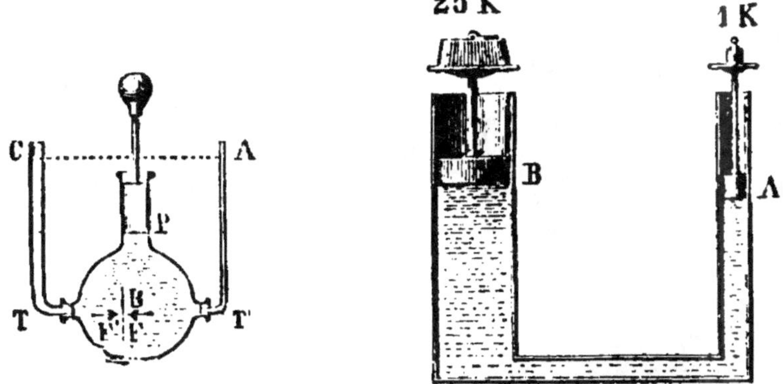

Fig. 23. — Les pressions sont proportionnelles aux surfaces pressées.

fermé; seulement deux ouvertures pratiquées dans ses parois sont fermées par deux pistons. Si la surface de l'un de ces pistons est 100 fois plus grande que l'autre, il faudra 100 hommes pesant de tout leur poids sur le piston le plus large pour faire équilibre à un seul agissant sur le plus petit; si on n'en mettait que 99, le grand piston sauterait. Dans le vase BA (fig. 23), la surface du piston B étant 25 fois plus grande que celle de A, il suffit de placer en A une charge de 1 kil., pour faire équilibre aux 25 kil. placés en B.

39. PRESSE HYDRAULIQUE. — L'énoncé de Pascal nous révèle quelle puissance on peut exercer avec de l'eau; la presse hydraulique va nous montrer comment cette transmission de force peut être avantageusement utilisée.

Cet appareil comprend deux cylindres en fonte, de section différente (A et B, fig. 24), reliés par un tube *d* et deux pistons *p*,P, qui se meuvent dans ces cylindres (fig. 24).

Deux soupapes *a*, *d*, qui s'ouvrent de bas en haut, empêchent l'eau de refluer vers le réservoir R.

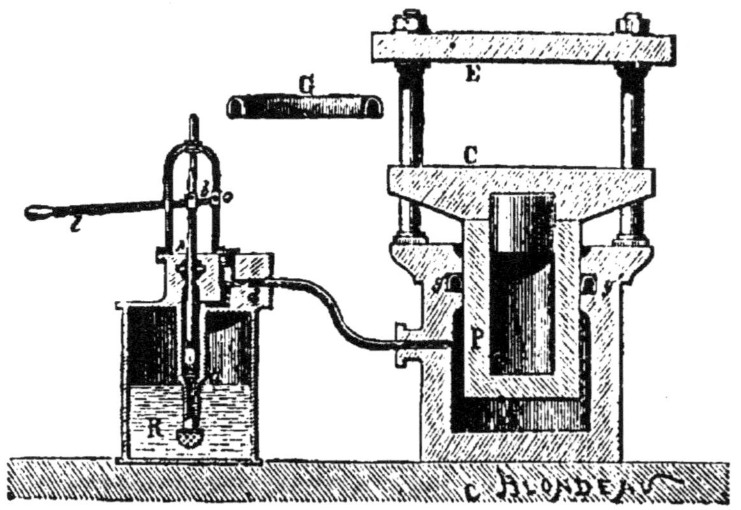

Fig. 24. — Presse hydraulique.
A, grand cylindre avec son piston P. — C, plate-forme mobile. — E, plate-forme fixe. — *g* et G, anneau de Bramah. — B, petits corps de pompe; *p*, son piston; *l*, levier du piston; *a*, *d*, soupapes.

Le petit piston *p* reçoit de la tige d'un levier *l*, auquel il est relié, un mouvement de va-et-vient qui permet d'aspirer l'eau d'un réservoir R pour la refouler dans le cylindre A. A chaque nouvelle quantité d'eau introduite par le jeu de cette pompe foulante, le grand piston P se soulève, et avec lui la plate-forme C qui le surmonte [1]. Si nous admettons que le grand piston ait une surface 200 fois plus large que celle du petit, toute pression de 10 kilos exercée sur la tête du

[1] Un anneau en cuir G imaginé par Bramah en 1796, et engagé en *gg* dans les parois du grand cylindre, empêche l'eau de s'échapper sous la pression qui la comprime.

petit piston devient une pression de 2000 kilos sur la base de l'autre. Or, grâce à l'emploi du levier et à la différence de longueur de ses bras b, l, il devient aisé d'exercer, sans grand effort de la main, des pressions déjà fortes sur le petit piston, et qui sont ici deux fois centuplées sur le grand.

L'industrie emploie journellement les presses hydrauliques pour mettre en mouvement les charges les plus écrasantes, ou pour comprimer des substances dont le volume doit être réduit ou la solidité augmentée [1].

40. PRESSIONS EXERCÉES SUR LES PAROIS DES VASES. — Chacune des parois d'un vase plein d'eau éprouve sa pression propre; il y a donc lieu d'observer la valeur de la pression exercée par l'eau sur le fond, sur les côtés et sur le couvercle d'un vase.

1. PRESSION SUR LE FOND DES VASES. — Pascal adapta un jour un tuyau long de 10 mètres au fond supérieur d'un tonneau, puis il remplit d'eau le vase ainsi formé, et il le vit éclater sous la pression de l'eau, qui jaillissait avec force entre toutes les douves disjointes du tonneau.

Ce simple filet d'eau exerçait, en effet, sur les parois du tonneau la même pression qu'une colonne d'eau qui aurait eu la même hauteur et pour base le fond du tonneau.

Adaptez un bouchon à une extrémité d'un long tube de verre ouvert aux deux bouts et faites-le entrer à frottement, comme un piston, dans un tuyau rempli d'eau : ce liquide montera dans le tube en verre, et, bien que son poids n'ait pas augmenté, la pression

---

[1] On emploie, pour percer les lames épaisses de tôle et les river, des machines à transmission hydraulique qui développent plus de 100 kilog. de pression par centimètre carré. — Le fer fondu est comprimé à l'aide de presses qui donnent 600 kilog. de pression par centimètre. — A la Nouvelle-Orléans, les balles de coton sont soumises, au moment où on les lie, à une pression de cinq millions de livres.

qu'il exercera sur le fond du tuyau sera tellement accrue, qu'elle pourra suffire pour détacher le bouchon qui fermait ce tuyau plein d'eau.

Expérience de Pascal (fig. 25). — Trois tubes A, B, C, de forme différente, peuvent être vissés sur

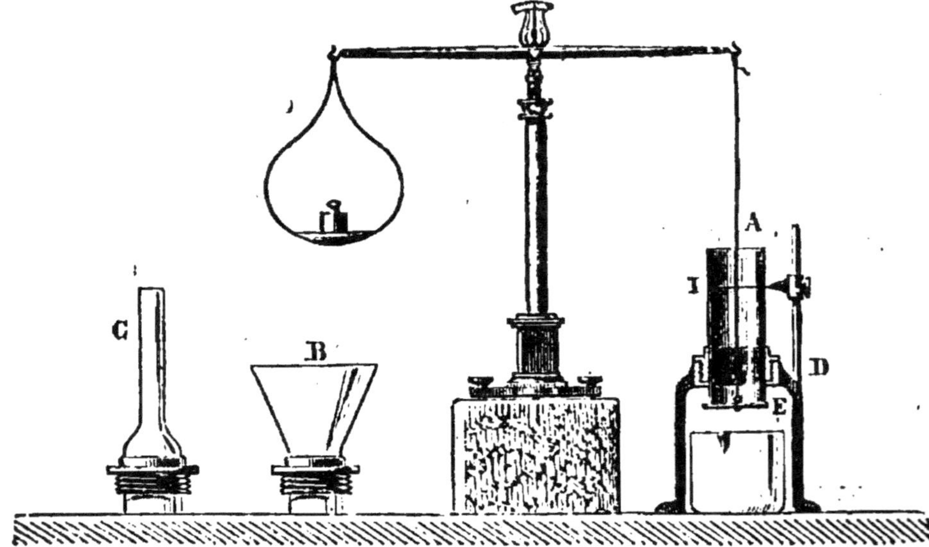

Fig. 25.
Mesure de la pression sur fond horizontal des vases (Pascal).

la même monture. La plaque de verre E, qui sert à en fermer l'ouverture inférieure, est reliée par un fil au bras d'une balance. Après avoir placé un contre-poids dans le bassin suspendu à l'autre bras de balance, on verse de l'eau dans le manchon A, et on marque avec un index I le niveau de l'eau au moment où elle s'échappe par le fond. La même expérience, répétée avec les deux autres vases C et B, montre que les colonnes d'eau qui s'élèvent jusqu'à l'index I font équilibre au même poids.

41. II. Pressions latérales et pressions ascendantes. — *Expérience.* — Fermons avec une carte *ab*

l'ouverture d'une cheminée de lampe T ou d'un petit
entonnoir introduit dans l'eau : si l'ouverture est dirigée vers le bas, la carte
y restera appliquée sans
qu'il soit nécessaire de
l'y maintenir à l'aide d'un
fil; mais voici que l'eau
pénètre dans l'entonnoir
par des fissures, elle
monte dans le tube tenu
entre les doigts : constatez que la carte se dé-
tache au moment où
l'eau a pris dans le tube
le même niveau que dans
la cuvette où se fait l'expérience (fig. 26).

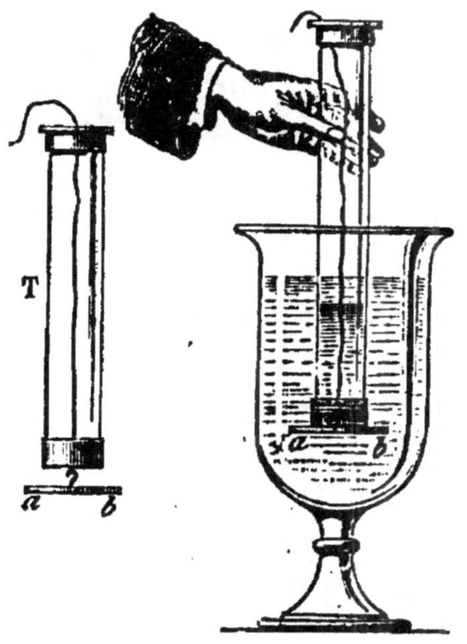

Fig. 26.
Valeur de la poussée.

Tenons, au contraire,
obliquement l'ouverture
de l'entonnoir, la carte
s'y tiendra toujours col-
lée, quelle que soit la position qu'on lui fasse prendre.
Ainsi les pressions s'exercent dans les liquides suivant toutes les directions; la même
carte est pressée toujours avec la
même force du haut, du bas, comme
sur les côtés (fig. 27).

42. TOURNIQUET HYDRAULIQUE. —
Mais s'il est vrai que des pressions
s'exercent sur les parois latérales du
vase, comment expliquer que les
bouteilles pleines d'eau ne se déplacent pas d'elles-mêmes quand
on les suspend par une ficelle ? — On répond avec
raison à cette objection que les pressions exercées
sur des parois diamétralement opposées sont égales

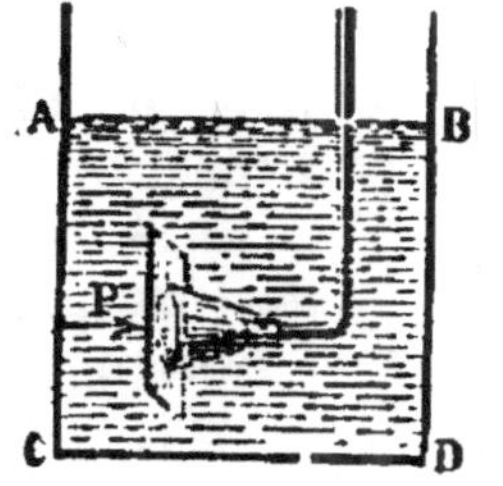

Fig. 27.
Existence et mesure
de la pression latérale.

et qu'elles se détruisent deux à deux, puisqu'elles tendent à imprimer au vase des impulsions contraires.

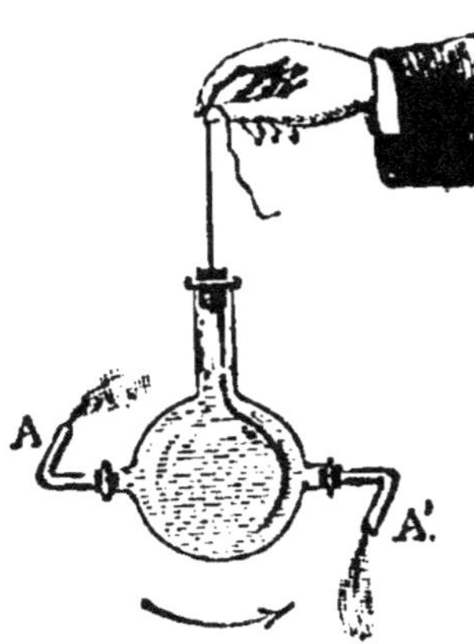

Fig. 28. —
Mouvement de recul.

Adaptons aux parois latérales d'un ballon à deux tubulures (fig. 28) ou d'une boîte en fer-blanc plusieurs tubes coudés dont les courbures ont la même direction. Suspendons par une ficelle le vase ainsi préparé, bouchons les ouvertures A, A′ des tubes coudés avec les doigts ou avec de la cire, et remplissons l'appareil avec de l'eau. Nous le verrons tourner aussi-tôt que l'eau s'écoulera par les deux tubes, et cette rota-tion correspondra au sens des pressions qui s'exer-cent à l'endroit de leur courbure.

QUESTIONS

1. En supposant que les autres dispositions restent les mêmes, y aurait-il avantage, dans une presse hydraulique, à employer un petit piston encore plus étroit? (39)

2. D'où vient que, pour empêcher les fuites, on doit donner une plus grande épaisseur à la base des murailles d'un réservoir d'eau fait en maçonnerie? (41)

3. Doit-il être facile de soulever la vanne qui ferme l'ouverture pratiquée au bas de la porte des écluses? (41)

4. Comment faire pour exercer une forte pression sur une surface, quand on ne dispose que d'une petite quan-tité d'eau? (40)

5. Pourquoi le jet de liquide, qui s'échappe d'un tonneau par un trou, ne conserve-t-il pas la direction horizontale qu'il avait à sa sortie? (21 et 41)

CONDITIONS D'ÉQUILIBRE DES LIQUIDES DANS LES VASES

> Les liquides cherchent tou-
> jours à reprendre leur niveau.

I. Surface libre des liquides en équilibre. — II. Vases communiquants. Applications. — III. Exception présentée par les tubes capillaires.

43. Nous emploierons, pour vérifier expérimentalement ces nouveaux principes, deux sortes de vases : nous pourrons nous contenter d'une simple bouteille en verre blanc; en outre nous nous servirons d'un tube en U. Il suffit pour cela de recourber en forme d'U un tube de verre.

I. *Un liquide prend dans un vase une surface libre horizontale.* — Observez, en effet, la surface de l'eau dans n'importe quel vase, vous la verrez toujours plane et perpendiculaire au fil à plomb (21); inclinez le vase, après agitation l'eau reprendra cette même surface horizontale. On dirait que les molécules de l'eau roulent si rapidement sur elles-mêmes, qu'elles descendent sur les pentes, comme les grains d'un tas de sable bien sec.

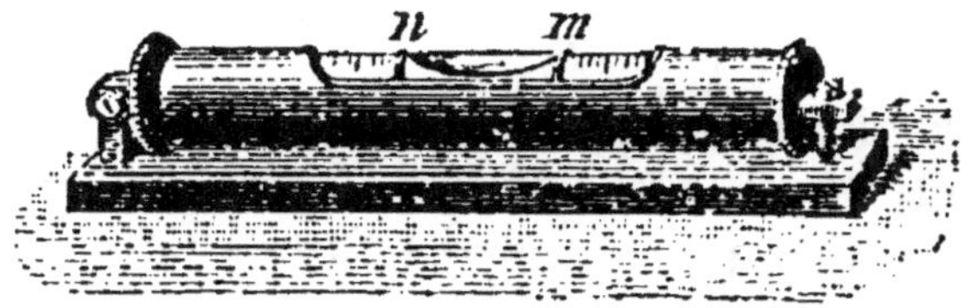

Fig. 29. — Niveau à bulle d'air.

Application. — Le *niveau à bulle d'air*, qui offre une application de ce principe, permet de rendre une surface bien horizontale (fig. 29). La bulle d'air qui

surnage au-dessus du liquide que renferme ce tube
métallique se tient au milieu *nm* quand le niveau est
horizontal, tandis que sur un plan incliné elle monte
du côté le plus élevé. — Pour mettre une table
d'aplomb, on l'abaisse ou on la relève, en sorte que la
bulle du niveau occupe le milieu du tube. — La table
est horizontale quand le niveau placé sur deux lignes
droites qui se croisent sur la table montre chaque
fois la bulle au milieu.

44. II. Versez du pétrole, ou de la benzine, ou encore de l'essence de térébenthine à la surface de
l'eau contenue dans une petite bouteille ; vous verrez
ces liquides se tenir au-dessus de l'eau parce qu'ils
pèsent moins, et, comme ils ne se mêlent pas à l'eau,
leur surface de séparation sera, elle aussi, horizontale.
Les liquides se superposent donc par ordre de densité.

45. III. Dans un tube en U versez de l'eau pure
ou colorée par quelques gouttes d'encre violette. Vous

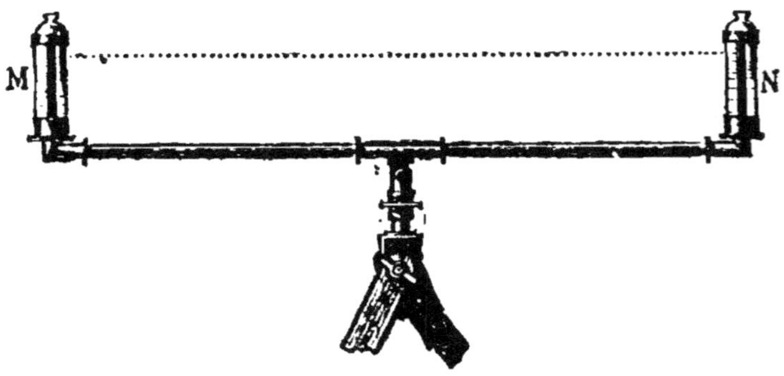

Fig. 30. — Niveau d'eau.

remarquerez que, le tube étant bien dressé et l'eau
bien tranquille, les deux surfaces du liquide seront sur
le même plan ; le regard qui rase une des deux surfaces s'étend pareillement au-dessus de l'autre.
Le niveau d'eau à fioles M,N (fig. 30), dont l'emploi
repose sur le même principe, sert à mesurer les différences de hauteur d'un terrain accidenté.

On obtiendrait la même vérification en plongeant une cheminée de lampe ou un simple tube de verre dans un verre à boire rempli d'eau (fig. 26). Dans ces deux vases intérieurs l'un à l'autre, qui communiquent par le fond, les liquides prennent donc aussi le même niveau

Expériences. — 1. Adaptons aux parois d'une boîte en fer blanc ou aux deux tubulures d'un ballon deux tubes, l'un droit, l'autre incliné ou contourné, nous verrons toutes les surfaces libres se placer à la même hauteur (fig. 23).

2. Faisons communiquer un long tube de verre replié et effilé à son extrémité inférieure avec un petit réservoir plein d'eau ; comme ce liquide doit prendre dans la petite branche du tube la même hauteur que dans la grande, il formera un jet qui s'élèvera, il est vrai, un peu plus bas que l'eau de notre réservoir, mais qui parviendrait à cette hauteur sans la résistance que lui font éprouver l'air et les gouttes d'eau qui retombent (fig. 31).

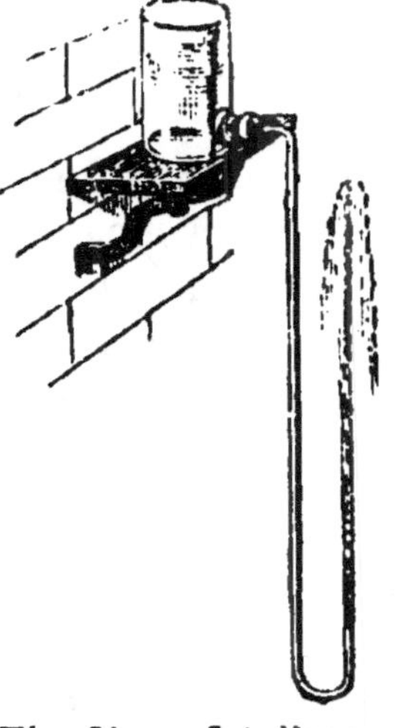

Fig. 31. — Jet d'eau.

Applications. — Chacune des expériences que nous venons de faire nous rend compte à la fois des applications qu'on a faites de ce principe et des phénomènes qui en dépendent.

1. Quand une ville est pourvue de *fontaines*, on met chacune des bornes qui laissent écouler l'eau en communication avec des réservoirs placés sur une hauteur : l'eau en descend par des tuyaux de conduite, et comme elle peut remonter à la hauteur d'où elle est descendue, elle parviendra sans peine aux étages les plus élevés.

2. Il existe dans les montagnes et parfois au sein de la terre, entre des couches de terrain, des nappes d'eau alimentées par les pluies et par les neiges. Elles s'écoulent par des fissures, s'étendent en nappes en

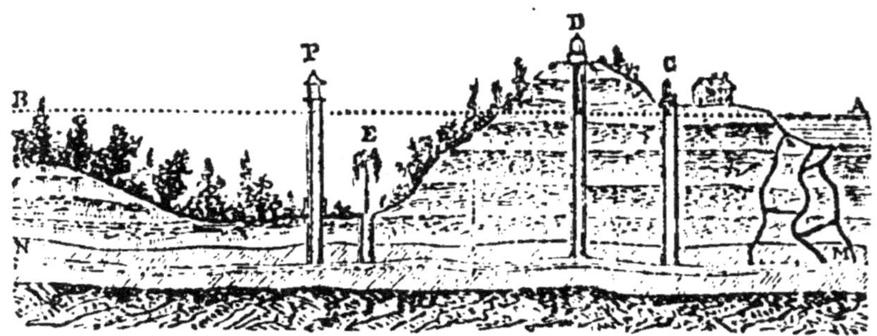

Fig. 32. — E, jet d'eau. — P, puits artésien. — D,C, puits ordinaires. — A, niveau de la source. — NM, nappe souterraine entre deux roches imperméables.

dessous des vallées, et l'on conçoit qu'on leur fraye, en creusant des puits ou dans le forage des pompes, autant de canaux dans lesquels elles reprendront leur niveau primitif (fig. 32).

On comprend dès lors pourquoi toutes ces eaux de nos puits montent ou descendent en même temps, pourquoi aussi leur niveau varie avec celui du réservoir qui les a fournies.

3. Les puits *artésiens* sont des forages qui donnent des eaux jaillissantes. On voit sans peine combien ils rendent faciles les approvisionnements d'eau, et en même temps on retrouve dans ces jets d'eau naturels les conditions du jet d'eau que nous avons obtenu (fig. 31)[1]. La plupart des puits qui fournissent le pétrole aux États-Unis sont des forages par lesquels le pétrole jaillit comme dans nos puits artésiens.

40. IV. Il ne nous reste plus qu'à introduire

[1] Le plus ancien forage artésien fait en France remonte à l'année 1126; il existe encore à Lillers, en Artois, dans un ancien couvent de chartreux.

deux liquides dans deux vases communiquants.
— Reprenons le tube en U, versons-y de l'eau fort
salée, et au-dessus, dans l'une des branches, du pétrole ou tout autre
liquide léger. Les
niveaux ne revien-
dront plus dans ce
cas sur le même
plan horizontal. La
colonne liquide la
plus légère sera
aussi la plus haute.

On pourrait en-
core se contenter
de dresser un tube
ouvert aux deux
bouts sur le fond
d'un bocal ou d'un
verre de lampe fer-
mé avec un bouchon
(fig. 33) ; l'eau pure

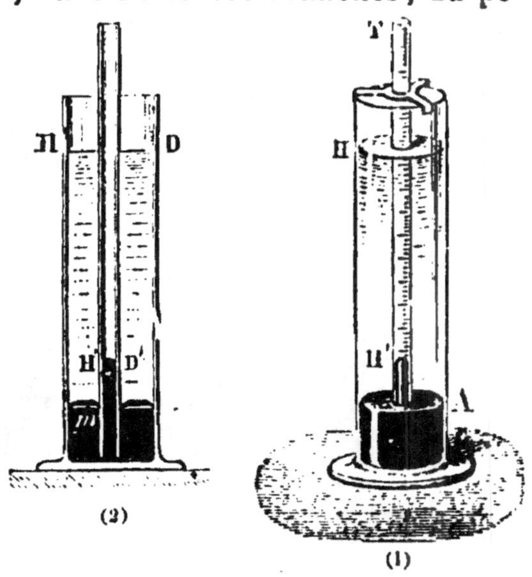

Fig. 33. — Équilibre de deux liquides
dans deux vases communiquants.

ou salée qu'on verserait d'abord couvrirait le fond du
vase improvisé formé avec la cheminée de lampe ; le liquide plus léger qu'on verserait entre les deux parois
du vase forcerait le liquide le plus lourd à monter en
H' dans le tube du centre pour s'y maintenir plus bas.

On trouve dans chacun de ces cas que les hauteurs
H, H' des colonnes liquides mesurées à partir de leur
surface *m* de séparation sont en raison inverse de
leurs densités D, D'.

**47. EXCEPTION PRÉSENTÉE PAR LES TUBES CAPIL-
LAIRES.** — On appelle tubes capillaires des tuyaux
d'étroite ouverture ; par ces tubes il y en a dont la
lumière est trop petite pour laisser passer un cheveu.

Les liquides contenus dans ces tubes posés verticalement présentent une surface libre et atteignent

une hauteur qui diffère de celles qu'ils présenteraient dans un vase plus large. Ces changements de surface ou de niveau dépendent de la nature des liquides : car les uns, comme l'eau et l'alcool, mouillent les parois des tubes, tandis que d'autres, comme le mercure, ne les mouillent pas.

1. Le *mercure* renfermé dans un verre A ou dans un tube D capillaire est limité par une surface *convexe*

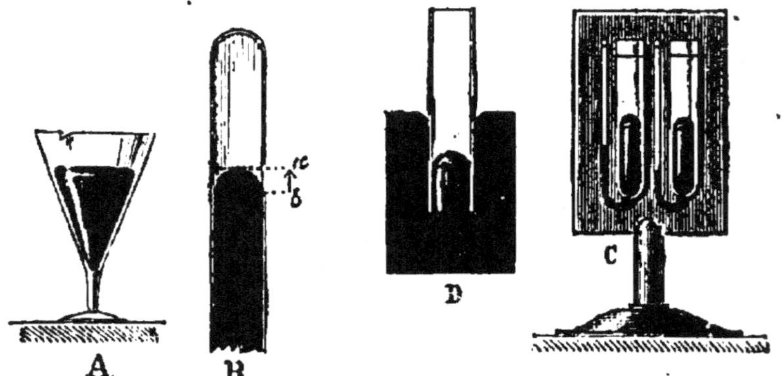

Fig. 34.

AB, courbure de la surface mercurielle. — *ab*, flèche du ménisque.

Dépression mercurielle observée dans les vases communiquants de sections différentes.

et non plus plane ; en outre il n'atteint pas le même niveau, il reste plus bas dans le tube ; la *dépression* du mercure est d'autant plus sensible que le tube est plus mince, comme le montrent les tubes C (fig. 34).

2. Au contraire, l'*eau et les liquides qui mouillent* les parois des vases ont une surface concave, le liquide s'élevant près des bords ; et, dans un tube capillaire, l'eau monte d'autant plus que le tube est plus mince.

C'est par une action capillaire de ce genre qu'on peut expliquer que le café monte si vite dans le sucre qu'on y a plongé, et que l'huile vient brûler à l'extrémité de la mèche qu'on y a fait plonger.

Ce phénomène de la capillarité modifie en réalité les lois plus simples que nous avions admises jusqu'ici; la surface de l'eau ou du mercure renfermés dans un verre n'est jamais rigoureusement horizontale : l'eau s'élève un peu contre les bords du vase, le mercure, au contraire, s'en éloigne ; la surface du premier liquide est *concave*, celle du second est *convexe*.

QUESTIONS

1. Pourquoi l'huile surnage-t-elle au-dessus de l'eau ou du vinaigre ? (44)

2. Quand deux liquides tels que l'eau et le pétrole ont été agités sans se mélanger, comment se superposent-ils au repos ? (44)

3. Pourquoi voit-on l'eau jaunâtre de certains fleuves couler à la surface des eaux bleues de la mer ? (44)

4. Pourquoi met-on sous le toit le réservoir qui doit alimenter d'eau tous les appartements d'une maison ? (45)

5. En quel endroit de ces tuyaux et conduits l'eau jaillit-elle avec plus de force ? (45)

6. Comment s'assurerait-on que l'alcool, le vin, l'éther, l'eau de naphte, sont des liquides plus légers que l'eau pure ? (44)

7. Pourquoi l'huile monte-t-elle dans la mèche d'une lampe ? (47)

8. Pourquoi un bouchon placé dans un verre plein d'eau vient-il toujours sur les bords du vase ? (47-2)

PRINCIPE D'ARCHIMÈDE

Euréka ! euréka !
« J'ai trouvé ! j'ai trouvé. »

48. Découverte de ce principe. — Un roi de Syracuse s'était fait fabriquer une couronne d'or, et comme il soupçonnait que l'orfèvre avait remplacé par de l'argent une partie de l'or qu'il lui avait confié, il recourut, pour découvrir la fraude, aux lumières du plus savant de ses sujets : Archimède rechercha la solution du problème. La couronne était d'un trop beau travail pour qu'il songeât à en détacher même une parcelle; d'ailleurs quel moyen avait-il de reconnaître autrement que par l'aspect la présence de l'argent dans cet alliage supposé? Il était donc absorbé dans ses recherches, et ces pensées ne le quittaient plus, lorsqu'il prit son bain. — Qui ne sait que la main paraît plus lourde lorsqu'on la retire de l'eau? qui ne suppose que le corps tout entier est plus léger lorsqu'il est immergé dans l'eau? Archimède ne pouvait l'ignorer, pas plus que Newton n'avait négligé d'observer la chute des fruits comme de tous les corps avant que son attention fût attirée sur une pomme qui tombait (19). Bref, ce jour-là, un éclair de génie traversa l'esprit du géomètre de Syracuse : Tout *corps pesé dans un bain perd juste un poids égal à celui de l'eau qu'il déplace.* Il lui suffira donc de plonger la couronne dans l'eau pour découvrir la fraude, attendu que le même poids d'or ou d'argent n'occupe pas le même volume. Le problème était résolu, le triomphe assuré. Ivre de joie, Archimède se précipita dans les rues de la ville, en s'écriant : « Je l'ai trouvé, je l'ai trouvé! » *Euréka! euréka!* (200 ans environ avant N.-S.)

Expérience. — Voici une première vérification des idées d'Archimède : suspendez à un peson un corps assez gros, et dont le poids suffira pour faire fléchir le ressort; puis, plongez le corps dans l'eau, aussitôt le peson indiquera un moindre poids; le corps immergé a donc perdu de son poids. — Les expériences qui suivent vont nous permettre de compléter cette démonstration.

40. DEUX DÉMONSTRATIONS DU PRINCIPE. — La preuve expérimentale de ce principe peut se présenter de plusieurs manières différentes. Nous allons en donner deux, afin que l'on puisse choisir celle que l'on trouvera plus facile à réaliser.

1re *Preuve*. — Prenons un corps dont le volume
soit connu : si l'on a un cube en marbre, en verre ou
en pierre, son arête permettra de trouver son volume.

Une arête de 5
centimètres cor-
respond, en ef-
fet, au volume de
$5 \times 5 \times 5$, soit
125 centimètres
cubes. Ce cube
est suspendu
par un fil au
bassin ou au
fléau d'une ba-
lance ; de l'autre
côté on place
125 grammes, et
on ajoute, pour

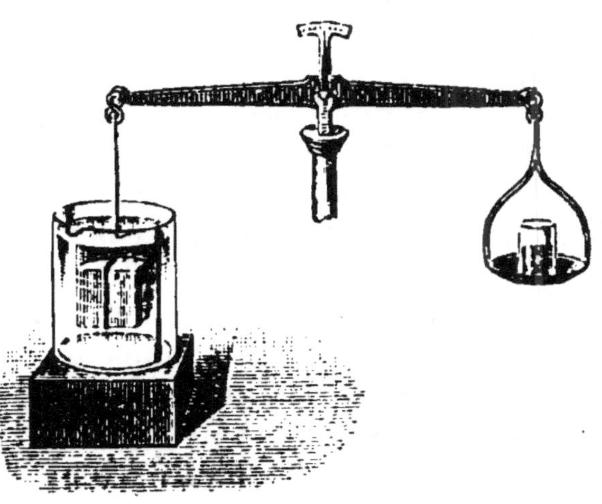

Fig. 35. — Principe d'Archimède.

faire la tare, du sable ou des grains de plomb contenus dans un verre (fig. 35).

L'équilibre était produit ; mais dès que le cube est
plongé dans l'eau, il est rompu : il suffit d'enlever les
125 grammes du côté le plus lourd pour le rétablir.
Le cube avait donc perdu 125 grammes de son poids,
c'est-à-dire un poids égal au poids du volume d'eau
qu'il déplace.

A défaut de volume régulier, facile à évaluer, on pourra
employer un œuf, dont on aura soin de déterminer préalablement le volume. — Il suffira pour cela de peser l'eau
qu'il déplace quand on le met dans un verre : l'œuf est
suspendu à un fil qui l'entoure, on le met dans le verre
qu'on remplit d'eau ; on le retire ; ce qui manque pour
que le verre soit plein représente le volume de l'œuf. Avec
la balance, on trouvera aisément le poids de l'eau qu'il
faut ajouter pour remplir le verre ; si ce poids est 30 gr.,
le volume de l'œuf est 30 centimètres cubes. Cette expérience se poursuit dès lors comme la précédente.

80. 2ᵉ *Preuve.* — Reprenons notre verre à boire, plaçons-y le corps de forme quelconque, l'œuf par exemple, avec lequel on veut faire l'expérience, après l'avoir attaché à un fil, et remplissons complètement le verre avec de l'eau, puis retirons l'œuf à l'aide du fil.

Le corps essuyé est suspendu par son fil à un des bassins de la balance, le verre incomplètement rempli est placé sur le même bassin, et on fait l'équilibre avec une tare quelconque mise dans l'autre bassin.

Prenant à la main un vase plein d'eau, on le soulève en dessous du corps de l'œuf suspendu, de façon à le faire plonger complètement dans l'eau : l'équilibre est rompu ; pour le rétablir, il suffit de remplir le verre à boire. La perte de poids subie par le corps immergé est donc égale au poids de l'eau que l'on ajoute, et par suite au poids de l'eau déplacée.

81. Vérifications particulières du principe. — 1. Suspendez *deux billes d'égal volume* à chacun des bras de la balance en équilibre, puis faites-les plonger, l'une dans l'eau ordinaire, l'autre dans l'eau salée : l'équilibre de la balance sera rompu ; elle penchera du côté de l'eau pure, parce que de ce côté la perte de poids sera moins forte.

L'expérience réussira mieux encore en prenant pour liquides de l'eau salée, du pétrole ou de la benzine.

2. Suspendez aux deux bras de la balance, d'un côté une bille pesante, et de l'autre un petit flacon lesté avec du sable ou du plomb. Ces deux corps se font équilibre, mais ils n'ont pas le même volume. On les fait l'un et l'autre plonger complètement dans l'eau : l'équilibre est rompu, c'est le flacon dont le volume était plus grand qui pèse moins actuellement.

82. Conséquences du principe. — Nos expériences nous ont prouvé que tout corps immergé dans un liquide est soumis à la fois à deux forces directement opposées : le corps, étant pesant, est attiré par la *pesanteur* (19) ; d'autre part, le liquide le soulève, et cette force de *poussée* est égale au poids du liquide déplacé (49).

De là trois conséquences :

1° *Si la pesanteur l'emporte sur la poussée,* le corps tombe au fond du liquide, mais il pèse moins dans ce liquide que dans l'air (49).

Expérience. — Un morceau de fer, une pierre, un œuf, placés sur l'eau, tombent au fond du vase (fig. 36).

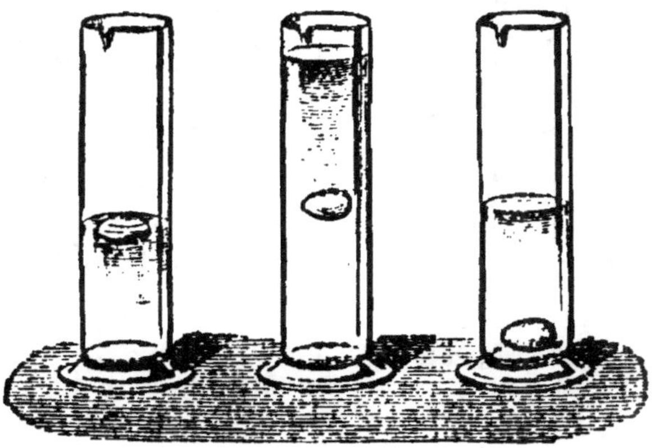

Fig. 36. — Œuf plongé dans l'eau pure et dans l'eau salée.

Il y a lieu, dans ce cas, de déterminer leur volume ; il suffira pour cela de voir de combien le niveau de l'eau s'élève dans le verre où se fait l'expérience, et d'estimer ensuite le volume de cette eau déplacée.

2° *Le poids du corps est égal à la poussée ;* le corps ne peut ni monter ni descendre, il *reste en suspension* dans le liquide.

Expérience. — Mettez un œuf sur de l'eau fort salée, il n'enfoncera pas ; versez de l'eau ordinaire au-dessus, l'œuf restera entre deux eaux, sans monter ni descendre, car son poids est alors détruit par la poussée.

3° Le *poids est inférieur à la poussée ;* le corps flotte à la surface du liquide.

Expérience. — L'œuf placé au-dessus de l'eau salée à saturation reste à la surface; il enfonce d'autant plus que le liquide est plus léger. Le volume d'eau déplacé pèse autant que l'œuf.

63. *Ludion.* — On peut à volonté faire monter ou descendre un corps dans l'eau, dès qu'on sait augmenter ou diminuer son poids ou son volume.

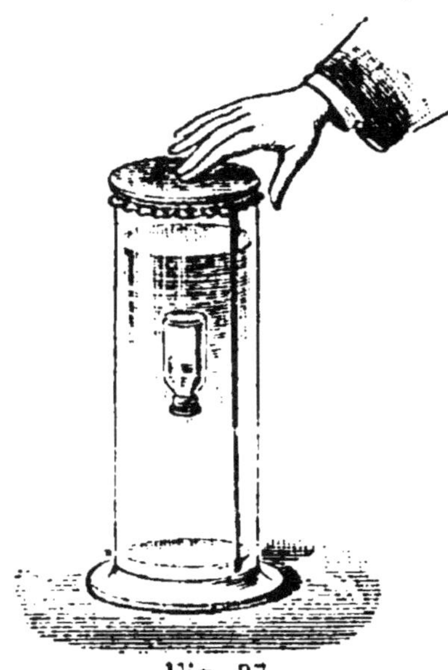

Fig. 37.

1. Prenez une petite fiole à col étroit et entourez son goulot d'une lame de plomb, de façon que dans l'eau la bouteille descende le col en avant. Puis, opérant sur un bassin plein d'eau, laissez entrer un peu d'eau dans votre flacon : vous arriverez, après tâtonnements, à immerger si complètement cette fiole dans l'eau, que son fond affleure à peine au-dessus de l'eau (fig. 37). — Introduisez maintenant cette fiole dans une bouteille à large ouverture et pleine d'eau. Pour cela, la fiole est fermée avec le pouce, puis transportée du bassin dans la large bouteille, où elle reprend la même attitude. Il doit rester un peu d'air au-dessus de l'eau de la bouteille. Comprimez ce petit volume d'air avec la paume de la main, aussitôt la fiole descendra; soulevez la main, elle remontera. La bouteille qui descend renferme plus d'eau, et elle se laisse entraîner par son poids plus fort. Si l'orifice de la bouteille est fermé avec un morceau de parchemin ou de vessie bien tendu, la pression du doigt suffit pour déterminer les mouvements de la fiole. On fait des ampoules en verre percées d'un trou et lestées par

des figurines d'émail qui servent à ces jeux d'enfants (fig. 38)[1].

2. Ajoutez simplement de l'acide chlorhydrique ou encore du vinaigre à de l'eau ordinaire, puis laissez tomber un œuf au fond de cette eau acidulée : des bulles de gaz se formeront sur la coquille de l'œuf, son volume augmentera et avec lui la poussée ; en un instant cette force deviendra suffisante pour l'entraîner jusqu'à la surface de l'eau ; il redescendra aussitôt que ces bulles gazeuses auront disparu.

Fig. 38. — Ludion.

QUESTIONS

1. Dans une expérience faite avec la balance pour prouver le principe d'Archimède, il a fallu enlever 100 grammes du bassin le plus lourd quand le corps était complètement immergé ; quel est son volume ? (49)

2. Pourrait-on se servir de ce moyen pour trouver le volume d'un fruit, d'une pomme de terre ? (49)

3. Quels sont les corps que vous avez vu flotter à la surface de l'eau ?

4. Pourquoi le liège, la glace, le camphre, flottent-ils sur l'eau ? — Enflammez un morceau de camphre placé sur l'eau. (52-3)

[1] Le *Diable* ou *plongeur de Descartes* est connu de tous les enfants. La poésie populaire lui a consacré, en Allemagne, quelques vers que nous reproduisons ici :

Ah ! voyez donc ce diable en son flacon !
Combien joyeux il plonge jusqu'au fond,
Quand le doigt touche au parchemin mobile !
Au moindre signe, il remonte docile,
Et tour à tour, flottant ou sautillant,
Il se soumet aux désirs d'un enfant.

5. Est-il vrai que le fer tombe toujours au fond de l'eau ? Dans quel cas enfonce-t-il ? (53-2)

6. Pourquoi un navire tout en fer peut-il flotter même sur l'eau douce ? — Pourquoi une aiguille à coudre un peu graissée flotte-t-elle, si on la pose avec précaution à la surface de l'eau ? (47-53)

7. Comment des insectes (hydromètres) courent-ils sur l'eau ? — Pourquoi ces insectes enfoncent-ils dans l'eau quand on leur lave à l'alcool le bout des pattes ? — A quelle condition des oiseaux peuvent-ils courir sur les herbes qui couvrent l'eau ?

8. Pourquoi le fer, le cuivre, l'argent, le verre, tombent-ils dans l'eau et flottent-ils sur le mercure ? (52)

9. Pourquoi une boule creuse en verre ou une coquille d'œuf flottent-elles sur l'eau ? (52)

10. Comment reconnaître qu'un œuf est plus lourd que l'eau pure et plus léger que l'eau salée ? (52)

11. Pourquoi des grains de raisin jetés dans l'eau de seltz montent-ils à la surface ?

DENSITÉ DES CORPS SOLIDES ET LIQUIDES

Fluctuat, nec mergitur [1].
Ballotté par les flots, il ne saurait sombrer.

I. Principes. — II. Recherche de la densité. — III. Aréomètres usuels à poids constant.

I. PRINCIPES

54. I. LES CORPS DE MÊME VOLUME N'ONT PAS TOUS LE MÊME POIDS. — Pesez des billes de même dimension et faites de substances différentes, vous en trouverez difficilement deux qui se fassent équilibre. Les corps diffèrent donc de poids, bien qu'ils aient même volume.

[1] Cette devise de la ville de Paris et du vaisseau de l'État : *Fluctuat et nunquam mergitur illa ratis,* convient tout aussi parfaitement aux aréomètres.

C'est ce que l'on exprime en disant qu'ils ont un *poids spécifique* différent.

On obtiendra autant de billes de poids différents que l'on voudra, en faisant couler dans un moule à balles ou dans un dé à coudre de la bougie, de la cire, de la paraffine, du plomb, de l'étain.

II. TOUS LES CORPS DE MÊME POIDS N'ONT PAS LE MÊME VOLUME. — Mettez sur chacun des plateaux de la balance deux fioles vides qui se fassent équilibre (au besoin on ajouterait de la tare à la plus légère), puis remplissez d'eau à moitié l'une des fioles, et versez dans l'autre ce qu'il faut d'alcool ou de pétrole pour rétablir l'équilibre : vous observerez aisément que le volume de l'alcool ou du pétrole est plus grand que celui de l'eau. Sous le même volume, chacun de ces deux liquides pèse donc moins que l'eau; aussi son poids spécifique est-il plus faible. Au contraire, quelques gouttes de mercure suffiraient pour faire équilibre à l'eau qui remplit le flacon.

III. *Définition de la densité.* - - On appelle *densité* ou plus exactement *poids spécifique* d'un corps le rapport qui existe entre son poids et le poids du même volume d'eau.

3 centimètres cubes de plomb pèsent 33 grammes.

3 centimètres cubes d'eau pure pèsent 3 grammes.

Le poids spécifique du plomb est donc $\dfrac{33}{3} = 11$.

Ainsi le plomb pèse 11 fois plus que l'eau : 1 décimètre cube de plomb pèse dès lors 11 kilog.

Applications. — 1. *Calculer le poids d'un corps, connaissant son volume et sa densité.*

La densité du fer est 7, 7 ; quel est le poids de 5 décimètres cubes de ce métal? — Le même volume d'eau ou 5 décimètres cubes pèse 5 kilog., le fer étant 7,7 fois plus pesant, le volume donné de fer pèse donc $7,7 \times 5 = 38,5$ kilogrammes.

Le poids d'un corps s'obtient donc en multipliant son volume par sa densité.

2. Calculer le volume d'un corps, connaissant son poids et sa densité.

La densité du mercure est 13,6; quel volume occupe 1 kilog. de ce métal? — Le même poids d'eau occuperait un volume d'un litre. Comme à poids égal le mercure a un volume 13,6 fois plus petit, le kilog. de mercure a donc un volume de $\frac{1}{13,6}$ litre $= 73$ c. c.

3. Calculer la densité d'un corps, connaissant son poids et son volume.

5 décimètres cubes de verre pèsent 12,5 kilog.; quelle est la densité de cette substance? — La densité étant le poids de l'unité de volume, sa valeur s'obtiendra en divisant le poids du verre 12,5 kilog. par son volume, 5 décim. c. Le quotient $\frac{12,5}{5} = 2,5$ représente donc la densité du verre.

La solution de ces trois problèmes est renfermée dans la formule $P = VD$, laquelle exprime que le poids P d'un corps s'obtient en multipliant son volume V par sa densité D.

II. RECHERCHE DE LA DENSITÉ

63. 1. Densité d'un liquide. — *Expérience.* — Pour réduire le procédé de recherche à sa plus grande simplicité : (1) prenons un petit flacon à goulot étroit et faisons-en la tare sur la balance.

(2) Le flacon est pesé plein de pétrole; il faut 21 grammes pour lui faire équilibre; pesé plein d'eau, il faut 25 grammes. La densité du pétrole est donc $\frac{21}{25}$; en faisant la division on trouve 0,84.

Par suite, un hectolitre d'eau pesant 100 kilog., un hectolitre de pétrole pèse 84 kilogrammes.

86. II. Densité d'un corps solide. — (a) Commençons par le cas plus simple, où le poids du corps est connu; il devient alors inutile de le peser. Prenons donc de gros sous. Une pièce d'un décime pèse 10 grammes; introduisons 4 de ces pièces, soit 40 grammes, dans un verre qui contient de l'eau, et, avec une bande de papier collée sur la longueur du verre, marquons le changement de niveau de l'eau : il deviendra ensuite facile de trouver le poids de l'eau déplacée, et par suite le volume des 4 décimes. On trouve que l'eau déplacée pèse 5 grammes; les 4 pièces de monnaie ont donc un volume de 5 centimètres cubes.

Leur poids spécifique serait donc $\frac{40}{5} = 8$. Ainsi le bronze des monnaies pèse 8 fois plus que l'eau.

Autre exemple. — (b) Pesons sur la balance des grains de plomb; prenons-en 55 grammes, puis introduisons-les dans un tube de verre qui contient de l'eau : le niveau s'y élève, et l'on trouve que l'eau déplacée pèse 5 grammes. Nos 55 grammes de plomb ont donc un volume de 5 centimètres cubes; leur densité est, par suite, $\frac{55}{5} = 11$.

(c) *Méthode du flacon.* 1. Plaçons une bille de marbre à côté d'un flacon plein d'eau, sur le bassin d'une balance, et faisons l'équilibre par une tare convenable.

2. La bille est retirée; il faut, pour maintenir l'équilibre, la remplacer par un certain nombre de grammes qui donnent son poids.

3. La bille est introduite dans le flacon pris à la main; elle déplace son volume d'eau. Le flacon, soigneusement essuyé, ne fait plus équilibre à la tare. Les grammes qu'il faut ajouter représentent le poids de l'eau déplacée.

4. Le quotient de ces deux poids exprime la den

sité du marbre. Si le premier poids est 5 grammes et le second 2, la densité de la pierre est $\frac{5}{2} = 2,5$.

III. ARÉOMÈTRES

57. Qu'est-ce qu'un aréomètre? — C'est un flotteur qui, se tenant droit dans l'eau et dans les autres liquides, permet d'en trouver la densité.

Les *pèse-acides* et les *pèse-lait* sont des aéromètres.

Placez l'un de ces instruments sur l'eau, il s'y enfoncera en demeurant droit, et même si on l'incline il reprendra aussitôt sa première position ; plongez-le dans du vinaigre ou dans l'eau salée, il y enfoncera un peu moins (fig. 39).

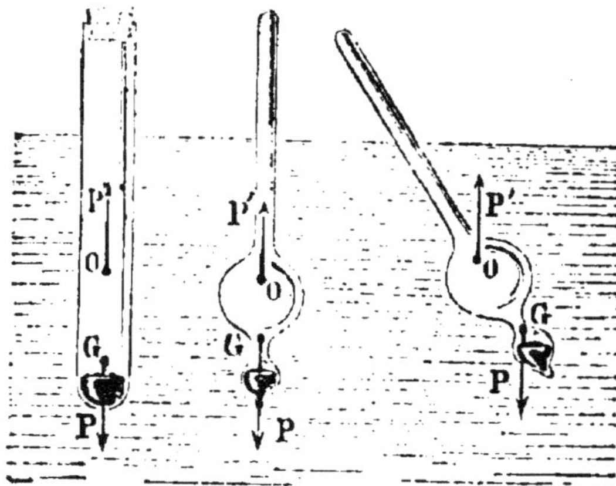

Fig. 39. — Équilibre des corps flottants.

D'ailleurs, on peut faire un flotteur de cette sorte plus simplement. Le tuyau fermé d'un porte-plume ou d'un porte-crayon, dans lequel on a mis quelques grains de plomb, enfonce aussi dans l'eau en se tenant droit. Un simple crayon, dont une extrémité porte une petite bande de plomb enroulée en anneau, descend ou se relève suivant qu'on le fait plonger dans l'eau pure ou dans l'eau salée. La fig. 39 montre comment quelques gouttes de mercure suffisent pour lester des tubes en verre de différentes formes.

58. Pourquoi un aréomètre se tient-il droit? — 1. Remarquons d'abord que l'aréomètre *flotte* dans un liquide parce que son poids P est détruit par la poussée P′ ascendante du liquide; il est dans le cas d'un œuf qui surnage sur l'eau salée.

Enroulez une bande d'étain ou attachez un fil de plomb ou de cuivre à l'extrémité immergée de l'aréomètre, son poids augmentera, et, afin de se tenir en équilibre, il enfoncera davantage. Dès lors la poussée augmentera avec le poids du flotteur.

D'ailleurs, il suffit de recueillir l'eau qui sort d'un vase plein, quand on y fait plonger un aréomètre, pour constater, une fois de plus, que l'eau qui s'écoule pèse autant que l'instrument (fig. 40).

Fig. 40.
Un aréomètre déplace un volume d'eau de même poids.

2. En outre, le flotteur reste *droit* dans l'eau parce qu'il porte à un bout une ampoule remplie de grains de plomb ou de mercure pour lui servir de *lest*. — Un œuf resterait pareillement droit sur l'eau si son gros bout était lesté.

En voici la preuve : placez une boule de verre creuse sur l'eau, elle s'y tiendra dans n'importe quelle position. Attachez au crochet que porte cette boule une balle de plomb servant de lest, la boule plongera davantage et se tiendra toujours dans la même position (fig. 41.)

Fig. 41. — Équilibre stable d'un flotteur.

Il est facile de faire un aréomètre avec un bouchon : on fait passer dans le bouchon un fil de fer qui le traverse dans sa longueur; on attache une balle de plomb à une de ses extrémités, et, pour que le liège ne s'imprègne pas trop d'eau, on le recouvre d'un vernis ou d'une couche de couleur à l'huile.

59. Comment emploie-t-on un aréomètre? — Le mode d'emploi d'un aréomètre varie avec sa destination. — Laissant de côté les aréomètres qui portent une capsule à l'extrémité de leur tige, et qui sont

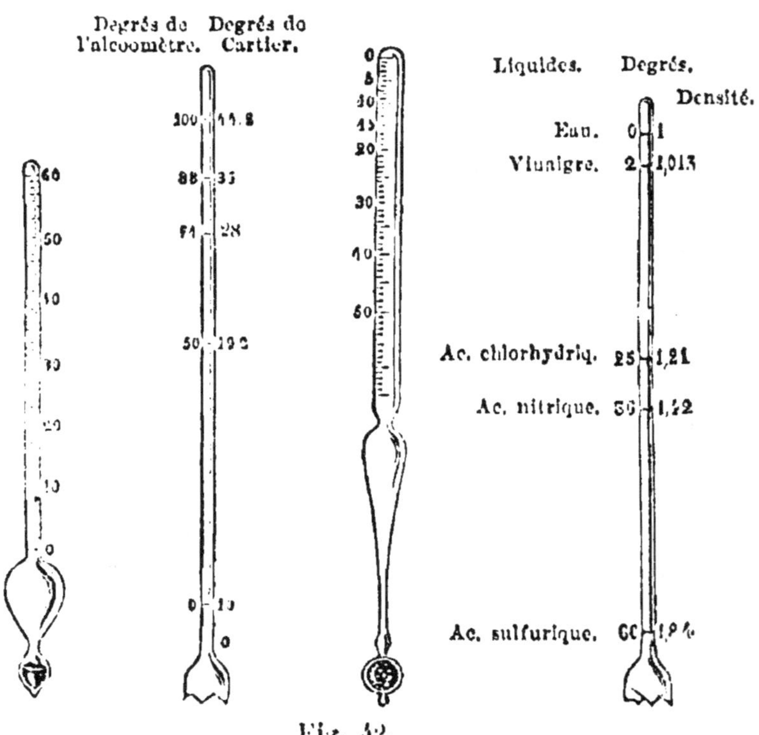

Fig. 42.

1. Pèse-liqueurs.   2. Extension de ses indications.   3. Pèse-sels (Baumé).   4. Extension de ses indications.

moins communs, nous ne voudrions nous occuper ici que des aréomètres à *poids constant* qui se terminent par une tige en verre graduée.

La destination de l'instrument est inscrite sur la tige : il y a (1) les densimètres et volumètres, (2) les pèse-acides, les pèse-lait et les pèse-esprits, et enfin (3) les alcoomètres.

(1) Les premiers portent des chiffres sur leur tige qui permettent d'évaluer directement la densité des

liquides. Dans un *densimètre,* le chiffre qui correspond
à l'affleurement dans un liquide donne aussitôt sa
densité. Si l'affleurement donne 975 dans un liquide
et 1000 dans l'eau, la densité de ce liquide est 0,975
de celle de l'eau.

Dans un *volumètre,* l'affleurement donne le volume
du liquide, qui pèse autant que 100 volumes ou un
hectolitre d'eau. — Le trait de repère est-il 80 pour
un liquide, 80 litres de ce liquide pèsent autant que
100 litres d'eau, soit 100 kilog.; mais si 80 litres pèsent
100 kilog., 1 litre de ce liquide pèse $\dfrac{100}{80} = 1$ k. 25.
Sa densité est donc 1,25.

Le trait de repère est-il 125, le liquide est donc plus
léger que l'eau, puisqu'il en faut un plus grand volume
pour peser autant que 100 volumes d'eau.
Comme 125 litres pèsent 100 kilog., 1 litre
pèse $\dfrac{100}{125} = 0$ k. 8; la densité est ici 0,8.

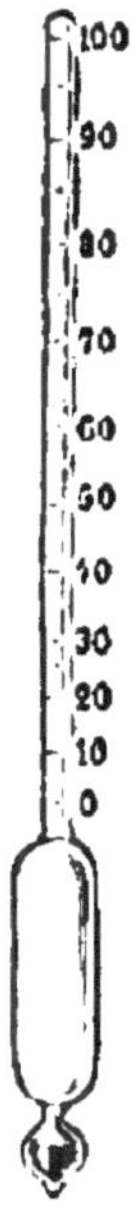

60. (2) Les aréomètres de la seconde
catégorie sont appelés *aréomètres de Baumé
et de Cartier;* leurs indications disent uniquement si le liquide dans lequel on les plonge
est plus lourd ou plus léger qu'un autre.

Si le zéro est en bas de la tige (fig. 42 : 1.2),
l'aréomètre est un *pèse-esprit* destiné aux
liquides qui sont, comme l'alcool, plus légers
que l'eau. — Si le zéro est au sommet de la
tige (fig. 42 : 3, 4), c'est un *pèse-acide.* L'acide
chlorhydrique y affleure à 25°, l'acide azo-
tique à 36°, et l'acide sulfurique, plus lourd
encore, à 66°. Dans l'eau saturée de sel de
cuisine, cet aréomètre marque 15°.

Fig. 43.
Alcoomètre.

(3) Les *alcoomètres* font connaître le
volume d'alcool contenu dans un hectolitre d'un mélange d'eau et d'alcool. Ainsi l'affleurement 90 si-

gnifie que le liquide ne renferme que 90 litres d'alcool pur ou *absolu* par hectolitre (fig. 43) [1].

QUESTIONS

1. Une statuette a été coulée en cire, dont la densité est 0,97 : combien de fois plus pèserait-elle si on l'avait faite en plomb, dont la densité est 11 ? (54-3)

2. Comment s'assure-t-on que la cire est plus légère que l'eau et plus lourde que la benzine ? (52)

3. Quel est le poids d'un bloc de pierre cubique qui a 30 centimètres d'arête et une densité égale à 2,8 ? (54)

4. Quel est le volume d'une statue du poids de 1440 kg., et faite en fonte, dont la densité est 7,2 ?

5. Un aréomètre flotte dans l'eau, par quels moyens peut-on le faire monter ou descendre ? (58)

6. A quoi reconnaît-on qu'un aréomètre est destiné aux liquides plus légers ou plus lourds que l'eau ? (59)

7. Trois aréomètres ont été plongés dans l'alcool : le densimètre a marqué 0,835 ; le pèse-esprit, 35° ; l'alcoomètre, 88° ; quel est le sens de chacune de ces trois indications ?

PROPRIÉTÉS GÉNÉRALES DES GAZ
ET DE L'AIR

> Nous vivons submergés au fond d'un océan d'air, et nous savons par des expériences indubitables que l'air est pesant.
>
> (*Lettre de Torricelli.*)

I. L'air existe. — II. Il est pesant. — III. Il est élastique.

61. Nous nous proposons de reprendre au sujet des gaz l'étude que nous venons de terminer pour les li-

[1] L'alcoomètre centésimal est seul reconnu aujourd'hui par l'État pour l'essai des spiritueux. Il y a actuellement en France 30,000 patentes qui supposent et requièrent l'emploi de cet aréomètre.

quidés. Mais, de même que pour observer les propriétés qui sont communes à tous les liquides on fait les expériences avec de l'*eau,* qu'on étudie les pressions que ce liquide exerce ou transmet, qu'on compare à son poids celui des autres corps solides ou liquides, ainsi vérifie-t-on, de préférence, sur l'*air* les propriétés qui sont communes à tous les gaz, et on rapporte à son poids le poids du même volume des gaz pris dans les mêmes conditions.

I. EXISTENCE DE L'AIR

62. Les propriétés que nous reconnaîtrons bientôt dans l'air et dans tous les gaz, les actions qu'exerce l'atmosphère, la force du vent qui soulève la poussière comme il chasse les nuages et produit les ouragans, seraient autant de preuves déjà bien suffisantes, s'il fallait encore prouver que l'air existe.

Toutefois, pour que ce fait soit bien certain pour tous, nous rappellerons cette simple expérience (4).

Quand, avec la main, on enfonce dans l'eau un verre à boire ou une cloche (fig. 44), le niveau du liquide descend plus bas dans le verre que dans le bassin où se fait l'expérience. Un morceau de liège posé sur l'eau et recouvert par le verre descend, et un insecte qui y serait renfermé pourrait ainsi être complètement submergé et vivre

Fig. 44. — Existence de l'air.

dans ce volume d'air comprimé, comme dans une *cloche à plongeur.*

Nous avons donc renfermé dans notre verre retourné un corps qui occupe une certaine partie de l'espace et qui fait résistance à l'eau. Il est vrai que ce corps est incolore, qu'il est plus transparent encore que l'eau; mais il n'en existe pas moins. Ce corps s'appelle un *gaz*, et, dans notre expérience, ce gaz est de l'air.

Cette même expérience réussit encore en retournant sur l'eau un entonnoir en verre dont la tige est fermée avec le doigt; l'eau se tient encore plus bas dans l'entonnoir que dans le bassin, et elle ne reprend le même niveau qu'au moment où l'on soulève le doigt pour laisser sortir l'air un instant comprimé.

II. L'AIR ET LES GAZ SONT PESANTS

63. *Poids de l'air.* — Sans être comparable à celui de l'eau, le poids de l'air n'est cependant pas négligeable. On prouve, en effet, qu'un litre d'air pèse 1 gr. 293, et, comme un litre d'eau pèse 1000 gr., on trouve, en comparant ces deux poids, qu'à volume égal l'eau pèse 770 fois ou $\frac{1000}{1,293}$ plus que l'air.

Ainsi un mètre cube d'air ne pèse que 1293 gr.

Bien que ce poids de l'air soit, en effet, très faible, on peut cependant constater la différence de poids que présente un ballon pesé d'abord vide, puis plein d'air.

Voici deux manières de faire cette expérience :

1. Un ballon de trois à quatre litres de capacité est fermé par un robinet en cuivre qui permet d'y faire, puis d'y maintenir le vide. On le place sur le plateau d'une balance après y avoir fait le vide, et on fait de l'autre côté équilibre par une tare convenable. Vient-on maintenant à ouvrir le robinet, l'air siffle et rentre dans le ballon, et aussitôt l'équilibre est détruit. On peut le rétablir en ajoutant

Fig. 45. — Poids de l'air.

à la tare quelques grammes qui représentent le poids de l'air qui remplit actuellement le ballon (fig. 45).

2. Cette expérience réussit encore en faisant bouillir pendant quelques minutes de l'eau dans un ballon. Quand par une ébullition assez prolongée on a chassé, en partie du moins, l'air du ballon, on le ferme avec soin avec un bon bouchon, et on le porte sur le plateau de la balance. L'équilibre qu'on a établi est détruit aussitôt que le ballon ouvert se remplit d'air.

64. *Poids différents des gaz.* — Toutefois tous les gaz ne sont pas également pesants : les uns sont plus lourds; d'autres, en grand nombre, sont plus légers que l'air. Voici quelques exemples de cette différence de densité :

1. *Gaz plus lourds.* — (a) Faites arriver au fond d'un flacon à large ouverture et assez profond quelques gouttes d'eau de seltz, puis faites descendre une mèche allumée ou une bougie dans ce flacon : la flamme se maintiendra dans la partie supérieure, mais elle s'éteindra dans la partie inférieure du flacon. Le gaz carbonique sorti de l'eau de seltz, étant plus lourd que l'air, reste au fond du flacon, et l'air y surnage, comme l'huile sur l'eau (44).

(b) Installez une bougie allumée au fond du flacon A plein d'air pur, puis retournez un autre flacon C rempli de gaz carbonique que vous avez recueilli sur l'eau : ce gaz tombera sur la flamme et l'éteindra comme ferait de l'eau; il est donc plus lourd que l'air, et de il plus n'entretient pas la combustion (fig. 46).

2. *Gaz plus légers.* — (a) Versez quelques gouttes d'eau acidulée avec de l'acide sulfurique sur des morceaux de zinc placés au fond d'un flacon, une effervescence se manifestera. Après quelques secondes approchez une allumette, le gaz qui sort du flacon s'allumera. C'est de l'hydrogène, le plus léger de tous les gaz; aussi s'élève-t-il et sort-il du flacon.

(*b*) Remplissez un flacon H d'hydrogène (fig. 46),
tenez-en la large ouverture en bas, le gaz ne s'échap-
pera point, puisqu'il cherche à monter; rapprochez

Fig. 46. — Poids différents des gaz.

cette ouverture de celle d'un autre flacon A plein
d'air, inclinez vers le bas le fond de l'éprouvette à
hydrogène, suivant la direction de la flèche : le gaz
sortira du flacon pour monter dans le vase plein
d'air, il le chassera en partie, et vous pourrez de nouveau l'enflammer.

III. L'AIR EST ÉLASTIQUE

65. PRINCIPES. — Les gaz augmentent et diminuent
facilement de volume, mais ils reprennent aisément
et d'eux-mêmes leur premier volume dès qu'a disparu la cause qui l'avait fait varier.

Que les gaz *augmentent* de volume ou soient ex-
pansibles, quoi de plus souvent constaté, puisqu'on
reconnaît à distance, grâce à son odeur, le gaz qui
s'échappe d'un tuyau qu'on a laissé ouvert (4-1)?

Que les gaz puissent *diminuer* de volume, il
suffit, pour s'en convaincre, de pousser vivement le
piston d'un pistolet d'enfant, après avoir appliqué
contre la table le bouchon qui le ferme. Le piston

descend, le gaz se comprime, mais le piston remonte
dès que la pression disparait.

D'ailleurs, l'air d'un soufflet n'est-il pas comprimé
au moment où il est lancé?

Expériences. — Les expériences suivantes con-
firment ces faits d'observation quotidienne (fig. 47).

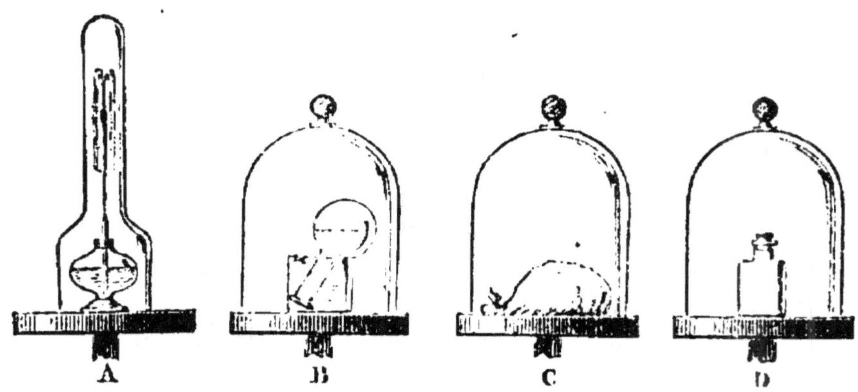

Fig. 47. — Preuves de l'expansibilité et de l'élasticité de l'air.
A, jet d'eau dans le vide. — B, volume d'air limité. — C, vessie
qui se gonfle. — D, bouteille qui s'ouvre d'elle-même.

1. Une petite fiole A à moitié pleine d'eau colorée est
fermée par un bouchon; un tube ouvert à ses deux
extrémités la traverse et s'enfonce dans l'eau. La
fiole est placée sous une cloche ou un vase allongé A,
où l'on fait le vide; l'eau colorée jaillit, évidemment
par suite de l'augmentation du volume de l'air de la
bouteille et de la pression que ce gaz exerce sur
l'eau.

2. Un ballon B, à moitié rempli d'eau colorée, est
renversé sur un verre à boire; il contient de l'air qui
en occupe la partie supérieure. Dans le vide de la
machine pneumatique, et même pour peu qu'on raréfie
l'air de la cloche en aspirant par un tube avec la
bouche, on voit l'air du ballon se dilater; l'eau descend,
mais elle remonte aussitôt que la pression est rétablie.

3. Une vessie est comprimée et bien fermée; après l'avoir placée sous la cloche C, où l'on fait le vide, on la voit augmenter de volume à mesure que l'air disparaît de la cloche, puis se comprimer quand il rentre : nouvelle preuve de l'expansibilité et de l'élasticité de l'air.

4. Une simple bouteille D ne contient que de l'air; on la ferme avec un bon bouchon. Dans le vide de la machine elle se débouche d'elle-même à cause de l'expansion du gaz et de l'excès de pression qu'il exerce.

QUESTIONS

1. Par quoi est produit le *glouglou* d'une bouteille dont on verse le liquide? (62)

2. Comment faire pour remplacer l'air que renferme une bouteille par l'air d'une salle? (62)

3. Comment conserver, sans employer de bouchon, le gaz qui remplit un flacon? (4)

4. Si l'air est pesant, comment expliquer qu'une vessie comprimée tombe au fond de l'eau, tandis qu'une vessie gonflée flotte sur l'eau? (52)

5. Peut-on reconnaître à la main si un flacon est vide ou plein de gaz? s'il est plein d'hydrogène ou de gaz carbonique? (65)

6. Comment peut-on remplir une bouteille avec de l'air des poumons?

7. D'où vient qu'il est plus facile de pousser en l'ouvrant la porte d'une chambre, quand une de ses fenêtres est ouverte? (66)

PRESSIONS EXERCÉES PAR L'AIR

> Jusqu'ici on a cru que la force
> qui empêche le vif-argent de re-
> tomber est intérieure et provient du
> vide ; mais je prétends que la ma-
> tière est extérieure, et que cette
> force vient du dehors. (TORRICELLI.)

66. Nous venons de constater que l'air est pesant ;
il n'est pas étonnant dès lors que ce gaz exerce une
pression sur les corps qui y sont plongés. Nous allons :
1º constater et 2º mesurer la pression exercée par
l'air, ou, comme on le dit plus communément, par
l'atmosphère.

I. EXISTENCE DE LA PRESSION ATMOSPHÉRIQUE. — La
pression atmosphérique s'exerce dans tous les sens, de
haut en bas comme de bas en haut, et aussi latéralement.
Comme ce principe est capital et qu'il a été, avant Torricelli (1643), longtemps méconnu, nous allons, par
des expériences variées, donner la preuve de l'existence de ces diverses pressions.

1º *Pression de haut en bas.* — (1) Commençons
par la plus simple expérience. Un œuf cuit dur est
placé sur l'orifice d'une carafe à goulot évasé ; on
jette dans la carafe, qui ne renferme que de l'air, un
morceau de papier allumé : l'œuf sautille d'abord par
suite de la sortie de l'air dilaté, puis il s'allonge et
se précipite au fond du vase.

Le papier en brûlant a raréfié l'air ; la pression extérieure exercée par l'atmosphère, qui l'emporte alors,
précipite cette sorte de bouchon dans la carafe. Évidemment, à défaut d'œuf, l'expérience se répéterait

en couvrant l'orifice avec un bouchon ou un morceau
de caoutchouc ou de cuir mouillé.

(2) *Pluie de mercure* (fig. 48-1). — On visse sur
la platine de la machine pneumatique un large tube
de verre T, fermé à
sa partie supérieure
par une peau épaisse.
Ce disque de cuir
forme le fond d'une
sorte d'entonnoir E
en métal ou en bois ;
il est solidement fixé
et complètement cou-
vert de mercure. Dès
que l'air aspiré par le
canal *t* se raréfie dans
le tube par le jeu de la
machine, la pression
de l'atmosphère sur
le mercure se mani-
feste, et ce liquide,
traversant le cuir,
tombe en gouttes
brillantes. Cette *pluie
de mercure* cesse dès

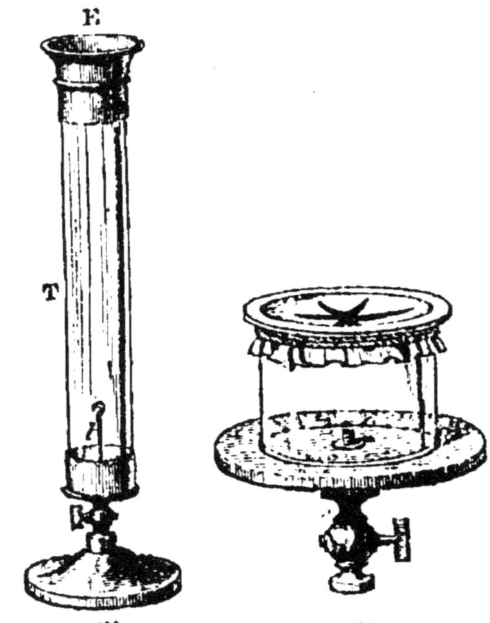

Fig. 48. — Pression verticale descendante
de l'atmosphère.

1. Pluie de mercure. — 2. Crève-vessie.

que les bords du cuir sont découverts ; l'air passe
alors à son tour et rentre dans le tube.

(3) *Crève-vessie* (fig. 48-2). — Un manchon assez
large en verre ou en métal est appliqué sur la platine
de la machine pneumatique. Son ouverture supérieure
est fermée à l'aide d'un morceau de parchemin ou de
vessie qu'on lie fortement. On raréfie l'air, la membrane se déprime ; puis, si le vide devient assez parfait, la pression supérieure de l'air s'augmentant de
la diminution de pression à l'intérieur, la membrane
se déchire avec bruit.

67. **2° PRESSION DE BAS EN HAUT.** — Grâce à l'élasticité de l'air, la pression descendante de l'atmosphère développe une réaction de sens contraire (20-II) qui devient la pression de *bas en haut* (fig. 48).

(*a*) Un tube de verre A, que l'on peut prendre à la fois long et large, est fermé à une extrémité par un bouchon percé d'une ouverture actuellement fermée; on le remplit d'eau complètement, puis on applique une feuille de papier sur la surface liquide, et on renverse le tube avec soin. Dans cette position, l'action de la pesanteur sur cette colonne liquide est équilibrée par celle que l'air exerce sur la feuille de papier; mais cette pression ascendante de l'atmosphère pourrait être détruite par la pression verticale, et, en effet, si on vient à déboucher l'ouverture supérieure du tube, l'eau s'écoule, entraînée par son poids.

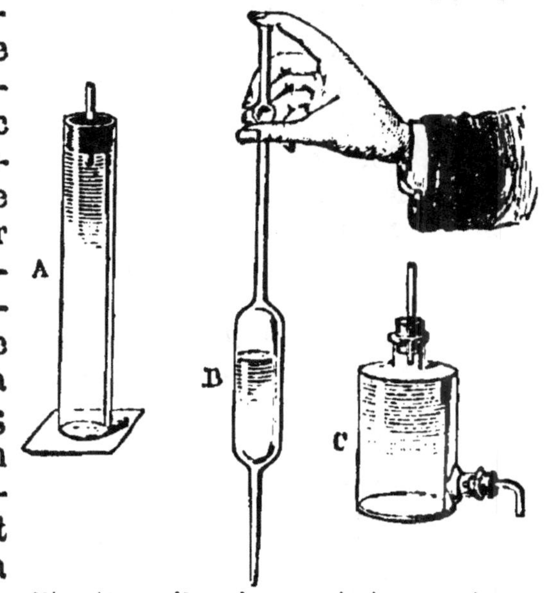

Fig. 49. — Pression verticale ascendante de l'atmosphère.

A, tube plein d'eau. — B, pipette.
C, flacon de Mariotte ouvert.

Un simple verre à boire ou un flacon rempli d'eau et fermé avec une feuille de papier, voire même avec une lame de verre, peuvent également être retournés sans que l'eau s'écoule.

(*b*) C'est à l'existence de cette même pression que l'on doit de pouvoir transporter une colonne liquide dans un tube B ouvert à sa pointe inférieure. Ces sortes d'instruments sont appelés *pipettes* ou *tâte-vin*. L'ouverture supérieure du tube a été fermée avec le doigt au moment où on le remplissait, le liquide soulevé ne s'écoule qu'à chaque fois que le doigt se relève.

Un flacon C, muni vers le bas d'une ouverture latérale, ne laisse écouler par son tube recourbé l'eau qui le remplit que si l'on débouche l'orifice supérieur.

68. 3° PRESSION LATÉRALE. — Un simple tube droit, adapté à la tubulure inférieure de ce même flacon, permettrait de constater l'existence de la pression latérale.

On peut encore, pour la reconnaître, appuyer la main sur la large ouverture d'un flacon dans lequel on a jeté un morceau de papier enflammé. L'air se raréfie, le verre *forme ventouse;* la paume de la main, fortement appliquée par l'atmosphère contre l'ouverture du flacon, fait saillie à l'intérieur. Le verre adhère à la main dans toutes les positions, même quand la paume est dressée verticalement.

69. 4° PRESSION DANS TOUS LES SENS. — (1) *Hémisphères de Magdebourg.* — Deux hémisphères en cuivre peuvent être mis en contact, et limiter assez parfaitement une masse d'air pour qu'on y fasse le vide. L'un d'eux A porte un pied muni d'un robinet; à l'autre est soudé un anneau

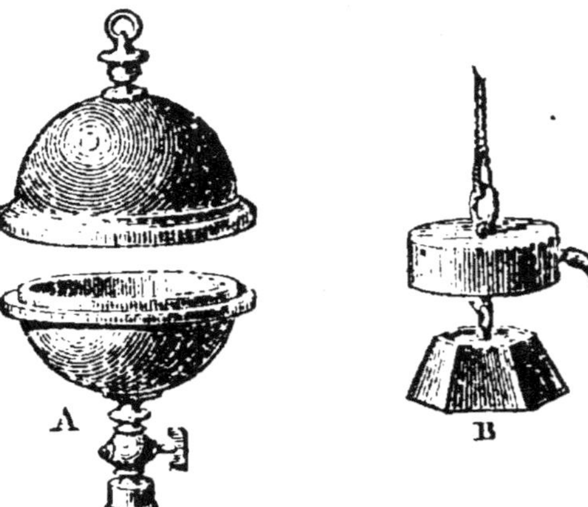

Fig. 50. — Pression de l'atmosphère
dans tous les sens.
A, hémisphères de Magdebourg.
B, poids soulevé par l'atmosphère.

de cuivre. Après avoir fait le vide dans la cavité des hémisphères, on ferme le robinet, et on reconnaît que, pour séparer les deux calottes sphériques, il faut développer une force d'autant plus grande, que le vide est plus parfait et les hémisphères plus larges (fig. 50).

Ces hémisphères se séparent aussitôt qu'on laisse rentrer l'air, ce qui montre bien que la pression atmosphérique était toute la résistance qui s'opposait à leur séparation. — Otto de Guéricke fit pour la première fois cette expérience à Magdebourg; il la répéta, en 1554, devant l'empereur Ferdinand III. Les hémisphères qu'il employa étaient si larges, qu'il dut faire tirer jusqu'à dix chevaux de chaque côté pour les séparer.

(2) A défaut d'hémisphères, on peut encore fort exactement se faire l'idée de l'intensité de cette pression de l'air, grâce à la disposition suivante, qui est plus simple.

Un tube de caoutchouc est adapté à la paroi latérale d'une boîte cylindrique semblable aux boîtes de conserves (fig. 50, B); chacune de ces bases, qu'on a choisies assez larges, porte un anneau. L'un permet de suspendre la boîte, à l'autre on accroche des poids de 10 ou de 20 kilog. Puis, aspirant l'air de la boîte par le tube de caoutchouc avec la bouche ou mieux encore avec une machine pneumatique, on entend les bases se rapprocher avec fracas, et l'on voit les poids se soulever.

70. II. Mesure de la pression atmosphérique. — On doit à Torricelli (1643) la première expérience qui a permis d'évaluer le poids de la colonne d'air qui pèse sur notre globe. Avant ce physicien, on croyait que l'eau ne monte dans un tube dont l'air a été aspiré que parce que la nature a *horreur du vide*. Torricelli attribua le premier à la pression atmosphérique l'ascension de l'eau dans les pompes.

Expérience de Torricelli. — Un tube de verre AB fermé à une extrémité et long d'un mètre environ est complètement rempli de mercure; on en ferme soigneusement l'orifice avec le pouce (fig. 51-1), puis on le renverse ainsi bouché dans un verre qui contient du mercure, et on a soin de ne retirer le doigt qu'au moment où le tube plonge dans le liquide. L'air n'a pu rentrer, et cependant le mercure descend pour s'arrêter à une hauteur de 76 centim. environ (fig. 51-2).

La colonne de mercure soulevée s'appelle *colonne barométrique* ou *colonne mercurielle*. L'espace vide d'air que renferme le tube à son sommet forme la *chambre barométrique*.

71. Conséquences de l'expérience de Torricelli. — À la suite de cette expérience, Torricelli, qui n'avait alors que dix-huit ans, osa affirmer que le vide est possible, et que le poids de la colonne mercurielle soulevée dans le tube donne la mesure de la pression atmosphérique.

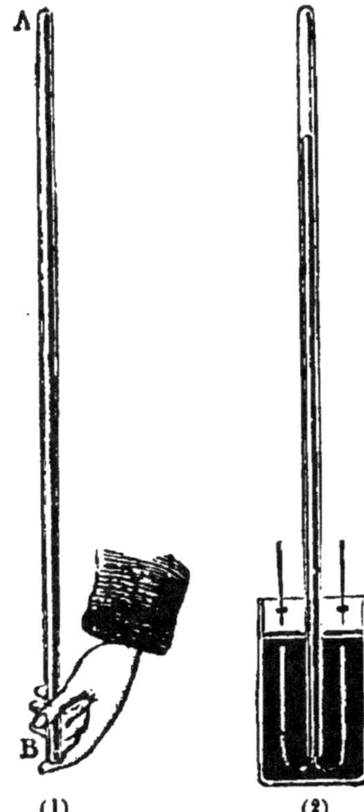

Fig. 51. — Expérience de Torricelli.

1. Préparation du tube.
2. Équilibre de pression.

1. *Le vide est possible*, puisqu'il existe dans la chambre barométrique. — En effet, l'air n'a pu rentrer; en outre, il suffit de faire pencher le tube pour y voir s'allonger la colonne mercurielle, et se réduire à un aussi petit volume que l'on veut l'espace laissé libre par le mercure.

2. *La colonne barométrique mesure la pression atmosphérique.* — L'ascension du mercure et son

maintien dans le tube ne peuvent s'expliquer que par
la pression de l'air, que nous avons déjà constatée.
Et puisque le mercure, qui pourrait occuper toute la
longueur du tube, ne monte pas davantage, c'est que
cette colonne mercurielle de 76 centimètres pèse autant
que l'atmosphère. Une colonne barométrique est donc
une véritable balance destinée à peser l'atmosphère.

On trouve aisément par le calcul qu'une colonne de
76 centimètres de mercure, reposant sur une surface
de 1 cent. carré, forme un poids de 1 kilog. 033. Ainsi
la paume de la main, qui ne mesure guère moins d'un
décimètre carré, supporterait déjà une pression de
plus de 103 kilog. — Que sera dès lors la pression
que supporte tout le corps? Comment admettre pourtant une pression de plusieurs milliers de kilog. dont
nous n'avons pas conscience? Comment aussi expliquer que notre corps n'est point écrasé sous cette
charge énorme?

Contentons-nous de faire observer, pour répondre
à ces difficultés, que ces pressions qui s'exercent en
sens contraire, sur le dos et sur la paume de la main,
se détruisent deux à deux; ajoutons qu'un pareil far-
deau, loin d'être une charge et un danger, est pour
nous un bienfait. L'atmosphère dans laquelle nous vivons diminue le poids de notre corps, comme une
pierre est moins lourde dans l'eau ; en outre, cette
pression est indispensable pour contenir le sang dans
ses vaisseaux. Le sang jaillit, en effet, quand la pression atmosphérique devient trop faible [1].

Les astronomes français qui, au siècle dernier, ont
passé de longs mois sur les hauteurs des Cordillères,
sont les premiers savants qui aient expliqué les effets

<hr>

[1] Et l'air intérieur, par un contraire effort,
De sa force élastique exerce le ressort.
Sans elle, au même instant, de ta mortelle argile,
Sa masse écraserait l'édifice fragile.   (DELILLE.)

de ces changements de pression. L'un d'eux écrivait :
« Nous nous sommes tous trouvés d'abord considérablement incommodés de la subtilité de l'air; ceux
d'entre nous qui avaient la poitrine plus délicate sentaient davantage la différence et étaient sujets à de
petites hémorragies, ce qui venait sans doute de ce que
l'atmosphère avait un moindre poids. »

72. Vérifications. — Une colonne de mercure haute
de 76 centimètres fait donc équilibre à la pression
atmosphérique. D'où il résulte : 1° que si la pression
diminuait, le mercure devrait descendre. Et, en effet,
un baromètre installé dans le vide
descend à mesure que l'air se raréfie ; il suffit même d'aspirer avec
la bouche l'air qui remplit la petite branche d'un baromètre à siphon pour voir le mercure descendre, et, au contraire, il remonte
si l'on souffle (fig. 52).

2° *Tube barométrique rempli
d'eau.* — Versons de l'eau sur le
mercure dans la cuvette du baromètre (fig. 51), puis soulevons le
tube : au moment où son orifice
sortira du mercure, l'eau s'y précipitera, le mercure tombera, et le
tube restera complètement rempli

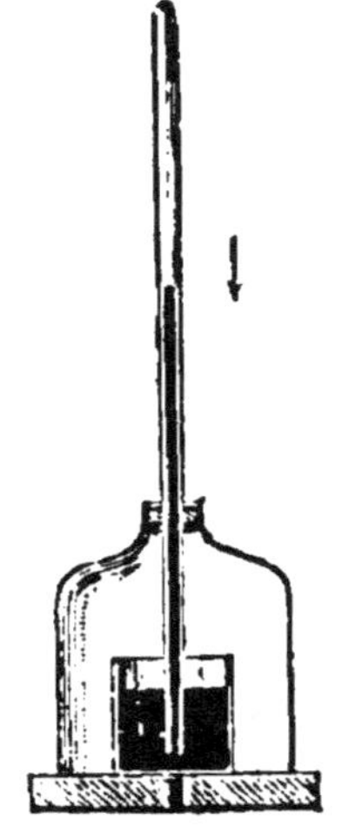

Fig. 52.
Baromètre dans le vide.

d'eau. Un tube plus long encore, même quand il aurait
10 mètres, se remplirait aussi aisément dans ces circonstances. On conçoit, en effet, que, pour faire à
son tour équilibre à la pression atmosphérique, une
colonne d'un liquide autre que le mercure doit être
d'autant plus longue que ce liquide est plus léger que
le mercure.

3° *Le plus simple des baromètres. Disposition.* —
Un tube en verre, long d'un mètre environ et fermé

à une extrémité, est rempli complètement de mercure. On bouche son ouverture avec un morceau de cire molle qui adhère aux parois du tube en durcissant, puis on fait dans ce bouchon de cire un trou avec une épingle.

Expériences. — (*a*) Ce tube barométrique est retourné au-dessus d'un verre, une partie du mercure qu'il renferme s'écoule; il ne reste dans le tube tenu à la main que la colonne qui mesure la pression atmosphérique actuelle.

(*b*) On recueille dans un verre le mercure resté dans le tube; son poids, évalué à la balance, représente la pression que l'atmosphère exerce sur une surface grande comme l'ouverture du tube.

(*c*) On ouvre sur l'eau le tube barométrique tandis qu'il contient encore son mercure; ce liquide s'écoule, et l'eau qui s'y précipite le remplit complètement.

QUESTIONS

1. Pourquoi l'eau ne s'échappe-t-elle pas par l'ouverture inférieure d'une fontaine pour oiseaux? (67)

2. Pourquoi est-il difficile de vider, même en le secouant, un tube étroit plein d'eau? (67)

3. Pourquoi faut-il faire un trou à la bonde d'un tonneau pour que le liquide s'en échappe par le robinet? (68)

4. Pourquoi un sou reste-t-il fixé contre une porte où on l'a appliqué? (69)

5. Pourquoi l'eau monte-t-elle dans un tube par aspiration? (68)

6. Pourquoi une vessie liée qui renferme de l'air se gonfle-t-elle plus complètement sur une montagne? (66 et 72)

7. Pourquoi l'eau monte-t-elle dans un tube de verre adapté au bouchon d'un flacon et plongeant dans l'eau, quand on transporte ce flacon à un étage supérieur? (67 et 72)

8. Pourquoi deux bandes de papier collées sur chacune des lèvres se rapprochent-elles aussitôt qu'on ouvre la bouche en aspirant?

9. D'où vient que le *temps* nous paraît d'autant plus *lourd* que l'air est plus léger? (71)

BAROMÈTRE

> Un baromètre est une balance
> pour peser l'air.

73. DEUX IDÉES DE PASCAL SUR LES BAROMÈTRES. — Pascal n'eut pas plus tôt connaissance de l'expérience que Torricelli venait de réaliser, qu'il la répéta et qu'il en prévit toutes les conséquences. Il se hâta de les signaler à Périer, son beau-frère, conseiller à la cour des aides de Clermont, en Auvergne. En même temps il réclamait son concours pour une expérience à tenter.

« S'il est vrai, lui écrivait-il, que la colonne mercurielle donne la mesure de la pression atmosphérique, la hauteur du mercure doit diminuer en même temps que le poids de l'air. Par suite, si l'air qui nous entoure devient plus lourd, le mercure montera dans le tube ; il y descendra, au contraire, si l'air devient plus léger. Le baromètre indiquera donc tout d'abord les changements de temps. — De plus, et vous allez le comprendre, le baromètre doit se tenir plus bas sur le sommet d'une montagne, car l'observateur laisse alors sous ses pieds une colonne d'air qui ne saurait peser sur le mercure de l'instrument. »

Périer se rendit donc au pied du Puy-de-Dôme (19 septembre 1648) et y observa la hauteur du baromètre, puis il transporta son instrument sur le sommet de la montagne, et là, à une hauteur de 1,645 mètres, il constata que la dépression du mercure était conforme aux prévisions du grand physicien [1].

---

[1] *Observations barométriques faites à Clermont.* — « Le 19 septembre 1648, Périer, ayant pris deux tuyaux de verre de pareille grosseur et longs de quatre pieds chacun, observa dans le jardin

Mais si l'on établit un rapport entre la diminution de longueur du baromètre et la distance franchie en hauteur, on conçoit qu'il suffira de consulter son baromètre pour déterminer avec certitude et facilité l'altitude d'une montagne. On n'emploie plus aujourd'hui d'autre procédé pour ce genre de détermination [1].

Ainsi Pascal affirma le premier que ce précieux instrument servirait pour prévoir le temps et déterminer les hauteurs.

74. Dispositions diverses données au baromètre. — Parmi toutes les dispositions qui ont été données au baromètre, nous n'indiquerons ici que les plus communes, encore passerons-nous sous silence les baromètres plus parfaits et plus sensibles qu'emploient les physiciens. Les trois baromètres les plus répandus sont le baromètre à siphon, le baromètre à cadran et le baromètre métallique. Un mot sur chacun d'eux.

1. **Baromètres a siphon.** — Cet instrument est essentiellement formé d'un tube recourbé à branches inégales. La grande branche est fermée ; l'autre, beau-

---

des Minimes, à Clermont, au lieu le plus bas de la ville, que le mercure se tenait, dans les deux tubes, à 26 pouces 3 lignes 1/2 au-dessus du niveau du mercure qui était dans le bassin. Puis, laissant là l'un des tuyaux, il se transporta avec l'autre au sommet du Puy-de-Dôme, élevé au-dessus des Minimes d'environ 500 toises, et trouva qu'il ne resta plus dans ce tuyau que la hauteur de 23 pouces 2 lignes de vif-argent, ce qui nous ravit tous d'admiration et d'étonnement, et nous surprit de telle sorte, que, pour notre satisfaction, nous voulûmes répéter l'expérience à Clermont, en haut et en bas de la plus haute des tours de la cathédrale. » (Thurot, *Expériences de Pascal sur le vide et la pesanteur de l'air.*)

[1] Dans le pays même où, deux siècles auparavant, cette expérience capitale avait été faite, Napoléon Ier envoya comme préfet du Puy-de-Dôme un savant, du nom de Ramond, qui fit de ce genre de recherches l'objet habituel de ses préoccupations. On était si habitué à rencontrer le préfet avec ses baromètres, qu'un plaisant du pays demanda un jour, raconte Cuvier, si M. le préfet se proposait de mesurer ses conscrits au baromètre.

coup plus courte et un peu plus large, est ouverte. Le

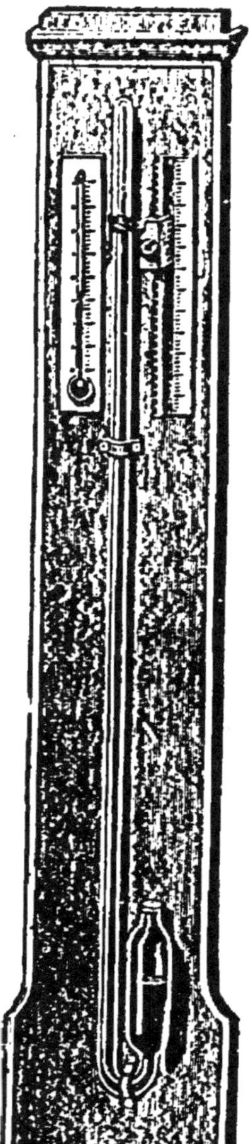

Fig. 53.
Baromètre à siphon.

papier ou le parchemin dont elle est parfois recouverte est destiné à mettre le mercure à l'abri de la poussière ; ce couvercle doit être percé de quelques trous d'épingles (fig. 53).

La colonne mercurielle renfermée dans ce tube a été avec soin débarrassée d'air et de toute trace d'eau en chauffant le tube pour faire bouillir le mercure.

Il résulte de cette précaution que la chambre d'un baromètre est absolument vide d'air. La pression de l'air ne variant qu'entre des limites assez étroites, puisqu'elle est rarement plus basse que 750 millimètres et qu'elle ne dépasse guère 780, il devient inutile de graduer le tube ou l'échelle qui est placée à côté sur toute sa longueur. Un petit doigt de métal, qu'on fait monter avec un bouton le long d'une crémaillère jusqu'à ce qu'il vienne se placer à la hauteur du mercure dans le baromètre, permet de déterminer la longueur de la colonne avec plus de précision et sert en même temps de point de repère pour comparer deux observations consécutives.

75. 2. BAROMÈTRE A CADRAN (fig. 54). — On rencontre souvent dans les appartements de grands baromètres dont le cadran, gradué sur sa circonférence, est décoré avec soin, parfois même avec luxe. On y voit deux aiguilles : l'une, plus longue, obéit aux mou-

vements du mercure et se déplace sans courir le long
de la circonférence du cadran ; l'autre, se plaçant à la
main au-dessus de la première, sert par suite de re-

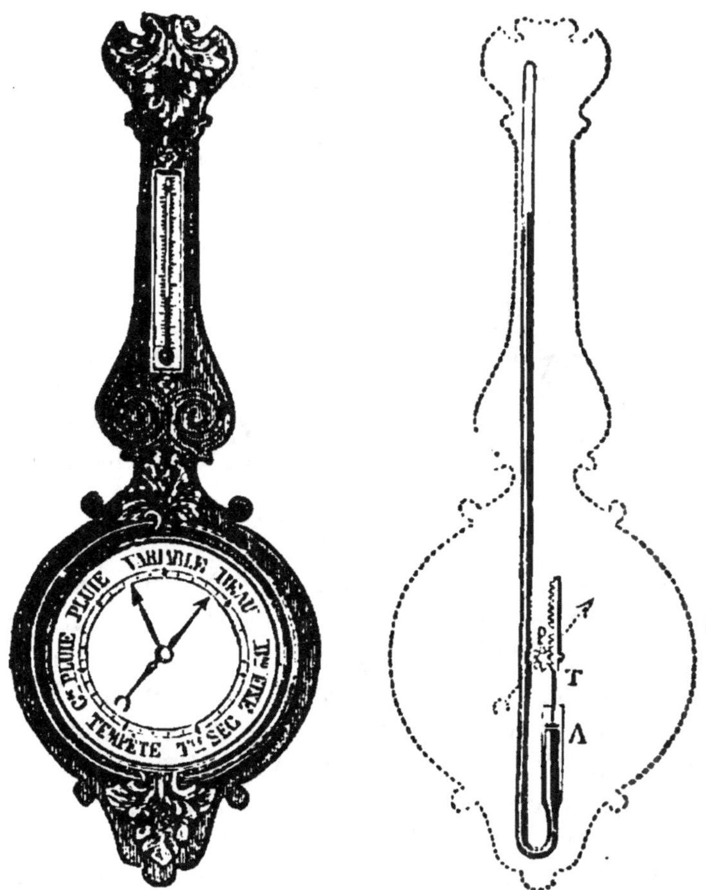

Fig. 54. — Baromètre à cadran.

père pour observer la marche ascendante ou descendante du baromètre. Le tube barométrique A est fixé
et caché derrière la planchette : c'est un tube à siphon
ordinaire. Une tige T à crémaillère repose par son extrémité inférieure sur le mercure ; ses déplacements
font tourner une petite roue dentée P dont l'axe porte
la grande aiguille du cadran.

Comme ces mouvements, pour se produire, demandent que la tige T touche au mercure, il est bon de donner avec le doigt quelques coups sur la planchette, afin de produire le contact.

76. 3. BAROMÈTRE MÉTALLIQUE (fig. 55). — Une boîte métallique B, à parois minces et élastiques, contient un volume d'air bien limité et préalablement raréfié. D'après une expérience que nous avons déjà

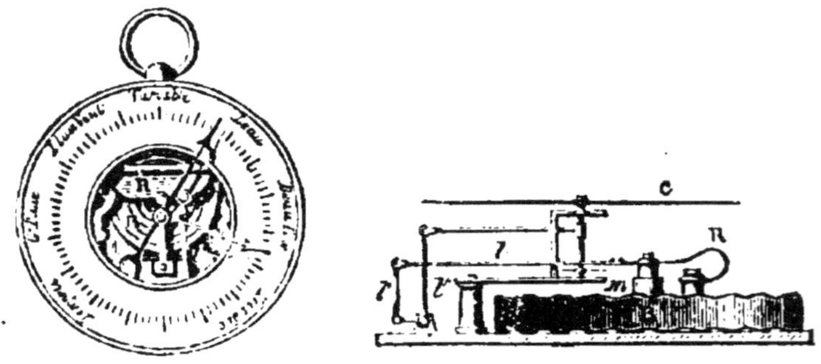

Fig. 55. — Baromètre métallique.

faite (69-2), nous pouvons prévoir que les bases de la boîte se rapprocheront ou s'écarteront suivant les augmentations ou diminutions de pression de l'atmosphère. Les déplacements de la paroi supérieure R se communiquant par des leviers *l,l'* ou par des roues dentées à une aiguille *c*. On conçoit qu'on ait pu graduer ce baromètre d'un genre nouveau, en prenant pour terme de comparaison le baromètre à mercure de Torricelli.

D'ailleurs on peut, pour vérifier un baromètre métallique, comparer ses indications à celles d'un bon baromètre ordinaire. Si elles ne concordaient pas, il serait toujours facile de déplacer ses aiguilles pour les amener sur son cadran à la hauteur que marque actuellement le baromètre à mercure, qui seul fait foi.

77. USAGES DU BAROMÈTRE. — I. Nous n'avons plus à revenir sur la détermination des *hauteurs* à l'aide du baromètre (73). Ajoutons toutefois que le baromètre marquant en moyenne 760 millimètres au niveau de la mer, il faudrait s'élever à 5,630 mètres, la hauteur du Caucase, pour que sa hauteur se réduisît à la moitié, soit 380 millimètres. L'homme n'a point fixé son habitation à une aussi grande hauteur; toutefois la ville de Potosi, capitale de la Bolivie, est bâtie sur une montagne de plus de 4,000 mètres; le baromètre y marque 471 millimètres.

L'atmosphère qui nous enveloppe a une épaisseur qu'on évalue le plus souvent à 60 kilomètres; toutefois certains phénomènes astronomiques demandent que cette épaisseur soit portée à près de 200 kilom. — Il est donc à remarquer que l'on ne connaît pas exactement l'épaisseur de l'atmosphère, tandis que son poids est rigoureusement connu. L'atmosphère est donc un océan aérien qui pèse sur l'étendue de notre globe autant qu'une nappe de mercure qui aurait 76 centimètres seulement d'épaisseur.

78. II. Prévisions météorologiques. — *Graduation du baromètre.* — A côté des chiffres, l'échelle d'un baromètre porte certaines indications sur le temps :

A 787	correspond	Très sec.
» 778	»	Beau fixe.
» 769	»	Beau temps.
» 760	»	Variable.
» 751	»	Pluie ou vent.
» 742	»	Grande pluie.
» 733	»	Tempête.

Il faut bien avouer que les extrémités de l'échelle ne sont que rarement occupées par le mercure; ce liquide oscille d'ordinaire plus ou moins lentement de part et d'autre du *variable,* qui est son niveau moyen.— Observons en outre que ces divisions n'ont rien d'absolu; il n'est pas dit que le beau temps viendra exactement à 769, ni qu'il faille descendre à 751 pour avoir de la pluie. Cette graduation est approchée et un peu de convention. Elle est faite, on le remarque, de 9 en 9 millimètres : du temps où l'on mesurait la hauteur barométrique par pouces, on s'était borné à diviser en trois

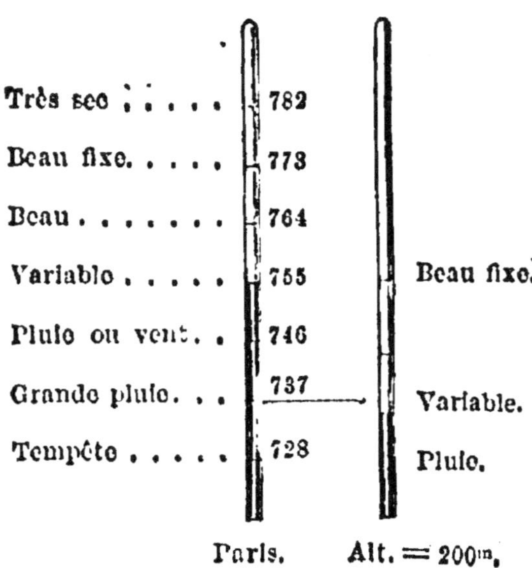

Fig. 56. — Comparaison de deux baromètres à différentes altitudes.

intervalles égaux les 27 millimètres que comprenait un pouce au-dessus et un pouce en dessous de la hauteur moyenne, 28 pouces ou 76 centimètres (fig. 56).

79. CAUSES DES MOUVEMENTS DU BAROMÈTRE. — Pour rappeler ici ce que Pascal avait déjà prévu, notons que seul le poids de l'atmosphère agit sur le mercure d'un baromètre. L'air devient-il plus léger, le mercure descend; plus lourd, il doit remonter [1]. Mais l'air humide est plus léger, l'air sec ou l'air froid plus lourd que l'air ordinaire; en sorte que si le vent souffle un air humide et amène en même temps des nuages, le baromètre baissera, et sa dépression annoncera de la

[1]   Des beaux jours, de l'orage exact indicateur,
   Le mercure captif ressent sa pesanteur.   (DELILLE.)

pluie. — Un vent du nord, au contraire, rendra l'air plus sec, plus froid et plus lourd ; il annoncera la sécheresse ou le beau temps.

80. Valeur de ces indications. — Pour tirer parti des indications de son baromètre, il faut en avoir étudié la marche pendant quelque temps. La position moyenne qu'il occupe correspondant toujours au *variable*, le beau temps sera annoncé par la hausse, le mauvais temps par la baisse.

Un baromètre gradué pour une altitude de 200 mètres, donne une hauteur moyenne de 736 mil. Son beau fixe correspond au variable de Paris ; observé dans cette ville, il n'indiquerait donc qu'un peu de pluie au moment d'une forte tempête (fig. 56).

Encore faut-il observer si ces oscillations sont lentes ou rapides. Ces dernières sont toujours plus significatives.

Enfin on ne doit jamais négliger d'observer à la girouette d'où vient le vent ; car si un vent du sud-ouest soufflant sur la France, de l'océan Atlantique, amène de la pluie, pour une même hauteur barométrique un vent chaud et léger du sud-est n'amènera que de l'air sec. C'est du reste ce qu'annonce le proverbe :

> Par les vents du nord et de l'est,
> Le baromètre est froid et haut ;
> Par ceux du sud ou de l'ouest,
> Au contraire, il est bas et chaud.

Toutefois il faut reconnaître que les prévisions météorologiques ne dépassent jamais quelques jours. Leur secret nous échappe encore, et comme J.-B. Dumas le disait un jour à l'Académie : « L'explication des songes de Pharaon par Joseph reste jusqu'ici l'unique et vénérable modèle des prédictions du temps à longue période. »

QUESTIONS

1. Qu'arriverait-il si l'on fermait soigneusement avec un bouchon la branche courte d'un baromètre à siphon ? (74)

2. Comment s'assurer qu'un baromètre à siphon ne contient pas d'air ? (72-1)

3. Pourquoi un baromètre serait-il hors d'usage si on y laissait entrer une bulle d'air ? (74)

4. Pourquoi frapper sur la monture d'un baromètre avant de le consulter ?

5. Pourquoi faut-il, en transportant un baromètre à mercure, le tenir verticalement ? Ne pourrait-on pas le retourner ?

6. Le degré *variable* est-il à la même hauteur dans tous les baromètres ? (78)

7. Peut-on faire à Paris des baromètres dont la graduation sera bonne pour toute la France ? (79)

8. Ne serait-il pas toujours plus prudent de retourner un baromètre à siphon avant de le transporter ?

TENSION DES GAZ

> La condensation de l'air se fait selon la proportion des poids dont il est chargé.   (MARIOTTE.)

Loi de Mariotte et manomètres.

81. QU'APPELLE-T-ON TENSION D'UN GAZ ? — 1. *La tension d'un gaz est la force avec laquelle il réagit sur les parois du vase où il est contenu.* On comprime entre les mains l'air dont est rempli un sac de papier ou une vessie ; le gaz fait résistance à la pression, il arrive même qu'il crève l'enveloppe ; c'est sa tension qui le fait sortir avec bruit [1].

[1]
> Quand ils sont tout près de saisir leur idole,
> C'est un ballon qui crève et du vent qui s'envole.
>
>   (LAMARTINE.)

Un gaz renfermé dans un volume limité est un véritable ressort qu'on peut bander ou tendre à volonté. Les ressorts d'un fauteuil ou d'un matelas élastique peuvent, en effet, tout d'abord être comprimés sous le poids dont on les charge; de plus, s'ils sont compressibles, ils sont aussi élastiques, puisqu'ils reprennent leur première dimension dès que le poids est enlevé. Enfin on remarquera que le ressort se réduit à un volume d'autant plus petit, que la charge qu'il supporte est plus forte ou que sa tension est plus grande.

Toutes ces propriétés des ressorts se retrouvent avec avantage dans les gaz. Car, si on peut craindre parfois qu'un ressort trop comprimé ne revienne plus à sa première forme, on ne saurait jamais dépasser la limite d'élasticité d'un gaz. Cette propriété est même utilisée dans les coussins en caoutchouc gonflés avec de l'air.

82. Loi de Mariotte. — L'abbé Mariotte, prieur d'un monastère situé près de Dijon, et l'un des plus grands physiciens de son époque, formula nettement, en 1676, la loi que suivent les gaz comprimés : *Le volume d'un gaz varie en raison inverse de la pression qu'il supporte.*

Sens de la loi. — Si l'air occupe un volume de 6 litres sous la pression d'un kilog., il n'occupera plus que 3 litres sous la pression de 2 kilog.; son volume ne sera plus que 2 litres sous la pression de 3 kilog. Ainsi, tandis que le volume a été réduit successivement à la moitié, puis au tiers, la pression est devenue double, puis triple. Et, en effet, si on fait plonger un tube ouvert aux deux bouts dans une éprouvette à moitié pleine d'eau, puisqu'on ferme l'éprouvette à l'aide d'un bouchon traversé par le tube, on voit l'eau monter à mesure qu'on enfonce le bouchon et que l'air se comprime.

Démonstration de la loi. — L'appareil de démonstration imaginé par Mariotte est un simple tube BA en

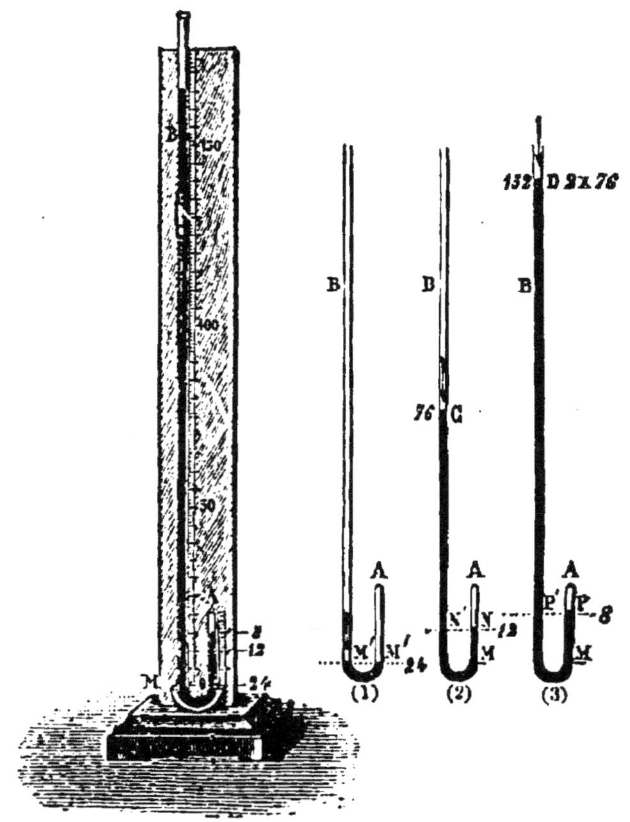

Fig. 57. — Tube de Mariotte et vérification de la loi.
Pressions supérieures à une atmosphère :
1. 1re expérience : 1 volume. — 1 atmosphère.
2. 2e   —   1/2   —   2   —
3. 3e   —   1/3   —-   3   —

verre recourbé en siphon, à branches inégales (fig. 57).
La grande branche est ouverte, la petite fermée.

(1) On verse quelques gouttes de mercure dans la
courbure du tube afin de limiter, dans la petite
branche, un certain volume d'air. Appelons 24 cc
volume. Dans l'état actuel il ne supporte que la

pression de l'atmosphère qui pèse sur le mercure de la grande branche.

(2) Versons du mercure dans cette dernière branche de manière à réduire à 12, ou à la moitié, le volume primitif. La colonne mercurielle correspondant à la différence des niveaux de mercure a une longueur de 76 centimètres ; elle représente, pour sa part, le poids d'une nouvelle atmosphère ; la pression qui comprime l'air en ce moment est donc devenue double, et en même temps le volume n'est plus que la moitié.

(3) Une colonne mercurielle de longueur double (152 c. $= 2 \times 76$ c.), augmentée du poids de l'atmosphère qui ne cesse de peser sur la surface libre du mercure, formerait une pression triple, et en même temps on constaterait que l'air n'occupant plus que 8 divisions du tube fermé, son volume est réduit au tiers du volume primitif, comme le veut la loi de Mariotte.

Conclusion. — Les volumes d'un gaz sont donc en raison inverse des pressions qu'il supporte : nous avons prouvé, en effet, que la réduction de volume est proportionnelle à la force de pression.

84. EXTENSION DE LA LOI. — Cette loi est encore vraie pour des volumes de gaz qui *augmentent.* En voici deux preuves également simples.

I. Si, après notre dernière expérience, nous retirons graduellement le mercure introduit dans le grand tube, n'est-il pas évident que le volume d'air, d'abord réduit à ses 8 divisions, redeviendra égal à 12, puis à 24, à mesure que la pression diminuera?

II. En outre, plongeons un tube ouvert aux deux bouts dans une éprouvette longue pleine de mercure, puis appliquons le doigt sur l'orifice supérieur du tube afin de le fermer. Soulevons maintenant le tube ainsi bouché, nous verrons le mercure se soulever à mesure que le tube s'élèvera, comme si le doigt l'attirait. En même temps, constatons que le volume de l'air contenu dans ce tube va en augmentant. Or, si l'on observe que l'atmosphère pèse sur le mercure de l'éprouvette et le fait monter dans le tube, on accordera que ce liquide doit s'y élever d'autant plus que l'air intérieur oppose moins de résistance, et, puisque la colonne d'air et la colonne mercurielle augmentent à la fois dans le tube qu'on soulève, il faut bien conclure que l'*augmentation* de volume de l'air amène une *diminution* de pression.

Conséquence de la loi. — La principale conséquence que Mariotte tira de la loi qu'il venait d'établir, c'est

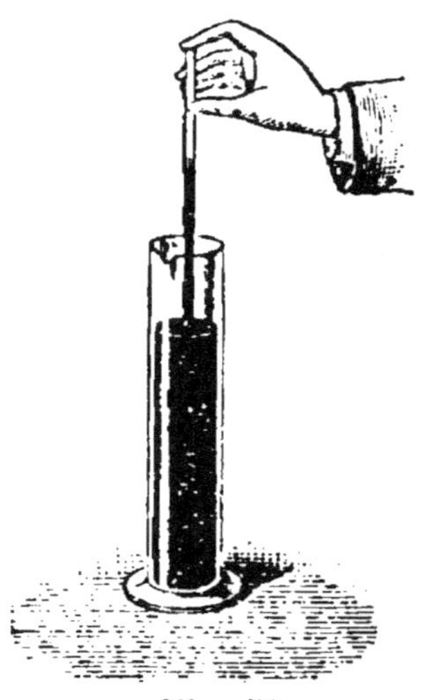

Fig. 58.
Augmentation de volume et diminution de pression.

que la densité ou la condensation de l'atmosphère va en diminuant à mesure qu'on s'élève dans l'air. Voici d'ailleurs par quelle ingénieuse comparaison il exposait ses idées sur ce point : « On peut comprendre à peu près, dit-il, cette différence de condensation de l'air par l'exemple de plusieurs éponges qu'on aurait entassées l'une sur l'autre. Car il est évident que celles qui seraient tout en haut auraient leur étendue naturelle; que celles qui seraient immédiatement en dessous seraient un peu moins dilatées, et que celles qui seraient au-dessous de toutes les autres seraient très serrées. Il est encore manifeste que, si l'on ôtait toutes celles du dessus, celles du dessous reprendraient leur étendue naturelle par la vertu du ressort qu'elles ont, et que, si l'on en ôtait seulement une partie, elles ne reprendraient qu'une partie de leur dilatation [1]. » Ainsi,

---

[1] Mariotte, *Nature de l'air*, 1676.

dans les régions supérieures de l'atmosphère, l'air est léger et fort dilaté parce qu'il y prend toute son expansion; à la surface du sol, au contraire, l'air est plus comprimé et aussi plus lourd.

85. MANOMÈTRES. — Les manomètres sont des instruments qui donnent la valeur de la pression exercée par les gaz ou les vapeurs.

L'unité communément adoptée pour cette évaluation est l'*atmosphère*. — On appelle ainsi une pression égale à celle d'une colonne de mercure de 76 centimètres. On se rappelle que cette pression équivaut, par centimètre carré, au poids de 1 kilog. 033.

(1) *Manomètre à eau.* — Le plus simple des manomètres serait un tube en métal, ou mieux en verre, plongé dans l'eau ou dans le mercure. — Pour en faire l'essai, mettons ce tube en communication avec un tuyau de gaz par un tube en caoutchouc. Le tuyau est ouvert, le gaz s'échappe certainement, on peut même l'enflammer; plongeons le tube de verre dans un verre d'eau : si le tube ne fait qu'effleurer l'eau, le gaz sortira bulles par bulles; immergé davantage, le gaz ne sort plus, mais l'eau se tient dans le tube plus bas que dans le verre. La différence de niveau, qui n'est ici que de quelques centimètres, mesure la tension, d'ailleurs toujours faible, du gaz de l'éclairage. Un tube replié en siphon et contenant un peu d'eau colorée permet de mesurer aisément les pressions faibles.

L'eau de seltz, qui renferme un gaz dissous sous pression, va nous permettre d'évaluer des pressions plus importantes.

Fig. 59. — Manomètre à air libre.

86. (2) MANOMÈTRE A AIR LIBRE. — Pour préparer cet appareil dans sa forme la plus simple, adaptons deux tubes en verre au bouchon qui ferme un flacon de petite dimension. L'un, simplement coudé, sera mis en communication par un tube avec le siphon d'eau de seltz; l'autre, droit et aussi long que possible, descend jusqu'au fond du flacon (fig. 59). On verse du mercure dans ce vase; à défaut de mercure, on y verserait un peu d'eau.

Vient-on maintenant à laisser entrer dans le flacon l'eau gazeuse qui jaillit du siphon, le mercure s'élève dans le tube droit; et s'il n'y avait que de l'eau, elle jaillirait jusqu'au plafond. La hauteur de la colonne liquide mesure la pression du gaz qui la soulève.

87. (3) MANOMÈTRE MÉTALLIQUE. — Un tube métallique à parois élastiques et replié en spirale, se déroule sous la pression du gaz ou de la vapeur comprimée qui le remplit (fig. 60). On conçoit même que le tube pourra, par les déplacements plus ou moins étendus de son extrémité fermée, indiquer la tension du gaz qui le remplit. — C'est d'a-

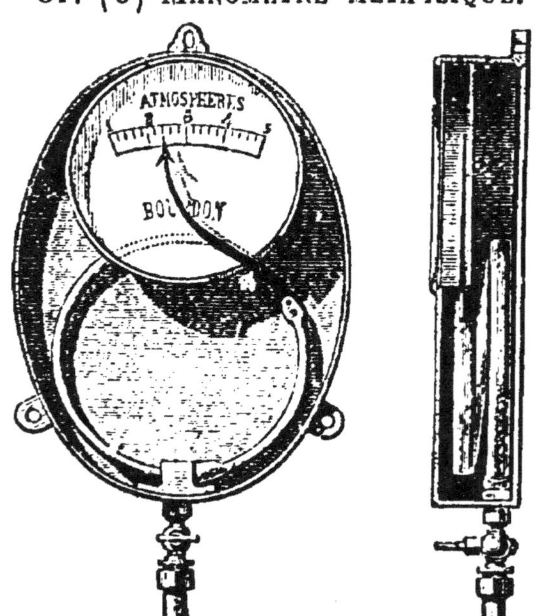

Fig. 60.— Manomètre métallique (face et profil).

près ces principes que l'on a construit les manomètres métalliques. La solidité de ces appareils, leur résistance aux fortes pressions, la facilité qu'ils offrent pour le transport, sont autant d'avantages qui expliquent pourquoi ces manomètres sont aujourd'hui les plus répandus.

Il suffira de mettre l'un de ces manomètres en communication avec un siphon d'eau de seltz pour apprécier l'énergie des pressions que le gaz carbonique y développe.

QUESTIONS

1. Pourquoi sent-on le doigt qui ferme l'ouverture d'un tube plus fortement comprimé à mesure que l'on soulève le tube hors de l'eau où il était plongé ? (84)

2. Qu'observe-t-on dans le tube, si on soulève le doigt qui le bouchait ?

3. Pourquoi voit-on monter l'eau dans un entonnoir adapté un peu juste au goulot d'un flacon qu'on remplit ? (83)

4. Un flacon rempli d'eau est retourné sur l'eau d'un bassin et tenu à la main: pourquoi l'eau y reste-t-elle soulevée ? — Pourquoi cette colonne d'eau ne tombe-t-elle pas dès la première bulle d'air qu'on y laisse entrer? (84)

5. Une bouteille de bière mousseuse se répand en mousse si elle reste débouchée: pourquoi la bière jaillit-elle avec force si on pose le doigt sur le goulot de la bouteille? (83)

6. Une poire de caoutchouc adaptée à un tube de verre qui plonge dans l'eau, est comprimée puis dilatée: expliquer pourquoi l'eau descend d'abord pour s'élever ensuite. (83-84)

LES BALLONS

Les cables sont rompus : tout à coup, seul et libre,
Le ballon qui poursuit son fuyant équilibre
S'engouffre, par l'espace aussitôt dévoré.

(Le Zénith.)

88. I. INVENTION DES BALLONS. — Les frères Montgolfier, fabricants de papier à Annonay, ont réussi les premiers à faire monter dans l'air un ballon gonflé

d'air chaud [1]. Le 5 juin 1783, en présence d'une foule nombreuse de curieux, comme en réunit encore de nos jours chaque ascension aérostatique, la première montgolfière faite en papier et gonflée d'air chaud s'éleva dans les airs et parvint à une hauteur de 2,000 mètres environ.

Ces intéressantes expériences, fréquemment renouvelées à cette époque, attirèrent l'attention de toute la France. Répétées dans toutes les villes principales du royaume, elles devinrent bientôt le sujet de toutes les conversations et fournirent aux poètes et aux artistes le sujet de nouveaux chants et de nouvelles compositions. Cette question des ballons, comme nous allons nous en convaincre, n'a guère perdu de nos jours de son intérêt.

89. II. EXPÉRIENCES SUR LES BALLONS. — L'explication de l'ascension des ballons ne saurait être bien comprise qu'à la suite de plusieurs expériences, d'ailleurs faciles à répéter. Elles contribueront, nous l'espérons, à renouveler l'intérêt de ce sujet.

1. *Œuf dans l'eau acidulée.* — Laissez tomber dans l'eau de seltz qui remplit un verre quelques grains de raisin ou des pépins de fruits, vous verrez bientôt ces corps légers remonter à la surface entourés de bulles de gaz; puis, débarrassés de cette enveloppe gazeuse, ils retomberont pour remonter encore.

---

[1] *Invention des ballons.* — Joseph Montgolfier était à Avignon. C'était en 1782, à l'époque où les armées alliées faisaient le siège de Gibraltar. Seul, au coin de la cheminée de l'auberge, rêvant, suivant sa coutume, il considérait une estampe qui représentait les travaux du siège ; il s'impatientait qu'on ne pût atteindre au cœur de la place ni par terre ni par mer. Mais ne pourrait-on pas, se dit-il, y arriver à travers les airs ? La fumée s'élève dans la cheminée : pourquoi n'emmagasinerait-on pas cette fumée de manière à se composer une force disponible ?

Il construit, sans désemparer, un parallélipipède de taffetas de 40 pieds de côté, le leste par le bas, le gonfle avec la fumée de papier enflammé sous lui et le voit s'élever au plafond, à la grande surprise de son hôtesse.   (DUPUY DE LÔME, *Montgolfier*.)

Mettez un œuf dans un bocal qui renferme de l'eau acidulée par du vinaigre, ou mieux par de l'acide chlorhydrique ; l'œuf tombera au fond du vase, s'enveloppera, lui aussi, de bulles de gaz formées au détriment de sa coquille, et vous le verrez s'élever jusqu'à la surface de l'eau aussi aisément que les grains légers dans l'expérience précédente.

2. *Cône de papier montant dans l'air.* — Faites avec un papier léger un cône, un cornet que vous placerez droit sur la table et allumez-en le sommet : la flamme descend en dévorant tout le frêle tissu ; un instant encore, il ne reste plus qu'une enveloppe des plus fragiles : l'air chaud qui l'emplit soulève et porte dans les airs cette montgolfière en miniature. Le papier *pelure* convient fort bien pour cette expérience.

Fig. 61. — Simple montgolfière.

3. *Bulles d'hydrogène.* — Faites barboter dans de l'eau de savon du gaz hydrogène, ou encore laissez se gonfler une de ces bulles formées au bout du tube de dégagement avec ce gaz d'hydrogène : ces bulles légères monteront si vous les détachez du tube en le secouant, et avec une allumette vous pourrez les enflammer au passage.

4. *Ballon de papier gonflé à l'air chaud.* — Des bandes de papier bulle, comme on en emploie pour afficher, ou de vieilles affiches découpées en fuseaux et collées, formeront un de ces ballons de papier comme en fabriquaient les frères Montgolfier. Suspendez par un fil de fer à cette enveloppe un fragment d'éponge trempé dans l'alcool ou dans le pétrole,

mettez-y le feu, et vous verrez le ballon s'élever. On trouve d'ailleurs dans le commerce des ballons en papier, vendus à bas prix, que l'on peut gonfler au gaz de l'éclairage, après en avoir toutefois imprégné le papier de pétrole, pour en boucher les pores.

90. CONCLUSION. — *a.* Il résulte de ces diverses expériences que les ballons montent dans l'air pour la même raison que l'œuf monte dans l'eau.

b. De part et d'autre, c'est la poussée exercée par l'eau ou par l'air qui entraîne le corps soulevé, malgré l'action contraire de la pesanteur.

c. La poussée, qui fait monter, augmente avec le volume déplacé par le corps immergé dans l'air ou dans comme l'eau, nous l'avons constaté dans l'expérience de l'œuf.

91. III. ASCENSION D'UN BALLON. — Trois choses sont à observer dans un ballon ou aérostat: l'enveloppe, le gaz qu'elle renferme et la nacelle avec ses agrès (fig. 62).

1. Une *enveloppe* de papier serait trop fragile et trop perméable; on emploie actuellement des tissus faits de soie et de caout-

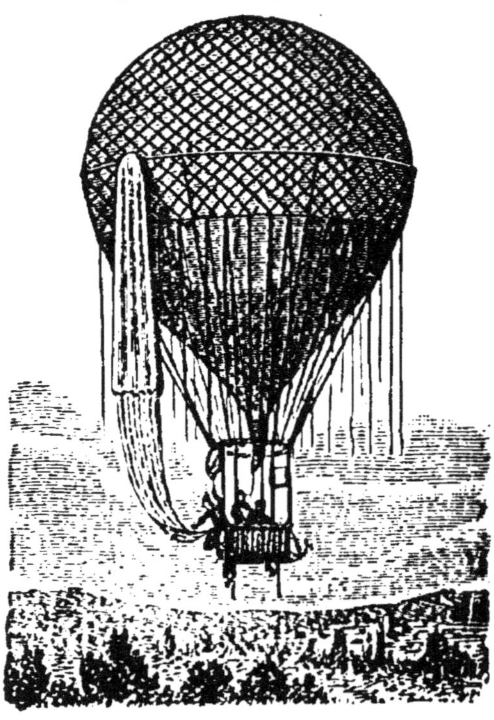

Fig. 62. — Aérostat avec sa nacelle et son parachute.

chouc superposés, qui présentent à la fois plus de solidité et plus de résistance au passage des gaz.

2. Le *gas* du ballon doit être en principe aussi léger que possible; car, pour un volume et une poussée déterminés, l'aérostat s'élèvera d'autant plus haut que son poids sera plus faible, comme une coquille vide monte plus aisément dans l'eau qu'un œuf plein.

Pour cette raison, on n'a pas tardé à substituer à l'*air chaud* des Montgolfières l'*hydrogène*, le plus léger des gaz [1]. Mais si les ballons n'en montaient que mieux, le gaz à son tour, pour être plus léger que l'air chaud, n'en filtrait que plus rapidement à travers l'enveloppe. Aussi remplace-t-on d'ordinaire l'hydrogène par le *gaz de l'éclairage*, qui est environ deux fois plus léger que l'air, et que l'on peut se procurer partout facilement.

3. La *nacelle* en osier est suspendue au ballon par des cordes reliées au filet dont le réseau enveloppe tout le ballon. Les aéronautes qui y prennent place ont près d'eux des sacs de sable servant de lest, des instruments d'observation, tels que baromètres, thermomètres et boussoles. Un parachute, suspendu aux flancs du ballon, des ancres et des câbles sont destinés à faciliter la descente.

92. Dimensions des ballons. — Voici les éléments comparés de trois types de ballons :

Ballons ordinaires. — Diamètre : 10 mètres; volume : 650 mètres cubes ; force ascensionnelle : 2 voyageurs avec leurs agrès.

Ballons du siège de Paris. — Diamètre : 14 mètres; volume : 2 000 mètres cubes : force ascensionnelle : 8-10 voyageurs.

Ballon captif Giffard. — Diamètre : 27 mètres ; volume : 10 500 mètres cubes; force ascensionnelle : 32 voyageurs élevés à 500 mètres.

93. IV. Les péripéties d'un voyage en ballon. — A mesure que s'achève le remplissage du ballon,

---

[1] Le physicien Charles fit monter à Paris, sur le Champ de Mars, le premier ballon gonflé avec l'hydrogène, le 27 août 1783.

son enveloppe s'arrondit, la poussée de l'air s'accroît et
la force ascensionnelle tend les cordages qui tenaient
jusque-là l'équipage solidement amarré. Aussitôt que
toutes ces attaches ont été rompues, le ballon s'élève
rapide, et alors commence pour le physicien une série
d'observations et pour l'aéronaute une suite de péripéties que nous allons résumer.

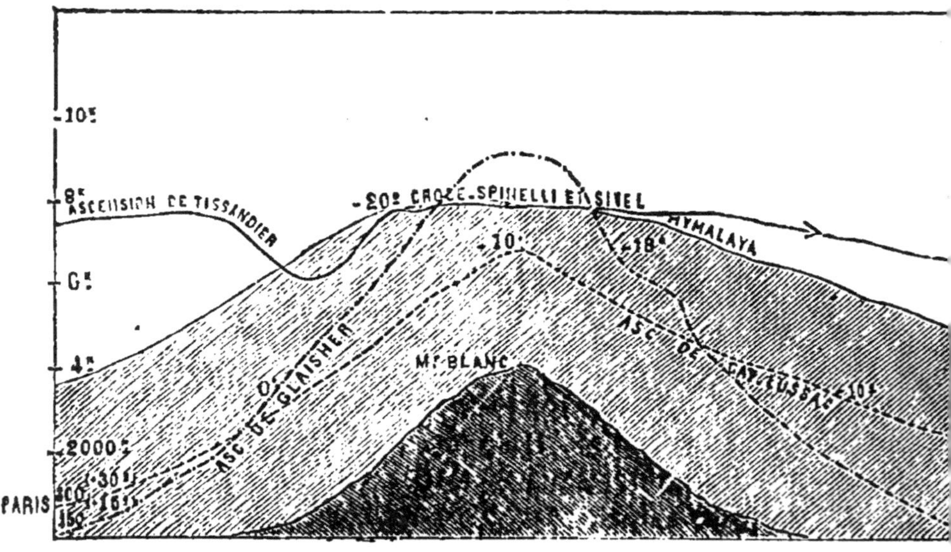

Fig. 63. — Hauteurs comparées des plus hautes ascensions
et des montagnes les plus élevées.

1. Si l'air est parfaitement calme, le ballon monte
tout droit ; au-dessous de lui l'horizon s'élargit,

Les monts humiliés en s'allongeant s'écroulent ;

l'aéronaute franchit aisément la région des nuages,
s'élève au-dessus d'eux et les voit par le revers s'é-
tendre sous son regard comme une mer houleuse. En
même temps l'air devient plus froid et plus rare; le
baromètre [1] et le thermomètre descendent à la fois ;

[1]   Ils montent, épiant l'échelle où se mesure
L'audace du voyage au déclin du mercure.
(Le Zénith, par SULLY-PRUDHOMME.)

l'aéronaute n'a pas trop des vêtements et des fourrures qu'il a emportés pour se garantir du froid,
même au milieu de l'été. Si l'ascension continue, le
sang s'échappe par les narines et les oreilles; on
éprouve le malaise des montagnes, une syncope peut
se produire; la mort même peut surprendre ces hardis navigateurs dans ces hauteurs. Ainsi périrent Sivel
et Crocé-Spinelli, le 15 avril 1875, à plus de 8 kilomètres de hauteur, dans leur ballon *le Zénith* (fig. 63).

2. Mais l'air agité par des vents plus ou moins vio-
lents entraîne d'ordinaire l'aérostat sans que l'aéronaute sente jamais le souffle des plus fortes tempêtes.
On a vu, en 1870, des ballons partis de Paris n'opérer leur descente qu'en Norwège. Là encore est un
nouveau danger : le ballon, emporté au-dessus de
l'Océan, fait parfois craindre un naufrage. L'habileté
de l'aéronaute consiste alors à naviguer entre deux
courants d'air. Souvent, en effet, il y a dans l'atmosphère des vents de direction opposée qui règnent à
des hauteurs différentes. Le *lest* qu'on jette par-dessus bord diminue le poids de la nacelle, et aussitôt le
ballon en s'élevant peut rencontrer un vent favorable [1]. L'aéronaute descend, au contraire, si, en ouvrant la *soupape,* il laisse de l'air se mélanger au
gaz léger de l'aérostat.

3. La plus grande hauteur à laquelle parvient un
ballon dépend de son poids. Il doit nécessairement et
toujours s'arrêter quand l'air raréfié qu'il déplace pèse
autant que tout l'appareil.

94. V. BALLONS MÉMORABLES. — Les ballons ont
déjà rendu à la guerre et aux sciences d'observation
d'innombrables services.

---

[1] Plus haut, lui répond-il. Et d'un long flot de sable
L'équipage allégé se rue au ciel profond.
(Le Zénith.)

1. Les armées françaises, dans leur campagne de 1794, ont utilisé à Maubeuge, à Charleroi et à Fleurus des *ballons captifs* pour observer les opérations des Autrichiens. — L'ingénieur Giffard a construit, à l'occasion de l'exposition de 1878, un ballon captif de dimensions colossales, qui permettait aux voyageurs de découvrir d'une hauteur de 500 mètres tout l'horizon de Paris.

2. On se rappelle que cette dernière ville, cernée par l'ennemi (1870-71), ne put correspondre que par ballon avec le reste de la France. Dans l'espace de quelques mois, 64 aérostats partis de Paris emportèrent 91 passagers et 9,000 kilos de dépêches représentant 2,500,000 lettres.

3. Enfin, il y a quelques années, on est parvenu à construire des *ballons dirigeables*, qui, allongés en forme de cigare, voguent dans l'air comme des navires à hélices et reviennent assez fidèlement à leur gare de départ après un plus ou moins long circuit.

QUESTIONS

1. Pourquoi les petits ballons rouges qu'on achète dans les foires ne restent-ils pas gonflés? (65 et 91)

2. Pourquoi un ballon gonflé ne perd-il pas sensiblement de gaz quand il y a une ouverture en bas? (65)

3. Pourquoi un ballon, incomplètement rempli au départ, finit-il par se gonfler en montant? (66)

4. Comment expliquer les hémorragies que les aéronautes éprouvent dans les hauteurs? (67)

5. Comment un ballon peut-il monter ou descendre à volonté? (93)

6. De deux ballons égaux en dimension, mais gonflés l'un avec de l'hydrogène, l'autre avec du gaz de l'éclairage, quel est celui qui montera le plus haut?

7. Un ballon qui ne monte plus se déplace-t-il avec une vitesse qui lui est propre? L'aréonaute peut-il changer sa vitesse et sa direction?

MACHINE PNEUMATIQUE — POMPES

> Rien ne fait mieux connaître l'air
> que ce qui se passe où il n'est pas.
> (FONTENELLE.)

95. Nous réunissons dans ce chapitre les différentes sortes de pompes. On donne habituellement ce nom, comme chacun le sait, aux appareils qui servent à aspirer l'eau ; mais il convient également aux appareils qui permettent d'aspirer l'air, les machines pneumatiques sont, en effet, de véritables pompes à air.

Machine pneumatique.

96. Une machine pneumatique est un appareil destiné à raréfier l'air, ou, comme on dit d'ordinaire, à faire le vide.

La machine pneumatique la plus simple est à un seul corps de pompe ; on l'appelle à *simple effet ;* nous allons en étudier la disposition et le fonctionnement.

Disposition (fig. 64). — Pour réduire cet instrument à sa forme la plus simple, supposons un cylindre dans lequel se meut un piston P ; il forme un corps de pompe en communication avec un ballon B dans lequel on veut faire le vide. La base du corps de pompe est percée d'une ouverture qui le fait communiquer avec

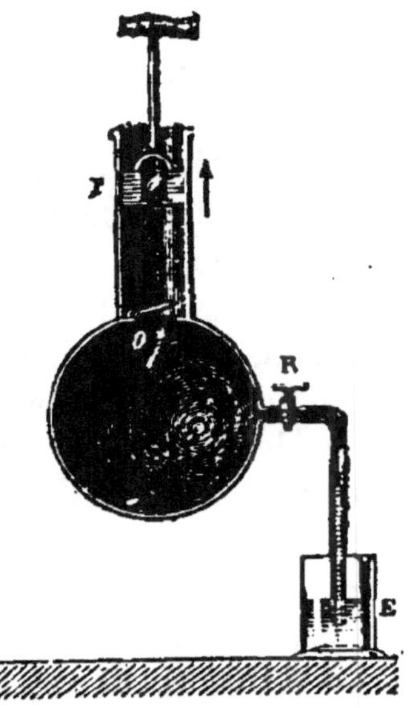

Fig. 64. — Machine pneumatique théorique, à simple effet.

le ballon. Cette ouverture est actuellement fermée par un disque de cuir formant soupape *o*, qui se soulève de bas en haut en tournant autour d'une charnière placée sur le côté. Le piston P, formé de rondelles de cuir comprimées entre deux disques de métal, est traversé dans toute son épaisseur par une ouverture. Une seconde soupape *o′*, s'ouvrant dans le même sens que la première, dégage ou ferme cette ouverture en temps utile. Le piston se dirige à l'aide d'une tige à poignée.

On peut en outre adapter au récipient B, plein d'air, un tube coudé qui plonge dans le mercure E. Ce tube peut être fermé à l'aide d'un robinet R.

97. FONCTIONNEMENT DE LA MACHINE. — La manœuvre qui fait le vide dans une machine pneumatique peut se diviser en trois temps.

1º On fait le vide dans le corps de pompe.

2º La communication s'établit entre le récipient et le corps de pompe.

3º On chasse l'air du corps de pompe.

I. Le piston étant au bas de sa course, on le soulève à l'aide de la poignée; il laisse le vide derrière lui, entre sa base et celle du corps de pompe.

II. Mais aussitôt, en vertu de son expansibilité, que ne contrarie plus la pression exercée jusque-là sur la face supérieure de la soupape, l'air du récipient se répand dans le corps de pompe. Ce gaz occupant à la fois le récipient et le cylindre, quand le piston a atteint l'extrémité de sa course, est donc actuellement en moindre quantité dans le récipient. Si l'on pouvait fermer aussitôt la soupape *o* de la base du corps de pompe, rejeter l'air qui s'y est introduit et recommencer la même opération, point de doute qu'on aurait diminué la quantité d'air renfermée dans le récipient. La raréfaction serait donc commencée.

III. Voici comment se réalise cette condition (fig. 64 et 65). Le piston étant au sommet du cylindre, on l'abaisse; l'air du corps de pompe se comprime tout d'abord avant celui du récipient, sa tension augmente, et avec elle la pression qu'il exerce sur la partie supé-

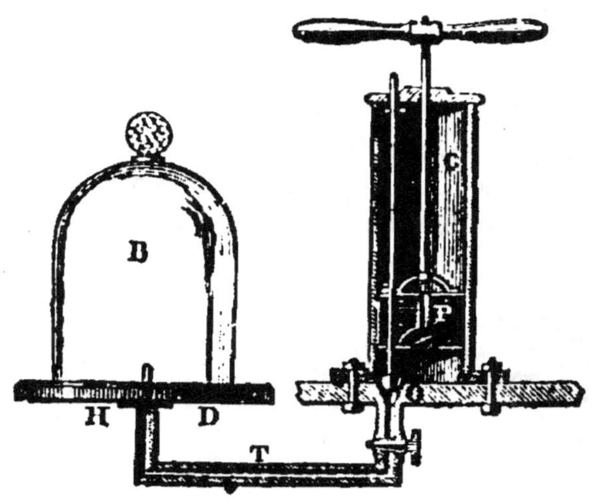

Fig. 65.

C, corps de pompe. — B, récipient. — T, tube de communication. HD, platine sur laquelle repose la cloche. — P, piston avec sa soupape. — O, ouverture et soupape conique du corps de pompe.

ricure de la soupape O jusque-là soulevée. Ce clapet ferme donc le cylindre.

L'air du corps de pompe qui vient de *fermer* la soupape O inférieure va *soulever* maintenant la soupape supérieure *o'* ; car sa tension, qui augmente à mesure que le piston en descend, réduit son volume et suffit bientôt pour soulever cette soupape *o'*. Tout ce volume d'air s'est écoulé au dehors au moment où le piston s'applique de nouveau contre la base du cylindre.

Maintenant que le piston est revenu à son point de départ, on recommence le même mouvement, et ses déplacements alternatifs amènent les mêmes effets, avec cette différence toutefois que, à chaque nouveau coup de piston, l'air du récipient est de plus en plus raréfié et sa tension plus faible. — En effet, si on ouvre le robinet R (fig. 64) pour mettre le tube coudé en communication avec le récipient B, on voit le mercure monter de l'éprouvette E dans le tube, graduellement et à chaque coup de piston.

98. CONCLUSION. — Deux principes déjà connus suffisent donc pour expliquer la raréfaction de l'air :

1° L'expansibilité des gaz, dont le volume augmente quand il y a diminution de pression (65);

2° La loi de Mariotte, qui fait prévoir que la tension diminue à mesure que le volume de l'air augmente[1] (84).

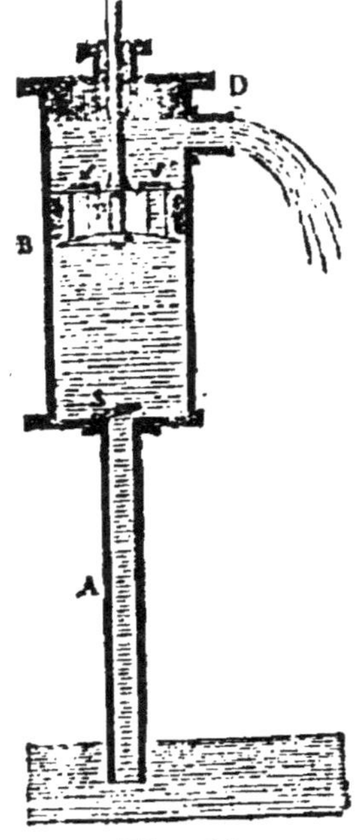

Fig. 66.
Pompe aspirante.

Pompes.

99. DÉFINITION. — Les pompes sont des appareils destinés à élever l'eau. On pourrait les définir aussi : des machines pneumatiques destinées à élever l'eau.

Organes d'une pompe. — Prenons comme exemple la pompe aspirante, qui est la plus connue (fig. 66). Cette pompe comprend un corps de pompe, un piston, deux soupapes et deux tuyaux, l'un d'aspiration et l'autre de déversement.

Le corps de pompe est un cylindre B en bois ou en métal bien régulier dans lequel se meut un piston P. A sa partie supérieure il porte un tuyau D droit ou recourbé par lequel l'eau s'écoule, c'est le tuyau de *déversement*; sa base inférieure communique avec un tuyau vertical A en bois

<hr>

[1] La première machine pneumatique fut construite, en 1650, par Otto ou Othon de Guericke, bourgmestre de Magdebourg.

ou en plomb qui plonge dans la nappe où l'on veut puiser l'eau, c'est le tuyau d'*aspiration*. Le piston est formé d'ordinaire d'un cylindre en métal dont le diamètre égale celui du corps de pompe; il est garni sur son pourtour de cordes serrées destinées à empêcher les fuites.

Une première soupape S surmonte l'ouverture du tuyau d'aspiration. Une deuxième soupape, simple ou double *s,s'*, est adaptée à la cavité qui traverse le piston. Ces différentes soupapes s'ouvrent de *bas en haut*.

Enfin le piston est relié par une tige de fer à un levier à bras inégaux qu'on appelle *bras* de la pompe.

100. JEU DE LA POMPE ASPIRANTE. — Le piston est au bas de sa course; les soupapes sont appliquées sur les ouvertures qu'elles ferment; le tuyau d'aspiration ne renferme que de l'air. Dans ces conditions (fig. 67), l'ascension de l'eau s'opère en deux temps.

1° On soulève le piston, le vide se fait dans le corps de pompe; grâce à son expansibilité, l'air contenu dans le tuyau d'aspiration soulève la soupape inférieure, et ce gaz remplit le corps de pompe au moment où la base du piston vient s'arrêter en avant du tuyau de déversement.

Mais cét air n'a pu augmenter de volume sans diminuer de tension (84); il ne peut donc plus faire équilibre à la pression atmosphérique, qui pèse sur l'eau du puits comme une colonne de 10 mètres d'eau. Aussi l'eau s'élève-t-elle dès maintenant dans le tuyau D d'aspiration.

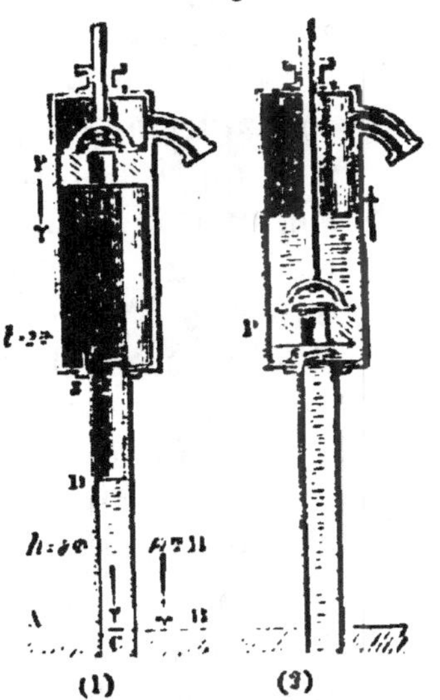

Fig. 67. — Jeu de la pompe aspirante.

1. On aspire l'air.
2. On aspire l'eau de la pompe amorcée.

Puis, suivant le mouvement indiqué par la flèche, (fig. 67-1), le piston descend; il comprime d'abord l'air de la partie supérieure du corps de pompe, la tension de ce gaz augmente, et la soupape d'aspiration S se ferme sans que la tension du gaz ait augmenté dans le tuyau vertical. La colonne d'eau y reste donc soulevée.

Un deuxième coup de piston diminuera encore la quantité et la tension de l'air dans le tuyau; l'eau continuera à monter, et, si l'on admet que ce tuyau n'a que quelques mètres de hauteur, il sera bientôt complètement rempli d'eau. Jusqu'à ce moment on n'a aspiré que l'air de la pompe; maintenant que le tuyau d'aspiration est rempli et que l'eau arrive au-dessus de la base du corps de pompe, la pompe est *amorcée*, et l'eau va être soulevée à son tour.

2° Le piston, en s'appliquant contre la base du corps de pompe, comprime l'eau qu'il contient comme il comprimait tout à l'heure l'air du cylindre; l'eau soulève la soupape, se répand dans la partie supérieure du cylindre, et le piston, en remontant, entraîne l'eau comme on le ferait avec un seau. Le liquide emporté dans ce mouvement s'échappe par le tuyau de déversement.

101. CONCLUSION. — En résumé, pour pomper de l'eau, il faut commencer par retirer l'air du tuyau d'aspiration, ce qui se fait d'après la *loi de Mariotte*.

Il faut en outre que l'eau monte; or le *principe* de *Torricelli* prévoit que dans un tube vide d'air l'eau peut s'élever à 10 mètres.

102. DÉTAILS PRATIQUES SUR LES POMPES. — Les pompes sont des instruments de physique que tout le monde est appelé à faire manœuvrer. Il ne sera donc pas inutile d'ajouter à l'étude théorique que nous venons de faire quelques observations sur les différents organes de la pompe.

I. *Corps de pompe.* — La meilleure pompe est celle

qui aspire l'eau plus vite et la fournit avec plus
d'abondance. On obtient ces deux avantages avec une
pompe dont le piston a une plus grande course, ce
qui suppose que le bras de la pompe a aussi un mouvement plus étendu.

II. *Piston.* — Les pompes étant de vraies machines
pneumatiques, on conçoit
que la première qualité
d'une pompe est de ne
pas présenter de fuite ou
d'entrée pour l'air. Le
piston joint d'ordinaire
assez imparfaitement, à
peine s'il suffit toujours
de le garnir d'étoupe ;
aussi est-on souvent
obligé, pour amorcer la
pompe, de verser de l'eau
qui couvre le piston et
forme, pour un instant
du moins, une fermeture
parfaite. — Il suffit d'aspirer de l'eau par un long
tube adapté à un seringue
en verre pour voir com-
bien facilement l'air pénètre entre le piston et le cylindre.

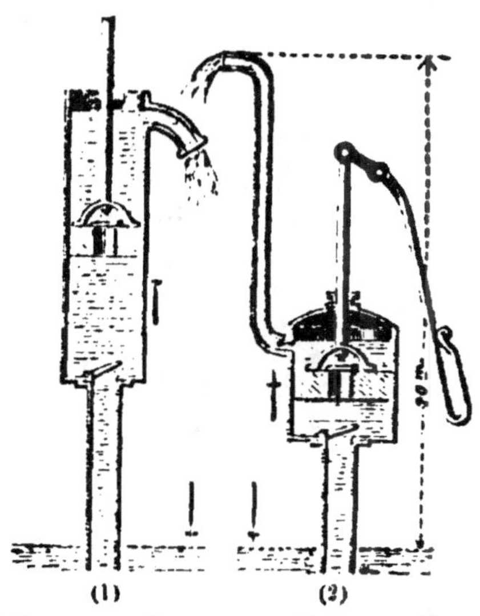

Fig. 68. — Pompes qui élèvent l'eau
à plus de 10 mètres.
1. Grand corps de pompe.
2. Long tuyau de déversement.

III. *Tuyau d'aspiration.* — La longueur de ce tuyau
mesurée verticalement ne saurait atteindre 10 mètres.
Les pompes ordinaires ne sont même pas assez parfaites pour qu'on puisse lui donner plus de 8 mètres.
Dans les pompes qui élèvent l'eau à plus de 10 mètres,
ou bien le corps de pompe est très long (fig. 68-1),
ou encore il porte un tuyau de déversement muni à
sa base d'une soupape (2) ; dans chacun de ces cas le
tuyau d'aspiration n'a guère que 7 ou 8 mètres. Pour
éviter, l'hiver, les accidents que produirait la gelée,

on a soin d'entourer de paille les pompes et la partie
visible de leur tuyau d'aspiration.

103. EXPÉRIENCES AU SUJET DE POMPES. — I. *Tube
baromélrique ouvert sur l'eau.* — Un tube de Torricelli,
long de 1 mètre, renferme sa colonne mercurielle de
76 centimètres; on verse de l'eau sur le mercure de la
cuvette; puis, soulevant le tube, on constate que le mercure descend et que l'eau jaillit et remplit le tube, si
long qu'il soit, au moment où son orifice s'ouvre dans
l'eau.

II. *Ascension de l'eau dans un tube.* — Sans doute on
pourrait se contenter d'aspirer avec la bouche l'air que
contient le tube, et l'eau monterait aussitôt comme dans
une pompe et pour les mêmes raisons.

Mais on peut encore faire plonger un long tube, ouvert

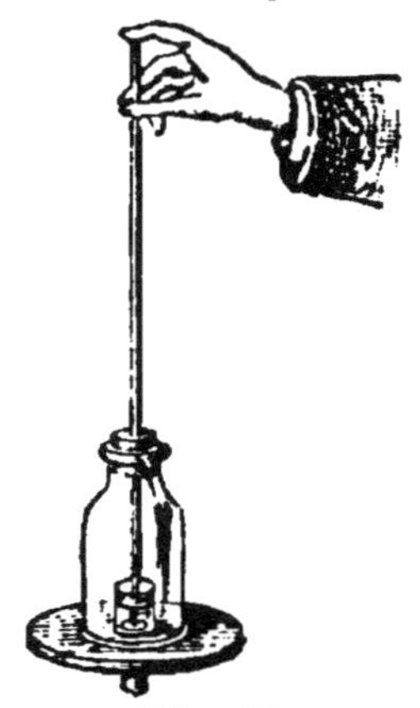

Fig. 69.
Ascension de l'eau
dans un tube.

aux deux bouts, dans un verre d'eau
(fig. 69). Une cloche installée sur la machine pneumatique recouvre ce verre et
permet de faire le vide. L'orifice supérieur du tube est bouché avec le doigt,
et tandis qu'on fait le vide dans la
cloche, des bulles d'air sortant du tube
traversent l'eau. Si, après une raréfaction suffisante, on laisse rentrer l'air
dans la cloche, tandis qu'on maintient
le tube fermé avec le doigt, on voit encore l'eau s'élever dans le tube. L'expérience, répétée avec le mercure, montre
que ce liquide monte moins haut que
l'eau, parce qu'il est plus lourd.

III. *Ascension de l'eau dans une ca-
rafe.* — Une carafe qui ne contient que de l'air est retournée sur un bassin plein d'eau; on y fait pénétrer un
tube de caoutchouc à l'aide duquel on aspire l'air de la
bouteille, l'eau s'élève à mesure que l'air s'en va. Il suffit
de pincer le tube en le retirant pour que l'eau se maintienne dans la carafe.

IV. *Simple pompe formée d'un tube.* — On tend au-
dessus de l'ouverture d'un tube de verre de quelques déci-

mètres de longueur un morceau de peau, ou mieux une
bande de caoutchouc que l'on a soin de fixer avec du fil
enroulé autour du tube (fig. 70). Cette membrane élastique
forme soupape, et il suffit d'imprimer avec la main un mouvement de va-et-vient au tube plongé dans l'eau d'un bassin pour le voir se remplir; le liquide se déverse bientôt
en soulevant la soupape de cette *pompe chinoise.*

104. V. *Pompe aspirante.* — On prend un tube en
verre ou en métal long de 30 centimètres environ, large

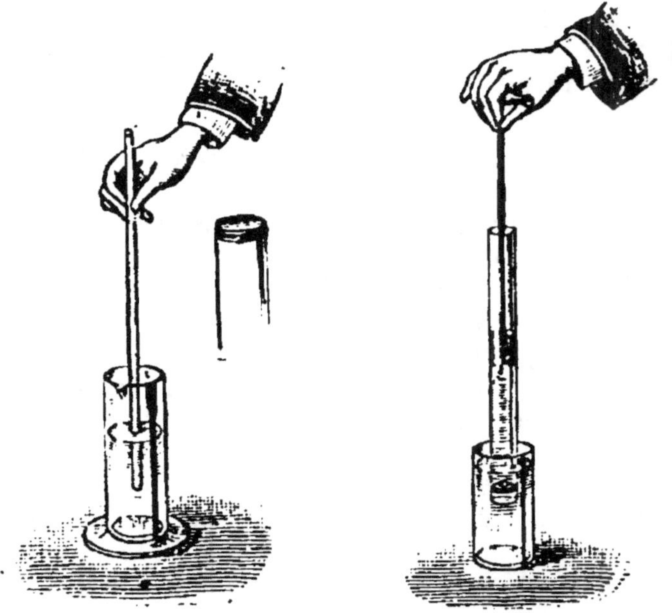

Fig. 70. — Pompe chinoise.   Fig. 71. — Pompe aspirante.

comme un bouchon, c'est le cylindre de la pompe. On
coupe un bouchon en deux, on perce d'un trou le morceau que l'on conserve, et on fixe au-dessus de ce trou,
avec une épingle, une languette de cuir formant soupape.
Le bouchon ainsi préparé est adapté à une des extrémités
du tube, la soupape étant à l'intérieur. Pour former le piston et sa tige, on adapte à une baguette un bouchon trop
peu large pour fermer le cylindre, et on entoure ce bouchon
d'une enveloppe de cuir ou d'une bande de caoutchouc

vulcanisé qu'on lie autour du bouchon de manière que la bande dépasse au-dessus du bouchon. Le piston ainsi façonné est enfoncé dans le tube et le tube plongé dans dans l'eau. On tire la baguette, le vide se fait derrière le piston, l'eau se précipite dans le tube; puis, si on abaisse le piston, l'eau, comprimée entre la soupape qui ferme la base du corps de pompe et le piston qui descend, se fraye une issue entre le bouchon et le tube. Parvenue au-dessus du piston, l'eau emplit le godet que forme l'enveloppe de cuir, et dès lors le bouchon, dont les parois sont élastiques, fait fonction de soupape aussi bien que de piston. L'eau ne tarde pas à se déverser par l'ouverture supérieure du tube.

QUESTIONS

1. Pourquoi l'eau monte-t-elle dans une seringue? — Pourquoi l'eau qui remplit une seringue ne s'écoule-t-elle pas par son orifice? (84)

2. Quel avantage présente l'emploi d'un levier pour diriger la tige du piston dans une pompe? (29)

3. Pourquoi le tube d'aspiration en caoutchouc ou en cuir de certaines pompes s'aplati. il dès qu'on y fait le vide? (69)

4. Pour pomper la bière dans un tonneau, peut-on employer un tube qui fermerait exactement l'ouverture par laquelle il plonge dans le liquide? (74 et 84)

5. A quelle condition une pompe reste-t-elle amorcée? (103-11)

6. Le robinet adapté au bas du corps de certaines pompes que l'on veut vider l'hiver, pour qu'elles n'éclatent pas, ne laisse-t-il partir que l'eau du corps de pompe?

7. Est-il vrai qu'une pompe ne peut soulever l'eau à plus de 10 mètres ou 33 pieds? (101)

8. Pourquoi les fontainiers de Florence ne pouvaient-ils faire monter l'eau à plus de 33 pieds? (101)

SIPHON — SOUFFLET ET FONTAINES

. . . Le soufflet haletant
Tour à tour emprisonne et déchaîne le vent.
(DULARD.)

Siphon.

105. QU'EST-CE QU'UN SIPHON? — Un siphon est un tube replié qui sert à transvaser des liquides. Rien de plus facile que de fabriquer un siphon. Plongez un tube de caoutchouc dans l'eau de manière à le remplir de liquide; soulevez-en une des extrémités, que vous aurez soin de pincer entre les doigts pour empêcher l'eau de s'échapper, puis laissez ce bout de tube pendre hors du vase tandis que l'autre extrémité plonge dans l'eau : aussitôt ce tube fera *siphon*, il aspirera l'eau du vase pour la répandre au dehors.

Deux bouts de tube de verre, reliés par un tube en caoutchouc, formeront encore le tube recourbé du siphon ; ou encore, un tube de verre d'une seule pièce, recourbé et à branches inégales, figurera mieux la forme ordinaire du siphon (fig. 72).

Quel enfant n'a essayé de se faire un siphon en engageant des fêtus de paille dans les deux trous pratiqués sur les faces opposées d'un noyau de pêche évidé? Un peu de mastic ou de mie de pain

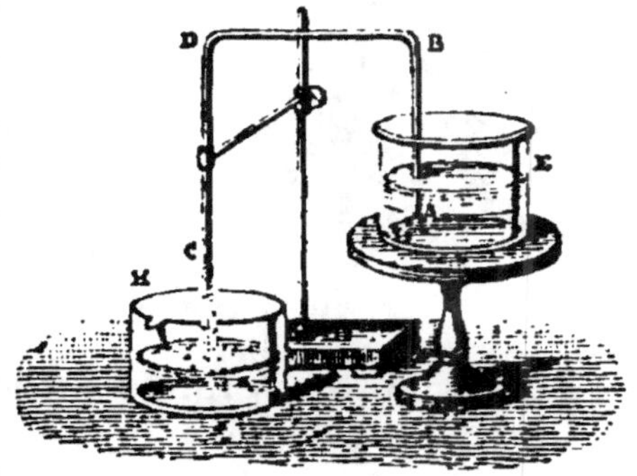

Fig. 72. — Siphon ordinaire.

suffit pour maintenir ces tubes fragiles et donner un siphon sans fuite d'air.

106. Comment se servir d'un siphon? — Un siphon a toujours besoin d'être amorcé, c'est-à-dire d'être rempli du liquide qu'il doit servir à transvaser.

I. Cet amorcement du siphon est des plus simples quand on emploie, comme nous l'avons indiqué, un tube de caoutchouc. Mais pour les siphons ordinaires, en verre ou en métal, on les amorce autrement.

II. S'il s'agit d'aspirer de l'eau, on place la courte branche du siphon dans l'eau, on maintient le tube avec la main, et par son extrémité libre on aspire avec la bouche. La succion produite fait monter l'eau, le liquide arrive dans la courbure, puis retombe; le siphon est plein et amorcé; retirez les lèvres, l'écoulement continuera.

III. Si le liquide à transvaser est dangereux, comme un acide, on peut employer différents autres modes d'amorcement. Souvent on adapte à la branche longue du siphon une branche latérale. On aspire par l'extrémité de ce tube, après avoir plongé la branche courte dans le liquide et fermé avec le doigt l'orifice inférieur du siphon : le vide se fait, le liquide monte puis descend dans la grande branche du siphon, et à ce moment l'on retire à la fois le doigt et les lèvres, dont le concours est désormais inutile (fig. 73).

Fig. 73. — Siphon pour les acides.

Évidemment une poire de caoutchouc adaptée à l'ouverture supérieure de la branche latérale, puis comprimée, chasserait l'air à travers le liquide, et, par suite du vide ainsi produit, amènerait un amorcement moins dangereux encore.

IV. D'ailleurs on peut amorcer en *soufflant* au lieu d'aspirer, et dès lors il n'y a plus rien à craindre. Deux tubes sont adaptés au bouchon qui ferme une bouteille A pleine d'eau (fig. 74) : l'un *s* descend jusqu'au fond ; l'autre B, qui dépasse à peine le bouchon, se recourbe à l'extérieur. Un long tube est adapté à l'aide d'un tuyau de caoutchouc au tube qui plonge dans l'eau du flacon. Le siphon est ainsi composé ; si l'on vient à souffler par le tube coudé, l'eau monte de nouveau dans le siphon et se déverse bientôt au dehors.

107. Expériences a faire avec un siphon. — Nous venons de constater que l'eau monte dans la branche courte d'un siphon, quand la pression qui s'exerce sur l'eau du vase est plus grande que la pression dans le tube. Cette différence de pression s'obtient soit en aspirant, soit en soufflant. C'est donc la pression atmosphérique qui fait monter l'eau. Les deux expériences suivantes achèveront de le prouver.

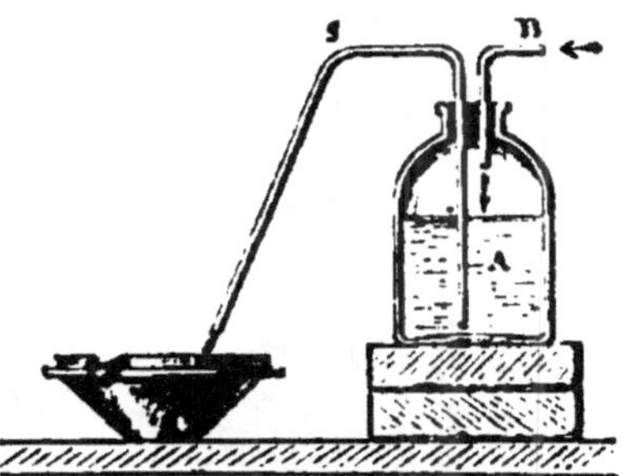

Fig. 74. — Amorcement
d'un siphon
par augmentation de pression.

I. Tandis que l'eau s'écoule du flacon dont le bouchon porte un tube coudé (fig. 74), fermez ce tube avec le doigt, presque aussitôt l'écoulement s'arrêtera. L'air du flacon augmentant de volume, puisque l'eau s'en va, diminue de pression (84), et dès lors l'eau n'est plus suffisamment pressée pour s'élever dans le tube.

C'est pour cette même raison qu'on ne saurait amorcer un siphon adapté à un bouchon qui ferme exactement un flacon.

II. Faites avec une lime un petit trou à la courbure d'un siphon en verre, et bouchez-le avec un peu de cire. Ce siphon, amorcé, fonctionnera comme un autre ; mais détachez la cire pendant que l'eau s'écoule, et aussitôt vous verrez retomber, chacune de son côté, les colonnes liquides qui remplissaient les deux branches.

La pression extérieure, s'exerçant sur l'eau du tube par cet orifice, annule la pression qui pèse sur l'eau du vase, et dès lors la colonne liquide tombe de tout son poids.

C'est donc l'air qui fait monter le liquide dans un siphon ; toutefois sa pression ne suffit pas pour expliquer le mouvement ou l'écoulement du liquide.

III. Faites plonger dans l'eau chacune des branches

d'un siphon amorcé, et mettez à la même hauteur les niveaux de l'eau dans les deux vases : aussitôt l'écoulement cessera, mais le siphon restera amorcé. A ce moment, en effet, l'air exerce sur chacune des surfaces du liquide des pressions égales et qui par suite se détruisent.

Fig. 75.
Siphon dans le vide.

Soulevez l'un des deux vases, le liquide coulera de nouveau, et toujours il passera du niveau supérieur vers le niveau inférieur. Si deux vases contenant de l'eau à des niveaux différents sont reliés par un siphon (fig. 75), et que, après avoir fait le vide sous le récipient où ils sont placés, on laisse rentrer l'air, l'amorcement se fait de lui-même. L'eau s'écoule du vase le plus rempli vers celui qui l'est moins.

Il faut donc conclure de ces nouveaux faits que la pression qui s'exerce sur cette surface inférieure, et par suite aussi à l'orifice de la longue branche du siphon, est plus faible que l'autre ; aussi la pression qui pèse sur le niveau supérieur l'emporte, et l'eau s'écoule.

CONCLUSION. — I. La pression de l'air maintient soulevée la petite colonne liquide dans un siphon.

II. Cette pression l'emporte sur celle que supporte la base de la longue colonne; aussi le liquide passe-t-il du niveau supérieur vers le niveau inférieur.

Soufflet.

108. Est-il nécessaire de dire qu'un soufflet est formé de deux plaques de bois reliées sur leur pourtour par une bande de cuir souple et bien clouée, qu'un tube de fer est adapté au soufflet pour laisser jaillir l'air, et qu'un trou garni à l'intérieur d'une peau formant *soupape* laisse entrer l'air (fig. 76)?

Le jeu d'un soufflet est une application du principe de Mariotte. Écartez-en les deux plaques, la pression diminuera à l'intérieur; plus grande à l'extérieur, elle poussera la soupape, et l'air s'accumulera à l'intérieur. — Comprimez le soufflet, et l'air, prenant une pression d'autant plus grande que son volume sera plus réduit, sortira avec force par le tube.

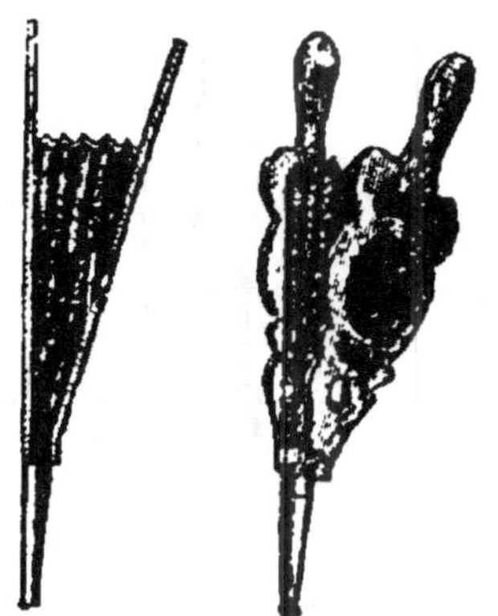

Fig. 76. — Soufflet.

Ces divers mouvements de l'air, qui se produisent à chacun des orifices d'un soufflet, s'observent bien avec un morceau de papier ou avec une bougie. Le papier et la bougie, aspirés vers la soupape, sont, au contraire, fortement repoussés, même à distance, par l'air qui sort du tube.

Fontaines.

109. Les deux fontaines que nous allons décrire appartiennent aux rares appareils de physique que les anciens nous ont fait connaître. Nous y verrons de nouvelles applications des principes que nous venons d'étudier.

I. *Fontaine de Héron.* — *Construction.* — On prend deux bouteilles ou deux vases en fer-blanc de mêmes dimensions. A chacun d'eux on adapte deux tubes, l'un qui plonge au fond du vase, l'autre qui pénètre à peine à l'intérieur. L'un de ces vases reste plein d'air, l'autre est rempli d'eau. Ces deux vases sont installés à des hauteurs différentes, le vase vide étant plus bas ; puis ils sont reliés par un tube de verre ou de caoutchouc qui s'adapte aux extrémités des tubes courts que portent les deux vases. A son tour, le long tube du vase inférieur est mis en communication par un tube avec un entonnoir qu'on remplit d'eau (fig. 77). Aussitôt que le liquide s'écoule et remplit le vase plein d'air, l'eau jaillit du vase supérieur.

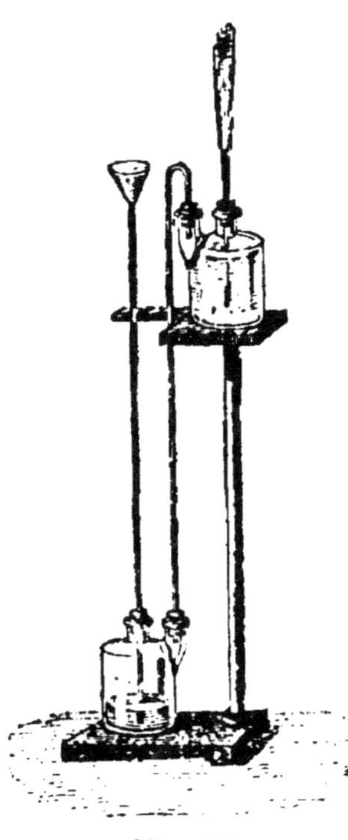

Fig. 77.
Fontaine de Héron.

Explication. — L'air renfermé dans le vase inférieur est comprimé par l'eau qui y pénètre ; son excès de pression se communique au vase plein d'eau et en fait jaillir le liquide.

Il est clair que l'eau montera d'autant plus haut, que la pression augmentera plus vite dans les deux vases. — On voit encore que l'expérience cessera quand l'un des vases sera plein et l'autre vide. — Inutile d'ajouter que le vase vidé dans une expérience pourra, dans une seconde expérience, prendre la place du vase qui s'est rempli.

110. II. *Fontaine intermittente. — Construction.*
— Prenez un flacon dont le goulot sera assez large
pour qu'on puisse faire trois trous dans le bouchon qui le fermera. Par le trou central on enfonce
un long tube de verre droit qui pénètre jusqu'au fond
du flacon ; dans les deux trous pra-
tiqués sur le côté on engage deux
petits tubes en verre fins et re-
courbés. La bouteille est ensuite
presque entièrement remplie d'eau,
fermée avec son bouchon, puis retournée au-dessus d'un entonnoir
dont la tige a été rétrécie à l'aide
d'un morceau de bois ou au-dessus
d'un vase dont le fond est percé
d'un petit trou (fig. 78).

Expérience. — L'eau s'écoule
par les deux petits tubes latéraux,
tombe dans l'entonnoir, et, ne pouvant en sortir assez vite, elle s'é-
lève jusqu'à l'orifice du tube droit

Fig. 78.
Fontaine intermittente.

qui y plonge. Aussitôt l'écoulement s'arrête ; car l'air
ne pouvant plus arriver dans le flacon, la pression y devient trop faible pour chasser l'eau par les petits tubes.
Pendant ce temps l'entonnoir se vide, l'orifice du long
tube se débouche, l'air remonte dans le flacon et fait couler de nouveau le liquide par les trous de dégagement.

QUESTIONS

1. Un siphon même amorcé peut-il fonctionner dans le
vide ? (107)

2. Pourquoi un siphon en verre amorcé et tenu à la
main dans l'air reste-t-il plein de liquide si le tube est
assez étroit et qu'on bouche avec le doigt un de ses orifices ? Dans quel sens se fera l'écoulement quand les deux
orifices deviendront libres ? (67 et 107-3)

3. L'air ne rentre-t-il que par la soupape dans un soufflet dont on écarte les deux plaques? — Un soufflet fonctionnerait-il encore si la soupape était enlevée ou si la soupape était fixée? (108)

4. Pourquoi, dans une fontaine intermittente, l'eau ne cesserait-elle pas de couler si le tube de l'entonnoir était trop large? (110)

5. Pourquoi deux morceaux de papier, que l'on tient entre les lèvres et qui y sont collés, se rapprochent-ils chaque fois que l'on respire par la bouche? (84)

6. Pourquoi la flamme d'une bougie tenue à la hauteur de la bouche se dirige-t-elle vers le fond de la bouche dès qu'on ouvre les lèvres en aspirant? (84)

7. Comment mesurer la pression de l'air qui s'échappe d'un soufflet? (86)

ACOUSTIQUE

> Comptez, si vous pouvez, les flots dont l'Ionie
> Prolonge jusqu'à nous l'incessante harmonie [1].

111. L'acoustique est la science des sons. Cette partie de la physique traite de tous les phénomènes qui produisent ou qui accompagnent ces impressions d'une nature spéciale dont notre oreille est le meilleur, sinon le seul juge.

Nous diviserons cette étude en trois chapitres :

1º Production et propagation des sons;
2º Qualités des sons;
3º Instruments de musique.

Production et propagation des sons.

112. TOUT SON EST PRODUIT PAR LES VIBRATIONS D'UN CORPS ÉLASTIQUE. — On se rappelle les mouvements

---

[1]   Nosse quot Ionii veniant ad littora fluctus.

(VIRGILE, *Georg.* II.)

si réguliers et d'ordinaire si lents d'un pendule qu'on
a dévié de sa position verticale; il va et vient d'une
extrémité à l'autre de son arc, il oscille; s'il allait un
peu plus vite, on dirait qu'il
vibre. N'est-il pas naturel
de comparer les déplace-
ments rapides d'une tige d'a-
cier, fixée par l'une de ses
extrémités, aux oscillations
d'un pendule (fig. 79)? —
Les phénomènes de vibration
et d'oscillation sont donc les
mêmes; il y a pourtant cette
différence qu'un pendule oscille à cause de la pesanteur;
un diapason vibre par suite
de l'élasticité de l'acier dont
il est fait.

**113. Moyens de produire
des sons.** — Les corps élastiques seuls peuvent vibrer
et rendre des sons. Une tige
d'acier trempé CD oscille rapidement quand on déplace
son extrémité libre après
avoir fixé son autre extrémité (fig. 79). Un ressort d'a-
cier cesse de vibrer et reste
courbé si, en le recuisant,
on lui a enlevé son élasticité.

Fig. 79. — Vibration d'une
tige élastique.

Diverses causes amènent des sons. — Un choc produit contre une cloche en verre ou en métal la fait
résonner; un jet de vapeur fait siffler le timbre d'une
locomotive; le frottement de l'archet produirait le
même effet; une corde tendue, puis pincée entre les
doigts comme dans la harpe, ou frôlée avec l'archet

comme sur le violon, ou encore déplacée par le pouce, résonne aussitôt.

114. Moyens de constater les vibrations. — Tout corps élastique vibre en même temps qu'il résonne. Ces déplacements, toujours fort limités, peuvent cependant être reconnus et rendus perceptibles par différents procédés. On *voit*, on peut même compter les vibrations d'une longue corde faiblement tendue. — On *sent* les pulsations d'un diapason ou d'un verre qui résonne en approchant délicatement le doigt. — On *entend* les chocs répétés d'une branche de diapason au contact d'une vitre ou d'une pointe C rapprochée

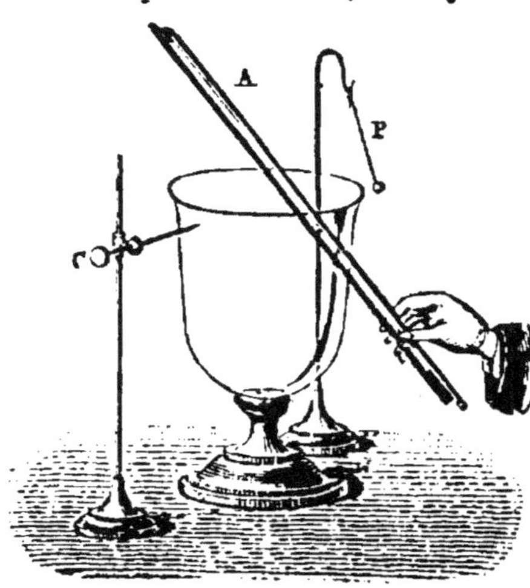

Fig. 80.
Vibration d'une cloche.

d'une cloche vibrante (fig. 80). — On *inscrit* et on compte même ces vibrations tracées sur le noir de fumée, quand on fait passer rapidement sur une vitre noircie l'angle d'une des branches d'un diapason [1].

115. Tous les sons proviennent de vibrations. — Nous allons montrer que les corps solides ou gazeux qui rendent des sons produisent en même temps des vibrations.

Vibrations des corps solides. — Prenons les corps solides sous les formes diverses qu'on peut leur donner pour en tirer des sons. Les *cloches*, sous le choc

---

[1] C'est ainsi que le physicien réalise, même pour l'air, le défi du poëte de compter les flots qui viennent se briser contre les rives de la mer Ionienne.

Nosse quot Ionii veniant ad littora fluctus.

du marteau qui les frappe, rendent des vibrations puissantes, comme peuvent nous en donner l'idée les cloches en verre qui lancent si loin le pendule P à boule de liège qu'on en a approché (fig. 80). — A défaut d'autre cloche, prenez un verre à boire et répétez l'expérience du pendule; approchez-en une pointe : après l'avoir attaqué avec l'archet, vous entendrez des chocs multipliés. — Versez de l'eau, ou mieux de l'alcool, ou de la benzine dans le verre, faites-lui rendre un son assez grave, et vous verrez une forme de croix se former à la surface du liquide; le verre vibrera si énergiquement, que le liquide divisé en poussière sautera jusqu'à l'archet; mais modérez vos coups d'archet, car la vibration peut briser le verre.

Si vous faites parler un *diapason*, vous verrez ses branches dessiner une sorte de fuseau vers leurs extrémités fort agitées. — Contre une vitre, le son se traduira par des chocs. — Contre un pendule suspendu à un fil, l'impulsion sera assez violente pour en projeter la balle de liège.

Une *corde* déplacée avec le doigt semble s'élargir en produisant un son (fig. 81); cette illusion, qui ne trompe que notre œil, est due aux rapides déplacements de la corde. Une simple corde blanchie à la craie et tendue sur un tableau

Fig. 81. — Vibration d'une corde.

noir donne ce double phénomène du son et des vibrations.

110. Sons rendus par les gaz. — I. Faites parler un tuyau sonore en bois ou en étain, l'air seul qui le remplit peut vibrer assez fort pour lui faire rendre un son. Et, en effet, la membrane tendue et saupoudrée

de sable qu'on y fait descendre sautille sous l'action
de ces vibrations aériennes.

Fig. 82.
Vibration
de l'air.

II. Placez un disque D, découpé dans une
toile métallique, à un décimètre environ
de l'ouverture inférieure d'un tuyau en
verre ou en métal assez large (fig. 82);
puis avec une flamme de gaz chauffez la
toile. Après quelques secondes la toile est
assez chaude, retirez le tube, et vous entendrez le son puissant produit par la rentrée de l'air. Un petit disque M de papier
mince qu'on fait descendre dans le tube
couvert de sable fait entendre le bruisse-
ment du sable qui sautille.

III. Faites brûler un petit jet de gaz de
l'éclairage à l'extrémité effilée d'un tube
de verre, et introduisez cette flamme dans
un tube plus large en métal, en carton et
mieux en verre : vous obtiendrez une note dont l'acuité
dépendra de la longueur du tube. Nouvel exemple très
concluant des sons que les gaz peuvent donner.

Propagation des sons.

117. Ces mêmes corps qui rendent des sons peuvent
aussi en *transmettre*. Le son s'entend, en effet, à travers les solides, les liquides ou les gaz.

I. *Corps solides.* — Le roulement d'un train sur le
chemin de fer et les décharges de l'artillerie s'entendent fort bien, surtout la nuit, en appliquant
l'oreille contre terre ; il suffit d'ailleurs de gratter
l'extrémité d'une poutre avec une épingle pour que ce
faible choc s'entende à l'autre extrémité.

Un diapason s'entend peu quand on le tient à la
main, mais le son éclate quand on fait reposer sa
queue sur l'os de l'oreille. Bouchez-vous les oreilles
avec les doigts, et agitez une tige de fer suspendue

par une ficelle que vous tenez serrée contre l'oreille : chaque choc de cette tige se transformera en un concert aussi bruyant que celui des cloches.

II. *Corps liquides*[1]. — Les vérifications deviennent ici plus difficiles sans doute ; toutefois on entend encore un verre ou un timbre résonner quand on le frappe dans l'eau où il est submergé.

Les plongeurs perçoivent fort bien les bruits qui résonnent dans l'eau ou hors de l'eau où ils se trouvent.

III. *Corps gazeux*. — Enfin il est incontestable que les sons se transmettent dans l'air, et même dans toutes les directions. C'est une chose merveilleuse et trop peu admirée que cette facilité et cette rapidité avec laquelle un son, une parole émise en un point de l'espace se répand à l'instant

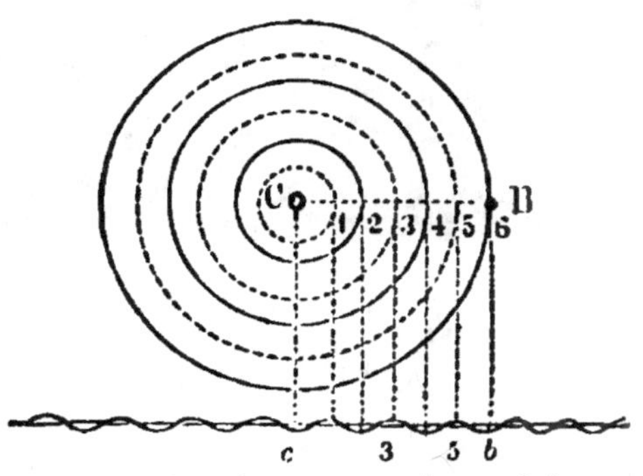

Fig. 83. — Cercles concentriques à la surface de l'eau, vus de face et de profil.

dans tous les sens et se communique, sans changement, à toutes les oreilles à portée de la recevoir. Ce moyen si simple de communication que Dieu a établi entre les hommes nous apparaît plus beau encore lorsque, à distance, nous recueillons, sans qu'il y ait confusion, toutes les notes variées qui forment un concert[2].

---

[1] Les poissons, qui sont sans voix, s'entendent sans doute et communiquent entre eux par les mouvements et les configurations qu'ils donnent au fluide dont ils sont environnés. L'eau remuée frappe leur ouïe. (JOUBERT.)

[2] *La parole et le Verbe*. — On sait le parti magnifique que le comte de Maistre a tiré de cette notion des *ondes sonores* en parlant de nos saints mystères.

« Comme la parole, dit-il, qui n'est dans l'ordre matériel qu'une

118. VITESSE DE PROPAGATION DANS L'AIR. — Mais le son demande, pour parvenir à l'oreille, un temps appréciable dont la durée dépend de la distance à franchir. Vous voyez la fumée sortir d'un fusil ; ce n'est que quelques instants après que la décharge arrive à vos oreilles. Vous voyez l'éclair toujours avant

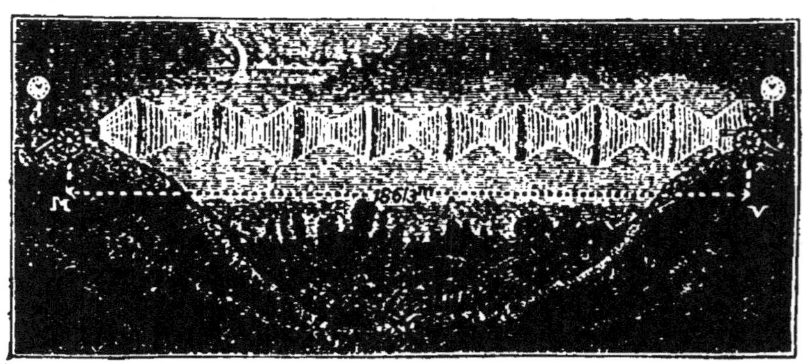

Fig. 84. — Détermination de la vitesse du son dans l'air.
M, Montlhéry. (Le retard varie entre 54,9 et 53,9 secondes.)
V, Villejuif. (Retard : 56-54,7 secondes.) Distance MV = 18613 mètres.

d'entendre le tonnerre. Si ces deux phénomènes se produisaient en même temps, vous auriez à craindre que l'orage n'éclatât fort près de vous. — Des expériences ont été faites entre Montlhéry et Villejuif pour déterminer la vitesse du son dans l'air. Chaque décharge d'artillerie demandait environ 55 secondes pour parcourir 18613 mètres ; on en a conclu que le son parcourt 340 mètres par seconde ; il lui faut donc environ trois secondes pour se transmettre à un kilomètre.

suite d'ondulations circulaires exécutées dans l'air et semblables dans tous les plans imaginables à celles que nous apercevons sur la surface de l'eau frappée dans un point ; comme cette parole, dis-je, arrive cependant, dans toute sa mystérieuse intégrité, à toute oreille touchée dar 'out point du fluide agité ; de même, l'essence corporelle de celu ·; i s'appelle *parole,* rayonnant du centre de la toute-puissance, qui est partout, entre tout entière dans chaque bouche, et se multiplie à l'infini sans se diviser. »

Ainsi un retard de trois secondes correspond à chaque kilomètre à franchir. Si donc le tonnerre ne s'entend, à un moment donné, que six secondes après l'apparition de l'éclair, il faut en conclure que le nuage orageux est encore à deux kilomètres environ.

119. Écho. — Puisque les sons se propagent dans tous les sens, attendu qu'on les entend dans toutes les directions, ils peuvent être arrêtés dans leur propagation par les obstacles qu'ils rencontrent. Et de même qu'une bille lancée sur un billard peut arriver à en toucher une au ·, soit directement en suivant la ligne droite, soit par une voie indirecte en touchant l'une des bandes, ainsi nous pouvons percevoir les sons transmis directement et ceux qui ne parviennent à l'oreille qu'après s'être réfléchis contre un obstacle.

Si deux billes étaient du même coup lancées avec la

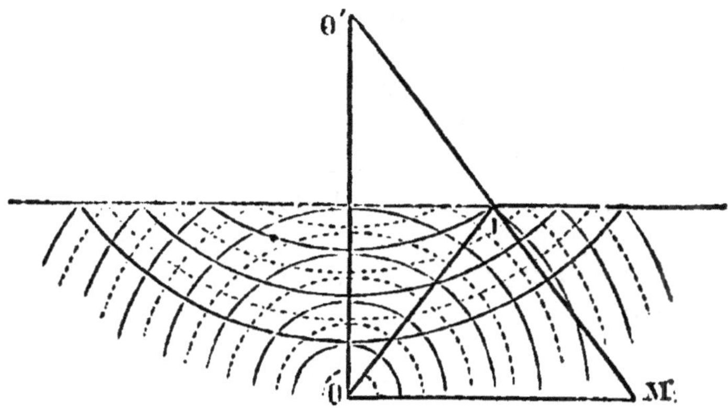

Fig. 85. — Ondes réfléchies.

même vitesse, et que l'une allât au but directement, tandis que l'autre n'irait qu'après une réflexion, évidemment cette dernière ne parviendrait au but qu'après l'autre. Ainsi et plus sûrement encore font les sons. Vous parlez d'un point O à quelque distance d'une muraille : celles de vos paroles qui reviendront à l'oreille de votre interlocuteur placé en M, après avoir comme rebondi en I sur la muraille, seront en retard sur les premiers sons qui, suivant OM, ont directement frappé ses oreilles (fig. 85).

Dans les circonstances habituelles, ces deux sons, l'un direct, l'autre réfléchi, se suivent de si près, qu'on ne le sépare pas; ils se fortifient mutuellement, et il y a *renforcement*. Mais si la muraille est à une distance assez grande, le retard que subit le son indirect peut suffire pour que l'impression qu'il produit soit bien distincte de celle qu'a laissée le son direct. Dans ce dernier cas, il y a *écho*. Si donc l'écho est comme l'image du son, l'obstacle est le miroir où il se réfléchit.

Quand on jette une note devant une muraille, qui est à 17 mètres de distance au moins, on entend nettement l'écho de ce son : car, pour faire ce double trajet d'aller et de retour, soit pour parcourir deux fois 17 mètres ou 34 mètres, il faut au son un dixième de seconde; et après un dixième de seconde le son direct que l'oreille avait perçu étant éteint, le son réfléchi est seul entendu.

Si la distance de l'obstacle augmente et que les conditions soient favorables, l'écho pourra répéter plusieurs syllabes, voire même jusqu'à un vers de douze syllabes après l'émission totale et la disparition du son direct [1].

QUESTIONS

1. Pourquoi un verre plein d'eau gazeuse ne résonne-t-il plus quand on l'attaque avec l'archet ?

2. Pourquoi suffit-il de toucher du doigt un verre qui résonne pour étouffer le son ? (112)

---

[1] *Un écho intelligent.* — On doit au P. Kircher cet écho, malheureusement intraduisible en français, qui, en se répercutant plusieurs fois, ajoute à chaque réflexion un nouveau sens à la phrase :

Tibi vero gratias agam, quo clamore?
Clamore - amore - mor· - ore - re.

3. Pourquoi n'arrête-t-on pas le son d'un tuyau ouvert en plaçant le doigt contre sa paroi?

4. Pourquoi entend-on mieux le tic tac d'une montre si on la place sur le front? (117)

5. Les vitres qui frémissent au bruit des cloches, au son des orgues ou au roulement des voitures, ne montrent-elles pas que les vibrations se transmettent par l'air? (112)

6. Pourquoi les plongeurs, une fois dans l'eau, entendent-ils ceux qui parlent sur le rivage? (117-2)

7. A quelle distance se trouve l'orage lorsque le coup de tonnerre vient 10 secondes après l'éclair?

8. Quels sont les sons, les cris ou les chants d'oiseaux que vous avez entendus à la plus grande distance?

QUALITÉS DES SONS

> Le rythme et la mélodie ont, au suprême degré, la puissance de pénétrer l'âme, de s'en emparer, d'y introduire le beau et de le soumettre à son empire.   (PLATON.)

120. Il y a trois qualités du son : l'intensité, la hauteur et le timbre. Aucun son ne peut être produit sans avoir en même temps chacune de ces qualités. Faites vibrer un diapason, ou soutenez avec la voix une note, le *la* du diapason, par exemple, l'impression produite sur l'oreille aura ce triple caractère de ne pouvoir d'abord être entendu qu'à une certaine distance : c'est son *intensité* ou sa force. En outre ce son sera plus ou moins élevé : c'est là sa *hauteur*. Et de plus l'instrument qui le produira lui donnera son cachet spécial, son *timbre,* qui permet à l'oreille de reconnaître son origine. — Bien que ces trois qualités soient de leur nature inséparables, pour plus de clarté nous devons ici les étudier séparément.

121. INTENSITÉ. — On a écrit des traités sur la force du son. Il paraît parfaitement avéré que, dans des conditions spéciales, la voix humaine ou le cri des animaux peut briser des verres à boire; il faut donc admettre que les vibrations de l'air se transmettent au verre et suffisent pour en déterminer la rupture. Pour n'avoir pas toujours cette force, le son a du moins l'intensité voulue pour franchir certaines distances et ébranler sur son trajet d'immenses masses d'air. On conçoit que de deux sons, celui-là sera le plus intense qui s'entendra à la plus grande distance, comme aussi de deux lumières la plus forte se voit de plus loin. L'intensité d'un son est donc la force avec laquelle il impressionne l'oreille.

122. DE QUOI DÉPEND L'INTENSITÉ D'UN SON? — De la grandeur du déplacement d'un corps sonore. Quand une corde tendue est simplement frôlée, le son qu'elle donne est à peine perceptible; fortement ébranlée, elle produit un son qui retentit. Mêmes résultats avec un diapason; quand les vibrations ont peu d'étendue, elles sont également peu intenses.

123. CAUSES QUI MODIFIENT L'INTENSITÉ. — Un même son, un cri, un chant s'entendent plus ou moins bien, suivant les circonstances où ils sont produits.

Renforcement du son. — I. Le moindre bruit s'entend aisément la nuit, tandis que le jour, même dans la solitude, il ne serait pas perceptible. Dans les régions boréales, la voix humaine s'entend jusqu'à une distance de deux kilomètres; une conversation peut se soutenir à plus d'un kilomètre. Le froid, le silence et le calme de la nuit, sont donc des circonstances favorables à la transmission du son. En Sibérie, on entend parfois à 20 kilomètres les aboiements des chiens, ou le bruit que font les cornes de rennes qui s'entre-choquent.

II. Tenez à la main un diapason qui vibre, le son

ne s'entendra pas ; mais placez l'une de ses branches au-dessus d'une éprouvette (fig. 86), le son commencera à s'entendre ; versez un peu d'eau dans l'éprouvette, vous parviendrez à donner à la colonne d'air qu'elle renferme la longueur la plus favorable au renforce-

Fig. 86. — Renforcement du son d'un diapason.

ment ; placez enfin la queue du diapason sur une table, sur une boîte à craie, à défaut de caisse de résonnance C, le son éclatera. La masse d'air qui vibre dans l'éprouvette ou dans la caisse renforce donc le son.

III. Les *réflexions multiples* d'un son sur certaines surfaces contribuent encore à le renforcer.

La foudre, dans les gorges des montagnes, retentit

Fig. 87. — Renforcement d'un son par réflexion.

avec une intensité que rien ne rappelle dans la plaine ; des sons modérés, quelques éclats de voix prennent une intensité surprenante sous des voûtes qui se prolongent.

D'ailleurs, on peut se faire quelque idée de ces phénomènes à l'aide de l'expérience des miroirs conjugués (fig. 87). Deux miroirs en cuivre sont placés en regard ; au foyer de l'un d'eux on suspend une montre, et on approche l'oreille du foyer de l'autre : on constate aussitôt que le tic tac de la montre se fait entendre. Ainsi ce son, trop faible pour qu'on l'entende à quelques pas, même quand on se trouve entre les deux foyers, devient parfaitement distinct au foyer du second miroir : c'est donc sa réflexion sur les deux calottes sphériques qui a augmenté son intensité.

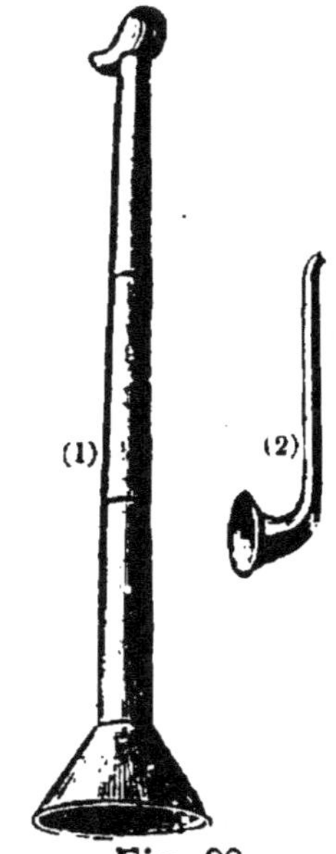

Fig. 88.
1. Porte-voix.
2. Cornet acoustique.

IV. *Porte-voix* et *cornet acoustique.* — Des phénomènes analogues se reproduisent dans le porte-voix et dans le cornet acoustique. Le tube conique du premier appareil (fig. 88-1) va en s'évasant depuis l'embouchure jusqu'à un pavillon très ouvert. — Dans le cornet acoustique (fig. 88-2), un tube conique, dont l'axe est souvent contourné, se termine par un orifice assez étroit qu'on engage dans le tuyau de l'oreille.

Mais, dans les deux cas, les sons subissent des réflexions multiples sur les parois du tube, comme sous les voûtes d'un corridor, et comme en même temps ils sont lancés dans une direction déterminée, ils gagnent en intensité [1].

Remarquons d'ailleurs qu'il a suffi, pour réaliser

[1] Dans les expériences de Biot sur la propagation du son, le tuyau avait 951 mètres. Des coups de pistolet tirés à l'une des deux extrémités occasionnaient à l'autre bout une explosion formidable : l'air était chassé du tuyau avec assez de force pour jeter à plus d'un demi-mètre des corps légers et pour éteindre des lumières.

cet instrument qui rend l'oreille moins dure, de prendre modèle sur le pavillon de l'oreille, qui présente, lui aussi, une conque pour diriger les ondes sonores dans un tube rétréci.

124. Affaiblissement du son. — I. L'air agité par le *vent*, ou seulement troublé par les faibles courants qu'y détermine la chaleur du soleil, suffit pour contrarier l'intensité du son. Un vent contraire empêche souvent d'entendre le son des cloches, tandis qu'un vent favorable nous apporte des sons qui ne parviennent pas d'ordinaire jusqu'à nous.

II. Les étoffes, les tentures et tous les *milieux peu élastiques* diminuent l'intensité d'un son. Qui n'a observé la différence de sonorité d'une salle quand elle est vide ou meublée? Ne parle-t-on pas toujours trop haut dans une salle qu'on a dégarnie?

III. Sur les hauteurs, la voix s'entend mal, les décharges d'un pistolet sont à peine entendues; aussi ne faut-il pas s'étonner que le son ne s'entende pas dans le *vide*.

Pour faire l'expérience, installez sous le récipient d'une machine pneumatique un timbre T ou une sonnerie électrique (fig. 89-1), puis faites le vide, et quand la raréfaction sera jugée suffisante, mettez le timbre en mouvement avec la tige *t* que porte la cloche, ou établissez le courant électrique pour la sonnerie : les timbres de ces deux appareils recevront bien les chocs ordinaires, mais ils ne rendront plus de son.

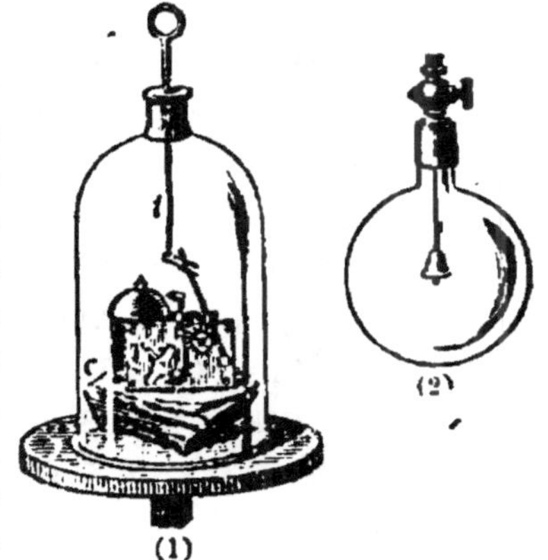

Fig. 89. — Son dans le vide.

1. Timbre.

2. Clochette dans l'air raréfié.

Plus simplement, on peut faire le vide dans une cloche qui renferme une sonnette (fig. 89-2) et constater que le son éteint, quand le vide est fait, s'entend de nouveau après la rentrée de l'air. L'air est donc indispensable à la transmission de la parole. Il n'y a plus de son là où il n'y a plus d'air; donc les détonations les plus épouvantables qui éclateraient sur notre globe ne sortiront jamais de notre atmosphère, comme aussi les astres qui nous envoient leur lumière ne nous enverront jamais le moindre son.

Hauteur des sons.

125. Qu'est-ce que la hauteur des sons? — La hauteur des sons est leur qualité la plus connue; il suffit d'avoir l'oreille ouverte aux sons de la musique pour avoir la notion de sons, les uns plus graves, les autres plus aigus. De nous-mêmes nous imaginons une échelle musicale sur laquelle nous plaçons les sons, à des degrés différents : les plus graves sont plus bas, les plus aigus plus haut placés.

126. De quoi dépend la hauteur d'un son? — Du nombre de ses vibrations. On a reconnu que les sons les plus élevés demandent un plus grand nombre de vibrations par seconde. La durée de chacune de leurs vibrations est par suite plus courte. Ainsi les sons aigus sont des sons à vibrations rapides.

Expériences. — I. Tendez une ficelle, puis faites la vibrer, vous n'obtiendrez jamais qu'un son assez grave, et en même temps vous pourrez suivre du regard ses vibrations, tellement elles sont lentes. Tendez, au contraire, fortement un fil d'acier, il vous donnera un son aigu, et vous observerez combien plus rapides sont ses vibrations (fig. 81).

II. La verge d'acier assez longue qu'on fait vibrer oscille trop lentement pour donner un son aigu (fig. 79); mais un morceau de plume d'acier, enfoncé dans la table, vibre très vite et rend un son élevé.

127. Comment trouver le nombre des vibrations d'une note? — **Sonomètres.** — Reprenons le fil d'acier tendu sur une planche, sur un tableau, ou mieux encore sur une caisse sonore; dans ce cas, l'instrument devient un *sonomètre* (fig. 90). Vibrant dans toute sa longueur, la corde tendue rend un son; répétez cette note avec la voix: pendant que vous placez un morceau de bois ou *chevalet* au milieu de la corde, chacune des moitiés rendra le même son, et ce son

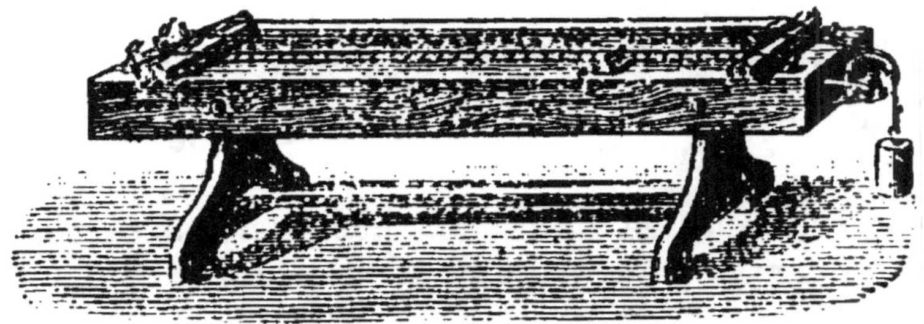

Fig. 90. — Sonomètre.

sera plus élevé que le premier; ce sera exactement l'octave aiguë de la première note. Ainsi les vibrations d'une corde comme d'une tige deviennent plus rapides quand on diminue leur longueur.

On peut donc faire rendre à une corde des sons de telle acuité que l'on voudra, en réduisant convenablement sa longueur. En effet, quand la corde vibrante est réduite au tiers, le nombre des vibrations est trois fois plus grand; réduite au trois quarts, la corde donne les $\frac{4}{3}$ du nombre primitif des vibrations. En un mot, *les nombres de vibrations de deux cordes également tendues sont toujours en raison inverse de leur longueur.*

Faites l'*application* de ce principe à la détermination du nombre de vibrations d'une note. Une corde tendue *ab* (fig. 90) rend un son plus grave que celui du diapason, quel est son nombre de vibrations? — La corde mesure 1 mètre; réduisons sa longueur en déplaçant le chevalet *e* sur le sonomètre jusqu'à ce que la partie vibrante de la corde donne le même son que le diapason.

Pour reconnaître l'identité de ces deux sons, plaçons

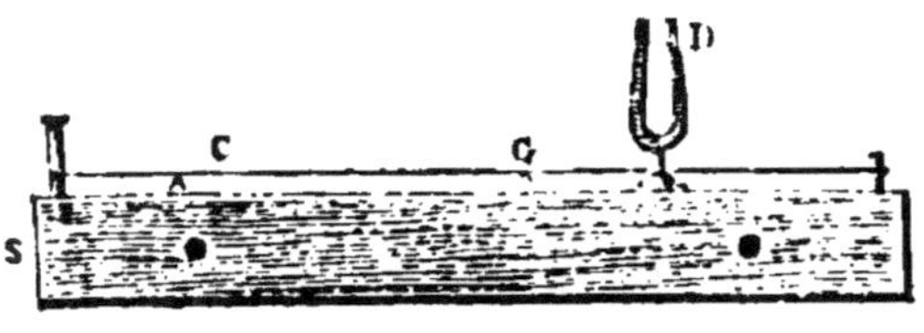

Fig. 91. — Corde vibrante à l'unisson d'un diapason.

un petit morceau de papier, un chevron G, à cheval sur la corde (fig. 91); puis posons à côté, sur le sonomètre S, la queue du diapason D; quand nous approcherons de l'unisson, nous verrons le chevron trembler; dès que nous l'aurons atteint, il trébuchera et tombera. En effet, faites parler ensemble le diapason et la corde, les deux sons se confondront.

Mesurons maintenant la longueur de cette corde réduite, et supposons qu'elle soit de 60 centimètres. Or il est reconnu que le *la* du diapason correspond à 870 vibrations, et le rapport des longueurs de nos deux cordes est $\frac{100}{60}$ ou $\frac{5}{3}$; la note rendue par la corde entière correspond donc aux $\frac{3}{5}$ de 870 vibrations, ou à 522 vibrations.

Notes de la musique.

128. Pour le physicien, chacune des notes de la musique est caractérisée par le nombre de ses vibrations; il devient dès lors facile de comparer ces notes entre elles, puisqu'il suffit de diviser entre eux leurs nombres de vibrations.

Ainsi arrive-t-on à distinguer dans la série des notes musicales des intervalles, des accords et des gammes.

Intervalles. — Les intervalles les plus simples

s'obtiennent en prenant successivement la moitié, le
tiers, le quart d'une corde.

Deux cordes égales, ou les deux moitiés d'une
corde, rendent le même son; on dit qu'elles sont à
l'*unisson*.

Une note est à l'*octave* aiguë d'une autre si elle est
rendue par la moitié de la corde qui donnait la première note. — Mettéz le chevalet *c* à 33 centimètres,
l'autre segment ayant 66 centimètres, vous aurez deux
cordes à l'octave l'une de l'autre.

Prenez successivement la moitié, le tiers, le quart
de la corde, vous aurez des sons de plus en plus
aigus, qui seront les *harmoniques* des sons primitifs.

129. ACCORDS. — Un accord est pour l'oreille un ensemble de sons qui produisent une agréable impression.

I. Sur un piano, ou même sur un de ces claviers
d'enfants dont les touches sont en verre ou en métal, frappez les notes : do, mi, sol, vous réveillerez
la sensation d'un accord agréable à l'oreille [1].

II. Sur le sonomètre, mettez deux chevalets pour
diviser la corde en trois segments dont le premier
aura pour longueur 6 décimètres, le second 5, et le
troisième 4; ou encore, si la corde du sonomètre a
1 mètre, prenez les segments égaux à 40, 33,3 et 26,7
centimètres, puis faites vibrer chacun de ces segments
ensemble ou successivement, vous obtiendrez un accord.

Augmentez la tension de la corde, tout en maintenant les chevalets dans leur position; les notes deviendront plus aiguës, mais elles formeront encore
un accord.

Ainsi la sensation d'accord est due à un rapport
très simple des longueurs des cordes ou des vibrations
des sons qu'elles produisent.

[1] Nous sommes des instruments que le son met d'accord et que
le bruit désorganise.   (JOUBERT.)

130. GAMMES. — I. *Notes.* — Une gamme est une suite de notes qui se succèdent dans un ordre déterminé. Dans toute gamme, la première et la dernière note sont à l'octave l'une de l'autre.

Une gamme simple ne comporte que 7 notes, comme le rappelle le nom d'octave donné à la première note de la gamme suivante. Chacune de ces notes a un nom et une valeur propres.

Les noms des notes de la gamme sont :

Ut   ré   mi   fa   sol   la   si   ut [1].

Leurs valeurs rapportées à l'unité sont :

$$1 \qquad \frac{9}{8} \qquad \frac{5}{4} \qquad \frac{4}{3} \qquad \frac{3}{2} \qquad \frac{5}{3} \qquad \frac{15}{8} \qquad 2.$$

Ou, en prenant pour exemple la gamme du *la* normal, leurs nombres de vibrations par secondes sont :

522   587   652   696   783   870   978   1044

Le dernier nombre qui termine cette gamme nous montre qu'il suffit de multiplier par 2 chacune des notes de la gamme proposée pour obtenir la gamme suivante, ou de diviser chacun de ces nombres par 2 pour avoir la gamme précédente.

La première note d'une gamme s'écrit *ut* et se prononce d'ordinaire *do*.

131. II. ACCORDS DE LA GAMME. — La gamme dont nous venons de transcrire les notes se subdivise en plusieurs accords.

---

[1] *Origine des notes de la gamme.* — Les noms des notes de la gamme ont été empruntés à la première strophe de l'hymne de saint Jean-Baptiste :

Ut queant laxis resonare fibris
Mira gestorum *famuli* tuorum,
Solve polluti *labii* reatum,
Sancte Joannes.

La dernière note si a été formée par le rapprochement des initiales des deux derniers mots.

Les plus connus sont :

ut,   mi,   sol;   fa,   la, ut_2;   sol,   si, $ré_2$.

Intervalles musicaux. — L'intervalle entre deux notes consécutives est le rapport obtenu en les divisant l'une par l'autre. Ainsi l'intervalle du *do* au *ré* est $\frac{9}{8} : 1$ ou $\frac{9}{8}$; de *mi* au $ré = \frac{5}{4} \times \frac{8}{9} = \frac{10}{9}$; de *mi* à $fa = \frac{4}{3} \times \frac{4}{5} = \frac{16}{5}$.

Les autres intervalles seraient représentés par les mêmes fractions. Les deux rapports $\frac{9}{8}$ et $\frac{10}{9}$ sont fort peu différents; on les désigne communément sous le nom de *tons*; le rapport plus faible $\frac{16}{15}$ s'appelle *demi-ton*.

Il résulte de cette succession d'intervalles qu'il y a dans la gamme majeure qui nous a servi d'exemple (130) : d'abord deux tons, puis un demi-ton, puis trois tons, et enfin un demi-ton. Les valeurs de ces différents intervalles musicaux $\left(\frac{9}{8}, \frac{10}{9}, \frac{16}{15} \right)$ sont des multiples de 2, 3 et 5; ce qui faisait dire au physicien Delezenne que « l'oreille ne sait compter que par 2, par 3 et par 5 ».

Conclusion. — La musique est une langue. Les intervalles musicaux forment l'alphabet, les accords sont les mots, et les airs représentent les phrases de cette langue fixe et universelle.

Timbre des sons.

132. Qu'est-ce que le timbre d'un son ? — C'est le caractère particulier qu'il doit à l'instrument qui le produit. Des exemples valent mieux ici que des explications pour faire saisir cette nuance particulière des sons. Les mêmes notes peuvent être soutenues soit par la voix humaine, soit avec le piano ou l'harmonium, soit encore avec quelque instrument en cuivre; chacun de ces instruments donne le même son, du moins c'est la même hauteur et la même intensité; personne cependant n'aura de peine à reconnaître la provenance, l'origine de chacune des notes entendues.

Mais à quoi tiennent ces nuances ou ces différences de sons? — A la superposition de plusieurs sons ou notes accessoires à un son principal; les sons, pas plus que les vibrations, ne sont simples : les uns et les autres sont composés d'éléments particuliers qui se fondent dans une impression générale, comme toutes les notes d'une harmonie ne font qu'un même concert.

133. Analyse d'un son. — Que les sons soient en réalité composés, il suffit, pour s'en convaincre, de

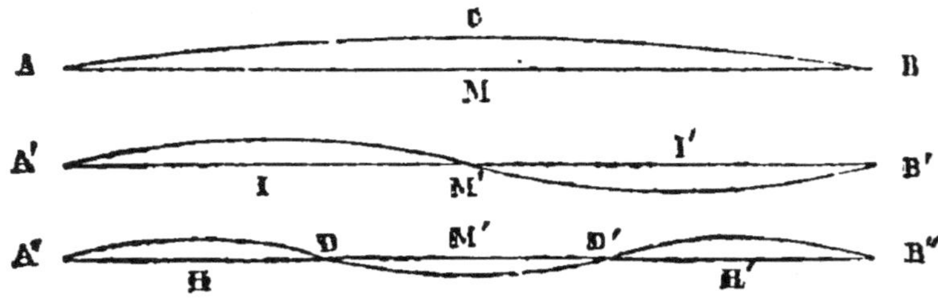

Fig. 92. — Harmoniques rendus par une corde.

faire parler la corde entière du sonomètre. Tandis qu'elle vibre, touchez-la légèrement du doigt ou avec un tube de caoutchouc (fig. 92); si vous la touchez au milieu M', vous n'entendrez plus que l'octave du son primitif; si c'est en D, au $1/3$, ce sera le *sol* de cette seconde octave; si c'est au $1/4$, vous aurez le deuxième *do*, ou la 17° note après le son primitif. Ces différents sons constituent les *harmoniques* du son primitif (128); ils se produisaient d'abord avec lui dans le plus parfait accord, aussi n'entendait-on qu'un seul son. Mais, après cette analyse, prêtez l'oreille à la corde vibrant en entier, vous saisirez peut-être plusieurs de ses harmoniques dans ce concert qui accompagne une seule note.

Une corde à boyaux rendant la même note ne donnerait ni le même timbre ni la même série d'harmoniques, et ainsi vérifierait-on que ce sont les sons accessoires qui modifient le caractère du son principal.

134. Synthèse des sons. — On peut pareillement fondre plusieurs sons simples en un seul, et obtenir par là leur composition ou synthèse.

Les notes ut_1, ut_2, si_2, ut_3, mi_3, touchées en même temps sur un piano, produisent un son plus puissant plein d'harmonie; c'est un son *résultant*, tel qu'en donnent les tuyaux d'orgue qui parlent plusieurs à la fois au simple contact d'une touche, afin de communiquer à la fois et plus de sonorité et plus de timbre à la note principale.

QUESTIONS

1. Pourquoi entend-on mieux la voix à l'aide d'un tube acoustique qui va d'un appartement à un autre ? (123-3)

2. Pourquoi les cordes d'un violon ou d'un piano sont-elles tendues au-dessus d'une caisse ou d'une table? (123)

3. Comment ferait un sourd pour s'assurer qu'une corde rend le *la* du diapason ou pour accorder les cordes d'un violon ? (127)

4. D'où viennent ces notes plus aiguës qu'on perçoit après le son d'une cloche? (133)

5. Pourquoi, à bord des navires, emploie-t-on le portevoix pour transmettre les ordres? (117)

6. Pourquoi, tandis qu'on chante, entend-on certaines coupes ou certaines vitres résonner tour à tour? (123)

7. A quoi tient la bruyante musique que fait une mouche en battant des ailes à l'entrée d'un pot au lait ?

8. Pourquoi suffit-il au marinier placé à l'avant de son bateau de frapper du pied sur le pont pour appeler celui qui se trouve dans la cabine voisine du gouvernail? (117)

9. Pourquoi rapproche-t-on la main de.l'oreille pour entendre mieux ?

10. Comment s'assurerait-on que deux diapasons sont à l'unisson parfait ? (127)

INSTRUMENTS DE MUSIQUE ET VOIX HUMAINE

> Ce n'est pas l'art qui a imposé à la nature ses principes; c'est, au contraire, la nature qui a donné à la musique le modèle des instruments les plus parfaits et les plus harmonieux.
>
> (THÉODORET.)

135. INSTRUMENTS DE MUSIQUE. — Rien ne serait ni plus varié ni plus curieux, disons même plus bizarre, qu'une collection où l'on trouverait réunis les instruments de musique usités chez tous les peuples primitifs ou modernes, sauvages ou civilisés. Chacun d'eux accordé, nous le supposons, sur le *la* normal, aurait son timbre, son expression personnelle, et tous ensemble, joués par l'orchestre le plus complet qui fut jamais, se fondraient dans une harmonie où l'âme de l'homme trouverait bien, il faut l'espérer, un écho de tous ses rêves ou de toutes ses impressions musicales. On y entendrait la harpe dont David accompagnait ses chants sacrés, la lyre des poètes grecs, la flûte des bergers de Virgile et ces orgues mystérieuses où l'âme de sainte Cécile se fortifiait pour les luttes du martyre [1]; on y trouverait, en un mot, tous les instruments auxquels l'habileté des grands musiciens a su donner une expression qui rivalise avec celle de la voix humaine.

S'il faut regretter que cette collection précieuse

[1] « Cantantibus organis, Cæcilia virgo in corde suo soli Domino decantabat. »

n'existe nulle part d'une façon complète, nous pouvons toutefois nous en consoler par la pensée qu'il nous sera facile cependant d'étudier les principes de tous ces instruments, et même d'en retrouver les accords les plus variés. Car, d'un côté, ils se ramènent tous, à quelques exceptions près, aux deux classes des instruments à cordes et des instruments à vent; et, d'autre part, l'orgue de nos églises comprend, grâce à la combinaison de ses tuyaux et de ses jeux, toutes les harmonies par lesquelles le plus ancien et le plus populaire des beaux-arts peut charmer l'oreille humaine.

Instruments à cordes.

136. Sonomètre. — *Disposition de l'instrument.* — Cet instrument, le plus simple des instruments à cordes, sert au physicien pour établir les lois de

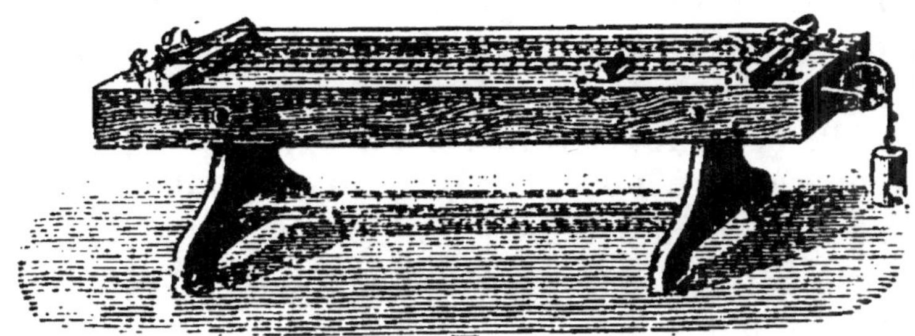

Fig. 93. — Sonomètre.

la production des sons sur une corde vibrante. Comme nous l'avons déjà vu (127), il est essentiellement formé d'une corde quelconque dont on peut régler la tension à volonté. Il devient donc facile de se faire un *monocorde,* dans des conditions à la fois simples et suffisantes pour l'objet que nous nous proposons.

Tendons sur une table ou sur la gouttière d'un tableau noir une corde à boyau ou en métal, en cuivre, et mieux encore en acier, par exemple, une vieille corde de piano.

Pour cela, enfonçons un premier piton à vis dans le bois, attachons-y une extrémité de notre corde métallique, plaçons un second piton à la distance exacte d'un mètre, lions à son anneau l'autre extrémité de la corde déjà fortement tendue, puis faisons tourner le piston en nous aidant, s'il le faut, d'un clou ; la corde se tendra à volonté, et, comme elle est fort résistante, nous ne courons guère le risque de la rompre. Notre sonomètre est maintenant préparé.

137. Expériences. — I. *Loi des longueurs.* — Faisons vibrer à l'aide de la main la corde tendue, et saisissons bien le son qu'elle produit, puis mettons un chevalet en bois à arête aiguë au milieu de sa longueur ; le son rendu par chacune des moitiés de la corde est identique : ces deux moitiés de corde sont donc à l'unisson, et en même temps chacun de ces deux segments rend l'octave aiguë de la première note.

Prenons la moitié de l'un de ces deux segments égaux, le son encore plus aigu est la seconde octave. Ainsi on obtient les octaves successives d'une note en faisant vibrer successivement la $1/2$, le $1/4$, le $1/8$ de sa longueur.

Plaçons les chevalets au $1/3$, le segment le plus court sera à l'octave aiguë du plus long, mais sa note sera en même temps plus élevée que l'octave du son primitif ; ce sera la douzième note après celle-là, le deuxième *sol*.

Ainsi, les notes d'une corde sont d'autant plus aiguës que sa longueur est plus courte. On conçoit dès lors qu'il devient facile de faire rendre à une corde d'un mètre toutes les notes de la gamme. Il suffit pour cela de placer le chevalet aux distances suivantes comptées à partir d'une extrémité de la corde, pour obtenir la note correspondante de la gamme :

Do	ré	mi	fa	sol	la	si	do_2.
100 cent.	88 c.	80 c.	75 c.	66 c.	60 c.	53 c.	50 c.

II. *Loi des tensions.* — Une corde rend un son

d'autant plus aigu qu'elle est plus fortement tendue. Ainsi le son de notre corde métallique monte ou descend suivant le sens dans lequel on fait tourner le piton qui sert à la tendre.

On démontre, en suspendant des poids à la corde passée simplement dans l'œillet du second piton, qu'un poids quatre fois plus fort donne l'octave aiguë du son primitif.

III. *Loi des diamètres.* — De deux cordes, également longues et également tendues, la plus mince rend le son le plus aigu.

Un piton dont la tige serait assez longue permettrait de tendre à la fois deux cordes d'acier superposées.

Si l'on a soin de les choisir de différents diamètres, que l'une, par exemple, soit deux fois plus grosse que l'autre, on trouvera que la plus mince rend l'octave aiguë de l'autre.

IV. *Loi des densités.* — Si l'on tend à la fois deux cordes, l'une en fer, l'autre en cuivre, qui ont même longueur, même grosseur et même tension, on constate que la plus légère donne encore le son le plus aigu : celle de fer donnant le *mi*, celle de cuivre donnerait le *fa*, un demi-ton au-dessus.

138. *Application.* — INSTRUMENTS A CORDES. — Les lois que nous venons d'énumérer et de vérifier sommairement trouvent leur application dans un grand nombre d'instruments à cordes. On les divise en plusieurs groupes.

Les uns, comme le *violon*, le *violoncelle*, la *contrebasse*, portent des cordes qu'on fait vibrer avec l'archet. Ces cordes, généralement au nombre de quatre, sont d'égale longueur, mais elles sont de grosseur différente : dans le violon, la plus fine, appelée *chanterelle*, donne le mi_4 ; celle qui est placée la quatrième est plus grosse et entourée d'un fil métallique argenté ; aussi rend-elle un son plus grave, le sol_2.

Les cordes intermédiaires rendent le $ré_3$ et le la_3 *normal*. Remarquez encore, comme nouvelle vérification des lois des cordes, que le son d'une corde s'élève chaque fois que sa tension augmente; aussi voyez-vous le violoniste faire tourner les chevilles sur lesquelles s'enroulent les cordes de son instrument pour l'accorder. Par une tension convenable vous pourrez amener deux cordes différentes d'un violon à rendre le même son. Pour vous en assurer, placez sur l'une d'elles un petit cavalier de papier et faites parler l'autre, le cavalier tombera si l'unisson est parfait. — Faites de nouveau vibrer l'une de ces deux cordes, puis touchez-la du doigt pour étouffer ses sons, et vous entendrez l'autre prolonger la note. Ces deux cordes vibrent donc par sympathie.

Remarquez enfin que l'artiste sait parfois se passer du secours de ses quatre cordes : une seule corde convenablement raccourcie par le contact du doigt lui suffirait au besoin pour exécuter toutes les notes d'une gamme.

139. Piano. — Les violons sont des instruments dont les cordes peuvent et doivent varier de longueur et de tension; le piano est, au contraire, un instrument à *sons fixes*. A chacune des notes de son clavier, composé de sept gammes, correspond une corde spéciale convenablement tendue. Ou, plus exactement, chaque note est rendue par deux ou trois cordes d'acier assez rapprochées pour être frappées en même temps par un petit marteau. Les touches noires d'un piano, au nombre de cinq dans chaque octave, donnent des notes intermédiaires ou accidentées qui procèdent par demi-tons.

Instruments à vent.

140. Dans cette seconde classe d'instruments on utilise les propriétés des *tuyaux sonores*. On appelle de ce nom les tuyaux qui rendent un son. Or, comme de nombreuses expériences vont nous le montrer, tous les tuyaux ouverts ou bouchés à une extrémité peuvent rendre un son, quelle que soit la nature de leurs parois, fût-elle même en carton.

141. Expériences sur les tuyaux sonores. — I. Une *clef forée* représente un tuyau court et bouché qui rend un son aigu quand on l'approche des lèvres et qu'on souffle fortement. Dans ce cas, le courant d'air qui sort de la bouche se divise en deux colonnes : l'une qui pénètre dans le tuyau, l'autre qui s'échappe aussitôt à l'extérieur, en passant sous la lèvre supérieure.

II. Une *flûte de Pan* (fig. 94) est une série de tuyaux en roseau bouchés à une extrémité et d'inégale longueur. Leurs ouvertures sont toutes placées sur le même rang; aussi suffit-il de faire glisser l'instrument sous les lèvres pour en tirer des sons variés. Cette *musique,* qu'on trouve dans les bazars, nous montre que la hauteur des sons dépend de la longueur des tuyaux : les plus courts donnent les sons les plus aigus.

Fig. 94.
Flûte de Pan.

III. Le *sifflet* est un autre genre de tuyau sonore qui a l'avantage de se rapprocher plus que les précé-

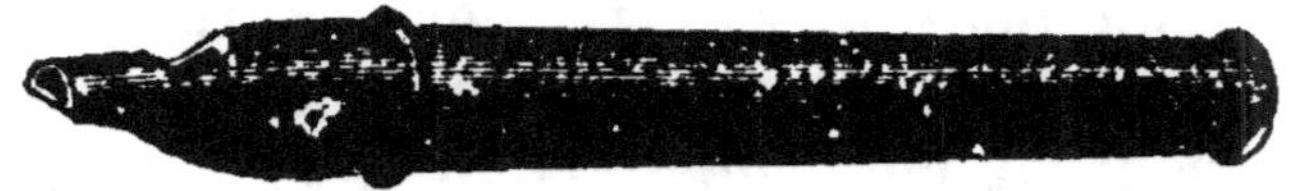

Fig. 95. — Sifflet.

dents, par sa forme, des tuyaux d'orgues. Supposons un sifflet d'assez grande longueur ou encore un flageolet, qui n'est qu'un long sifflet percé de trous. Nous remarquons dans l'instrument trois parties : l'*ouverture,* qui livre passage au souffle; un peu plus loin une fente devant laquelle se trouve une *lèvre* taillée en biseau, et enfin le *tube* lui-même.

L'air qu'on souffle se brise ici encore en deux courants (fig. 96) : l'un qui se répand dans le tube, l'autre qui s'échappe à l'extérieur. C'est le biseau L, appelé *lèvre supérieure,* qui opère cette division dans la tuyau à embouchure de flûte.

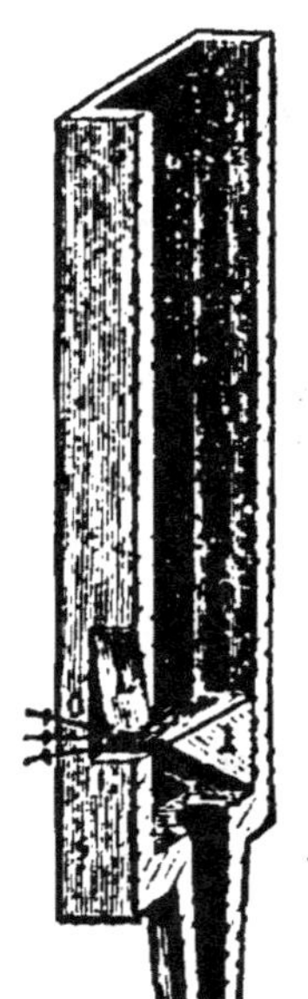

Fig. 96.
Tuyau à bouche.
Section verticale.

Remarquez que le tuyau rend un son plus grave quand on ferme son ouverture avec le doigt; ainsi une même embouchure donne des sons différents, suivant que le tuyau est ouvert ou fermé.

Observez en outre que de deux sifflets, ouverts ou bouchés, c'est toujours le plus court qui rend le son le plus élevé.

Il y aurait encore à rendre compte de la présence et de la position des trous distribués sur la longueur du long sifflet que nous étudions. Ces trous sont évidemment destinés à faire communiquer avec l'atmosphère la colonne d'air qui vibre à l'intérieur du tuyau. Vis-à-vis de chacun d'eux, l'air a la même pression à l'intérieur qu'à l'extérieur. Or à chacun des sons que rend le tuyau correspond une division nouvelle de la colonne d'air qu'il renferme, comme chacun des sons que rend une corde suppose un nouveau mode de division de sa longueur (fig. 92). De plus, en chacun des points de division du tuyau se produit une pression d'air particulière : les ouvertures du tuyau ont donc pour objet, soit de troubler cette pression, si on les débouche en soulevant les doigts ou les clefs; soit aussi de la maintenir, si on les ferme.

Toute la science du flûtiste consiste donc à savoir

quels trous il faut ouvrir ou fermer pour produire le son voulu.

IV. Après les instruments à embouchure de flûte doivent venir les tuyaux à anches. Les *trompettes* d'enfant nous en donnent un exemple. Observez leur disposition : les unes ont une embouchure métallique; elles renferment, comme on s'en assure en les démontant, s'il le faut, une languette de cuivre mince qui vibre dans une petite fenêtre. Cette languette est une *anche* et cette anche est *libre* (fig. 97-1). — C'est encore une anche que la petite bande de caoutchouc tendue devant l'ouverture de ces trompettes adaptées à un ballon de caoutchouc, comme une cornemuse l'est à son chalumeau.

Un tuyau de chaume encore vert, arraché à une tige de blé, puis fendu en long, rend un son qui a le timbre de ces trompettes : dans ce cas, les deux pailles serrées entre les lèvres vibrent comme deux anches sous la pression de l'air, mais ces anches sont *battantes* (fig. 97-2). Les *hautbois* ont une embouchure semblable.

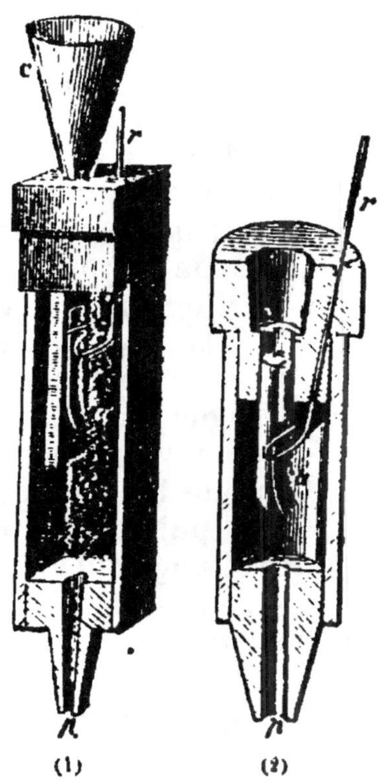

Fig. 97. — Tuyaux à anches.
1. Anche libre. — 2. Anche battante. — *a*, anche. — *r*, rasette. C. cornet de résonnance. — *p*, porte-vent.

Mais ici encore le timbre du son dépend de l'embouchure, tandis que sa hauteur ne dépend que de la longueur du tuyau. Le même tube rendra la même note, soit qu'on l'adapte à une embouchure de flûte ou à une anche.

142. CONCLUSION. — Les faits que nous venons d'observer nous permettent de tirer quelques lois plus générales sur les tuyaux sonores.

I. Il y a des tuyaux à anche, comme le hautbois, et des tuyaux à embouchure de flûte, comme le sifflet.

II. Un même tuyau rend toujours le même son quand on ne force pas le vent.

III. Les sons deviennent plus aigus si la pression de l'air qu'on souffle augmente.

IV. Un tuyau bouché rend l'octave grave du tuyau ouvert de même longueur.

V. Dans les tuyaux ouverts comme dans les tuyaux fermés, la hauteur du son augmente quand diminue la longueur du tuyau.

143. APPLICATIONS. — Ces lois trouvent leur application dans tous les tuyaux sonores. — 1º Bien que chaque tuyau puisse rendre plusieurs sons successivement quand augmente la pression de l'air, on n'utilise dans les *orgues* et les *harmoniums* que le premier son que peut donner chaque tuyau sous une pression modérée.

Il faut donc employer dans ces instruments, d'abord autant de tuyaux qu'on veut obtenir de notes distinctes; de plus, pour donner plus de sonorité ou un timbre plus éclatant à une note, on fait souvent parler ensemble, au simple contact d'une seule touche, des séries de tuyaux assortis qui forment la *fourniture* du tuyau principal.

Les différents jeux de clairon, de clarinette, de hautbois et autres, qui ont un timbre plus brillant, correspondent à des tuyaux à anche; les jeux de flûte ou de bourdon sont produits par les tuyaux ouverts ou bouchés à embouchure de flûte.

2º Les instruments qui composent une musique militaire sont, pour le plus grand nombre, des tuyaux ouverts, et si on excepte les flûtes, grandes et petites, et les fifres, ces instruments sont à anche.

Car il ne faut pas seulement voir une anche dans la clarinette, le saxophone et le hautbois : les instruments en cuivre, comme le cor, le clairon, le cornet à piston, sont eux-mêmes des instruments à anche, attendu que les deux lèvres appliquées contre l'embouchure évasée de l'instrument vibrent à l'unisson du tube comme les deux anches d'un chalumeau.

Voix humaine.

144. Appareil. — L'organe de la voix est le *larynx*. C'est un tuyau sonore placé en avant du cou, à l'entrée des voies de la respiration ; c'est par ce tube cartilagineux que l'air entre dans les poumons et qu'il en sort. A l'intérieur de ce tube se trouve une paire de *cordes vocales* (fig. 98-3), muscles tendus en travers du larynx à la hauteur de cette pomme d'Adam qui fait saillie en avant du gosier. Ces deux muscles peuvent varier de longueur et de tension

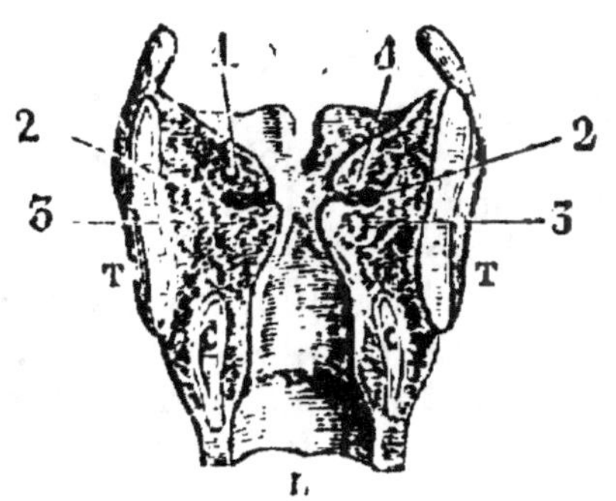

Fig. 98. — Section du larynx.
T,T, cartilage thyroïde en avant du gosier. — C,C, anneau sur lequel repose ce cartilage. — 1,1, ligaments supérieurs. — 3,3, cordes vocales. — 2,2, cavité qui les sépare.

comme des bandes de caoutchouc ; ce sont donc deux anches séparées par la fente qui livre passage à l'air.

145. Production des sons. — Chaque son de la voix demande à la fois le concours de l'air expulsé des poumons et des deux cordes vocales qui vibrent.

On conçoit, d'après ce que nous avons vu (137), que des cordes vocales plus courtes seront plus aptes à donner des sons aigus, aussi la voix est-elle plus élevée dans le premier âge; des cordes vocales plus développées avec l'âge donnent, au contraire, des sons graves; il faudra, dans ce cas, que les cordes se raccourcissent ou se tendent davantage pour que la voix puisse monter.

Ajoutons que ces deux petites cordes vibrant seules ne donneraient pas plus d'intensité aux sons de la voix qu'une embouchure d'instrument sans le tuyau. Aussi les cavités du larynx, des poumons et surtout de la bouche sont-elles nécessaires pour renforcer les sons émis par ces cordes vocales et en modifier en même temps l'expression ou le timbre[1].

QUESTIONS

1. Comment tirer d'une corde un son plus aigu ou un son plus grave? (137)

2. Pourquoi les cordes sont-elles d'égale longueur dans un violon et de différentes longueurs dans un piano? (137)

3. Pourquoi les fils télégraphiques rendent-ils des sons quand il fait du vent? (137)

4. Pourquoi un violon bien accordé ne rend-il plus l'accord quand on l'introduit dans une salle remplie de monde? (137-2)

5. Comment un sourd s'y prendrait-il pour accorder un violon? (127)

6. Pourquoi y a-t-il dans une musique des instruments dont le tuyau est court, et d'autres dont le tube est plusieurs fois replié ou enroulé sur lui-même? (142)

7. Pourquoi les doigts et la main du violoniste sont-ils perpétuellement en mouvement? (137-1)

8. Pourquoi se sert-on d'une clef pour tendre et accorder les cordes d'un piano? (137-2)

9. Pour quelle raison le chevalet d'un instrument à archet se termine-t-il en arc de cercle?

---

[1] Ainsi « le son de la voix devient cet écho vivant qui résume toute une âme dans une vibration de l'air »,   (LAMARTINE.)

CHALEUR

> Si l'antiquité connaissait l'art de
> tirer parti des forces de l'homme ou
> des moteurs animés, elle a ignoré
> l'art beaucoup plus délicat d'asservir
> aux besoins de la civilisation la lu-
> mière, la chaleur, l'électricité, ces
> forces si longtemps insaisissables dont
> nous exploitons la puissance et dont
> nous mettons volontiers en oubli l'i-
> déale beauté.　　　(J.-B. DUMAS.)

PHÉNOMÈNES DE DILATATION

I. Dilatation des corps par la chaleur. — II. Premiers faits d'observation et d'expérience. — III. Thermomètres à mercure et à alcool. — IV. Thermomètres à maxima et à minima.

446. DIVERS MOYENS D'APPRÉCIER LA CHALEUR DES CORPS. — On reconnaît facilement dans les corps, à l'aide de la main, un certain état qui fait dire qu'ils sont froids ou chauds, et l'on désigne sous le nom de *chaleur* la cause qui produit ces impressions.

Mais le toucher n'apprécie point avec assez de certitude et surtout de précision cet état particulier des corps, car notre jugement sur ce point dépend trop souvent de nos dispositions personnelles et des conditions du contact.

Heureusement la chaleur produit dans les corps divers phénomènes qui vont nous permettre d'apprécier plus exactement son intensité. Car les corps exposés au feu augmentent de volume ou se *dilatent;* ils *fondent* comme la cire, ou encore ils entre en *ébul-*

lition comme l'eau. Autant de moyens nouveaux et plus certains d'évaluer l'intensité de son action.

Nous allons d'abord nous assurer, par autant d'expériences, que tous les corps se dilatent par la chaleur.

DILATATION DES CORPS SOLIDES

147. Expériences. — La dilatation en longueur des corps solides sera suffisamment établie par les expériences suivantes.

I. Un fil de cuivre ou de fer, tendu par un poids comme un fil à plomb, est suspendu à un clou. On note l'endroit où descend le poids qui le tend, et on le chauffe avec un bec de gaz ou même avec une bougie, et l'on voit aussitôt le poids descendre. Il remontera dès que, suffisamment refroidi, il aura repris la même température.

II. Enroulez un fin fil de métal autour d'un tube de verre, puis retirez-le, vous aurez une sorte de ressort en tire-bouchon ; approchez-le de la flamme d'une bougie, et vous verrez aussitôt les anneaux de votre spirale se séparer et s'allonger.

III. Le *pyromètre à cadran* sert aussi à constater la dilatation des corps solides.

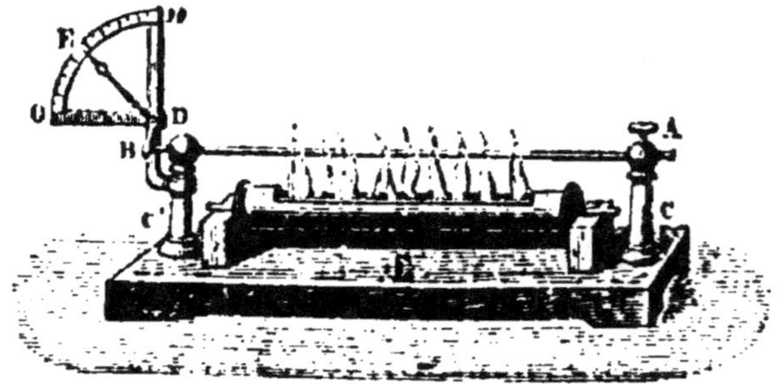

Fig. 99. — Pyromètre à cadran.

Cet appareil (fig. 99) se compose essentiellement d'une tige de métal BA qui traverse deux colonnes *c, c* implantées dans le socle de l'instrument. A l'une de ses extrémités A elle est solidement maintenue par une vis de pression; à l'autre, B, elle vient s'appuyer contre le petit bras d'un levier coudé, mobile autour d'un axe D; des mèches de coton, qui plongent dans l'alcool que renferme une rigole F, permettent de chauffer cette tige.

Avant de commencer l'expérience, on note la position que l'aiguille formant le grand bras de levier occupe sur le cadran qu'elle parcourt, puis les mèches enflammées chauffent la tige; l'aiguille se relève : la longueur dela tige a donc augmenté par la chaleur. — Quand la flamme de l'alcool sera éteinte, suivons encore les mouvements de l'aiguille, et nous constaterons que le refroidissement amène une diminution de longueur, une contraction de la tige, comme l'élévation de température produit une dilatation.

IV. Un fil métallique *ab* est tendu horizontalement entre deux vis ou deux pitons (fig. 100). Au milieu de

Fig. 100. — Facile dilatation des fils métalliques.

sa longueur on lie un fil de lin terminé à ses deux extrémités *e* et *p* par un petit contre-poids (10 gr.); un des bouts de ce fil pend en dessous du fil métallique; l'autre passe sur une poulie légère *d* formée d'un simple bouchon. La moindre élévation de température du fil, l'approche d'une allumette suffit pour l'allonger, et

aussitôt on voit se déplacer le fétu de paille *f* servant
d'aiguille qu'on a adapté à la poulie. L'aiguille revient
à sa position d'équilibre quand le fil s'est refroidi.

148. Applications. — 1° *Effets de dilatation.* — Une
tige chauffée augmente toujours de longueur; sans
doute sa dilatation devient d'autant plus sensible que
sa température s'élève davantage, mais, comme cet al-
longement se produit graduellement, il est certain que
le moindre accroissement de chaleur amène toujours
une augmentation de longueur, si faible qu'elle soit.

D'où il suit que les fils de fer des sonnettes, les
rails de chemin de fer, les pendules d'horloges sont
nécessairement plus longs l'été que l'hiver. — On prévoit la conséquence : on ne saurait mettre bout à bout
les rails sans laisser entre eux un petit intervalle qui
se prête à ce jeu de dilatation.

On ne peut compter davantage sur la régularité
d'une horloge dont le balancier n'est qu'une simple
tige métallique. Car, en passant du froid de l'hiver à
la chaleur de l'été, cette tige s'allongera; les oscillations du pendule deviendront plus lentes et moins
nombreuses dans une heure; et, comme l'aiguille des
minutes n'indique que le nombre de ces oscillations
dans un temps donné, l'horloge, avançant moins vite,
finira par retarder d'une manière sensible.

2° *Force de contraction.* — Une tige métallique
développe, en se contractant ou en se dilatant, une
grande force mécanique. Il suffit, pour le constater,
de relier un fil de fer *ab* à l'anneau d'un peson l'attaché à un clou. Le fil est chauffé et tendu, on retire le
feu *c*, et aussitôt on constate l'existence d'une force de
traction développée par le fil qui se refroidit. Le fil
opère ainsi une traction de plusieurs kilog. (fig. 101).

3° *Inégale dilatation.* — Ce qui précède est dit pour
un seul et même métal; car si on compare, après les
avoir chauffées également, les longueurs prises égales

de deux tiges ou de deux fils de *métaux différents,*
on les trouve toujours de longueur différente.

Une tige de fer substituée à la tige de cuivre dans
le pyromètre à cadran ne donnera plus la même dé-

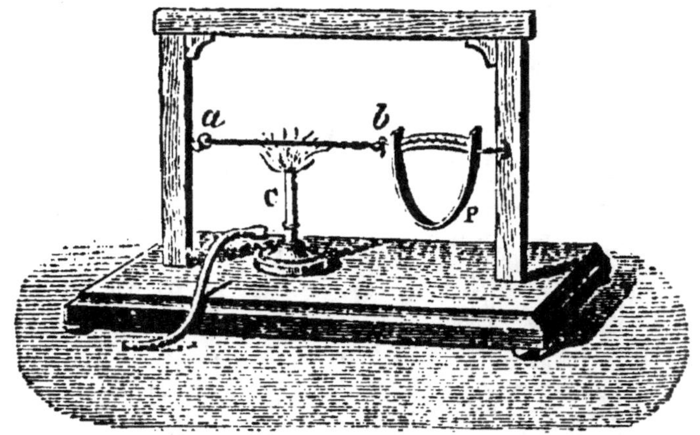

Fig. 101. — Force de contraction d'un fil refroidi.

viation de l'aiguille. Deux fils, l'un de fer, l'autre de
cuivre, également tendus entre les deux pitons *a* et *b*
(fig. 100), et chauffés en même temps, ne se dilatent
pas également. La direction que prend l'aiguille indique que la dilatation du cuivre l'emporte.

Le zinc est le plus dilatable des métaux usuels.
Aussi, pour qu'à une certaine température une bande
de zinc soit aussi longue qu'une tige de fer ou de
cuivre, il faut la prendre plus courte à froid.

C'est précisément en combinant ensemble les dila-
tations de deux métaux différents qu'on réalise les
pendules compensateurs, qui gardent la même longueur en toute saison et donnent aux horloges une
marche régulière.

II. DILATATION DES LIQUIDES

140. EXPÉRIENCES. — 1° LES LIQUIDES SE DILATENT. —
Prenons un petit ballon B en verre, dont le bouchon

est traversé par un long tube ouvert aux deux bouts; remplissons-le d'eau ou d'alcool, de manière que le liquide s'élève jusqu'au milieu (*a*) du tube (fig. 102). Le ballon ainsi préparé est plongé dans l'eau chaude.

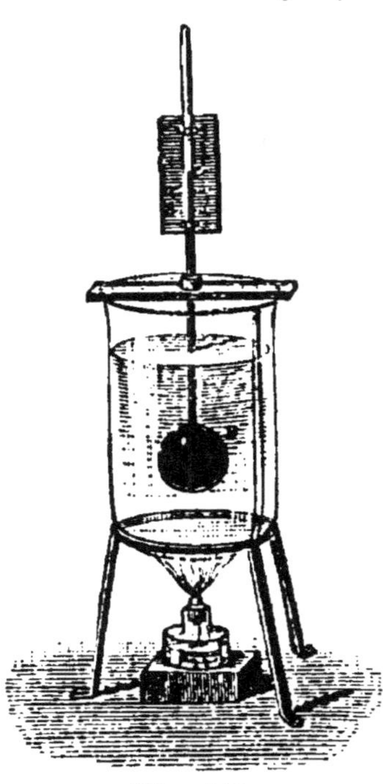

Fig. 102.
Dilatation des liquides.

Suivons les mouvements de sa colonne liquide. Elle descend d'abord de *a* en *b*, puis ne tarde pas à remonter, et dépasse bientôt le niveau qu'elle avait quitté; enfin elle s'arrête en *c*; toute dilatation a cessé, car le liquide a pris la température de l'eau chaude.

D'où vient ce double mouvement de la colonne et du liquide chauffés. Tout d'abord le verre du ballon se dilate, et l'eau descend aussitôt, parce qu'elle se trouve dans un vase agrandi; puis la chaleur commence à échauffer le liquide à son tour; et comme sa dilatation, pour la même augmentation de chaleur, est plus grande, il gagne un niveau supérieur.

Conclusion. — Ainsi l'eau se dilate; elle se dilate même plus que le verre. Mais tant qu'on l'observe dans un vase qui, lui aussi, s'agrandit, on ne voit jamais exactement toute l'augmentation de volume que lui fait prendre la chaleur.

150. 2° TOUS LES LIQUIDES NE SE DILATENT PAS ÉGALEMENT. — La première expérience nous a prouvé que les liquides se dilatent; la seconde va nous démontrer qu'ils ne se *dilatent pas également*.

Trois petits ballons en verre de même capacité sont remplis : l'un d'alcool M, l'autre de benzine A, le troisième de sulfure de carbone E; puis, munis d'un tube comme celui que nous venons d'employer, ils sont plongés dans l'eau chaude (fig. 103) : on ne tarde pas à constater que les colonnes liquides, dont les niveaux primitifs sont marqués sur une carte adaptée à chacun des tubes, se dilatent inégalement; la benzine et le sulfure de carbone augmentent plus de volume que l'alcool pour le même accroissement de température.

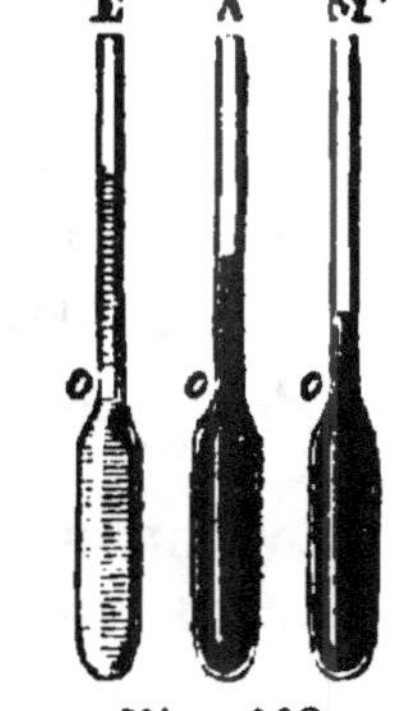

Fig. 103.

Comparaison de la dilatation de différents liquides.

181. 3° L'EAU NE SE DILATE PAS RÉGULIÈREMENT. — Enfin l'eau représente une troisième classe de corps qui ne se *dilatent pas régulièrement*.

Les expériences précédentes feraient croire que toute élévation de température amène nécessairement une augmentation de volume. Il n'en est pas toujours ainsi pour *l'eau*; ce liquide fait, en effet, exception à cette régularité ordinaire, du moins entre certaines limites de température.

Un petit ballon rempli d'eau et muni d'un tube est plongé, en même temps qu'un thermomètre à mercure, dans de l'eau prise à la température ordinaire de 12° (fig. 104). Si nous refroidissons cette eau en y jetant des morceaux de glace ou de la neige, le mercure descendra dans le thermomètre, et tout d'abord l'eau suivra ce mouvement de contraction. A 6° au-dessus de zéro marquez le niveau occupé par l'eau; vous verrez désormais le niveau de ce liquide se relever, tandis que le mercure, de plus en plus

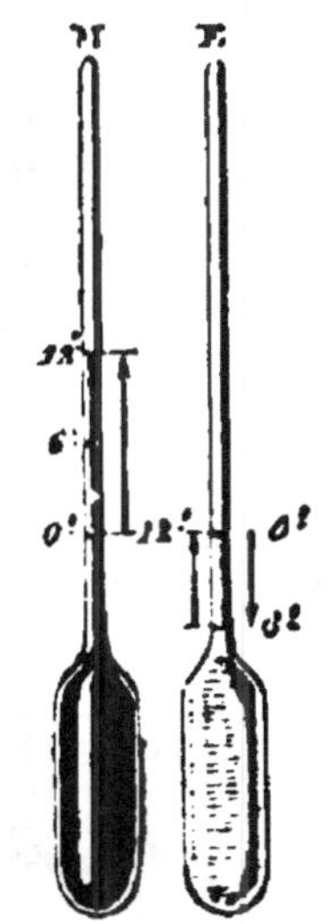

Fig. 104.

Dilatation de l'eau comparée à celle du mercure.

contracté, indiquera un abaissement plus complet de température : si bien qu'à zéro l'eau occupera le même volume qu'à 12°. — Si on observe la dilatation absolue de l'eau, telle qu'elle se produirait dans un vase qui ne se dilate pas, on trouve que l'eau occupe son volume *minimum* à 4°.

La dilatation ou la contraction de l'eau ne sont donc ni continues ni régulières.

152. CONSÉQUENCES. — Les trois expériences qui viennent d'être faites nous permettent de poser les conséquences suivantes :

1° La *densité d'un liquide* diminue d'ordinaire quand la température s'élève. En effet, puisque son volume augmente sans que son poids change, chaque unité de volume représente un moindre poids.

Faites flotter un aréomètre sur de l'eau chaude et notez son poids d'affleurement, vous le verrez se relever, par suite d'une augmentation de densité, à mesure que le liquide se refroidira.

Versez de l'eau froide et colorée dans un verre ou dans un ballon (fig. 105) qui contient de l'eau chaude incolore, vous la verrez descendre au fond du vase. Ces deux liquides se superposent, en effet, par ordre de densité, par suite de leur différence de température.

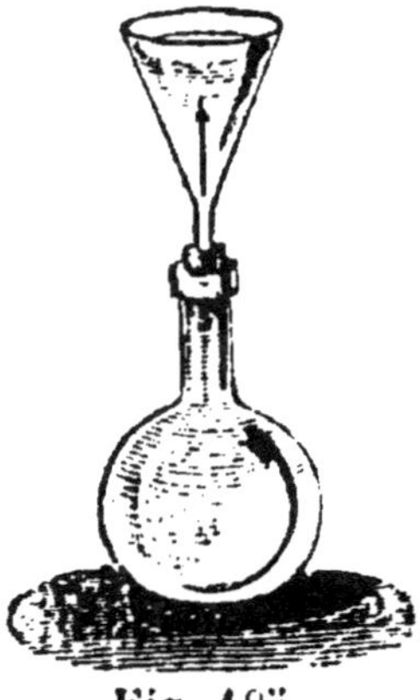

Ainsi s'explique l'existence de ces courants d'eau chaude qui sillonnent certaines régions de l'Océan, et apportent leur chaleur jusqu'à nos latitudes élevées.

Fig. 105.
Conditions d'équilibre d'un liquide pris à différentes températures.

153. 2° La *densité de l'eau* est la plus forte à 4°. En effet, le même poids d'eau occupant à 4° son plus petit volume, chaque unité de volume pèse le plus

possible; aussi dit-on que l'eau atteint à 4° son *maximum* de densité.

Ce fait est *remarquable,* parce que tout autre liquide se contracte d'autant plus que la température s'abaisse, c'est-à-dire indéfiniment.

Ce fait est *important :* d'abord parce que c'est à cette température de 4° qu'a été déterminée l'unité de poids : car un centimètre cube d'eau ne pèse 1 gramme qu'à 4°. A *toute autre température,* ce centimètre cube d'eau pèse toujours moins d'un gramme. — En second lieu, ce fait est encore important, parce que c'est à 4° qu'il faut prendre le poids de l'eau auquel on compare celui des corps liquides ou solides, pour obtenir leur densité.

Ajoutons que ce fait est *utile :* car il résulte de cette plus forte densité de l'eau à 4° que l'eau du fond des lacs se maintient à cette température. Une fois descendue au fond, à cause de sa densité, une couche d'eau ne saurait être déplacée par une autre couche plus lourde; elle ne pourrait donc remonter que si la température, en s'élevant, la rendait plus légère. C'est là un fait providentiel qui conserve, dans le fond des eaux les plus froides, un milieu d'une température modérée où pourront vivre et se conserver les animaux à sang froid qui peuplent ces eaux.

THERMOMÈTRES

184. Les thermomètres nous offrent une fort utile application de la dilatation des liquides.

Disposition. — Un thermomètre est composé d'une colonne de mercure ou d'alcool renfermée dans un tube en verre.

Ce tube présente une partie renflée, qui est le *réservoir* du thermomètre, et une autre plus longue et fort étroite, qui est sa *tige.* Cette tige est fermée, de sorte que l'air extérieur ne saurait agir sur le liquide d'un thermomètre ; on ne peut donc confondre cet instrument avec un baromètre.

On distinguera sans peine les thermomètres à mercure des thermomètres à alcool.

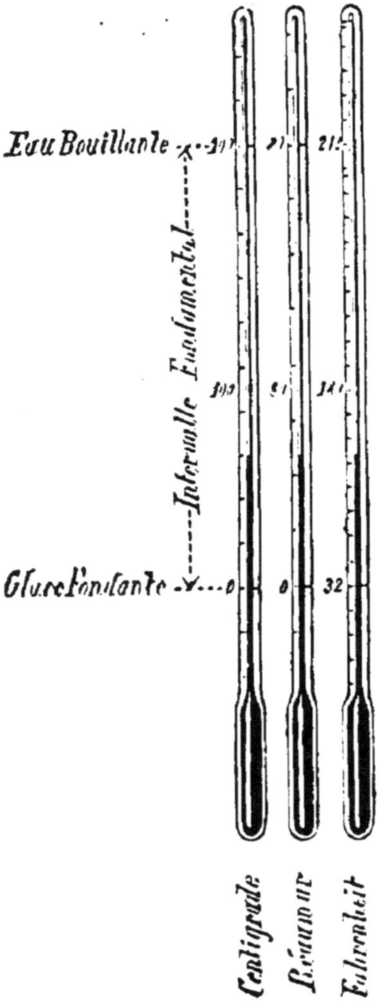

L'*alcool* des thermomètres est d'ordinaire coloré en rouge ; en outre, la graduation de la tige de cet instrument ne peut jamais dépasser ni même atteindre 80 degrés. D'ordinaire les chiffres et divisions de ces thermomètres à bon marché sont inscrits soit sur une bande de papier, soit sur la planchette à laquelle le tube thermométrique est fixé.

Les thermomètres à *mercure* se reconnaissent à l'aspect brillant du liquide qu'ils contiennent ; ils peuvent monter bien au delà de 100° ; le plus souvent leur graduation est tracée sur la tige de verre.

155. — EMPLOI DU THERMOMÈTRE A MERCURE. — I. Un thermomètre, quel qu'il soit, doit s'arrêter à zéro (0°) quand on plonge, pendant un quart d'heure, son réservoir dans la glace fondante. Cette première vérification permet de s'assurer de la valeur des indications d'un de ces instruments.

II. Un thermomètre à mercure plongé dans la vapeur

Eau Bouillante
Intervalle Fondamental
Glace Fondante
Centigrade
Réaumur
Fahrenheit

Fig. 106.
Échelles thermométriques.

d'eau bouillante prend, après quelques instants, une température de 100 degrés (100°). Le volume du mercure dilaté s'arrête, en effet, à la 100ᵉ division au-dessus de zéro.

III. L'intervalle compris sur la tige entre 0° (zéro) et 100° (100 degrés) a été divisé en 100 parties égales ou degrés. Une température de 40° amène donc le mercure d'un thermomètre à la division 40°.

IV. Ces longueurs égales ont été portées aussi au-dessous de zéro; il y a, en effet, un froid plus grand que celui de la glace fondante. Plongez un thermomètre dans un mélange de neige ou de glace pilée et de sel de cuisine placé dans un verre, et vous verrez le mercure descendre au-dessous de zéro. S'il s'arrête à la division — 10°, il faudra lire : 10 degrés au-dessous de zéro. L'intervalle fondamental compris entre les points de repère du thermomètre plongé dans la glace fondante, puis dans l'eau bouillante, divisé en 100 parties égales, a donné les degrés *centigrades*; divisé en 80 parties égales, les degrés *Réaumur*, qui sont plus grands; divisé en 180 parties, les degrés *Fahrenheit,* qui sont plus petits.

180. EMPLOI D'UN THERMOMÈTRE A ALCOOL. — I. Un thermomètre à alcool ne doit jamais être plongé dans l'eau bouillante, parce que le liquide qu'il renferme bouillant avant cette température, on s'exposerait à briser le tube de verre. Il est même dangereux de le laisser monter jusqu'à 80°.

II. Ce genre de thermomètre suffit pour indiquer la température du corps, celle d'une serre, d'une salle ou d'un bain. Dans aucun de ces différents cas l'alcool n'atteindra 40°; le corps humain a une température moyenne de + 37°.

III. Enfin, pour s'assurer de la valeur des indications d'un thermomètre à alcool, on le placera à côté d'un thermomètre à mercure dans de l'eau qu'on chauffe. Si les deux instruments sont exacts, ils devront toujours donner en même temps le même degré. Mais cet accord absolu serait bien extraordinaire.

157. THERMOMÈTRES *à maxima* ET *à minima*.—Il est souvent utile de connaître la plus haute température (*maxima*) du jour et la plus basse (*minima*) de la nuit. Deux thermomètres fixés horizontalement sur la même planchette donnent ces deux indications (fig.107).

I. Le thermomètre *à maxima* est à mercure. Sa tige renferme un index en fer qui s'y meut aisément. Poussé par la colonne de mercure, qui se dilate sans le mouiller, l'index s'avance graduellement pour s'arrêter au point où l'a conduit la dilatation du mercure. Quand ensuite la température s'abaisse, le mercure se contracte, mais le morceau de fer reste en place, et il marque la température la plus élevée. L'index, ramené à l'aide d'un aimant au contact du mercure, est prêt pour de nouvelles observations.

Fig. 107.

Thermomètre *à maxima* et *à minima*.

II. Le thermomètre *à minima* est à alcool. Sa tige contient un index en émail qui s'y déplace à l'aise. Attiré par la colonne d'alcool qui adhère à sa surface, l'index se rapproche du réservoir du thermomètre pendant la contraction de l'alcool, mais il reste en place quand le liquide dilaté passe entre l'index et les parois du tube. Sa position donne donc la limite inférieure ou *minima* de la température d'un jour.

III. DILATATION DES GAZ

158. EXPÉRIENCES.— 1. Reprenons notre ballon muni de son tube, et laissons-le plein d'air; plongeons dans un verre d'eau colorée l'extrémité de son tube, et nous verrons qu'il suffit de poser la main sur sa surface pour que l'eau descende dans le tube.

La dilatation de l'air deviendra plus sensible si on chauffe le ballon avec une bougie (fig. 108); des bulles d'air sortant du ballon traverseront l'eau ; retirons la flamme, l'eau montera pour tenir la place de l'air dilaté et disparu.

Remettons la main sur le ballon refroidi, et observons les mouvements de la colonne liquide : si elle monte encore, c'est que l'air se contracte ; la main est donc plus froide que le ballon. Si elle descend, c'est que l'air

Fig. 103. — Dilatation des gaz.

se dilate ; la main est alors plus chaude que le ballon.

2. Un petit ballon de caoutchouc incomplètement rempli d'air et bien fermé se dilate quand on le chauffe.

CONSÉQUENCES

159. Ces expériences nous suffisent pour rappeler que l'air et que tous les gaz se dilatent et plus vite et plus sensiblement que tous les autres corps solides ou liquides.

Ces expériences nous montrent en même temps que la chaleur détermine dans les gaz trois sortes de changements : 1° un changement de volume, 2° un changement de densité, et 3° un changement de pression.

1° Changement de volume. — La dilatation des gaz est, entre tous les corps, la plus régulière. A une température de $+ 272°$, un litre d'air occupe un volume de deux litres. Tout volume de gaz devient donc double quand il est porté à cette température, qui d'ailleurs n'a rien d'excessif, nos foyers ordinaires ayant une température de 1000° environ.

160. 2° CHANGEMENT DE DENSITÉ. — Mais si un litre d'air chauffé double de volume à 272°, la pression du gaz n'est plus que la moitié de sa première valeur, d'après la loi de Mariotte (84). En outre, dans chacun des deux litres il n'y a plus que la moitié du poids total du gaz; par suite, la densité du gaz chaud est réduite à la moitié de sa première valeur.

On voit par là pourquoi les gaz chauffés deviennent plus légers. Cette propriété des gaz rend compte de plusieurs phénomènes que chacun a pu observer.

I. Des ballons à moitié remplis d'air se sont élevés, dans l'expérience des frères Montgolfier (88), dès que la chaleur de la paille brûlée a suffisamment dilaté ce volume d'air et diminué sa densité.

II. Si l'on place deux bougies ou deux lampes à gaz l'une au-dessus de l'autre, on voit la flamme supérieure violemment agitée par le courant d'air, dès que l'autre flamme a rendu l'air à la fois plus chaud et plus léger.

III. L'expérience est plus frappante encore si l'on place une cheminée de lampe autour d'une flamme F ou un peu au-dessus (fig. 109). Une bougie approchée de la base *b* de la cheminée est attirée vers les ouvertures de la galerie de la lampe ou vers la cheminée; mise en haut en *a*, elle est repoussée par le courant d'air chaud qui s'échappe de la cheminée.

APPLICATIONS

161. I. TIRAGE DES CHEMINÉES. — Cette dernière expérience nous donne l'explication du tirage des cheminées. Nous retrouvons, en effet, dans les cheminées de nos foyers, une source de chaleur, un conduit dans lequel s'engage la colonne d'air chaud, une différence de densité entre l'atmosphère extérieure et l'air de la cheminée, et par suite nous comprenons comment l'air froid emporte l'air chaud et active le feu.

Bouchez avec la main la galerie d'une lampe, elle fumera ; bouchez avec un linge les ouvertures inférieures d'un poêle, il s'éteindra ; approchez une flamme ou une bande de papier de l'ouverture inférieure d'un poêle, elles se dirigeront l'une et l'autre vers cette ouverture.

162. II. Production du vent. — La chaleur fait donc monter les gaz qu'elle a dilatés ; aussi la chaleur du soleil, ainsi que celle d'un foyer, produisent des courants d'air. On sent le vent près d'une porte, surtout s'il y a un foyer dans la salle. Et, en effet, l'air que nous venons de voir entrer dans le foyer pour l'activer ne peut venir que de l'extérieur ; il pénètre en dessous de la porte ; une bougie mise sur le plancher, près des fissures de la porte, s'incline vers la salle. — Mais l'air

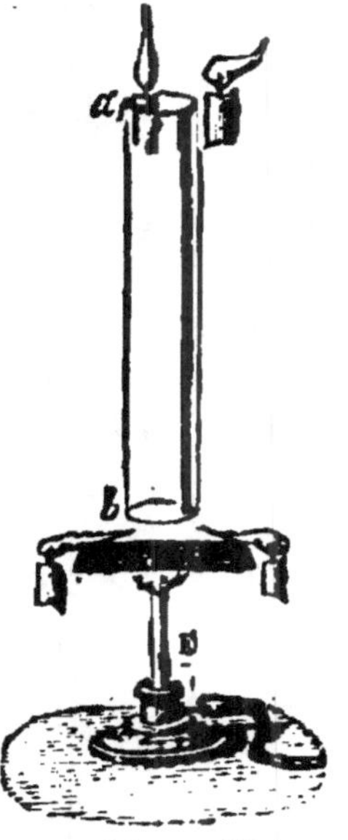

Fig. 109. — Tirage des cheminées.

chauffé de la salle monte et s'échappe en passant au-dessus de la porte ; aussi une bougie élevée à cette hauteur s'incline-t-elle vers la fente supérieure de la porte.

Le soleil, cette puissante source de chaleur, produit dans l'atmosphère les courants, les vents, les cyclones et tout leur cortège de tempêtes. Dans les régions tropicales, en effet, l'air fortement chauffé s'élève et se dirige vers chacun des deux pôles de la terre, tandis qu'un courant d'air froid, rasant la surface du sol, afflue des pôles vers l'équateur. De là la formation d'un double courant d'air : l'un supérieur et chaud, l'autre inférieur et froid. — Ajoutons que ces phénomènes peuvent se produire partout où les couches d'air en présence sont à différentes températures. Quand, par exemple, le sable du rivage est plus chaud que l'eau de la mer, le vent souffle de la mer vers la terre, il y a *brise de mer* ; le vent, au contraire, souffle de la plage, quand le soir la terre se refroidit, tandis que l'eau de la mer a conservé sa chaleur.

163. III. CHANGEMENT DE PRESSION. — L'air d'un ballon qu'on chauffe sans lui permettre de se dilater acquiert bientôt un accroissement sensible de pression ; on prévoit même, d'après la loi de Mariotte, que ce gaz exercera une pression de deux atmosphères au moment où, porté à 272°, il devrait prendre régulièrement un volume double.

Expériences. 1. — Adaptez, en effet, un manomètre formé d'un tube en S au bouchon qui ferme un ballon plein d'air (fig. 110) ; versez de l'eau colorée dans ce tube, puis chauffez le ballon, et vous constaterez que, pour la moindre élévation de température, vous serez obligé d'ajouter de l'eau dans le tube, si vous voulez maintenir constant le volume de l'air. Il en résulte que le gaz doit à son élévation de température un accroissement de pression qui lui fait soulever une colonne *ab* d'eau ou de mercure de plus en plus grande.

Fig. 110.

Augmentation de pression produite par la dilatation des gaz.

2. C'est à ce même excès de pression qu'il faut attribuer l'explosion, d'ailleurs inoffensive, qui se produit quand on chauffe à la flamme d'une bougie une ampoule en verre mince bien fermée ou l'un de ces grains de raisin doré, comme on en trouve dans les fleurs artificielles.

QUESTIONS

1. Pourquoi ne peut-on clouer les feuilles de zinc des toitures sur les planches qu'elles recouvrent ? (148)

2. Pourquoi l'eau chaude qui remplissait complètement un ballon semble-t-elle avoir diminué de volume en se refroidissant? (149)

3. Pourquoi dans une illumination voit-on toujours agitées les flammes qui sont placées au-dessus des autres? (160-2)

4. Pourquoi une vessie bien liée finit-elle par éclater quand on la met devant le feu? (160)

5. Pourquoi fend-on les marrons qu'on met griller sur le feu? (163)

6. Quel danger y a-t-il à mettre dans l'âtre d'une cheminée des bûches de bois vert? (163)

7. Pourquoi chauffe-t-on à la lampe ou par le frottement d'une corde le goulot d'une bouteille dont on ne peut retirer le bouchon en verre? (147)

8. Pourquoi fait-on rougir le cercle de fer qu'on place autour des roues de voiture? (147)

9. Pourquoi les vitres d'une maison se brisent-elles dans un incendie, même quand elles ne sont pas touchées par les flammes? (147)

10. Comment expliquer la rotation d'une spirale de papier placée au-dessus d'une flamme, ou des tourniquets adaptés au haut des fenêtres des estaminets? (160)

11. Pourquoi donner une si grande hauteur aux cheminées de fabrique? (161)

12. Pourquoi un tube complètement rempli d'alcool se brise-t-il si on le plonge dans l'eau bouillante? (148)

13. Pourquoi un degré d'un thermomètre à alcool occupe-t-il plus d'étendue qu'un degré du thermomètre à mercure? (150)

14. Trois thermomètres divisés selon les trois graduations différentes (155) marquent 50°, quel est celui qui indique la plus haute température?

15. Quels sont les degrés Réaumur qui correspondent aux accroissements du thermomètre centigrade qui se font de 25° en 25°? (155)

16. La pression extérieure ne peut-elle influer, comme la chaleur sur le volume de l'air contenu dans un ballon? (158 et 84)

FUSION ET SOLIDIFICATION

Le fer incandescent s'amollit sous la braise,
L'or se dissout au feu qui tort ses lingots durs,
La flamme dompte et fond la glace de l'airain.
(*Lucrèce*, trad. SULLY-PRUDHOMME.)

**I. Phénomènes et lois de fusion; chaleur de fusion;
mélanges réfrigérants. — II. Solidification : ses lois
et les phénomènes qui l'accompagnent.**

104. Les corps, nous l'avons vu, se présentent sous
trois états différents : ils peuvent être solides, liquides ou gazeux (1). Après avoir observé ce qui les
caractérise, nous allons voir maintenant comment un
même corps peut prendre successivement chacun de
ces trois états. — La chaleur fait, en effet, passer un
corps solide à l'état liquide, puis à l'état de vapeur ou
de gaz. Et inversement, grâce à un refroidissement
suffisant, un gaz peut devenir liquide, et enfin solide. La première transformation que nous venons de
signaler est le phénomène de *fusion.*

Cette étude est toute d'observation; elle repose
uniquement sur les expériences que nous allons
faire.

PHÉNOMÈNES ET LOIS DE LA FUSION

105. I. TOUT CORPS FOND A UNE TEMPÉRATURE DÉ-
TERMINÉE. — *Expériences.* — 1. A l'exception de certaines substances regardées comme infusibles, telles
que la chaux et l'argile, tous les corps fondent et
coulent comme l'eau à une température suffisamment élevée : un fil de verre, un fil de cuivre, un fil
d'argent, dont on place l'extrémité dans la zone exté-

rieure, pâle et chaude de la flamme d'une bougie, donnent une perle sphérique provenant de la fusion du fil; et cependant cette flamme est encore loin de représenter la chaleur du gaz de l'éclairage, et surtout celle des fours à vitre ou à porcelaine.

2. L'étain fond à une température si peu élevée (235°), que si l'on fait fondre un peu de ce métal en le frottant avec un fer rouge ou en l'approchant d'une flamme, les gouttes qui tombent sur le papier le roussissent à peine. Pliez une carte en relevant un peu ses bords, et placez un grain d'étain sur ce papier, et vous pourrez faire fondre le métal à la flamme d'une bougie. — L'alliage fusible fond plus facilement encore; l'eau bouillante suffit pour le faire fondre.

Fig. 111.

Fusion de l'étain.

166. Ajoutons que tous *les corps fondent à une température déterminée.*

I. Faites fondre, dans différents tubes d'essai plongés dans de l'eau que vous chaufferez, de la stéarine (61°), de la cire (65°), de la paraffine (44°), vous verrez que la paraffine fondra avant les deux autres substances; plongez un thermomètre dans chacun de ces tubes au moment de la fusion, et vous retrouverez toujours les points de fusion que nous venons d'indiquer [1].

---

[1] Échelle des points de fusion :

Mercure	— 39°	Stéarine	+ 61°	Plomb	325°
Glace	0°	Alliage Darcet	+ 94°	Zinc	450°
Beurre	+ 30°	Soufre	+ 111°	Argent	1000°
Paraffine	+ 43°,7	Étain	+ 235°	Cuivre	1050°
Phosphore	+ 44°,2	Bismuth	+ 265°	Fer	1500°

167. II. LA TEMPÉRATURE D'UN CORPS NE CHANGE PAS TANT QUE DURE SA FUSION. — *Expériences.* — 1. Mettez dans un vase 100 grammes de stéarine, et plongez-y un thermomètre, vous constaterez que la température restera de 61° pendant toute la fusion.

2. Laissez fondre de la neige ou de la glace placées dans un entonnoir, enfoncez-y un thermomètre, il marquera toujours zéro, tant qu'il restera une parcelle de glace à fondre.

168. III. UN CORPS QUI FOND ABSORBE DE LA CHALEUR. — Il faut donner à un corps qu'on veut faire fondre non seulement de la chaleur pour l'élever à sa température de fusion, mais surtout pour déterminer et achever sa fusion quand il est arrivé à cette température.

Expériences. — 1. Quand on fond de la stéarine, si on retire le feu dès que la fusion a commencé, elle s'arrête aussitôt; il faut donc encore lui communiquer de la chaleur pour faire fondre le reste.

2. Mélangez dans un verre 20 grammes d'eau chauffée à 80°, et 20 grammes de glace fondante, c'est à peine si vous pourrez fondre toute la glace. Il ne vous restera plus, une fois l'expérience terminée, que 40 grammes d'eau à zéro. Ainsi nos 20 grammes de glace, pour fondre et rester à zéro, sans, par suite, que leur température s'élève, ont absorbé toute la chaleur des 20 grammes portés à 80°.

On appelle *chaleur de fusion* la quantité de chaleur absorbée par un corps pour fondre.

La glace demande pour fondre 80 unités de chaleur, ou 80 calories, c'est-à-dire ce qu'il faut de chaleur pour élever un kilogramme d'eau de 0° à 80°. Chaque corps demande une quantité déterminée de chaleur pour fondre; c'est la glace qui en demande le plus.

Cette expérience a été faite pour la première fois par Black, de Glascow.

APPLICATION

169. Mélanges réfrigérants. — *Expériences.* —
1. Placez dans un bocal des poids égaux de neige ou de
glace pilée et de sel de cuisine, que vous dispose-
rez par couches superposées; puis plongez dans ce
mélange un thermomètre, du vin mis dans un tube
d'essai et de l'eau ordinaire. Vous observerez que le
thermomètre descend bien au-dessous de — 10°; vous
verrez l'eau se congeler ainsi que le vin, qui se solidifiera, partiellement du moins.

2. En été, ou à défaut de glace, on prépare un
mélange réfrigérant, soit en versant 80. grammes de
sulfate de soude dans 50 grammes d'acide chlory-
drique, soit encore en mélangeant des poids égaux
d'eau pure et d'azotate d'ammoniaque.

L'eau placée dans un tube que vous soumettrez à ce
refroidissement ne tardera pas à se congeler.

170. Explication. — C'est un principe général que
tout corps solide demande de la chaleur pour fondre
ou se dissoudre : la neige mise au contact du sel
marin fond dans l'eau que contient toujours le mélange; le sel fond à son tour, et chacune de ces substances absorbe, en fondant, de la chaleur qui est
empruntée aux corps voisins.

Il résulte de cette explication qu'il faut toujours
au moins un corps solide et facilement soluble pour
obtenir un mélange réfrigérant ; il est également évident que la température cesse de s'abaisser dès que le
mélange est tout entier passé à l'état liquide.

SOLIDIFICATION

171. Un corps se solidifie quand il passe de l'état
liquide à l'état solide.

1re *Loi*. — *La température de solidification est la même que celle de fusion.*

En effet, à la température de zéro, on constate que la glace fond, et, pour le moindre abaissement de chaleur, on voit l'eau se congeler de nouveau.

2e *Loi*. — *Tout corps dégage de la chaleur en se solidifiant.*

Voilà un principe qu'il serait difficile d'adopter sans preuve. Ne sait-on pas qu'il fait plus froid alors qu'il gèle, que la neige tombe et que la glace se forme à la surface des eaux ? — Il faut reconnaître, en effet, qu'il devient difficile de faire apprécier dans ces différents cas le dégagement de chaleur, au moment où d'autres causes produisent un refroidissement si complet. Toutefois les expériences que nous allons indiquer seront des preuves, selon nous suffisantes, de ce principe.

Expériences. — 1. Faites fondre 100 grammes d'hyposulfite de soude dans un ballon (fig. 112). A 48° ce sel fondra, même sans qu'il soit besoin d'ajouter de l'eau; puis retirez le feu après que la fusion sera tout à fait complète. Plongez dans ce sel fondu un tube *e* contenant un peu d'éther et enflammez la vapeur d'éther au bout du tube : la flamme sera alors très courte;

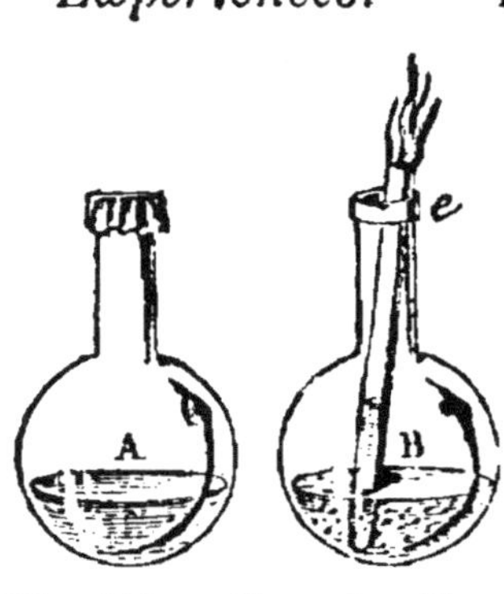

Fig. 112. — Sursaturation.

mais, quand le sel se solidifiera de nouveau, elle s'allongera, à cause de la chaleur dégagée au moment de la solidification.

2. Répétez cette expérience en faisant bouillir pendant quelques instants 200 grammes de sulfate de soude ou d'alun dans 100 grammes d'eau. — Couvrez le ballon A (fig. 112), laissez-le refroidir au repos, et, phénomène curieux, vous verrez que la solidification tardera

à se produire. Faites descendre dans ce sel à l'état liquide le tube contenant de l'éther; en même temps que vous jetterez dans le ballon un grain de sulfate de soude ou d'alun, suivant la nature du sel employé, la solidification se produira instantanément; la flamme de l'éther grandira, vous verrez de la vapeur sortir du ballon, et d'ailleurs il vous paraîtra plus chaud, même au contact de la main.

PHÉNOMÈNES QUI ACCOMPAGNENT LA SOLIDIFICATION

172. I. *Un corps qui se solidifie prend souvent une forme régulière.*

Expériences. — 1. Par un temps de neige, quand les flocons tombent très petits et que l'air est calme,

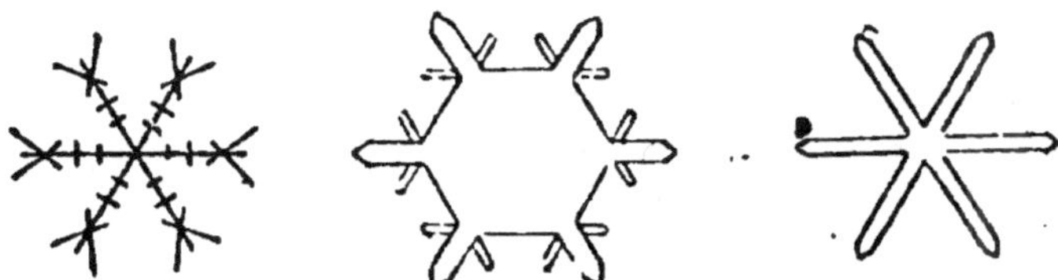

Fig. 113. — Cristaux de neige.

recevez sur le drap de vos vêtements ces aiguilles qui flottent dans l'atmosphère, et vous reconnaîtrez ces étoiles à six branches qui sont de l'eau congelée, sous sa forme régulière et *cristalline.*

2. Laissez refroidir lentement, dans un vase en grès ou en bois, une dissolution d'alun, après y avoir suspendu un fil ou un cercle en fil de fer. Vous retirerez du bain, le lendemain, une guirlande ou une couronne dont les cristaux brilleront limpides comme des diamants.

3. Placez une soucoupe sur le couvercle d'un poêle, après y avoir étendu une couche de sable; puis mettez quelques morceaux de *soufre* dans la sou-

coupe. Ils fondront bientôt à la température de 111°.

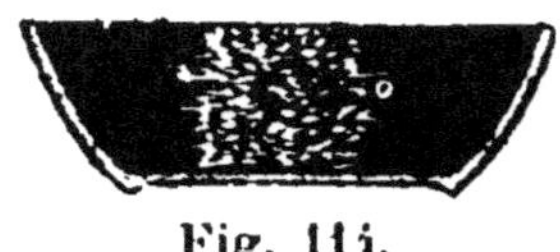
Fig. 114.

Cristaux de soufre.

Retirez le vase dès que la fusion sera complète; laissez refroidir le soufre, une croûte cristalline se formera à sa surface; retirez-la en la coupant sur les bords, renversez le vase, il ne restera plus que de belles et longues aiguilles jaunes de soufre cristallisé.

173. II. *La solidification est souvent accompagnée d'un changement de volume.*

Expériences. — 1. Faites fondre dans un tube, ou mieux dans un ballon à long col P (fig. 115), de la paraffine, et notez le volume l qu'elle occupe à l'état liquide, puis laissez refroidir et congeler cette substance; vous constaterez que le niveau s est plus bas. Ce corps se contracte donc en se solidifiant.

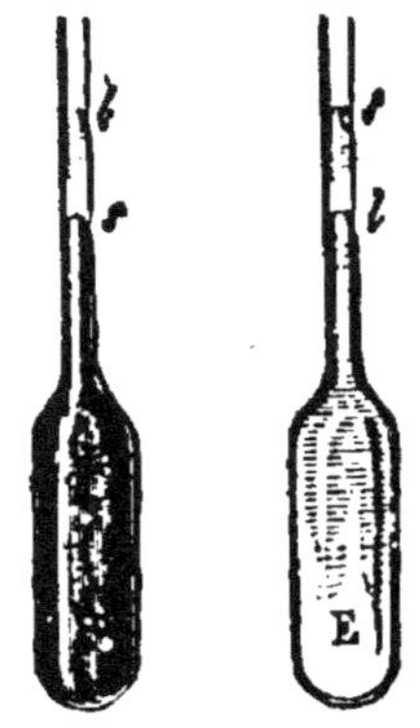
Fig. 115.

Changements de volume.

2. Faites congeler de l'eau dans un tube E semblable, à l'aide d'un mélange réfrigérant; vous verrez, au contraire, que la glace occupe un plus grand volume que l'eau liquide, le niveau s'élevant de l en s.

174. CONSÉQUENCES. — Si la glace augmente de volume en se formant, elle devient donc plus légère.

1. Aussi la glace flotte sur l'eau, non seulement sur l'eau salée de la mer, puisque l'on voit, dans les mers glaciales, des banquises d'immense étendue voyager à la surface des eaux, mais encore sur l'eau de nos rivières, qui porte la glace quand elle se forme, ou qui charrie des glaçons au moment de la débacle.

2. La glace est même assez légère pour flotter sur *l'eau bouillante;* il suffit, pour s'en assurer, de jeter

un glaçon sur l'eau qui bout dans un ballon ou dans un vase quelconque.

3. Ajoutons que cette augmentation de volume est si indispensable au phénomène de congélation de l'eau, que l'on voit la glace briser tous les vases, même quand ce seraient des boulets de fonte dont les parois s'opposeraient à cette puissante expansion.

Expérience. — Remplissez parfaitement d'eau une bouteille, bouchez-la bien et renversez-la dans un mélange réfrigérant de manière que l'eau commence par se congeler dans le goulot. Pour peu que la solidification commence dans la bouteille, vous l'entendrez se briser.

QUESTIONS

1. Le plomb fond à 325°, peut-on agiter un bain de plomb fondu avec le manche d'une cuiller d'étain? (166)

2. Pourquoi voit-on l'étain fondre à la surface d'une casserole étamée placée vide sur le feu? (166)

3. Pourquoi les vases en fer-blanc se dessoudent-ils quand on les place sur le feu et que le liquide qu'ils renfermaient s'est évaporé?

4. D'où vient le dépôt de givre qui se forme, à l'extérieur, sur les parois des bocaux qui contiennent un mélange réfrigérant? (171)

5. A quoi sont dues les arborescences qui couvrent les vitres des appartements en temps de gelée? (172)

6. Pourquoi ne doit-on pas laisser une pompe amorcée ou un tonneau plein d'eau exposés à la gelée? (174)

7. Pourquoi un boulet de neige devient-il transparent comme de la glace quand on le presse quelque temps entre les mains? (174)

8. Observez avec plus d'attention une *bougie* allumée et dites pourquoi la mèche, qui est plongée dans la flamme, tarde à se consumer; — pourquoi la flamme monte encore quand la bougie est renversée; — pourquoi il se forme dans la bougie une coupe remplie de stéarine fondue; —

pourquoi la stéarine ne fond que graduellement ; — pourquoi la stéarine liquide monte dans la mèche.

9. A quoi sert le sel qu'on jette dans les rues des villes en temps de neige ?

ÉVAPORATION ET LIQUÉFACTION

> Voyez cette délicate vapeur que la mer, doucement touchée par le soleil et comme imprégnée de sa chaleur, envoie jour et nuit, comme d'elle-même, vers le ciel, sans diminution de son vaste sein.   (BOSSUET.)

Vaporisation dans le vide et dans l'air. — Chaleur de vaporisation. — Froid produit par l'évaporation. — Production de la glace. — Évaporation. — Liquéfaction.

175. L'évaporation et la liquéfaction sont deux nouvelles modifications qui complètent la série des transformations que la chaleur fait éprouver à l'état des corps. L'étude de ces phénomènes comprend les questions suivantes, qui vont nous occuper successivement.

1. Formation des vapeurs ;
2. Tension des vapeurs ;
3. Chaleur absorbée dans cette transformation ;
4. Conditions qui facilitent l'évaporation et la liquéfaction.

1. FORMATION DES VAPEURS

176. La plupart des corps soumis à l'influence de la chaleur passent de l'état solide ou liquide à l'état gazeux. On dit alors qu'ils se transforment en vapeur, ou encore qu'ils se volatilisent.

Cette volatilité est, il est vrai, plus souvent observée chez les liquides; quelques gouttes d'eau, d'alcool, de benzine ou d'éther répandues sur la main disparaissent rapidement, parce que ces liquides sont très volatils, bien qu'ils le soient encore à des degrés différents. Le mercure lui-même émet des vapeurs qui, même à la température ordinaire, suffisent pour faire blanchir une feuille d'or (fig. 118, O); et d'ailleurs les gouttes brillantes de ce liquide, que l'on observe parfois au sommet des tubes barométriques, suffiraient pour nous prouver la volatilité de ce métal (fig. 118, B).

Certains corps solides, tels que l'iode, le camphre, le sel ammoniac, donnent des vapeurs à des températures un peu plus élevées sans passer par l'état liquide; on dit alors qu'ils se *subliment*.

177. EXPÉRIENCES. — 1. Chauffez quelques grains d'*iode* dans un ballon fermé, vous le verrez se remplir de belles vapeurs violettes (fig. 116). L'industrie utilise cette propriété pour raffiner l'iode en le chauffant dans des cornues en grès (fig. 117).

2. Chauffez, dans une soucoupe placée sur le sable (fig. 118), quelques morceaux de

Fig. 116.
Sublimation de l'iode.

camphre ou de sel ammoniac, et vous observerez des aiguilles cristallines qui se formeront sur les parties plus élevées et plus froides des parois de l'entonnoir qui recouvre la soucoupe.

3. Chauffez un bout de fil de *magnésium* en l'introduisant dans la flamme d'une bougie, les vapeurs du métal s'enflammeront en donnant une lumière fort vive.

178. CONDITIONS DIVERSES DE LA FORMATION DES VAPEURS. — Les vapeurs peuvent se former dans le vide ou dans l'air.

Expériences. — (*a*) Que les vapeurs se forment dans *le vide,* l'observation des gouttes de mercure au sommet du tube barométrique nous l'a déjà démontré (fig. 118). — Nous voyons même, par cet exemple,

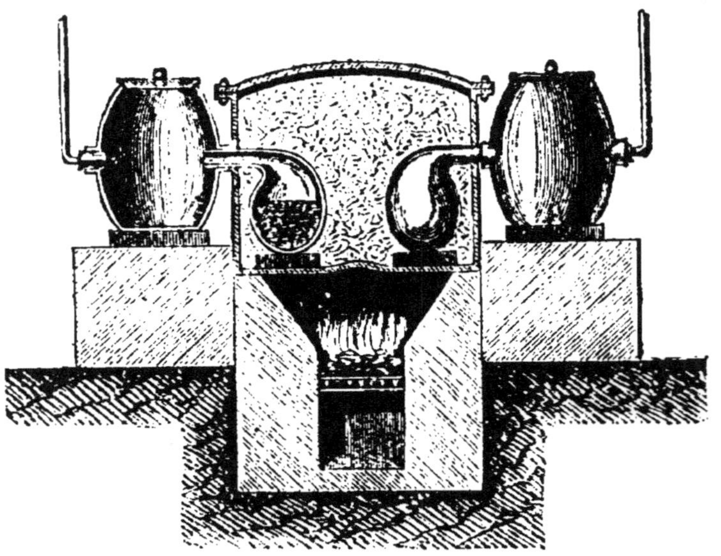

Fig. 117. — Sublimation de l'iode.

que des corps difficilement votatils s'évaporent, eux aussi, dans le vide.

Ainsi tous les corps se volatiliseraient aussitôt dans le vide; mais l'expérience du mercure nous prouve en même temps que cette volatilisation a une limite, puisqu'il n'y a jamais qu'une petite quantité de mercure qui se soit volatilisée dans le tube barométrique.

Conséquences. — Il résulte de cette propriété des liquides que toute trace d'eau disparaîtrait de la surface de notre globe si l'atmosphère ne pesait pas sur ce liquide pour en retarder l'évaporation. — Il n'est donc plus étonnant dès lors que les astronomes prétendent que la lune est un astre où la vie est impossible; car, s'il n'y a pas d'air autour de notre satellite, il ne saurait y avoir d'eau, et nous ne concevons pas l'existence des animaux ni même celle des végétaux sans ces deux éléments.

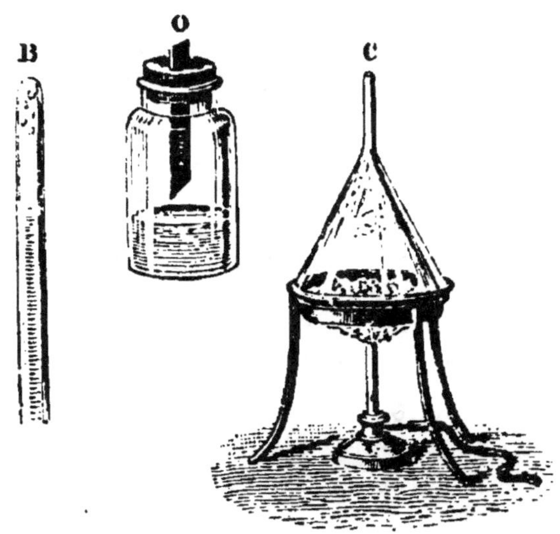

Fig. 118.

B, gouttes de mercure dans la chambre barométrique.
O, volatilisation du mercure. — C, sublimation du camphre.

179. (*b*) Mais le plus souvent les vapeurs se forment dans une *atmosphère gazeuse.*

Expériences. — 1. Approchez la flamme d'une allumette à quelque distance de quelques gouttes de benzine ou d'éther versées sur la table, et vous les verrez prendre feu. Le liquide avait donc émis des vapeurs qui sont combustibles.

La même expérience répétée, soit avec du pétrole, soit avec de l'essence de pétrole, vous montrera que le pétrole ne s'enflamme pas à distance, tandis que son essence est facilement inflammable, et par suite d'un maniement plus dangereux.

2. Adaptez au bouchon qui ferme un flacon un tube droit qui descende jusqu'au fond, versez assez de mercure pour couvrir l'orifice inférieur de ce tube (fig. 119), puis introduisez de l'éther par l'ouverture du tube, et inclinez le flacon pour y faire pénétrer ce liquide; vous verrez bientôt le mercure s'élever dans le tube, sous la pression de la vapeur qui s'est formée. L'occasion est bonne pour constater qu'une vapeur telle que celle de l'éther qui remplit ce flacon est aussi invisible que l'air.

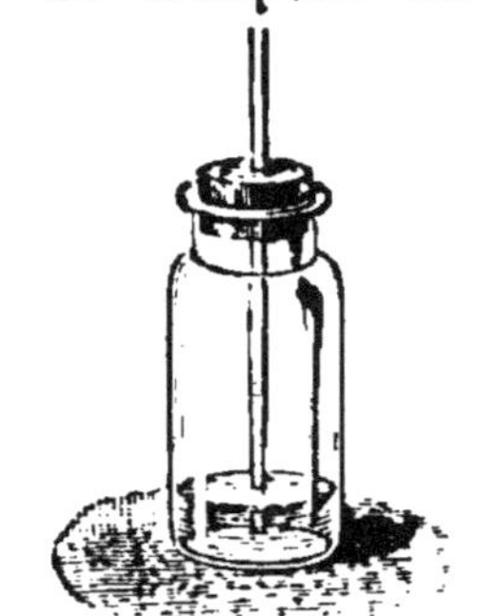

Fig. 119. — Formation et tension des vapeurs dans les gaz.

II. TENSION DES VAPEURS

180. DÉFINITION. — Les liquides disparaissent en se volatilisant, mais ils donnent naissance en même temps à une force motrice souvent énergique, qui est la *tension* de la vapeur formée.

On appelle *tension d'une vapeur la pression qu'elle exerce sur les parois du vase qui la renferme.*

Circonstances qui influent sur la tension des vapeurs.

1° **LA TENSION DE VAPEUR D'UN LIQUIDE DÉPEND DE LA NATURE DU LIQUIDE.** — Les liquides les plus volatils ont, en même temps qu'une plus grande volatilité, une plus grande tension ou une plus grande force élastique, pour une température déterminée.

Expérience. — Remplacez par de l'eau ou par de l'alcool l'éther qui avait été introduit dans le flacon de l'expérience précédente, et vous verrez que la colonne mercurielle soulevée dans le tube, plus petite pour l'alcool, sera moindre encore dans le cas de la vapeur d'eau.

181. 2° LA TENSION D'UNE VAPEUR DÉPEND DE LA TEMPÉRATURE. — La tension augmente rapidement, en effet, avec la température.

Expériences. — 1. Chauffez avec la main le flacon rempli de vapeur d'alcool ou d'éther (fig. 119), et vous verrez le mercure monter à mesure que la température s'élèvera. Il est vrai que cet accroissement de tension est dû, dans ce cas, à la double influence de l'air dilaté et de la vapeur formée et chauffée (163); mais l'action principale appartient encore à la vapeur.

2. Chauffez à la lampe à alcool un petit ballon qui contienne un peu d'éther et dont le bouchon porte un tube court et effilé. La vapeur de l'éther en ébullition projettera un jet d'éther qu'il ne faudrait enflammer qu'avec précaution.

3. Le *bouillant de Franklin* est un petit appareil destiné à montrer le même principe (fig. 120). Il comprend deux ampoules *a* et *b* réunies par un tube deux fois recourbé à angle droit. Il a été primitivement rempli d'éther, qu'on a fait bouillir pour chasser l'air. Puis la pointe par laquelle

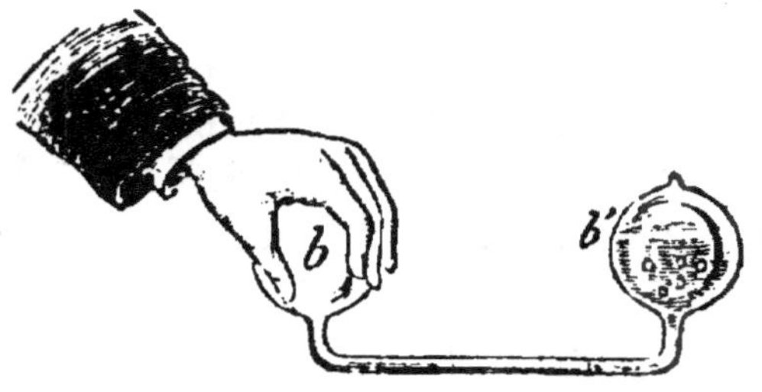

Fig. 120. — Bouillant de Franklin.

la vapeur s'est dégagée a été fermée à la lampe. Il reste donc dans ce vase une atmosphère saturée de vapeur d'éther. Si l'on vient à chauffer l'une des deux boules en la tenant à la main, la tension de la vapeur augmente avec sa température, et les bulles gazeuses traversant le liquide, il se fait une sorte d'ébullition qui a valu à cet appareil, imaginé par Franklin, le nom de *bouillant* de Franklin.

182. TENSION DE LA VAPEUR D'EAU. — Mais les ten

sions des vapeurs croissent *plus vite* que les températures. Pour nous borner à la vapeur d'eau, qui est plus souvent employée, cette tension, qui à 80° est encore inférieure à une demi-atmosphère, devient une atmosphère à 100°; elle augmente donc plus vite entre 80° et 100° qu'entre 0° et 80°.

Mais les accroissements sont plus remarquables encore pour des températures supérieures à celle de l'ébullition.

$$\text{La tension est}\quad\begin{array}{lll} 2 \text{ atmosphères} & \text{à } 121° \\ 4 & » & \text{à } 145° \\ 10 & » & \text{à } 182° \\ 15 & » & \text{à } 200° \end{array}$$

Cette température de 200° n'est pourtant pas excessive; la vapeur d'eau l'atteindrait facilement sous l'action de nos foyers ordinaires; mais la pression correspondante de 15 atmosphères constitue une force redoutable. Elle représente, en effet, une pression de plus de 15 kilog. par centimètre carré. Les jointures des vases les plus résistants tiennent mal sous de tels efforts. Seule la difficulté de contenir ces vapeurs nous préserve du péril de pareils engins[1].

183. 3° La tension de la vapeur dépend enfin de la température des parois du vase qui la renferme.

Expérience. — Deux ballons qui contiennent un peu d'eau communiquent entre eux par un tube de caoutchouc; chacun d'eux porte un tube en S, servant de manomètre à eau (fig. 121). On fait bouillir l'eau que renferme l'un des ballons, et l'on voit que le liquide se tient au même niveau dans chacun des deux

---

[1] Arago et Dulong (1827) chauffèrent l'eau jusqu'à 27 atmosphères (220°), qui était la limite de résistance de leur chaudière. « Un seul être, qui nous tenait compagnie, dit Arago, avait conservé sa sécurité et dormait tranquille, c'était le chien de Dulong; on le nommait *Omicron.* »   (JAMIN, *Éloge d'Arago*, 1885.)

manomètres ; la tension est donc la même dans tout le volume où la vapeur peut se répandre.

Serrons entre les doigts le caoutchouc qui établit la communication, aussitôt l'eau monte dans le manomètre porté par le ballon où l'eau est en ébullition ; l'eau se tient, au contraire, au même niveau de

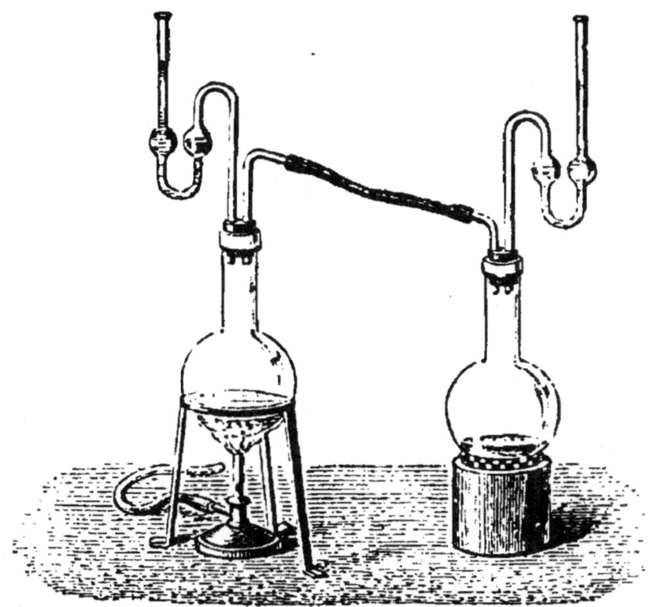

Fig. 121. — Principe de Watt.

l'autre côté. Ainsi la vapeur n'a pas pris, dans ces deux vases, la tension qui convenait à sa température ; la force élastique a été celle du ballon le plus froid.

Nous conclurons de cette expérience que la vapeur prend dans un vase la tension de la paroi la plus froide.

Ce principe de la *paroi froide* a été découvert, en 1765, par *Watt,* qui en a fait une fort utile application aux machines à vapeur.

III. CHALEUR DE VAPORISATION

184. Tout liquide qui se volatilise absorbe de la chaleur : de nombreuses expériences journalières nous ont déjà permis, sans doute, de vérifier ce fait.

Expériences. — 1. Un peu d'éther ou de sulfure de carbone, versés dans le creux de la main, disparaissent rapidement, en laissant une impression de froid. Un morceau de papier buvard, trempé dans l'éther et posé ensuite sur le ballon plein d'air (fig. 108), fait monter l'eau dans le tube droit qui lui est adapté.

2. Enveloppez de ouate le réservoir d'un thermomètre et arrosez-le de l'un de ces liquides volatils, puis communiquez au tube pris à la main un mouvement de fronde, afin d'activer l'évaporation. En un instant le liquide aura disparu, et le mercure ou l'alcool auront notablement descendu. — Un tube de verre mince contenant quelques gouttes d'eau est entouré d'un morceau de papier buvard qu'on trempe dans le sulfure de carbone ; il suffit ensuite de l'agiter vivement dans l'air pour voir s'y former de la glace.

3. Versez quelques gouttes d'eau sur une table ou sur un morceau de liège, puis posez sur cette mince couche liquide une petite capsule en cuivre mince ou un verre de montre contenant de l'éther, puis soufflez, à l'aide d'un tube, à la surface de l'éther pour en activer la volatilisation ; vous verrez, après l'évaporation de ce liquide, que la capsule tient à la table ou au bouchon. Une mince couche de glace s'est formée, grâce au refroidissement qu'a déterminé l'évaporation de l'éther. — Ce liquide sera remplacé avec avantage par le sulfure de carbone, qui est plus volatil.

185. APPLICATIONS. — 1. On fait actuellement de la glace en activant l'*évaporation de l'eau* à l'aide d'une machine pneumatique. Une partie de l'eau se

volatilise; et l'autre, refroidie par la chaleur qu'absorbe cette transformation, se congèle.

II. La chimie prépare des liquides plus volatils que l'eau : tels sont l'*acide sulfureux*, l'*ammoniaque*, le *chlorure de méthyle*. Ces substances sont employées, dans de grandes usines, à la fabrication de la glace artificielle, que l'on sait aujourd'hui produire en abondance et en toute saison.

IV. ÉVAPORATION ET LIQUÉFACTION

186. I. CIRCONSTANCES QUI INFLUENT SUR L'ACTIVITÉ DE L'ÉVAPORATION. — (*a*) Une élévation de *température* détermine toujours une évaporation plus abondante. On fait sécher le linge en le chauffant; on amène à cristalliser le sel contenu dans l'eau de la mer en la faisant évaporer au soleil dans les *marais salants*.

(*b*) Une augmentation de *surface*, en multipliant les points de contact du liquide volatil et de l'air, favorise également l'évaporation. Aussi les toiles qui ont été blanchies sont-elles étendues sur le pré pour sécher; une couche d'eau répandue sur une table disparaît bientôt quand on l'étend. Un papier buvard imprégné d'éther sèche bien plus vite s'il est étendu que s'il est roulé.

(*c*) La diminution de *tension de la vapeur d'eau* contenue dans l'air active l'évaporation.

L'air ne peut, à une température déterminée, contenir qu'une quantité limitée de vapeur; plus il en renferme déjà, moins il peut encore en recevoir. Aussi, par un temps sec, l'atmosphère contenant peu de vapeur d'eau, le linge sèche rapidement; sous le récipient de la machine pneumatique l'eau s'évapore rapidement, tandis que les toiles humides mises à sécher dans les temps brumeux de l'hiver perdent difficilement leur eau.

(*d*) Enfin un *courant d'air* active aussi l'évapo-

ration en faisant disparaître la couche d'air trop
chargée de vapeur d'eau qui couvrait le liquide à
évaporer.

187. II. LIQUÉFACTION. CAUSES QUI LA PRODUISENT. —
Les vapeurs et même les gaz peuvent faire retour
de l'état gazeux à l'état liquide par des procédés semblables.

On peut prévoir que les causes qui ramèneront ces
deux sortes de fluides à l'état liquide devront être
inverses de celles qui ont produit la volatilisation.

L'évaporation est activée par deux causes générales : une élévation de température et une diminution de pression; on peut en conclure que la liquéfaction d'une vapeur ou d'un gaz s'obtiendra par
refroidissement ou par *augmentation de pression*.
C'est, en effet, ce que l'expérience a démontré.

LIQUÉFACTION DES GAZ. — On est parvenu aujour-
d'hui, non seulement à liquéfier tous les gaz, mais
même à en solidifier le plus grand nombre. Nous
n'avons pas à voir quels procédés savants ou ingénieux ont été employés pour obtenir ce résultat. Qu'il
nous suffise de remarquer, à ce sujet, qu'un corps
tel que le mercure n'est pas nécessairement liquide;
un autre, comme l'air, n'est pas invariablement et
toujours gazeux. Tout corps peut devenir liquide, solide ou gazeux à une température convenable.

Si tous les corps ne sont pas liquides comme l'eau,
ou gazeux comme l'air, à la température ordinaire,
cela tient à ce que les corps sont plus ou moins volatils
ou fusibles. L'état d'un corps dépend donc avant tout
de la chaleur sans doute, mais aussi de sa volatilité.

188. LIQUÉFACTION DES VAPEURS. — Ce retour d'une
vapeur à l'état liquide est plus facile à obtenir que la
liquéfaction d'un gaz; aussi voyons-nous ce phénomène se produire journellement sous nos yeux.

Expériences. — 1. Posez le doigt sur le marbre

ou sur une vitre froide et sèche, vous verrez aussitôt une buée marquer l'empreinte du doigt; elle provient de la vapeur qui, sortant par les pores de la peau, se condense au contact d'une surface froide.

2. Placez une carafe pleine d'eau fraîche dans une salle ou encore dans une classe nombreuse, elle se couvrira bientôt de gouttes d'eau provenant de la condensation de la vapeur jusque-là répandue invisible dans la classe.

QUESTIONS

1. Pourquoi, après quelques mois, retrouve-t-on vides les enveloppes de papier dans lesquelles on avait renfermé des morceaux de camphre? (177)

2. Le vide parfait ou absolu existe-t-il en réalité dans la chambre d'un baromètre? (178)

3. Pourquoi du pain sec, qu'on a chauffé, dépose-t-il de l'eau sur la table où on le pose? (176)

4. A quoi sont dues ces soufflettes qui soulèvent la couleur des portes exposées au soleil? (176)

5. Pourquoi le couvercle d'une bouilloire se soulève-t-il s'il ferme trop juste? (181)

6. Pourquoi jette-t-on de l'eau dans une salle ou dans les rues pour les rafraîchir pendant l'été? (184)

6. Pourquoi l'eau contenue dans un vase poreux est-elle plus fraîche? (184)

8. Pourquoi verse-t-on de l'éther sur une brûlure? (184)

9. Pourquoi le bouillon gras refroidit-il plus lentement? (184)

10. Pourquoi un liquide s'évapore-t-il plus vite dans une bouteille ouverte que dans un flacon fermé, dans une soucoupe qu'au fond d'un verre profond? (186)

11. Les marais salants sont des étangs peu profonds établis sur le bord de la mer : montrez qu'ils réalisent toutes les conditions qui peuvent favoriser l'évaporation. (186)

12. Pourquoi, pendant l'été, quand la terre est sèche et grise, le sol est-il encore noir et humide sous les cloches des jardiniers? D'où viennent les gouttes d'eau suspendues à la voûte de ces cloches? (187)

13. Par quel moyen rend-on visible et sensible la vapeur répandue dans l'atmosphère ? (187)

14. Pourquoi entourer d'un linge mouillé les vases où l'on veut tenir l'eau fraîche ? (184)

ÉBULLITION

> Un jour, un rêveur enferme la vapeur d'eau dans une chaudière, et l'homme possède désormais l'âme du mouvement.   (E. PELLETAN.)

Définition. — Circonstances qui influent sur l'ébullition. — Pression extérieure : état sphéroïdal. — Lois de l'ébullition.

189. DÉFINITION. — L'ébullition est la formation tumultueuse de bulles de vapeur dans toute la masse d'un liquide. Ce phénomène diffère, comme le montrent les termes de la définition, de l'évaporation, qui ne donne de la vapeur qu'à la surface et sans trace d'agitation du liquide.

190. CIRCONSTANCES QUI INFLUENT SUR L'ÉBULLITION. · Nous ne mentionnerons que deux circonstances, d'ailleurs assez communes, qui retardent ou accélèrent le phénomène d'ébullition.

I. PRESSION EXTÉRIEURE. — Toute *augmentation* de pression de l'air qui pèse sur le liquide qu'on veut faire bouillir comprime les bulles de vapeur qu'il contient et retarde le moment où elles pourront s'élever à la surface. Une *diminution* de pression produira évidemment l'effet contraire.

Marmite de Papin. — La chaleur a toujours pour

effet, sinon de faire bouillir un liquide, du moins d'en
déterminer la transforma-
tion en vapeur.

Or, si cette vapeur ne
peut s'échapper du vase
où elle s'est formée, elle
reste comprimée dans un
espace trop resserré, et
elle augmente, à mesure
que la température s'élève,
la pression primitive qui
s'exerçait déjà sur le liquide. Cet accroissement
de pression a pour effet
de retarder indéfiniment
toute ébullition. — Il n'y

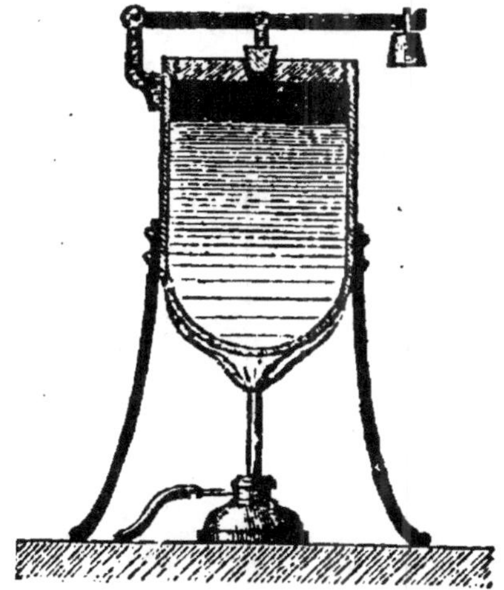

Fig. 122. — Marmite de Papin.

aura d'autre limite à ce retard de l'ébullition et à
cette augmentation de tension que la résistance des
parois, ou encore la grandeur de la charge qui pèse
sur la soupape de la chaudière.

191. APPLICATIONS. — 1. On voit qu'une marmite
bien fermée, comme l'imagina Papin, permettra de
réaliser à des températures élevées la dissolution de
certaines substances qui ne se ferait pas à la température normale d'ébullition. Ainsi l'eau surchauffée
peut dissoudre la gélatine des os (fig. 122) [1].

2. Une chaudière bien fermée, dont la soupape ne
s'ouvrirait que sous une tension de vapeur égale
à 15 kilog. par centimètre carré, pourrait être portée
à une température de 200° avant que l'ébullition se
produisît. Cette force élastique de la vapeur sera facilement équilibrée à l'aide d'un contrepoids placé à
l'extrémité du levier qui pèse sur la soupape. On

[1] Papin fit connaître la manière d'amollir les os et de faire cuire
toutes sortes de viandes en fort peu de temps et à peu de frais.
Sa marmite était pourvue d'une soupape de sûreté.

conçoit le parti que l'industrie tirera de ce principe pour obtenir de la vapeur à haute tension.

192. DIMINUTION DE PRESSION. — Toute diminution de pression à la surface d'un liquide a pour effet de déterminer son ébullition à une température plus basse.

Expérience du ballon de Franklin. — Un ballon B

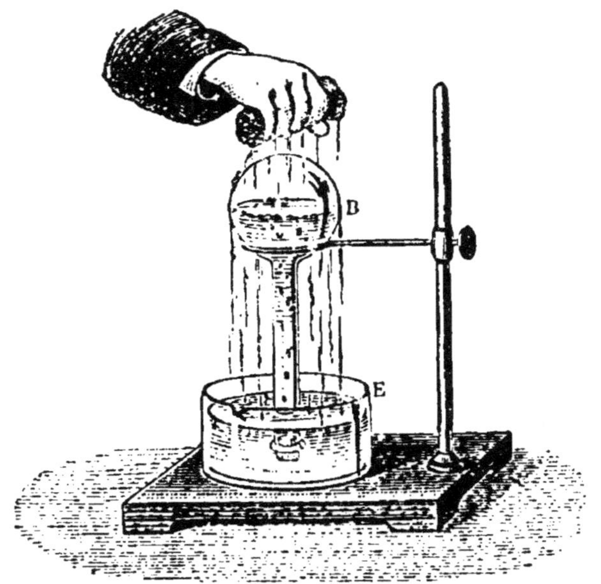

Fig. 123. — Ballon de Franklin.

est à moitié rempli d'eau (fig. 123); on fait bouillir le liquide assez longtemps pour en chasser l'air, puis on ferme rapidement et parfaitement. Si l'on vient à retourner ce ballon et qu'on en plonge le col dans l'eau E pour ne laisser rentrer aucune bulle d'air, on constate, bien longtemps après que toute ébullition a cessé, qu'il suffit de verser sur le fond du vase de l'eau froide ou de l'éther pour que l'ébullition recommence.

Voici l'*explication* de ce phénomène. — Quand l'eau

du ballon s'est refroidie, l'atmosphère qui pèse sur elle est saturée de vapeur, et la pression qu'elle exerce suffit pour empêcher toute bulle de vapeur de se former dans le liquide et de monter à sa surface. Mais le refroidissement des parois du ballon produit par le liquide que l'on a versé a condensé en partie cette vapeur ; un vide partiel s'est produit, et dès lors la pression qu'exerce l'atmosphère de vapeur peut être assez affaiblie pour que des bulles de vapeur se forment dans le liquide et s'élèvent à sa surface.

Le bouillant de Franklin permet également de répéter cette expérience (fig. 120).

193. Ébullition dans le vide. — *Expériences.* — 1. De l'eau tiède placée sous le récipient de la machine pneumatique entre en ébullition quand la raréfaction est assez avancée.

2. De l'éther pris à la température ordinaire se met aussi à bouillir dans le récipient de la machine dès les premiers coups de piston.

On devra conclure de ces diverses expériences que l'eau bout plus vite sur le sommet des montagnes, puisque la pression atmosphérique y est plus faible. A Potosi, ville de la Bolivie, où le baromètre se tient à 471 mm. pour une altitude de 4,000 mètres, l'eau qu'on chauffe ne peut pas, en vase ouvert, s'élever à plus de 37°. Le bouillon n'y est donc jamais chaud.

194. II. État sphéroidal. — *Expérience.* — Observez avec quelle vitesse tournoient et se déplacent les gouttes d'eau que l'on a jetées sur le couvercle d'un poêle qui est rouge ou du moins fort chaud ; la température était bien suffisante pour produire l'ébullition, mais l'eau s'est complètement volatilisée avant qu'on ait pu voir ce phénomène.

On a donné le nom d'*état sphéroïdal* à cet état globulaire de l'eau ou de tout autre liquide volatil projeté sur une surface fort chaude.

Il résulte de cette simple observation :

1° Que le globule ne touche pas la surface où il voyage si aisément; il en est séparé par une enveloppe invisible de vapeur;

2° Ce liquide s'évapore lentement sans bouillir, parce que sa vapeur se répand peu à peu dans l'air ;

3° En outre on observera que ce liquide, quand il serait sur une plaque incandescente portée à 500°, ne prendrait qu'une température à peine égale à 100°. Il faut donc reconnaître, ici encore, l'effet de l'absorption de chaleur qui accompagne toute évaporation (184).

Ce phénomène se reproduit dans certains tours de physique qu'on montre sur les champs de foire. On y plonge la main, ou du moins le doigt dans du plomb fondu; on voit encore des ouvriers, dans les aciéries, passer leur doigt dans un jet d'acier qui n'a pas moins de 1,200°. — Dans chacun de ces deux cas, la moiteur qui recouvre le doigt, ou l'eau dans laquelle on a eu soin de le plonger, forment une enveloppe de vapeur qui protège la peau, du moins pour le court instant que dure l'expérience.

LOIS DE L'ÉBULLITION

195. Ire Loi. — TOUT LIQUIDE BOUT A UNE TEMPÉRATURE DÉTERMINÉE. — Chaque liquide a son point d'ébullition, comme tout solide a son point de fusion, avec cette différence toutefois que la fusion ne souffre point de retard, tandis que la pression et plusieurs autres causes peuvent accélérer ou retarder l'ébullition. Aussi convient-on de prendre la température d'ébullition d'un liquide sous la pression normale 0^m76.

Après ces restrictions, il reste vrai qu'*un liquide bout toujours à la même température*. L'eau bout à 100°. Et en même temps, deux liquides différents ont chacun leur point d'ébullition.

Températures d'ébullition de quelques liquides :

Éther ordinaire	35°	Essence de térébenthine	155°
Sulfure de carbone	48°	Huile de lin	316°
Alcool absolu	78°	Acide sulfurique	325°
Benzine	80°	Mercure	350°
Eau distillée	100°	Soufre	440°

Expérience. — Mettez dans l'eau saturée de sel, que vous ferez bouillir (109°), trois tubes renfermant de l'éther, de la benzine et de l'eau, et vous verrez chacun de ces liquides bouillir l'un après l'autre, à une température qu'un thermomètre plongé dans le bain vous permettra de vérifier.

196. IIe Loi. — La température d'un liquide reste constante pendant son ébullition jusqu'à sa disparition complète.

Expérience. — Un thermomètre plongé dans l'eau ordinaire que l'on fait bouillir indique le même degré (100°) du commencement à la fin de l'ébullition.

Application. — Emploi des *bains-marie.* Pour maintenir un corps à une température déterminée, il suffit de le faire plonger dans un liquide qui entre en ébullition à la température que l'on veut réaliser. Le bain que l'on emploie s'appelle *bain-marie.*

On conçoit l'avantage que présente ce mode de chauffage, soit qu'il faille porter à une température assez élevée un vase qu'on ne pourrait poser sur le feu, comme une bouteille, soit encore lorsqu'il faut maintenir à une température donnée un corps qui se décomposerait ou qui s'enflammerait à une plus haute température.

QUESTIONS

1. Signaler les avantages et les inconvénients que présente le séjour sur une montagne élevée, au point de vue de l'ébullition et de la conservation des liquides. (192)

2. Pourquoi la vapeur d'eau qui est invisible, dans un ballon ou dans une chaudière, forme-t-elle un panache de fumée lorsqu'elle s'en échappe ? — Pourquoi cette fumée s'évanouit-elle plus loin ? (188)

3. Pourrait-on, à l'aide d'un thermomètre, reconnaître si l'on a ajouté de l'eau à de l'éther ou à de l'alcool? (195)

4. Peut-on espérer que l'eau qui bout deviendra plus chaude si on la laisse plus longtemps sur le feu? (196)

5. Pourquoi l'eau d'une bouilloire et le lait qui est dans une casserole s'échappent-ils parfois à l'ébullition? (149 et 189)

6. Pourquoi le lait ne brûle-t-il pas quand on a soin de passer un peu d'eau dans la casserole avant de la mettre avec le lait sur le feu ? (194)

7. L'eau bouillira-t-elle encore à 100°, si on y introduit de l'alcool ou du sel de cuisine? (195)

8. Si on plaçait un vase plein d'eau dans un four à vitre dont la température est de 1500°, pourrait-on amener ce liquide à plus de 100°? (196) Le plomb mis dans cette eau pourrait-il fondre?

9. Pourquoi suffit-il de projeter un peu de salive sur un fer à repasser, pour savoir s'il est bien chaud? (194)

10. Pourquoi l'eau bout-elle plus vite dans un vase dont les parois intérieures ne sont pas polies? (189)

11. Pourquoi n'est-il pas prudent de laisser réchauffer sur le feu une bouillotte avec de l'eau? (190)

12. Pourquoi, à certains jours, la cheminée de locomotive se fait-elle suivre d'un panache de fumée plus long que le train, tandis que, d'autres fois, c'est à peine si on voit sortir la vapeur? (186)

DIFFÉRENTS EFFETS DE LA VAPEUR D'EAU

> Il ne prévoyait pas, Prométhée,
> que ce feu, engendrant la vapeur, de-
> viendrait, sous la main d'un humble
> chauffeur, l'agent hautain, bruyant et
> formidable qui domine les mers, sup-
> prime les distances et livre la terre
> soumise à toutes les énergies de l'ac-
> tivité humaine.   (J.-B. DUMAS.)

Ébullition. — Idée des machines à vapeur. — Travail mécanique. — Kilogrammètre. — Cheval-vapeur. — Machines simples.

107. PROPRIÉTÉS GÉNÉRALES DE LA VAPEUR D'EAU. — Grâce à ses nombreuses propriétés, la vapeur d'eau a pu être employée à différents usages.

1° Tout liquide a *son point d'ébullition* qui lui est propre, et cette différence de volatilité permet de séparer les uns des autres des liquides jusque-là mélangés. Aussi, pour purifier l'eau et un grand nombre d'autres liquides, a-t-on recours à la *distillation*. Le liquide, d'abord réduit en vapeur, comme nous allons le voir, est ensuite refroidi et condensé.

2° L'expansion de volume et la diminution de densité qui en résulte sont de nouvelles propriétés de la vapeur qu'on utilise pour *faire le vide*.

3° La chaleur absorbée et conservée par la vapeur d'eau en fait aussi une *source de chaleur* souvent employée.

4° Enfin la tension de la vapeur, croissant rapidement et plus vite même que la température, représente une *force motrice* considérable qui fait mouvoir les machines à vapeur.

Voyons maintenant quelles dispositions il faut adopter pour tirer parti de ces diverses propriétés de la vapeur d'eau.

I. DISTILLATION

198. DÉFINITION. — Cette opération a pour but de séparer un liquide volatil d'autres substances qui le sont moins.

Expériences. — L'appareil qu'indique la figure 124 nous permettra de faire les deux sortes de distillations.

1. *Distillation fractionnée.* — Versons du vin dans la cornue C (fig. 124), et engageons son col dans la pre-

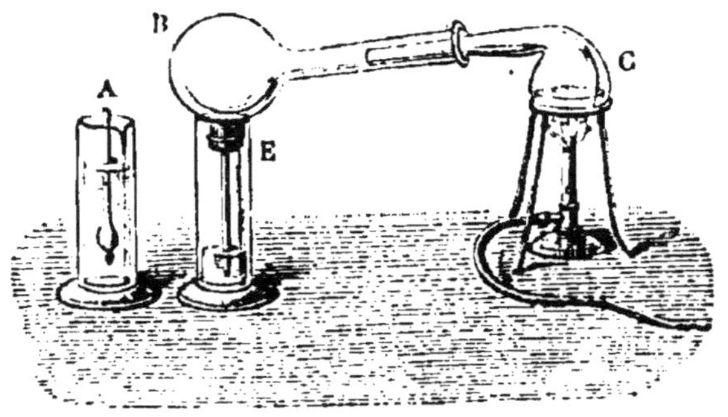

Fig. 124. — Distillation du vin.

mière tubulure d'un ballon B. La deuxième tubulure de ce ballon porte un tube droit qui plonge dans une éprouvette E; elle n'est pas d'ailleurs indispensable.

L'alcool que renferme le vin que nous allons distiller bout à une plus basse température que l'eau ; il résulte de cette différence de volatilité que les vapeurs d'alcool se forment les premières, traversent le vin de la cornue, et se répandent dans le ballon, où elles se refroidissent et se condensent.

Si l'on prend soin d'arrêter l'expérience avant que

le tiers du liquide ait distillé, on peut obtenir de l'alcool qui s'enflammera à l'approche d'une allumette.

Pour compléter cette expérience par la détermination de la richesse du vin en alcool, il suffira de plonger un alcoomètre A dans l'alcool recueilli par distillation, après avoir toutefois rendu son volume égal à celui du vin par l'addition d'eau pure (60-3). — C'est par un procédé semblable qu'on prépare et qu'on isole l'alcool désigné dans l'industrie sous les noms d'*esprit-de-vin* et de *trois-six*.

199. 2. *Distillation ordinaire.* — Bien que cette distillation se fasse d'ordinaire dans un appareil en

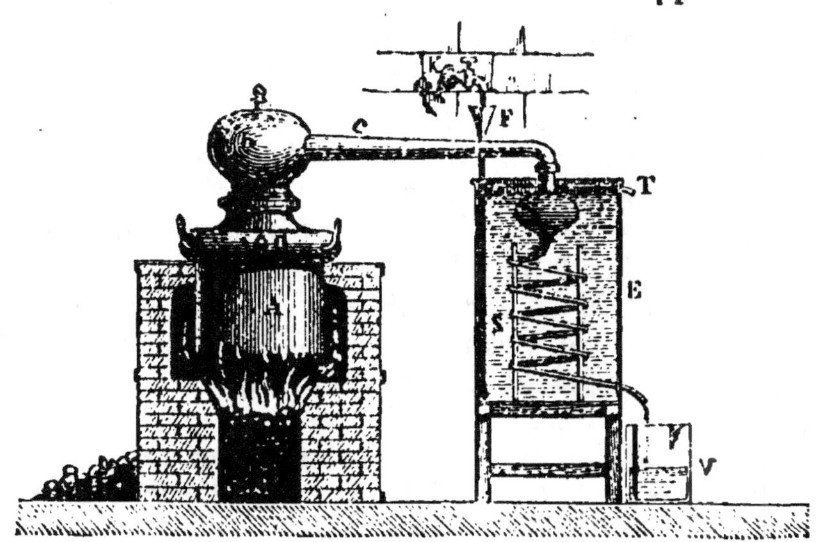

Fig. 125. — Alambic.

A, cucurbite contenant l'eau à distiller. — O, ouverture pour l'introduire. — B, chapiteau où se condense la vapeur. — S, serpentin immergé dans le réfrigérant E. — V, eau distillée. — K, robinet d'eau froide entrant par le tube F et sortant par le trop-plein T.

cuivre nommé *alambic* (fig. 125), nous pouvons cependant la faire et en suivre facilement l'opération dans l'appareil qui vient de nous servir.

La vapeur d'eau se condense à son tour dans le

ballon, et l'on recueille dans l'éprouvette de l'eau limpide, sans odeur, mais qui est aussi sans saveur, lors même que l'on aurait versé dans la cornue de l'eau salée ou boueuse. L'eau des pompes ou des puits laisse d'ordinaire sur les parois de la cornue, après une ébullition prolongée ou répétée, une couche blanche de calcaire. Ce corps solide est un carbonate de chaux, analogue à la craie, que l'eau abandonne en s'évaporant.

Quelques gouttes d'acide chlorhydrique versées dans cette cornue feront disparaître ce dépôt en produisant un effervescence.

II. Raréfaction produite par la condensation de la vapeur.

200. *Principe de cette raréfaction.* — A la température de 100° un litre d'eau produit 1,646 litres de vapeur. Et comme par un complet refroidissement cette vapeur peut, en se condensant parfaitement, reprendre l'état liquide, un volume de 1 mètre cube 646 litres de vapeur suffisamment refroidie se réduira donc à 1 litre d'eau. Le reste de l'espace jusque-là occupé par la vapeur sera vide d'air.

Expériences. — 1. Un ballon B renferme un peu d'eau; le bouchon qui le ferme est muni de deux tubes : l'un *t*, court et droit, sert à l'écoulement de la vapeur; l'autre *a*, long et replié, sert à l'ascension de l'eau (fig. 126). On chauffe l'eau pendant un temps suffisant pour que la vapeur formée chasse l'air qui y était renfermé. Puis, fermant complètement le tube droit *t*, on plonge l'extrémité inférieure du long tube dans le liquide A qu'on veut élever.

Le refroidissement des parois du ballon, amenant la condensation de la vapeur qu'il contient, suffirait bien pour produire le mouvement attendu; mais, afin de précipiter la marche de l'expérience, on verse un peu d'eau, ou l'on pose une éponge humide sur ses parois; la vapeur se condense dans le ballon, un vide plus complet s'y produit, et la pression atmosphérique qui s'exerce à la surface du liquide A à soulever le fait monter avec force.

Denis Papin, en construisant la machine à vapeur appelée atmosphérique, a eu recours (1690) à ce mode de production du vide pour utiliser la pression exercée par l'atmosphère [1].

2. Faites bouillir un peu d'eau pendant quelque temps dans un ballon, que vous boucherez ensuite rapidement et avec soin. Pesez le ballon aussitôt; puis, quand il sera refroidi et que vous aurez laissé entrer l'air, pesez-le de nouveau, vous lui trouverez une augmentation de poids qui vous donnera la valeur du vide produit et le poids de l'air rentré (fig. 46).

3. Saisissez avec un linge le col d'un ballon qui contient un peu d'eau en ébullition, et renversez-le

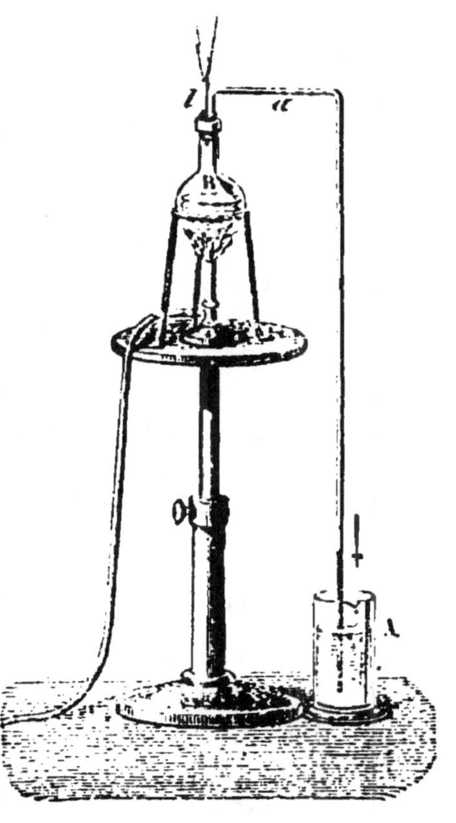

Fig. 126.
L'eau monte dans un ballon où la vapeur s'est condensée.

---

[1] J'ai cru qu'il ne serait pas difficile de faire des machines dans lesquelles, par le moyen d'une chaleur médiocre, l'eau ferait ce vide parfait qu'on a inutilement cherché par la poudre à canon. (Papin.)

rapidement sur un bassin plein d'eau, vous verrez encore avec quelle force l'eau, poussée par l'atmosphère, montera dans le ballon.

201. APPLICATION. — L'industrie utilise souvent ce moyen facile de raréfier l'air d'une chaudière ou de tout autre vase.

Ainsi, pour conserver certaines substances alimentaires, telles que les poissons et les légumes, on les introduit dans des boîtes en fer-blanc que l'on ferme ensuite avec un couvercle bien soudé. On ne laisse au vase qu'une petite ouverture par laquelle se dégage la vapeur, pendant l'ébullition du liquide qui baigne les conserves. Quand l'ébullition, que l'on fait au bain-marie, a été assez prolongée pour que la vapeur ait complètement chassé l'air de la boîte, on laisse tomber sur l'ouverture une goutte de soudure qui se solidifie aussitôt et empêche l'air de rentrer.

III. LA VAPEUR SOURCE DE CHALEUR

202. On disait de Rumford « qu'il lui suffisait de la fumée de son voisin pour cuire son propre dîner »; il est à la fois plus commode et plus sûr d'employer, comme lui d'ailleurs, la vapeur comme source de chaleur.

Expérience. — On verse 100 grammes d'eau dans un ballon B qui communique, par un tube deux fois recourbé, avec une éprouvette E ou un flacon ordinaire contenant 500 grammes d'eau froide (fig. 127).

Afin de pouvoir réduire complètement en vapeur l'eau contenue dans le ballon, il est bon, mais non indispensable, de chauffer ce vase dans un bain-marie. Or on constate qu'au moment où les 100 grammes d'eau se sont évaporés par l'ébullition et condensés dans l'eau de l'éprouvette, les 600 grammes contenus actuellement dans l'éprouvette sont en pleine ébullition.

D'où il faut conclure que les 100 grammes d'eau

volatilisés ont dégagé, en se condensant, assez de chaleur pour porter 600 grammes d'eau à la température de 100°. Par suite, la vaporisation complète de 100 gr. d'eau pris à 0° demande autant de chaleur qu'il en faut pour faire passer de 0° à 100° un poids d'eau 6 fois plus grand. En d'autres termes, dès qu'un kilogramme d'eau est à 100°, il lui faut encore, pour se volatiliser complètement, autant de chaleur que 5 kilog. d'eau

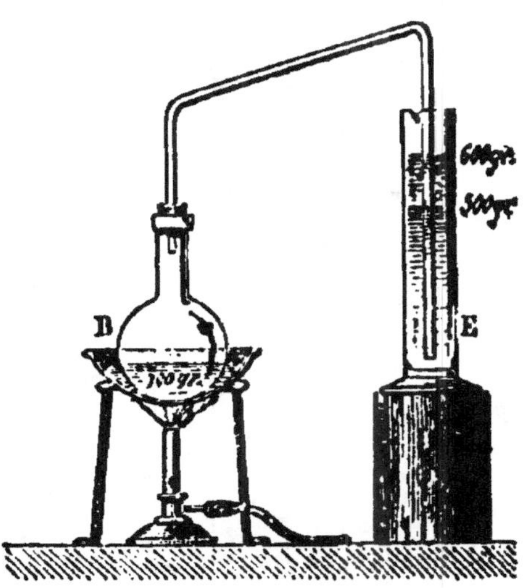

Fig. 127.
Chaleur latente d'ébullition.

n'en demandent pour passer de 0° à 100°.

On voit par là quelle énorme provision de *chaleur latente* ou dissimulée possédait la vapeur, et, par contre, quelle chaleur elle restituera au moment de sa condensation.

Application. — La vapeur suffisamment refroidie dégage toute la somme de chaleur dépensée pour sa volatilisation; elle devient à son tour source de chaleur toujours constante et souvent fort commode. Vous pourrez, avec cette vapeur, faire bouillir de l'eau dans un vase en bois, voire même dans un cornet de papier, imitant de la sorte les procédés de l'industrie, qui amène à de grandes distances la vapeur d'une chaudière pour chauffer l'eau renfermée dans des cuves en bois.

Il est vraiment digne de remarque que l'eau est de tous les liquides celui qui demande le plus de chaleur pour se volatiliser. C'est donc le liquide le plus apte à conserver et à distribuer la chaleur de nos foyers.

IV. MACHINES A VAPEUR

203. Avant de donner quelque idée des machines à vapeur, il est bon de constater expérimentalement quelle action peut exercer cette force motrice.

Expériences. — 1. Un ballon T, qui contient un peu d'eau, est fermé par un bouchon qui porte au moins deux tubes, repliés comme dans l'expérience

Fig. 128.

du tourniquet hydraulique (fig. 128). On suspend l'appareil par un fil, et on fait bouillir l'eau. Quand la vapeur sort avec abondance, on voit ce tourniquet tourner en sens inverse du jet de vapeur. La réaction que l'air exerce sur la vapeur communique donc un mouvement de rotation au ballon.

Sa vitesse serait plus grande si le ballon portait deux pointes qui lui serviraient d'axe de rotation. On aurait alors la première forme qu'Héron de Syracuse avait donnée à l'éolipyle, qui fut la seule machine à vapeur que l'antiquité ait connue.

2. Adaptez à un ballon B (fig. 128) un bouchon traversé par deux tubes : l'un, qui descendra jusqu'au fond, aura son extrémité libre, ouverte et effilée ; l'autre, qui ne fera que traverser le bouchon, sera recourbé et terminé par un bout de tube de caoutchouc.

Faites encore bouillir l'eau du ballon, puis, quand l'ébullition sera très active, serrez le caoutchouc entre les doigts : la vapeur, comprimée dans l'appareil, refoulera l'eau bouillante par le tube droit et la fera jaillir à une grande hauteur (181-2). Salomon de Caus, qui fit le premier cette expérience, conçut dès lors la pensée d'utiliser cette pression de la vapeur comme force motrice. Son nom a été conservé par la science comme celui de l'un des inventeurs des machines à vapeur. Mais c'est Papin[1] et Watt[2] qu'il faut regarder comme « les créateurs de ces géants dociles, qui ont doublé en moins d'un siècle la population active du globe ».

MACHINE A VAPEUR VERTICALE

204. Disposition. — Cette machine, que nous avons réduite à sa plus grande simplicité, suffira pour nous donner l'idée des machines à vapeur fixes.

[1] *L'inventeur des machines à vapeur.* — En ce qui regarde le seul gouvernement de l'eau vaporisée, qu'ont fait les successeurs de Papin, les Savery, les Newcomen, les Watt, les Leupold et tant d'autres, sinon d'agencer, de combiner, de modifier plus heureusement ce qu'il avait trouvé : la soupape de sûreté, le piston, le condenseur, le robinet à quatre ouvertures, le double effet, la haute pression ? Qui donc est l'inventeur, le vrai, le réel inventeur ? La postérité a répondu : Un Français, un Blésois, Denis Papin.
(De la Saussaye, cité par de Lesseps.)

[2] Watt, de Greenoch, en Écosse (1736-1819). Pour ne citer qu'un seul exemple des nombreux perfectionnements qu'il apporta à la machine à vapeur, le condenseur, où se rend la vapeur en sortant du cylindre, a réalisé une économie considérable. « Dans un seul établissement, la substitution du condenseur à l'injection intérieure avait procuré en combustible une économie de plus de 180 000 fr. par an. »   (Arago.)

Elle comprend essentiellement un *cylindre* C en fonte, bien alésé; à l'intérieur se meut un piston P, qui porte une tige *t* traversant une boîte à étoupes

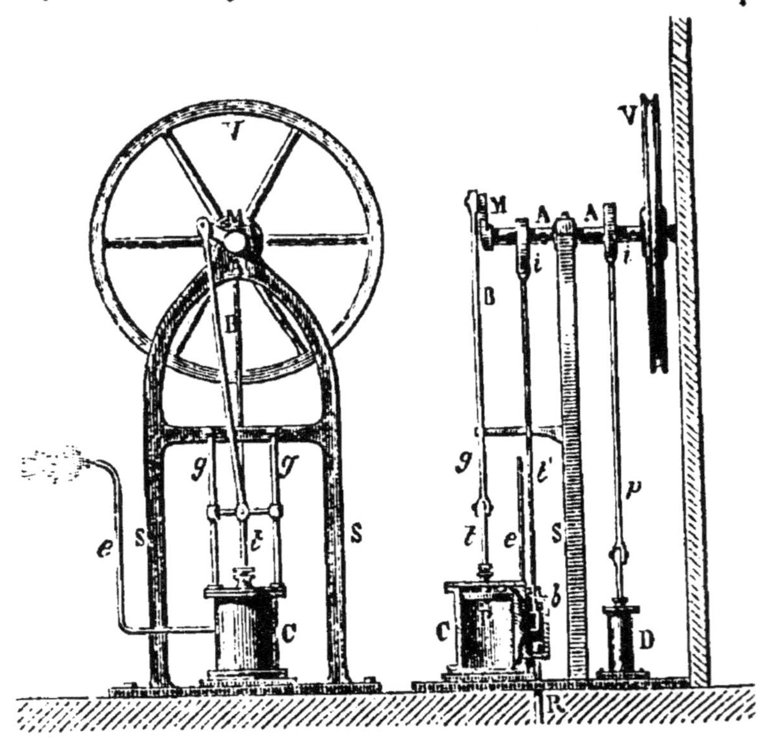

Fig. 129 et 130. — Machine à vapeur verticale.

C, cylindre. — P, son piston. — *t*, tige du piston. — *g, g,* glissières. — B, bielle. — M, manivelle. — V, volant. — S,S, bâtis. — A,A, arbre de couche. — *r*, tiroir. — *t'*, sa tige. — *b*, chambre à vapeur. — *o*, tube de sortie de la vapeur. — *i, i,* 2 excentriques. — D, pompe alimentaire. — R, entrée de la vapeur.

adaptée à la base supérieure du cylindre. La tige *t* porte deux glissières dont le mouvement est dirigé par deux tiges verticales *g, g,* servant de guides. Elle s'articule avec une pièce de fer appelée la *bielle* B, qui agit sur le bouton de la manivelle M comme le bras de l'homme qui fait tourner une manivelle.

L'arbre de couche A, qui porte en avant cette manivelle, supporte encore un disque *i* nommé excentrique, qui, à l'aide d'une tige *i'*, fait monter et descendre le *tiroir r*. Cette pièce, fort importante, est une sorte de coquille dont l'ouverture s'applique sur une des faces rendue plane du cylindre C. Comme le montre la figure (130), elle est renfermée dans une boîte ou *chambre à vapeur b*. C'est dans cet espace, en effet, que le tube R amène la vapeur du générateur ; c'est de là aussi, par le tube d'échappement *e*, que sort la vapeur après avo'r agi sur le piston. Deux conduits pratiqués dans l'épaisseur des parois du cylindre C, et indiqués plus clairement dans la figure 131, mettent la chambre à vapeur, ou, plus exactement, la cavité de la coquille en communication avec les deux compartiments du cylindre séparés par le piston.

Le second excentrique *i* porté par l'arbre de couche sert à aspirer l'eau à l'aide d'une pompe D, pour alimenter le générateur. Enfin une roue V, en fonte, fort pesante, appelée le *volant*, est également fixée sur ce même arbre.

205. Mouvement de la machine. — Grâce à une disposition dont nous rendrons compte bientôt, le piston P reçoit dans son cylindre C un mouvement de va-et-vient : il monte et il descend, entraînant avec lui sa tige, qui reste verticale dans ses déplacements. La bielle B, ainsi poussée ou tirée, agit sur la manivelle M et lui fait décrire un demi-cercle à gauche quand elle monte, et un autre à droite si elle descend.

Mais il devrait y avoir dans ce mouvement circulaire de la manivelle et de l'arbre de couche deux temps d'arrêt, ou, comme l'on dit, deux *points morts*. Le point mort supérieur se produisant quand la bielle B, arrivée en haut, doit descendre et qu'elle recouvre la manivelle M, le point mort inférieur correspondrait à l'extrémité opposée de la course de la bielle. Cette tige est alors en ligne droite avec la manivelle. Dans chacun de ces cas, la bielle ne saurait d'elle-même dépasser cette position d'arrêt sans se briser. Aussi a-t-on fixé sur le même arbre un *volant* V qui, en raison de sa masse et de son inertie (36), entraîne l'arbre de couche et sa manivelle, et leur fait dépasser ces deux positions de repos forcé.

Il résulte de cette description que le mouvement de va-et-vient du piston se transforme en un mouvement de rotation continue pour l'arbre de couche.

206. DISTRIBUTION DE LA VAPEUR DANS LE CYLINDRE. — Comme nous l'avons vu, une boîte à vapeur A, destinée à recevoir, par une ouverture placée ici sur le côté, la vapeur qui doit agir sur le piston, est fixée contre la surface du cylindre C (fig. 131). Elle communique avec lui par deux conduits a, b, nommés *lumières,* qui débouchent l'un en haut, l'autre en bas du cylindre. Une troisième ouverture K, située entre les deux lumières, correspond avec le tuyau d'échappement.

Enfin, contre la surface bien dressée où sont ces trois ouvertures est appliquée une sorte de tiroir métallique T nommé *tiroir à coquille.* La tige E, fixée à ce tiroir et traversant la boîte à vapeur, permet de le mettre en mouvement [1]. Voyons mainte-

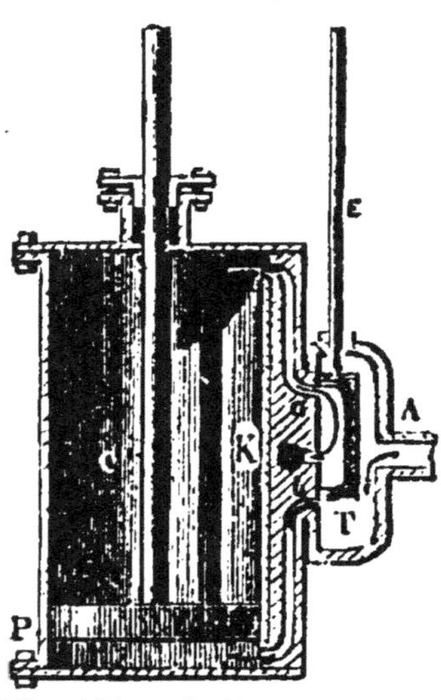

Fig. 131. — Cylindre à tiroir. C, cylindre. — P, piston. — T, tiroir à coquille et sa tige E. — A, boîte à vapeur. — a, b, lumières. — K, ouverture du tube d'échappement.

---

[1] *Les ficelles du jeune Potter.* — La machine à vapeur (de Newcomen) n'exigeait plus pour son perfectionnement que l'ouverture et la fermeture, à des intervalles réguliers, de deux robinets pour l'arrivée et le départ de la vapeur et de l'eau froide.

nant comment les mouvements du tiroir déterminent ceux du piston.

207. MOUVEMENT DU TIROIR ET DU PISTON. — I. Comme l'indique la figure 131, nous supposons le

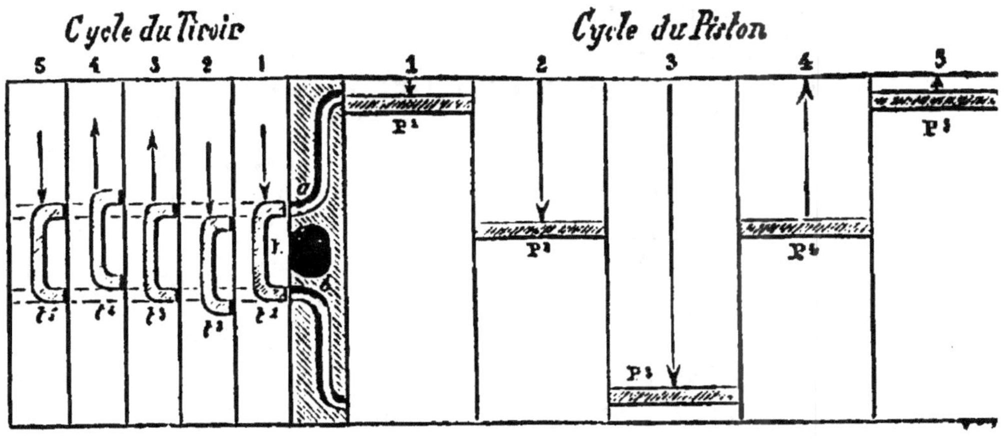

Fig. 132. — Relations de position du piston et du tiroir.

piston P au bas de sa course ; la vapeur qui remplit la chambre à vapeur A ne peut plus alors pénétrer dans le cylindre que par la lumière inférieure *b*, suivant le sens des flèches, car à ce moment les deux autres ouvertures pratiquées dans le cylindre sont couvertes et masquées par le tiroir T. Sous l'effort de la pression de cette vapeur, le piston P remonte, et, si nous admet-

Cette mission peu fatigante avait été confiée à un jeune apprenti nommé *Humphry Potter*. Elle lui laissa le loisir d'observer que ces manœuvres se reproduisaient, comme il était d'ailleurs tout naturel, pour des positions toujours les mêmes du balancier. Il conçut, d'après cela, l'idée de substituer à son intervention personnelle celle d'un système de ficelles convenables adaptées aux pièces mobiles et qui devaient dorénavant, en son lieu et place, ouvrir et fermer les robinets en question. De cette manière, Humphry put abandonner sa machine à elle-même et rejoindre ses compagnons de jeu. Jamais paresseux ne fut mieux inspiré. (HATON DE LA GOUPILLIÈRE.) — Les ficelles de Potter, remplacées bientôt par des tringles de fer, firent place ensuite au tiroir à coquille.

tons que nous soyons au premier coup de piston, l'air qui remplit le compartiment supérieur du cylindre en sort par la lumière *a* supérieure, puis, grâce à la position du tiroir, il s'échappe à l'extérieur par l'ouverture K.

II. Mais, tandis que le piston a monté, le tiroir mû par l'arbre de couche est descendu : la lumière *a* supérieure est à son tour dégagée, tandis que la lumière *b* est actuellement couverte; il résulte de ce changement de position du tiroir que la vapeur ne peut plus entrer que par le haut du cylindre, et de plus que la vapeur qui a servi sort de ce cylindre par la lumière inférieure *b*.

On voit dès lors que le mouvement du piston tient au mouvement du tiroir. La machine, une fois mise en mouvement à la main [1] pour un premier coup de piston, se règle ensuite et se dirige d'elle-même. La fig. 132, qui indique les positions correspondantes du piston et du tiroir pendant un double coup de piston, montre en même temps que le tiroir *t* est toujours en avance sur le piston.

208. TRAVAIL DES MACHINES A VAPEUR. — *Travail mécanique*. — Le *travail d'une force* est le produit de l'intensité de cette force par le déplacement qu'elle imprime au mobile qui se meut dans le même sens. Une force de 100 kilog. qui fait parcourir 5 mètres à un mobile développe un travail de 5×100 ou 500 unités de travail, c'est-à-dire 500 fois le travail qu'il faut pour soulever 500 kilog. à la hauteur de 1 mètre.

Kilogrammètre. — L'unité la plus petite de travail est le kilogrammètre (kgm.). C'est ce qu'il faut de travail pour porter 1 kilog. à 1 mètre de hauteur. Un homme de 65 kil., arrivé à 10 mètres de hauteur au-dessus du sol, a dépensé un travail de 650 kgm.

---

[1] Toute machine a été mise en jeu par un esprit qui s'est retiré.   (JOUBERT.)

Cheval-vapeur. — Cette nouvelle unité est le travail qu'il faut dépenser *par seconde* pour soulever 75 kilog. à 1 mètre de hauteur. Une machine de 100 chevaux-vapeur peut soulever en une seconde 7,500 kilog. à la hauteur de 1 mètre [1].

LOCOMOTIVES

209. DÉFINITION. — Une *locomotive* est une double machine à vapeur qui se déplace d'elle-même [2].

Les machines dont nous venons d'étudier un exemple forment le groupe des machines fixes ; celles qui nous occupent actuellement en diffèrent parce qu'elles se déplacent, et, comme elles se meuvent d'elles-mêmes,

[1] *Force motrice disponible du charbon.* — Une machine à vapeur convertit en travail mécanique la chaleur que dégage le charbon en brûlant. Pour juger de l'importance de cette transformation, Arago cite l'exemple suivant. « L'ascension du mont Blanc, à partir de la vallée de Chamouni, est considérée à juste titre comme l'œuvre la plus pénible qu'un homme puisse effectuer en deux jours. Ainsi le maximum de travail mécanique dont nous soyons capables en deux fois vingt-quatre heures est mesuré par le transport du poids de notre corps à la hauteur du mont Blanc ($h = 4795^m$). Ce travail, ou l'équivalent, une machine à vapeur l'exécute en brûlant un kilogramme de charbon de terre. La force journalière d'un homme ne dépasse donc pas celle qui est renfermée dans cinq cents grammes de houille, valant au plus quelques centimes. »

[2] *Le chemin de fer.*

Sur un chemin de fer, dont la double nervure
Aux miracles de l'art soumettant la nature
Courait en noirs filets sur les monts nivelés,
Les fleuves asservis et les vallons comblés,
La machine de Watt, en sifflant élancée,
Du bruit de ses pistons frappant l'air agité,
Volait rasant le sol, par la vapeur poussée,
   Et défiant, dans sa rapidité,
L'attelage divin par Homère chanté.
    Comme une comète enflammée,
    Elle jetait aux aquilons,
    En épais et noirs tourbillons,
    Sa chevelure échevelée.   (VIENNET, *Machine à vapeur.*)

elles diffèrent en même temps des *locomobiles,* qu'on fait traîner par des chevaux pour les amener sur le terrain où leur force motrice doit être utilisée.

210. Disposition essentielle d'une locomotive

Fig. 133. — *Locomotive.* — *a,a,a,* prise de vapeur. — B, bielle. — *c*, cylindre à vapeur. — D,D', chaudière tubulaire. — *e*, tube d'échappement. — F, foyer. — H, dôme, réservoir de vapeur. — N, boîte à fumée. — P, piston. — R,R, roues. — *r*, clef pour la

(fig. 133). — Cette machine comprend à la fois la chaudière, qui produit la vapeur; le cylindre, qui la reçoit, et le mécanisme, qui en utilise la force motrice. En outre elle porte aussi, ou du moins elle entraîne après elle les provisions indispensables d'eau et de charbon.

Un mot sur chacun de ces organes d'une locomotive.

Chaudière tubulaire. — Les gaz et la chaleur provenant de la combustion du charbon qui se fait dans la boîte à feu F traversent ici une série de tubes en cuivre placés parallèlement, et noyés dans l'eau de la chaudière DD'. D'un côté, les tubes s'ouvrent dans la paroi antérieure de la boîte à feu F; par l'autre extrémité, ils communiquent avec la *boîte à fumée* N. La chaudière tubulaire, qui occupe la partie centrale et principale de la locomotive, est donc placée entre son foyer et sa cheminée.

Grâce à cette disposition, on peut obtenir en peu de temps une grande quantité de vapeur d'eau. Car l'eau traversée par les gaz chauds s'évapore en réalité sur une fort grande surface (186-*b*).

La vapeur se rend dans un *dôme* H pour passer de là dans un tuyau *a*, qui, se bifurquant dans la boîte à fumée, distribue la vapeur à chacun des deux cylindres *c*. Aux temps de repos, le mécanicien ferme ce tube à l'aide d'une tringle qui fait mouvoir une valve *r* servant de clef.

Cylindres à vapeur. — Les deux cylindres à vapeur que comprend toute locomotive sont d'ordinaire placés à une extrémité et disposés à droite et à gauche de la machine; ils sont le plus souvent en dehors des roues.

La disposition du piston dans le cylindre et du tiroir dans la boîte à vapeur ne diffèrent pas de ce que nous ont montré les machines fixes (206). Le tuyau d'échappement *e* s'ouvre dans la cheminée; les jets de vapeur qui s'en dégagent contribuent à activer le tirage du foyer.

Mouvement de la bielle. — La tige T du piston, guidée dans son mouvement par deux tiges parallèles, pousse ou ramène la bielle B. Cette pièce de fer relie l'extrémité de la tige T au bouton M, sorte de manivelle portée par l'essieu de la roue R. Le déplacement du piston amènera un mouvement de rotation de la roue, si l'on parvient à dépasser ici encore les deux points morts.

Pour rendre ce mouvement continu, on a fixé à angle droit, l'un par rapport à l'autre, chacun des deux boutons qui terminent les essieux. Il résulte de cette disposition que les deux bielles ne peuvent être en même temps à un point mort, et que l'essieu doit aisément, grâce à l'intervention de l'un des deux pistons, dépasser chacune de ses deux positions d'arrêt.

Chaque tiroir est relié à ce même essieu par un excentrique qui dirige son mouvement de va-et-vient.

Roues de locomotives. — Une locomotive repose sur trois ou quatre paires de roues en acier. Deux roues couplées sont toujours solidement fixées à leur essieu commun. La bande de chaque roue présente dans les locomotives et dans les wagons un bourrelet circulaire qui retient le train sur les rails.

D'ordinaire la deuxième paire de roues reçoit seule directement l'impulsion du piston. Les autres roues sont reliées entre elles par des bielles. Les locomotives de grande puissance ont des roues de petit rayon et sont très pesantes, afin d'assurer leur adhérence avec les rails. Les locomotives des trains rapides ont des roues qui atteignent près de 3 mètres de diamètre et réalisent des vitesses de 90 kilomètres à l'heure[1].

---

[1] *La locomotive.*

Ce coursier merveilleux, ce moteur tout-puissant,
Dont le fer est le corps, dont la vapeur est l'âme,

Raison providentielle des progrès modernes. — Après avoir vu à quoi sert la vapeur, il nous faut apprendre de la bouche éloquente de Lacordaire à quoi doivent servir à leur tour les progrès que cette force nouvelle a déjà réalisés dans le monde.

« Ces ponts que vous suspendez dans les airs, ces montagnes que vous ouvrez devant vous, ces chemins où le feu vous emporte, vous croyez qu'ils sont destinés à servir votre ambition; vous ne savez pas que la matière n'est que le canal où coule l'esprit. L'esprit viendra quand vous aurez creusé son lit. Ainsi faisaient les Romains vos prédécesseurs; ils employèrent sept cents ans à rapprocher les peuples par leurs armes, et à sillonner de leurs longues routes militaires les trois continents du vieux monde. Ils croyaient qu'éternellement leurs légions passeraient par là pour porter leurs ordres à l'univers; ils ne savaient pas qu'ils préparaient les voies triomphales du consul Jésus. O vous donc, leurs héritiers et aussi aveugles qu'eux, vous les Romains de la seconde race, continuez l'œuvre dont vous êtes les instruments; abrégez l'espace, diminuez les mers, tirez de la nature ses derniers secrets, afin qu'un jour la vérité ne soit plus arrêtée par les fleuves et les mondes, qu'elle aille droit et vite. Qu'ils seront beaux alors les pieds de ceux qui évangéliseront la paix! Ces apôtres vous loueront; ils diront, en passant avec le vol de l'aigle : Que nos pères étaient puissants et hardis! que leur génie a été fécond! qu'il fait bon à

Que le chauffeur nourrit d'eau, de houille et de flamme,
Du sein de l'atelier s'échappe hennissant.
Où vont les aquilons, le cerf, l'aigle intrépide ?
Ils luttent de vitesse avec son vol rapide :
Vains efforts! il dépasse, en ses fougueux élans,
Le cerf aux pieds légers, les oiseaux et les vents.
(LACHAMBEAUDIE.)

nous, pauvres missionnaires, d'être emportés si rapidement au secours des âmes! Qu'ils soient bénis ceux qui ont assisté l'esprit de Dieu par le leur! Puissent-ils recevoir dans l'autre patrie quelque chose de ces rosées du ciel dont ils ont aidé l'effusion sans le savoir [1] »

QUESTIONS

1. D'où viennent les incrustations calcaires qui couvrent les parois d'une chaudière à vapeur? (199)

2. Pourquoi un ballon contenant de l'eau qu'on a chauffée se remplit-il subitement si on laisse plonger dans l'eau froide le tube par lequel se dégageait la vapeur? (200)

3. Pourquoi la vapeur sort-elle de la cheminée d'une locomotive par jets intermittents? (206)

4. Que manque-t-il à une locomobile pour en faire une locomotive? (209)

5. Pourquoi l'ouverture du tuyau d'échappement dans une machine à vapeur est-elle toujours recouverte par le tiroir? (206)

6. Pourquoi les marrons non fendus éclatent-ils avec fracas quand on les met sur le feu? (203)

7. Pourquoi les wagons d'un train s'écrasent-ils l'un contre l'autre si la locomotive est subitement arrêtée? (36)

8. Pourquoi la marche d'une locomotive se ralentit-elle quand elle gravit une pente?

9. Pourquoi fait-on arriver l'eau froide au fond du réfrigérant d'un alambic? (152)

10. Pourquoi peut-on mettre sur la main, sans se brûler, une casserole pleine d'eau bouillante? (202)

[1] Lacordaire, *Conférences*, 1836.

CONDUCTIBILITÉ

L'argent, sous le flot lent des liqueurs qu'on y verse,
Fait sentir la chaleur ou le froid qui le perce,
Sitôt que le convive a pris la coupe en main.
(*Lucrèce;* trad. SULLY-PRUDHOMME.)

Corps solides. — Liquides. — Gazeux. — Applications.

211. FAITS GÉNÉRAUX. — Des observations quotidiennes nous prouvent que la chaleur ne se propage ni avec la même facilité ni avec la même rapidité dans tous les corps.

Tandis que nous tenons facilement entre les doigts une allumette enflammée, et que même, au moment où déjà la flamme échauffe nos doigts, c'est à peine si le bois nous communique quelque chaleur, un fil de fer dont une extrémité est rougie ou simplement chauffée transmet si rapidement sa chaleur, qu'il faut se hâter d'éloigner les doigts trop rapprochés.

Ces deux faits nous permettent de conclure que la propagation de la chaleur dans l'intérieur des corps se fait avec une vitesse qui dépend de leur nature.

I. CONDUCTIBILITÉ DES CORPS SOLIDES

212. I. LES MÉTAUX CONDUISENT LA CHALEUR. — *Expérience.* — Un sou est collé à la cire à l'extrémité d'une clef; on attache à l'anneau de la clef une mèche imprégnée d'alcool ou de pétrole qu'on enflamme, ou encore on approche de l'anneau la flamme d'une bougie, après avoir soutenu la clef à l'aide d'une règle en bois. On ne tarde pas à voir le sou se détacher après la fusion de la cire.

Cette expérience peut se répéter avec une tige métallique quelconque, et elle réussit toujours rapidement.

213. II. Tous les métaux ne sont pas également bons conducteurs. — (a). 1. Un fil de fer et un fil de cuivre de même grosseur ont été reliés ensemble en tordant l'une sur l'autre une de leurs extrémités. On suspend à des distances égales de part et d'autre du point de jonction des bouts de mèche de chandelle, et on chauffe les fils tordus avec une bougie : on voit bientôt l'effet de la chaleur transmise dans ces métaux, les mèches se détachent plus vite et en plus grand nombre du cuivre que du fer.

2. On peut encore donner à cette expérience la forme indiquée par la figure 134. Les mèches y sont

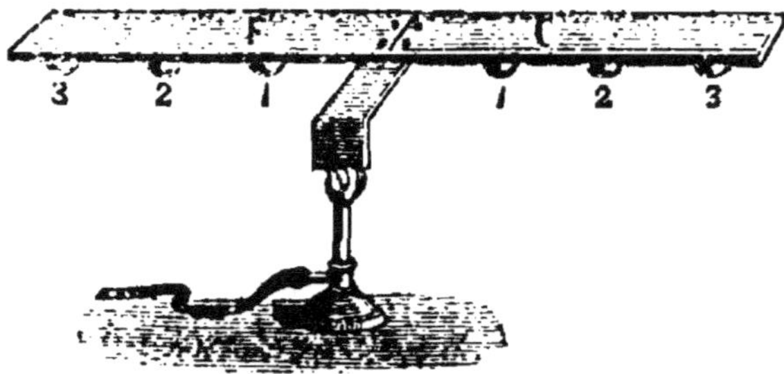

Fig. 134. — Conductibilité des métaux.

remplacées par des boules de bois ou par des centimes collés à la cire.

3. Une épingle C et une aiguille F de mêmes dimensions sont implantées dans un bouchon (fig. 134); leurs pointes presque au contact sont introduites dans la flamme d'une bougie ; deux allumettes a engagées pareillement dans des fentes faites à l'extrémité opposée du bouchon sont placées au contact des têtes de

l'épingle et de l'aiguille. Celle qui touche le cuivre de l'épingle s'enflamme toujours la première, ce qui prouve bien que ce métal conduit mieux la chaleur (fig. 135).

Fig. 135.

(b) On peut également employer *l'appareil d'In-genhousz*. Il est formé d'une boîte en fer blanc ou en cuivre portant des tiges de diverses substances implantées dans une de ses faces. Ces tiges sont plongées au préalable dans un bain de cire, de suif ou de

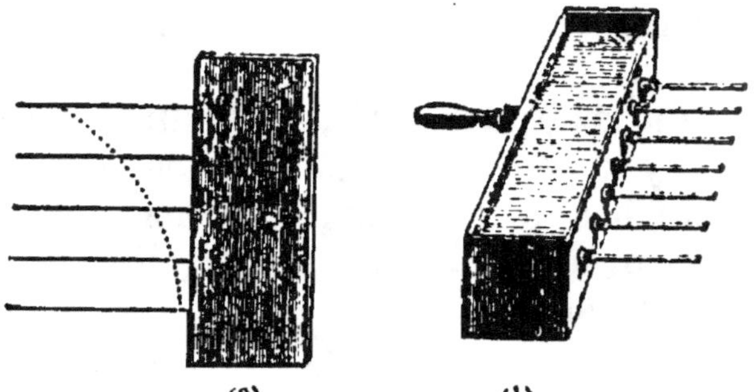

Fig. 136. — Conductibilité des corps solides. (Ingenhousz.)
1. Appareil. — 2. Indication des résultats.

paraffine. Puis on verse de l'eau bouillante dans la caisse. Après quelque temps la cire a fondu, mais fort inégalement, sur toutes ces tiges. La fusion plus ou moins développée indique l'ordre de conductibilité des substances employées. La courbe pointillée de la figure 136-2 montre que la conductibilité décroît dans l'ordre suivant pour les métaux employés :

Argent, cuivre, laiton, fer, verre.

214. III. LES CORPS NON MÉTALLIQUES CONDUISENT GÉNÉRALEMENT PEU LA CHALEUR. — Des tiges de verre ou de bois adaptées à la paroi de l'appareil d'Ingenhousz donneraient fort tardivement des signes de fusion de la cire, et par suite de conductibilité.

Ce fait donne l'explication d'autres expériences moins directes que les précédentes, mais également concluantes.

1. Collez une bande de papier sur un porte-plume, de façon à recouvrir à la fois une partie de la tige de bois et de la virole de métal, puis exposez le papier à la flamme d'une bougie; il brûlera au-dessus du bois, il noircira à peine au-dessus du métal.

Et, en effet, le bois conserve sur place la chaleur qu'il a reçue, et le papier en souffre; le métal, au contraire, conduit bien la chaleur, et le papier est épargné.

2. Placez un papier humide sur le creux de la main, posez-y ensuite un charbon rouge : le papier ne brûlera pas, mais la main sera fortement chauffée. Au contraire, le papier roussirait s'il était sur la table ou sur une étoffe.

On fera plus volontiers les deux expériences suivantes, qui reposent sur le même principe.

3. Une boule de métal, la boule de cuivre d'un baroscope, par exemple, est mise dans une mousseline qu'on serre fortement, sans laisser de pli : un charbon rouge posé sur le linge ne le brûle pas, même si on active sa combustion en soufflant dessus.

4. On recouvre d'une mousseline fine un bec de

gaz arrondi, comme le sont les becs papillon; on lie la toile un peu plus bas, puis on allume le gaz, et sa flamme brille alors au contact du tissu sans le brûler.

Conclusion. — La conductibilité des corps pour la chaleur est donc leur degré de perméabilité pour la chaleur. Un corps se laisse plus ou moins rapidement traverser par la chaleur, comme il absorbe plus ou moins aisément l'eau dans laquelle il est plongé.

APPLICATION

218. Toiles métalliques. — Une toile métallique (fig. 137-1) mise à travers la flamme d'une bougie ou d'un bec de gaz la coupe en deux parties: l'une inférieure, qui reste brillante; l'autre, supérieure, est obscure et à peine indiquée par un cône de fumée.

Cet effet des toiles métalliques trouve son *explication* dans la conductibilité des métaux. Toute flamme

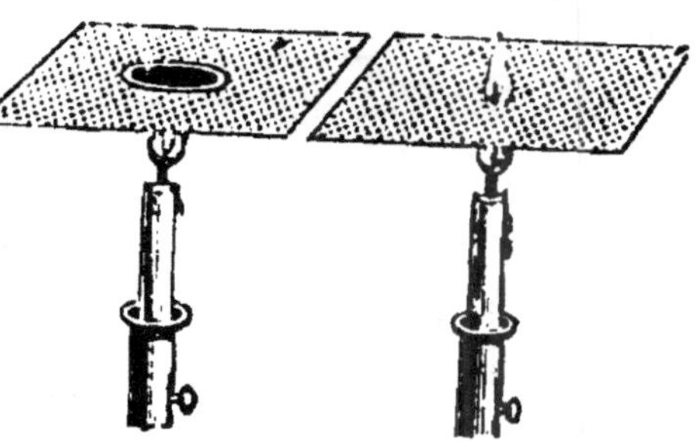

Conductibilité des toiles métalliques.
1. Flamme coupée.
2. Flamme rallumée.

demande pour briller une certaine quantité de chaleur; mais la toile, en propageant dans toute l'étendue de son réseau la chaleur que la flamme lui communique, la refroidit et laisse passer les gaz, qui brûlaient à une température trop basse pour que leur incandescence se maintienne.

Toutefois les gaz ne disparaissent pas, ils s'enflamment encore à l'approche d'une bougie ou quand la toile métallique rougit (fig. 137-2).

Les *lampes de mineur* ont été construites par Davy d'après ce principe (fig. 138).

Il se dégage du charbon de terre des gaz appelés *grisou* par les mineurs, qui forment avec l'air des mélanges inflammables, facilement détonants, et par suite fort dangereux. Quand l'ouvrier descend avec sa lampe de sûreté dans la galerie envahie par ces gaz explosibles, le mélange répandu partout tra-

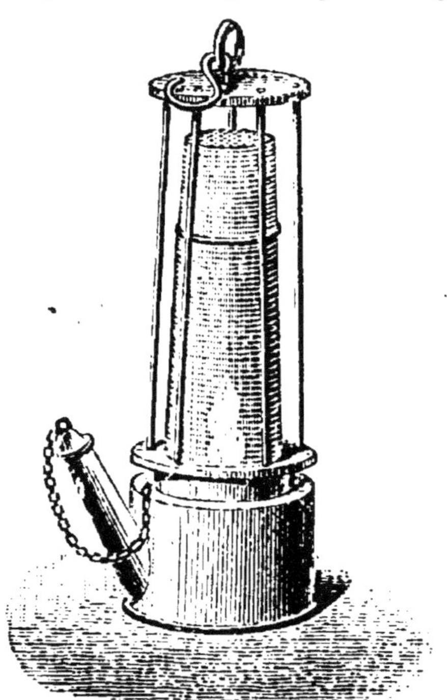

Fig. 138. — Lampe de Davy.

verse la toile métallique, brûle en présence de la flamme qu'elle abrite sans que le feu puisse se propager à l'extérieur. Les accidents de grisou seraient donc le plus souvent prévenus grâce à cette simple précaution, si l'ouvrier savait toujours se contenter de la pâle lumière que laisse passer sa toile métallique[1].

[1] *Une leçon de physique.* — L'historien Mézeray voit un jour entrer dans son cabinet une toute petite fille qui vient lui demander du feu. Il n'y avait peut-être pas, à cette époque, une

II. CONDUCTIBILITÉ DES LIQUIDES

216. (1) DIFFICULTÉS DE L'EXPÉRIENCE. — Les mouvements qui se produisent dans un liquide qu'on chauffe par le fond rendent difficile l'observation de sa conductibilité.

En effet, les couches d'eau, devenant plus légères à mesure que leur température s'élève (152-1), montent à la surface et transportent avec elles la chaleur qu'elles avaient prise au fond du vase. Il y a, dans ce cas, mouvement d'ascension des molécules liquides, phénomène tout différent de la conductibilité, qui suppose les molécules en repos dans le corps que l'on chauffe.

Expérience. — Ces mouvements de l'eau dans un vase deviennent vi-

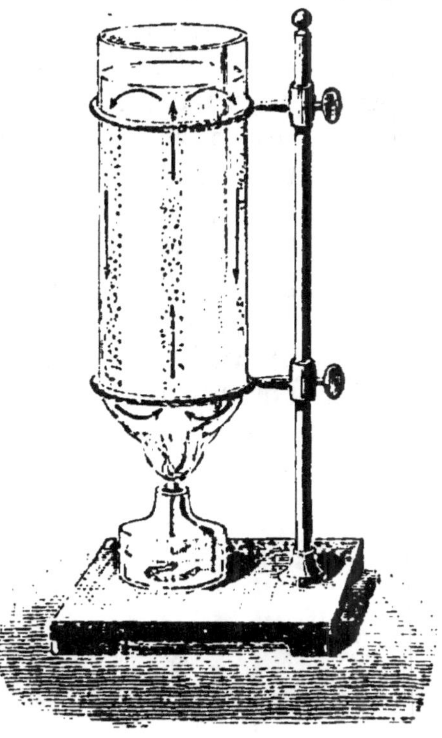

Fig. 139.
Mouvement dans un liquide chauffé à la partie inférieure.

seule maison, un seul ménage en France où il n'y eût un vieux sabot cassé destiné à aller chercher du feu chez les voisins, en cas d'extinction de celui qu'on couvrait de cendre tous les soirs. « Volontiers, ma petite, mais tu n'as pas de sabot ? — Oh ! monsieur, si vous voulez le permettre, j'en prendrai bien tout de même. — Fais. » Alors l'enfant, s'accroupissant près du foyer, couvrit sa petite main gauche de cendre, et de la droite elle chargea cette cendre de charbons allumés, qu'elle emporta en remerciant et sans aucune crainte de brûlure. « Tout philosophe que je suis, dit tout haut Mézeray, je ne me serais jamais avisé d'un tel expédient. »   (BABINET.)

sibles si l'on a soin de répandre dans l'eau de la sciure de bois (fig. 139). On voit ces grains s'élever du fond vers la surface, puis redescendre en suivant les parois, qui sont toujours plus froides que le milieu du vase.

(2) CHANT DE L'EAU. — Ces déplacements de l'eau sont accompagnés d'un son particulier que fait entendre l'eau un peu avant de bouillir. L'eau chaude du fond et surtout la vapeur qu'elle produit rencontrent, en arrivant à la surface, des couches plus froides où s'opère à la fois un refroidissement et une contraction des bulles de vapeur. Il en résulte une série de bruissements qui font dire que l'eau *chante*.

217. (3) L'EAU CONDUIT FAIBLEMENT LA CHALEUR. — La conductibilité des liquides s'observe donc, sans cause d'erreur, en les chauffant par leur surface libre.

Expérience. — Si l'on jette un morceau de glace, lesté avec quelques grains de plomb, dans un tube allongé rempli d'eau (fig. 140), et qu'on chauffe avec une lampe à gaz la surface de la colonne liquide, on ne tarde pas à faire bouillir l'eau, et cependant à une faible distance les couches d'eau conservent la température de la glace fondante.

Fig. 140. — Ébullition de l'eau au-dessus de la glace.

A défaut de glace, on mettra dans l'eau un corps facilement fusible, comme le phosphore (44°) ou la paraffine (43°).

218. (4) TOUTEFOIS L'EAU CONDUIT RÉELLEMENT LA CHALEUR. — *Expériences.* (a) Si on moule un mor-

ceau de papier assez résistant sur le fond arrondi
d'une éprouvette, pour en faire une petite cuvette
qui ne présente pas trop de plis, puis qu'on verse
quelques gouttes d'eau dans ce godet, on pourra les
faire bouillir au-dessus de la flamme d'une bougie.
Les explications que nous avons données précédemm-
ment au sujet des métaux (214-3) nous permettent
de voir dans ce phénomène une preuve de la conductibilité de l'eau. On pourra pareillement faire bouillir
de l'eau dans une boîte à plume.

(*b*) On peut encore faire bouillir de l'eau dans
une éprouvette incomplètement remplie et fermée par
un morceau de fin tulle bien lié. On retourne avec
soin l'éprouvette. La pression de l'air maintient la
colonne d'eau, et l'on parvient, en la chauffant à la
flamme du gaz, à la porter à l'ébullition.

L'eau *conduit* la chaleur, puisqu'elle paraît plus
froide que l'air quand on y plonge le doigt, et elle
conduit *peu* la chaleur, puisqu'un fer rouge éteint dans
l'eau n'échauffe pas sensiblement les couches d'eau
les plus voisines.

III. CONDUCTIBILITÉ DES GAZ

219. Les difficultés d'expérience que nous venons
de signaler pour les liquides sont plus marquées
encore et plus difficiles à surmonter pour les gaz.
Toutefois toutes les expériences faites à ce sujet ont
prouvé que les gaz conduisent peu la chaleur.

1. *Les gaz conduisent peu la chaleur.* — (a) Remplissez une boîte de ouate, ou de laine cardée, ou
même de sciure de bois sèche; enfoncez-y un vase en
grès qui contienne de l'eau chaude avec quelques
morceaux de pommes de terre, et recouvrez soigneusement ce vase. Après une heure, vous retrouverez
l'eau encore presque aussi chaude, et les pommes de

terre seront cuites. Ainsi l'air et ces corps divisés (215, note) qui ont été employés conservent la chaleur.

(*b*) Placez un tube métallique plein d'eau dans de la neige ou de la glace, puis renfermez le vase qui contient cette glace dans une boîte pleine de sciure de bois : vous trouverez bientôt que l'eau s'est congelée. L'air conserve donc les corps dans l'état de froid ou de chaleur où ils étaient.

Tel est, en effet, le caractère du peu de conductibilité des édredons, des fourrures et des vêtements. A vrai dire, ces corps ne donnent pas de chaleur, ils la conservent. Car la chaleur du corps se conserve sous des vêtements épais, et, en même temps, un bloc de glace se conserve sans trace de fusion quand on l'enveloppe d'une couverture de laine ou qu'on le plonge dans la sciure de bois [1].

2. *Les gaz conduisent néanmoins la chaleur.* — *Expérience.* — Un thermomètre placé dans la sciure de bois qui remplit un ballon marque une élévation de température si le ballon est immergé pendant quelque temps dans de l'eau chaude.

APPLICATIONS

220. C'est dans des vues d'une sagesse et d'une prévoyance admirables que Dieu a modéré la conductibilité de l'air, de l'eau et de la terre. Placés sur ce globe terrestre qui ne reçoit de chaleur que du soleil, nous devions pouvoir conserver les provisions de chaleur indispensables à notre existence.

Aussi la *terre* [2] et l'*eau*, en conduisant mal la cha-

---

[1] La province de Boston, en Amérique, et beaucoup d'autres contrées où les hivers sont fort rigoureux, expédient à travers le monde entier des blocs de glace conservés dans de la sciure de bois. La Norwège a des entrepôts de glace dans nos ports français.

[2] *Non-conductibilité du sol.* — A Bogoslawsk (Sibérie), Humboldt fit creuser un puits au milieu de l'été, et, à une profondeur

leur, s'opposent à sa déperdition. Et en même temps que la chaleur reste à la surface du sol, les eaux profondes gardent la fraîcheur que réclame la vie des animaux aquatiques. Une terre qui s'échaufferait rapidement par conductibilité dessécherait les sources et ne nous donnerait plus qu'une eau rare et d'une température désagréable.

Il importait aussi que *l'air* conduisît mal la chaleur; sans doute notre corps doit déjà à la structure de la peau et à la couche de graisse qui en fait la doublure de garder invariable, en toute saison, sa température de 37°. Mais comme nous sommes fort sensibles aux moindres soustractions de chaleur et qu'il fallait éviter les dépenses superflues de calorique, Dieu nous a donné dans l'atmosphère le meilleur et le plus chaud des vêtements. Un air sec et calme, si froid qu'on le suppose, irrite assez peu notre sensibilité[1]; l'humidité et les courants d'air, en renouvelant l'enveloppe gazeuse qui couvre notre corps comme d'un vernis isolant, nous soustraient seuls de la chaleur et nous donnent une impression de froid. D'ailleurs, les poils, les fourrures, le duvet, à la fois si fin, si délicat et si léger, qui garantissent contre le froid le corps des animaux, la neige qui abrite les plantes contre la gelée[2], sont en réalité des enveloppes protectrices qui doivent encore leur efficacité à l'air qu'elles contiennent.

à peine de six pieds, il heurta une couche de glace d'une épaisseur de neuf pieds et demi. Malgré cette masse de glace souterraine, les chaleurs de l'été peu durables, mais fort intenses, dégèlent rapidement la couche supérieure du sol et activent une abondante moisson.　　　　(*Vie de Humboldt*, par KLENCKE.)

[1] De là le proverbe des pays froids : Pas de vent, pas de froid.

[2] Le Psalmiste compare la neige à une toison de laine : *Qui dat nivem sicut lanam.*

QUESTIONS

1. Pourquoi un fil de lin enroulé autour d'un tisonnier ne brûle-t-il pas quand on le met au feu? (214)

2. Pourquoi met-on des manches en bois aux vases qui contiennent des liquides chauds? (214)

3. Pourquoi peut-on, sans danger de se brûler, transporter des charbons ardents dans les mains remplies de cendres ? (214)

4. Pourquoi peut-on approcher la main fort près du point que l'on fait fondre, dans une tige de verre, dans un bâton de cire à cacheter? (214)

5. De trois cuillers en argent, en fer et en bois, quelle est celle qui refroidit plus le liquide où on la plonge? — Quelle est celle qui brûle moins les doigts? (213-214)

6. Pourquoi enveloppe-t-on de flanelle la brique chaude dont on veut faire un chauffe-pieds ? (214)

7. D'où vient la différence d'impression que l'on éprouve en mettant la main sur le bois, le marbre ou un métal? (214)

8. Comment les doubles fenêtres, en emprisonnant l'air, conservent-elles la chaleur d'une salle ? (219)

RAYONNEMENT

> La chaleur pénètre tous les corps
> qui lui sont exposés.   (BUFFON.)

Émission. — Transmission. — Réflexion. — Absorption. — Chaleur solaire. — Insolateurs. — Analogies avec la lumière. — Chauffage des appartements.

221. Qu'est-ce que le rayonnement? — Une source de lumière telle que le soleil ou une bougie envoie de la lumière à distance. Qui pourrait en douter? qui n'a vu ces rayons de lumière pénétrer dans une salle, en illuminer l'atmosphère et y faire flotter ces mille grains de poussière qu'ils semblent animer? De même que toute source de lumière rayonne à distance, tout corps envoie dans toutes les directions de l'espace un peu de la chaleur qu'il possède. Il se fait ainsi entre tous les objets distribués dans l'espace des échanges de chaleur qui, pour être moins facilement aperçus et moins généralement reconnus que l'émission de la lumière, n'en constituent pas moins un phénomène incessant et fort remarquable.

On peut observer dans ce voyage du rayon de cha-leur le départ, la traversée et l'arrivée au but. Le départ est dû au rayonnement ou, comme l'on dit encore, à l'*émission* de la chaleur; la traversée est directe quand ce rayon passe en ligne droite à tra-vers différents milieux qui sont transparents pour lui; il y a alors simple *transmission* de la chaleur. La voie qu'il suit est, au contraire, indirecte quand un obstacle réfléchit la chaleur dans une direction diffé-rente. Arrivé au corps qu'il doit échauffer, le rayon subit enfin le phénomène de l'*absorption*. Sa chaleur n'est certes pas perdue, mais son premier voyage est achevé; tous ceux qu'il recommencera ensuite ressem-bleront à celui dont nous allons reprendre les détails.

I. ÉMISSION DE LA CHALEUR

222. (1) **TOUS LES CORPS ÉMETTENT DE LA CHALEUR.** — Il peut bien y avoir des corps inégalement chauds, mais il n'y a pas de corps absolument dépourvus de chaleur. Inutile de rappeler que le soleil, qu'une flamme, qu'un poêle rouge émettent de la chaleur, car on sent à distance l'effet de leur rayonnement; mais il est bon de constater qu'un poêle qui s'éteint, une brique chaude, la main elle-même, font aussi sentir *leur chaleur* à une distance plus ou moins grande. Dans les deux cas, que le poêle soit rouge ou qu'il soit noir, dès qu'il est plus chaud que les corps environnants, il émet des rayons de chaleur visibles ou invisibles et il se refroidit; si le corps est plus froid que l'atmosphère ambiante, il n'en émet pas moins de la chaleur; mais comme il en envoie moins qu'il n'en reçoit, sa température s'élève graduellement.

Expérience. — Ces échanges de chaleur entre deux corps en présence peuvent se reconnaître à l'aide du ballon qui sert à montrer la dilatation des gaz (fig. 108).

(2) La chaleur émise par un corps s'affaiblit quand augmente *la distance.* Aussi s'approche-t-on d'un poêle pour avoir plus chaud.

Les rayons de chaleur ont été longtemps comparés à des projectiles ou à une nuée de flèches lancées dans toutes les directions par la source de chaleur. La comparaison est juste, car cette décharge de traits qui s'éparpillent devient, elle aussi, moins redoutable à distance.

On s'assure même aisément qu'une surface d'un décimètre carré, par exemple, reçoit à la distance de deux mètres quatre fois moins de chaleur qu'à la distance d'un mètre.

(3) La chaleur émise dépend de la *nature ou de l'état de la surface* du corps qui l'envoie.

Un poêle tout noir de fumée émet plus de chaleur qu'un poêle brillant, comme aussi une théière en métal conserve les liquides chauds d'autant plus parfaitement que sa surface est plus brillante.

II. TRANSMISSION DE LA CHALEUR

223. Le rayon de chaleur une fois éloigné de la source qui l'a produit peut avoir à traverser différentes sortes de milieux : les uns le laissent passer complètement, d'autres amoindrissent sa chaleur, d'autres enfin l'arrêtent totalement. Les uns sont donc ou complètement ou partiellement transparents; les autres, au contraire, sont opaques pour la chaleur.

Expérience. — Tandis qu'un thermomètre monte quand il est exposé au soleil, on le voit rester stationnaire si on place devant lui une planchette de bois ou un verre enfumé; mais il monte, quoique plus lentement, si on interpose une simple vitre.

224. (1) Il y a deux sortes de chaleur. — La chaleur est *lumineuse* quand elle est accompagnée de lumière, comme la chaleur du soleil ou d'une bougie; elle est *obscure* quand elle provient d'un corps qui ne produit pas de lumière : telle est la chaleur de la main.

Ces deux sortes de chaleur n'ont pas les mêmes propriétés. L'eau, la vapeur d'eau et le verre blanc laissent passer la chaleur lumineuse, celle du soleil, par exemple; ces mêmes milieux arrêtent la chaleur obscure, ou du moins ils la diminuent sensiblement. Une vitre ne nous garantit guère de la chaleur du soleil, tandis qu'elle nous garantirait, comme un écran opaque, de la chaleur d'un poêle.

Les serres offrent une application de ces différents faits. La chaleur du soleil y pénètre, en chauffe l'air, les murailles, ainsi que le feuillage des plantes; puis, devenue obscure, cette chaleur ne traverse plus les vitres de la serre, aussi contribue-t-elle à en élever la température [1].

(2) Nous pouvons encore conclure de ces phénomènes qu'une même substance ne laisse pas passer toute sorte de chaleur, puisque le verre, transparent

---

[1] Saussure formait une étuve avec cinq caisses en verre blanc placées l'une dans l'autre et recouvertes de carreaux de vitre. La température montait à 87°5. « Les fruits exposés à cette chaleur s'y cuisent, nous dit-il, et rendent leur jus. »

pour la chaleur lumineuse, devient comme opaque
pour la chaleur obscure.

III. RÉFLEXION DE LA CHALEUR

225. La bille d'un billard modifie sa course dès
qu'elle a touché l'une des bandes élastiques, et son
changement de direction se fait suivant des lois
connues. Un rayon de lumière qui tombe sur un miroir se brise, se réfléchit et part non moins rapide,
suivant une nouvelle droite. Ainsi fait le rayon de
chaleur. Toute surface brillante qu'il rencontre modifie sa course et l'envoie échauffer d'autres régions
de l'espace.

Expérience. — Concentrez à l'aide d'un miroir

Fig. 141. — Miroir ardent.

concave, de verre ou de métal, les rayons du soleil
(fig. 141), vous les verrez former en un point situé

en avant du miroir un foyer de forte chaleur. Placez-y
un morceau de drap noir; à l'instant même il fumera
et brûlera; l'amadou y prendra feu, le bois y brûlera.
On a vu des miroirs qui avaient une grande ouverture faire bouillir de l'eau et fondre en cinq minutes
des pièces d'argent. La légende raconte même, mais
faussement, que dans la défense de sa ville de Syracuse l'illustre Archimède aurait mis le feu aux vaisseaux romains en s'aidant d'un miroir.

D'ailleurs, ces expériences de combustion peuvent
être fort variées; elles réussissent même avec des
miroirs concaves en bois ou en plâtre doré.

IV. ABSORPTION

226. Notre rayon de chaleur est arrivé à destination, il frappe la surface
du corps opaque qu'il
rencontre ; il y entre et
en élève la température.
Tel est le résultat de l'*absorption* de chaleur.
Mais l'entrée n'est pas
toujours également fa-
cile, car l'absorption
dépend, comme l'émis-
sion, de la nature et de
l'état des parois du corps.
Expériences.—1. Dans
l'expérience du miroir ardent, placez au foyer du
papier noir, puis du pa-
pier, blanc et vous verrez
que celui-ci tardera plus
longtemps à s'allumer.

142. — Miroir absorbant.

2. Mettez un morceau de drap ou de papier noir sur

de la neige, et vous verrez qu'elle fondra plus vite en cet endroit.

3. Exposez au soleil deux ballons munis de leur petit manomètre à eau : l'un a des parois transparentes, celles de l'autre sont noircies à la fumée. La chaleur ne fera que traverser le premier; elle échauffera rapidement le second.

4. Adaptez un de ces tubes en S à la base supérieure d'une boîte cubique bien fermée (fig. 142). Chacune de ses quatre faces verticales est de nature différente : l'une, en fer-blanc, est brillante; l'autre est blanchie à la céruse; la troisième noircie à la fumée; la quatrième est rougie au minium, ou encore couverte d'un papier coloré. Exposez successivement et pendant le même temps chacune de ces faces à la chaleur d'un poêle ou d'un fer à repasser tenu à la main, l'air de la boîte se dilatera et l'eau montera dans le manomètre, mais inégalement, suivant l'état de la paroi exposée à la chaleur. Vous aurez même occasion d'observer que le blanc de céruse absorbe la chaleur obscure aussi bien que le noir de fumée.

5. Dressez sur une traverse en bois (fig. 143) deux plaques de fer-blanc A et B qui ont même surface et même épaisseur; des deux faces qui se regardent l'une est brillante, l'autre a été noircie. Collez sur chacune des faces extérieures en *a* et en *b* un centime à l'aide d'un peu de cire, et placez entre elles, à la hauteur de la cire, une bougie *c*. Vous

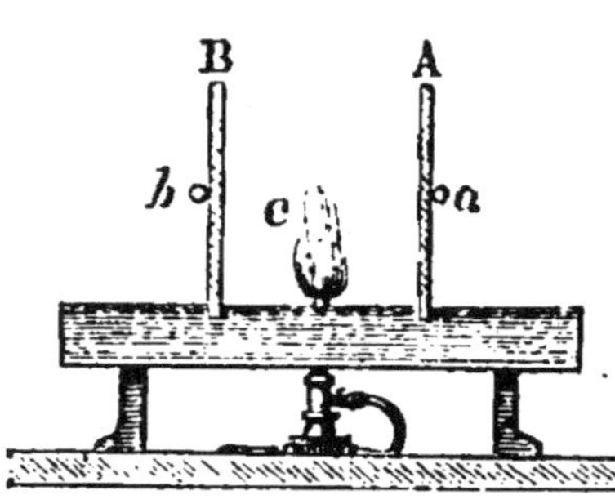

Fig. 143.

Le pouvoir absorbant dépend de l'état des surfaces.

verrez toujours la pièce de cuivre attachée à la lame noircie tomber avant l'autre, parce que le noir de fumée absorbe plus de chaleur que le métal brillant.

227. Analogies avec la lumière. — La chaleur rayonnante ne diffère pas de la lumière. Toute modification éprouvée par un rayon de lumière est subie pareillement, et souvent de la même manière, par un rayon de chaleur.

Les lois de la réflexion et de la réfraction sont si parfaitement identiques pour ces deux espèces de rayon, que l'on peut recueillir à l'aide d'un miroir ou d'une lentille (fig. 146-1) la chaleur du soleil au point même où se concentre sa lumière, car le foyer de chaleur coïncide avec le foyer de la lumière, pour un miroir concave comme pour une lentille convergente.

Sans doute tous les rayons de chaleur n'ont pas les mêmes propriétés, puisque les rayons de chaleur obscure diffèrent des rayons de chaleur lumineuse, au point de vue de l'émission, de la transmission et de la diffusion de la chaleur, comme il y a aussi des rayons lumineux qui diffèrent par leur réfrangibilité et leur intensité lumineuse. Mais toujours la chaleur lumineuse éprouve les mêmes modifications que la lumière. Réfléchis en même temps, de la même manière et dans les mêmes proportions, ces deux rayons sont absorbés dans les mêmes circonstances par les corps opaques.

Il est vrai, les rayons de chaleur obscure traversent le sel gemme enfumé, qui absorbe toute lumière, tandis qu'ils sont arrêtés par le verre et l'eau, qui sont transparents pour la lumière; mais rien ne nous prouve que notre œil puisse voir toute espèce de rayon lumineux. Aussi est-il probable que la lumière qui accompagne le rayon de chaleur obscure ne produit aucune impression sur notre rétine.

Il n'y a donc pas deux sortes de rayons : l'un, lumineux, et l'autre, calorifique, voyageant ensemble; mais un même rayon nous apporte à la fois la lumière qui éclaire notre œil et la chaleur qui échauffe nos membres. En un mot, comme le disait Ampère, « la lumière n'est que de la chaleur rayonnante devenue capable de traverser les humeurs de l'œil. »

Application de ces principes à la chaleur solaire et au chauffage des appartements.

228. CHALEUR DU SOLEIL. — Le soleil est à la fois une source de lumière et une source de chaleur. A ce double point de vue, cet astre laisse bien loin derrière lui tous les foyers de lumière et de chaleur réalisés et utilisés par l'industrie humaine.

Les chaleurs de l'été, la température excessive des contrées tropicales nous disent déjà quelle abondance de chaleur nous envoie cet astre. Les physiciens ont calculé que la chaleur que la terre reçoit du soleil en un an suffirait pour faire fondre une couche de glace de 38 mètres d'épaisseur. Et cependant la terre n'est qu'un point dans l'espace; les rayons partis du soleil s'en vont dans toutes les directions illuminer et échauffer tous les corps qui les arrêtent.

Ajoutons que nous sommes à 38 millions de lieues du soleil. Que serait la chaleur de cet astre si on la recueillait à la surface, quand nous voyons par expérience que l'influence de toute source de chaleur diminue si rapidement, pour peu que la distance augmente (222-2) !

Aussi l'on ne sait quelle température assigner avec certitude à cette source de chaleur, ni quelle comparaison imaginer pour nous en faire, sinon comprendre, du moins entrevoir l'intensité. On s'accorde toutefois pour reconnaître qu'une couche de glace épaisse de 8,000 kilomètres, qui envelopperait tout le globe solaire, serait fondue en une année par la chaleur qu'il émet.

Mais les explications ne sont pas moins incertaines quand il s'agit de rendre compte de l'activité de cette source, qui perd à chaque instant des sommes énormes de chaleur, sans cependant que sa température diminue sensiblement.

220. UTILISATION DE LA CHALEUR SOLAIRE. — 1. *Verres ardents. Expériences.* — (*a*) Une lentille convergente en verre est exposée aux rayons du soleil (fig. 144-1); elle en concentre les rayons en un point; à ce nouveau foyer F formé par les rayons transmis et réfractés, la chaleur est assez concentrée pour brûler l'amadou et même pour faire bouillir de l'éther et de l'eau [1].

(*b*) Remplissez un petit ballon B (fig. 146-3) de sulfure de carbone coloré en violet par de l'iode, et

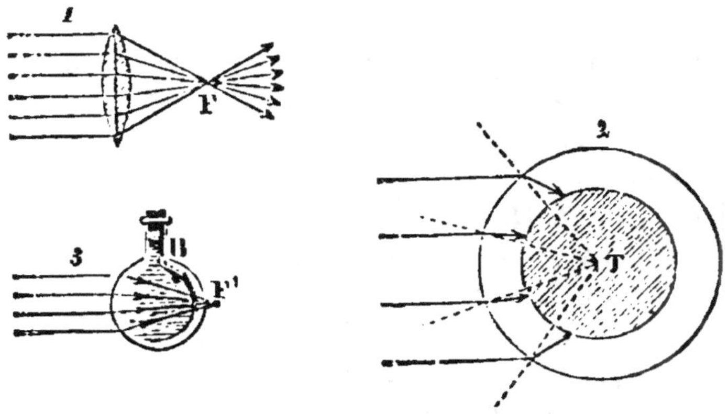

Fig. 144. — Réfraction de la chaleur.
Une lentille 1, un ballon plein de sulfure de carbone iodé 3,
l'atmosphère terrestre 2, concentrent la chaleur.

placez-le près de la lentille que nous venons d'employer, toute la lumière du soleil sera interceptée, et cependant sa chaleur obscure concentrée au foyer F'

[1] On raconte que, dans l'antiquité, les prêtresses chargées d'entretenir le feu sur l'autel de Vesta recouraient à cet expédient pour le rallumer sans employer les moyens ordinaires, qui leur étaient interdits.

de ce ballon, fort près de sa surface, suffira pour allumer l'amadou, voire même pour faire rougir une lame de platine, et cependant l'œil placé à ce foyer ressent à peine une impression de chaleur.

(c) L'atmosphère qui enveloppe la terre et réfracte les rayons solaires concentre et conserve pareillement sur le sol la chaleur du soleil.

230. II. Insolateurs. — Les miroirs, nous l'avons constaté, concentrent la chaleur du soleil; afin de la recueillir en plus grande abondance, on a construit, dans ces dernières années, de larges miroirs mesurant plus de trois mètres d'ouverture, brillants comme l'argent poli et capables d'accumuler la chaleur solaire sur un cylindre placé au centre de l'appareil.

Dans ces conditions on voit l'eau qui remplit ce cylindre entrer bientôt en ébullition. Sa chaleur a pu être utilisée, soit pour faire cuire le pain ou faire la cuisine, et sa vapeur a même servi à mettre en mouvement des presses d'imprimerie. Ainsi, dans ces machines qui fonctionnent sans charbon, on a demandé au soleil, pour la convertir en travail, un peu de cette chaleur perdue qu'il verse sur notre globe avec tant de prodigalité.

De quelle puissance motrice ne disposerions-nous pas, et quelle économie de combustible nous réaliserions, si ces premiers essais venaient à se généraliser et à se perfectionner [1]!

CHAUFFAGE DES APPARTEMENTS

231. Tirage et aération. — Le chauffage des appartements est une question assez complexe qui inté-

---

[1] Buffon employait, pour concentrer la chaleur solaire en un point, un appareil composé de trois cent soixante glaces mobiles. Le 10 avril 1747, il parvint à mettre le feu à une planche de sapin goudronnée, placée à 150 pieds, à l'aide de cent vingt-huit de ses miroirs.

resse à la fois la physique et l'hygiène. La difficulté n'est pas, en effet, de se chauffer, car il y a longtemps que les nations les moins civilisées savent se préserver du froid, mais il est difficile de réaliser le meilleur mode de chauffage. Chacun voit bien qu'il s'agit ici de brûler le combustible de la façon la plus économique, de l'utiliser de la manière la plus complète, et d'assurer en même temps l'écoulement de l'air chaud et son remplacement par l'air froid.

L'air qui a servi à la combustion ne s'est échauffé qu'en devenant irrespirable, il est à la fois chaud et vicié; s'il n'était que chaud, on pourrait le laisser se répandre dans les appartements; mais, comme il est en outre dangereux à respirer, il faut l'entraîner au dehors par le tirage de la cheminée. Cet écoulement de l'air se fera dans d'avantageuses conditions si l'ouverture de la cheminée ne livre point passage à un trop grand volume d'air, et, d'un autre côté, pour ne pas s'exposer au courant d'air froid qui doit s'engouffrer dans la cheminée, il devient nécessaire d'échauffer l'air extérieur avant qu'il entre dans la salle.

Un chauffage bien conditionné suppose donc un *tirage actif*, une *aération continuelle*, et l'absence de *courant d'air* dans l'appartement.

232. MODES DE CHAUFFAGE. — On peut ramener à trois les modes de chauffage les plus employés : ces appareils sont les cheminées, les poêles et les calorifères.

Cheminées. — Dans ce système de chauffage, qui est le plus ancien, le combustible brûle librement dans la cheminée. La flamme du bois ou du coke projette directement sa chaleur dans la salle et échauffe en même temps les parois de la cheminée, qui émettent ensuite de la chaleur par rayonnement. Anciennement, les manteaux des cheminées étaient larges (fig. 145 A), élevées, à parois rectangulaires, et le foyer était au fond de la cheminée. Aujourd'hui on a reconnu les défauts de ce mode de chauffage, plus somptueux que rationnel; aussi donne-t-on aux che-

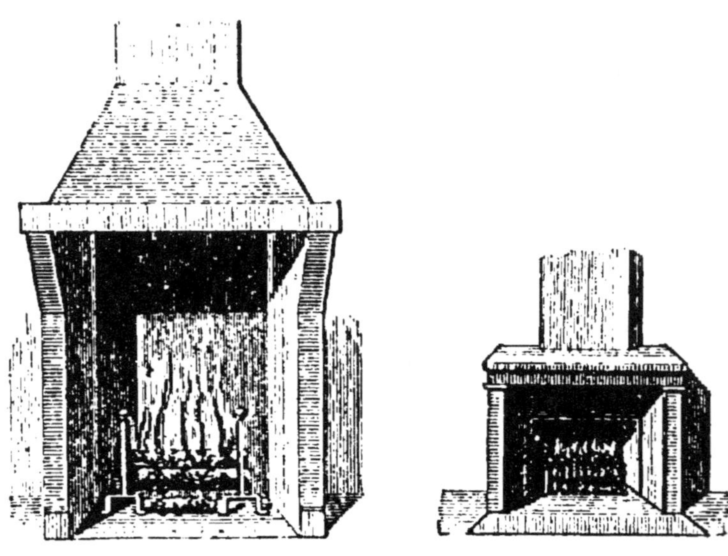

A   Fig. 145.   B

A, cheminée à large manteau. — B, installation rationnelle d'une cheminée.

minées une ouverture plus étroite (fig. 145 B), afin d'empêcher l'air froid de se mélanger trop abondamment à l'air chaud, des parois plus obliques pour réfléchir plus de chaleur, un foyer placé en avant, afin d'utiliser toute sa chaleur [1].

233. Poêles. — Dans un poêle, le combustible est

---

[1] *Fourneau de Rumford.* — « On serait injuste envers Rumford si l'on ne reconnaissait pas que le point de départ des améliorations apportées au chauffage domestique remonte à ses travaux sur cet objet, et qu'il peut être considéré comme le promoteur de cette variété infinie d'appareils et de procédés plus ou moins heureux, auxquels l'art du fumiste a donné naissance, depuis un siècle, dans tout le pays. »

(Dumas, *Él. de sir Thomson, comte Rumford.*)

renfermé; le volume d'air qui entre dans la cheminée traverse par suite toute la couche du combustible et détermine ainsi une combustion active. Les parois du foyer, portées dès lors à une température élevée, échauffent les appartements par rayonnement.

1. Si le poêle est en fer ou en fonte, il rougit facilement, mais il se refroidit tout aussi rapidement, et, tandis qu'il est porté à l'incandescence, il dessèche l'air, dégage souvent une odeur désagréable, et laisse même passer des gaz dangereux à respirer.

2. Les poêles dont les parois sont en terre réfractaire ou en faïence échappent à tous ces inconvénients; ils maintiennent pendant plus longtemps une température uniforme. Les habitants des régions du Nord, les Russes en particulier, si habiles dans l'art de se chauffer, emploient de préférence de vastes poêles en faïence.

234. Calorifères. — Dans ces derniers appareils, le foyer est éloigné des salles qu'il doit chauffer. La chaleur qu'il produit est transportée au loin soit par l'air, soit par l'eau, soit encore par la vapeur d'eau. Aussi faut-il faire passer dans l'habitation des tuyaux de conduite qui répartissent la chaleur.

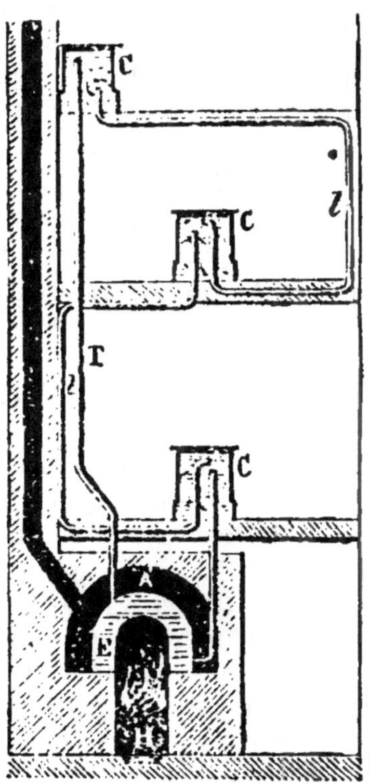

Fig. 146.
Calorifère à eau chaude.

1. L'*air* des calorifères s'échauffe au contact de tubes dans lesquels passe la flamme du foyer. Grâce

à sa diminution de densité il s'élève et se répand dans les appartements; mais le refroidissement rapide que ce gaz éprouve en se mélangeant à l'atmosphère froide ne permet pas d'employer ce mode de chauffage sur une grande étendue.

2. Dans les calorifères à *eau* (fig. 146), ce liquide E chauffé au contact du foyer H s'élève par le tube T; en diminuant de densité, il se refroidit dans les étages supérieurs C, puis redescend pour s'échauffer de nouveau près du foyer. On sait que l'eau, lente à se chauffer, se refroidit aussi lentement. Grâce à cette propriété, la température des salles chauffées par ces calorifères reste plus longtemps constante. Des colonnes d'eau chaude installées à chaque étage suffisent, grâce à la quantité de liquide qu'elles contiennent, à chauffer l'air des appartements.

3. Dans les usines à *vapeur*, on chauffe les salles où le travail doit se faire à une température constante et élevée, à l'aide de gros tuyaux de vapeur appliqués contre les murailles.

QUESTIONS

1. Pourquoi un poêle en faïence se refroidit-il beaucoup plus lentement qu'un poêle en fonte? (222)

2. Pourquoi dans une casserole neuve et brillante l'eau bout-elle plus lentement que dans un vase vieux et noirci par la fumée? (226)

3. Pourquoi recouvre-t-on parfois d'une cloche en argent poli les mets que l'on sert à table? (222)

4. Pourquoi peut-on regarder le soleil quand il est à l'horizon? Pourquoi ses rayons n'ont-ils plus de chaleur en ce moment? (223)

5. Pourquoi se sert-on d'un verre coloré pour regarder des fours à vitres? (224)

6. Nommer des corps qui sont opaques pour la lumière et transparents pour la chaleur. (224)

7. Y a-t-il de la chaleur sans lumière et de la lumière sans chaleur ? (227)

8. Pourquoi préfère-t-on des vêtements blancs en été ? (222-227)

VAPEUR D'EAU RÉPANDUE DANS L'AIR

> Tu règnes en vainqueur sur toute la nature,
> O soleil, et des cieux, où ton char est porté,
> Tu lui verses la vie et la fécondité.
>
> (LAMARTINE.)

État hygrométrique de l'air. — Principaux phénomènes atmosphériques : rosée ; brouillard ; pluie ; neige.

I. HYGROMÉTRIE

235. DÉFINITION. — L'hygrométrie s'occupe de déterminer la quantité de vapeur d'eau répandue dans l'air.

1° Présence de la vapeur d'eau dans l'air. — Notre atmosphère renferme, par tous les temps, de la vapeur d'eau. Ce fluide transparent et invisible comme l'air nous revèle sa présence par de nombreux phénomènes.

Expériences. — 1. Placez dans une salle une carafe remplie d'eau froide et dont les parois ont été bien essuyées, vous la verrez se couvrir de buée ; un mélange réfrigérant permettrait de congeler ce dépôt provenant de la vapeur d'eau, et, au lieu de buée, il se formerait une couche de givre sur les parois du vase. — Les vitres de nos appartements se voilent ainsi d'elles-mêmes chaque fois que l'air extérieur est plus froid que celui de la salle.

2. Du sel de cuisine devient humide et comme fondu quand il y a beaucoup de vapeur dans l'air.

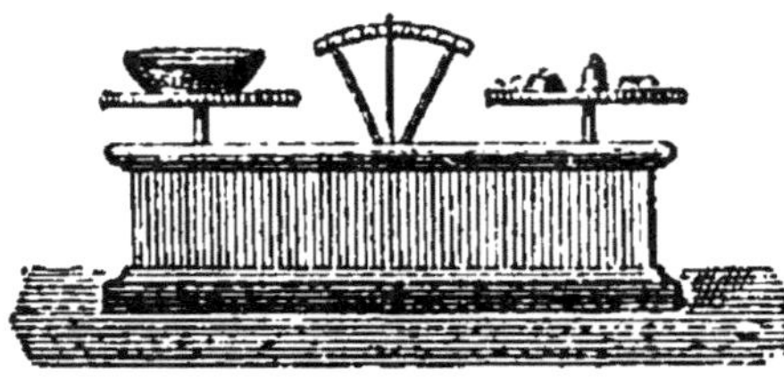

Fig. 147. — Présence
de la vapeur d'eau dans l'air.

3. Faites équilibre sur une balance (fig. 147), par une tare convenable, à une soucoupe à moitié remplie d'acide sulfurique. Après quelques heures vous verrez l'équilibre rompu; l'acide l'emportera, et son augmentation de poids représentera la vapeur d'eau qu'il a absorbée.

Fig. 147 bis.

Un morceau de chaux vive présenterait la même augmentation de poids en s'émiettant à l'air.

4. Certaines substances organiques, comme les cheveux, le papier, les cordes à boyau, s'allongent par l'humidité. On façonne, d'après cette propriété, de petites figures (fig. 147 bis) qui, sous l'effet de la torsion d'une corde à boyau (*a*, *b*), se couvrent d'un parapluie ou d'un capuchon (*c*) par un temps humide. Ces instruments sont des *hygroscopes*. — Dans l'*hygromètre à cheveu* (fig. 148), un cheveu dégraissé *ab*, tendu par un contrepoids *c*, s'allonge ou se raccourcit suivant la quantité d'eau qu'il absorbe ou qu'il perd. L'aiguille qu'il entraîne

dans ses mouvements se fixe à 100° quand l'air est saturé de vapeur, et à 0° s'il est absolument sec. Ses positions intermédiaires, convenablement interprétées, donnent l'état hygrométrique de l'atmosphère.

236. **2° D'OÙ VIENT LA VAPEUR D'EAU?** — C'est le soleil, qui en dardant ses rayons sur la surface des eaux, en détermine plus ou moins rapidement l'évaporation. Et comme les océans couvrent les trois quarts du globe, et que les vents opèrent le mélange des couches d'air, on ne doit pas s'étonner que la vapeur d'eau se répande partout dans l'atmosphère.

237. **3° DEGRÉ D'HUMIDITÉ DE L'AIR.** — Mais s'il est vrai qu'il y a toujours de la vapeur d'eau dans l'air, il n'est pas moins certain pour tout le monde qu'il y en a tantôt plus, tantôt moins, puisqu'on trouve tantôt que l'air est trop humide, tantôt qu'il est trop sec.

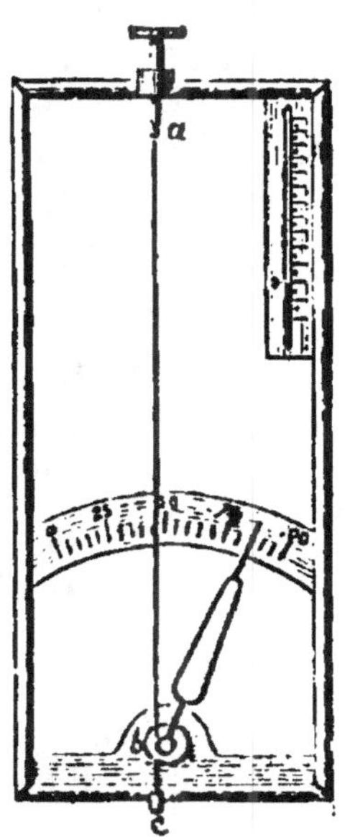

Fig. 148.
Hygromètre de Saussure.

L'air nous paraît *sec* quand la vapeur qui s'exhale de nos poumons reste transparente dans l'atmosphère et que l'eau dont le sol est couvert après une pluie, ou celle dont les toiles lavées sont imprégnées, disparaît rapidement par évaporation.

Au contraire, il est *humide* quand l'expiration pulmonaire est accompagnée d'une fumée abondante et d'une buée qui couvre les surfaces plus froides; dans ces temps humides, les corps qui ont été mouillés sèchent difficilement.

En résumé, la vapeur d'eau qui sort toujours en même quantité des poumons devient visible en se condensant ou disparaît en s'évaporant, suivant que l'air contient lui-même plus ou moins d'humidité.

Mais nous avons vu que l'air peut contenir d'autant plus de vapeur, que sa température est plus élevée (186-*a*). Aussi, durant l'été, même après une pluie abondante qui a fourni beaucoup de vapeur à l'atmosphère, on voit rarement cette fumée sortir des poumons. Car, bien qu'il y ait déjà beaucoup de vapeur dans l'air, sa température est telle, qu'il peut en recevoir plus encore. Ce n'est donc pas la quantité réelle de vapeur contenue dans l'air qui donne la mesure de son humidité, mais le rapport de cette quantité à celle qu'il devrait renfermer pour que l'atmosphère devienne chargée de brouillard.

II. PHÉNOMÈNES ATMOSPHÉRIQUES DUS A LA VAPEUR D'EAU

1° La rosée.

238. DÉFINITION. — La *rosée* est un dépôt de vapeur d'eau condensée que l'on observe à la surface des corps qui ont été exposés à l'air pendant certaines nuits sereines de printemps ou d'automne.

D'où vient la rosée? Il faut, pour qu'il y ait dépôt de rosée, de *l'humidité dans l'air* et un *refroidissement* à la surface des corps. Ces deux conditions d'humidité et d'abaissement de température se trouvent réunies dans un grand nombre de nuits.

La chaleur du jour a produit en abondance de la vapeur d'eau; il faut, pour que cette vapeur reste invisible et transparente dans l'air, la haute température qu'y maintient le soleil. Mais, dès que cet astre est descendu en dessous de l'horizon, le rayonnement de la terre et des plantes continue sans que rien vienne, durant ces heures de la nuit, compenser les pertes de chaleur qui l'accompagnent. Aussi le sol et les corps qui le recouvrent se refroidissent-ils, et, après quelques heures de ce rayonnement, leur température peut devenir de 7 à 8° inférieure à celle de l'atmosphère ambiante. Si, pendant ce temps, l'air conserve, au contraire, une température plus élevée et qu'il reste transparent, il le doit à son peu de conductibilité (219) et à son faible pouvoir émissif (222).

Si nous rapprochons maintenant ces deux faits : d'un côté le refroidissement continu du sol, et de l'autre la présence de la vapeur d'eau, nous pourrons conclure que la rosée sera d'autant plus abondante, que ces deux conditions se présenteront dans des circonstances plus favorables.

239. DE QUOI DÉPEND L'ABONDANCE DE LA ROSÉE. — 1. *L'état de l'atmosphère* a ici une influence marquée. Pour que la rosée se *dépose*, il faut que le ciel soit sans nuages. Les nuages, en effet, en couvrant le ciel, renvoient la chaleur émise par la terre et s'opposent à un aussi complet refroidissement. Les abris qui protègent les plantes produisent le même effet, et ils réussissent à les garantir des gelées blanches, qui roussiraient les feuilles et détacheraient leurs fleurs.

Il arrive fréquemment que le refroidissement nocturne va jusqu'à congeler le dépôt de rosée qu'il a déterminé [1]. Ce phénomène, plus commun à l'entrée du printemps, s'observe après les nuits où aucun nuage n'a voilé l'éclat de la lune. Aussi pendant longtemps a-t-on attribué à cet astre l'effet que l'on avait remarqué sur les arbres, et l'on a donné à la

---

[1] *Glace des pays chauds.* — Les habitants des tropiques savent utiliser ce refroidissement nocturne pour préparer, recueillir et conserver de la glace. Lorsque le soir la température ne s'élève guère au-dessus de 25°, ils se hâtent de puiser de l'eau dans des terrines préparées à cet effet, pour la verser dans de petites soucoupes en terre poreuse. Pendant la nuit, on surveille la formation de la glace, et l'on se hâte de retirer la croûte cristalline formée à la surface de l'eau, pour la verser dans d'autres récipients où la glace est conservée pour l'été. En certaines contrées de l'Inde, des centaines d'ouvriers sont parfois occupés toute la nuit à cette récolte de glace.

lune d'avril ou de mai le nom de lune *rousse*. En réalité, comme nous venons de le voir, les feuilles ont été roussies uniquement par la gelée, et cette gelée est simplement due au refroidissement qu'a pu augmenter, non la présence de la lune, mais l'absence des nuages ou la diminution de vapeur d'eau dans l'air.

2. La *nature du corps* exposé à l'air libre modifie également l'activité du rayonnement.

Les corps tels que le papier, le bois, les feuilles des plantes, la laine, qui ont un grand pouvoir émissif, se couvrent plus abondamment de rosée.

Au contraire, on remarquera que les métaux, surtout s'ils sont polis, restent toujours secs au milieu des corps couverts de rosée, grâce à leur pouvoir réflecteur.

3. Enfin la *position* qu'occupe un corps dans l'at-

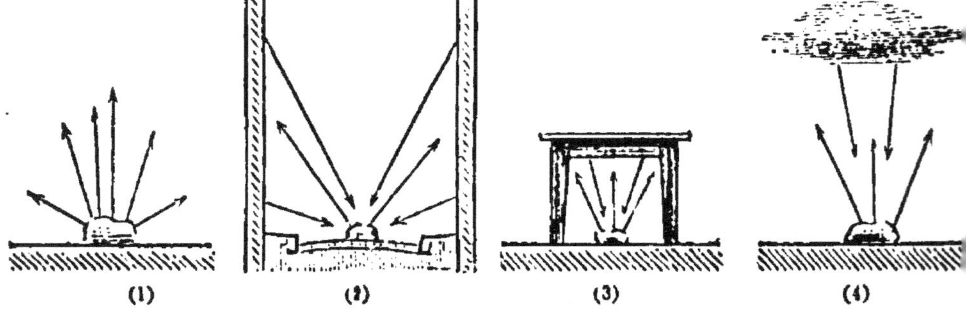

Fig. 149. — Influence de la position du corps sur le dépôt de rosée.
1. Flocon de laine, en plaine découverte; — 2, dans une rue; — 3, sous un abri — 4, par un temps couvert.

mosphère influe aussi sur la formation de la rosée (fig. 149).

La rosée ne se produit pas dans les rues des villes, parce que les murailles des maisons renvoient la chaleur émise par le sol (fig. 149-2); elle ne peut davantage se former sous un abri, sous une table (3); c'est à peine si elle se forme quand il y a des nuages (4).

Un flocon de laine [1], une feuille de papier se couvriront de rosée à l'air libre, tandis qu'ils resteront tout à fait secs si on les place au fond d'une boite, d'ailleurs ouverte.

Conclusion. — En un mot, la terre conserve, la nuit, sa température si elle est protégée par quelque abri; comme le corps humain, sous les vêtements qui le couvrent. Un peu de paille suffit même pour garantir le sol du refroidissement.

2° Les brouillards.

240. Les *brouillards* sont des nuages de vapeur d'eau en partie condensée, qui se forment à la surface du sol ou de l'eau.

Des causes multiples peuvent produire le brouillard. On le voit parfois se former subitement, quand le matin ou le soir un vent froid vient à souffler dans une atmosphère chargée d'humidité; il n'est dû, en d'autres circonstances, qu'à la condensation de vapeur qui se fait à la surface du sol refroidi par suite du rayonnement.

A la surface des étangs, le brouillard qu'on observe le soir, à la fin de l'été, tient à la condensation que la vapeur qui s'exhale de l'eau éprouve en se mélangeant à l'air plus froid. Car l'atmosphère se refroidit plus vite que l'eau.

3° La pluie.

241. La *pluie* provient, comme chacun le sait, de la chute des gouttes d'eau qui constituent les nuages [2].

---

[1] *La laine et la rosée.* — Wells se servait de flocons de laine pour apprécier l'abondance de la rosée. Gédéon demandait à Dieu, comme gage de son assistance, le double miracle de la toison :

    Et la tendre toison fut la nuit arrosée,
    Le champ demeurant sec, d'une humide rosée,
    Et puis, une autre nuit, un miracle nouveau :
    La toison resta sèche, et le champ fut plein d'eau. (RIVAUDEAU.)

[2] David dit, dans sa langue poétique, que « du haut des nues Dieu passe les eaux au crible ».   (II *Reg.* XXII, 12.)

D'où viennent les nuages? — Les nuages sont des brouillards qui se forment et se maintiennent dans les régions supérieures de l'atmosphère.

Leur présence dans l'air à cette hauteur s'explique à la fois et par le froid intense qui ne cesse de régner dans ces régions élevées (106-1), et par l'ascension de la vapeur d'eau que sa faible densité fait monter dans l'atmosphère.

Expérience. — La vapeur d'eau se condense dans une atmosphère qui se refroidit. On le constate en plaçant sous le récipient de la machine pneumatique une bouteille pleine d'air et bien bouchée (fig. 47-D). La bouteille s'ouvre d'elle - même avec force quand l'air du récipient est suffisamment raréfié. En même temps, l'air de la bouteille s'échappe, et le refroidissement qu'il éprouve alors donne un jet de vapeur condensée.

Suspension des nuages. — Les nuages paraissent formés de gouttes d'eau excessivement petites tenues en suspension dans l'air, comme les grains de poussière qui flottent dans l'atmosphère de nos appartements, ou qui restent quelque temps en suspension dans l'eau.

Si l'air vient à se refroidir, une partie de la vapeur d'eau qui entoure ces gouttes d'eau se condense et augmente à la fois leur volume et leur poids. Ces gouttes se rapprochent alors, se soudent et tombent.

D'ailleurs, comme dans leur chute elles traversent généralement des couches d'air chargées de vapeur, le refroidissement qu'elles y produisent amène une nouvelle condensation et grossit encore leur volume. Aussi les premières gouttes de pluie qui tombent sur le sol sont-elles d'ordinaire plus grosses au commencement d'une ondée d'orage.

242. QUANTITÉ DE PLUIE QUI TOMBE ANNUELLEMENT. — On a mesuré, pour un grand nombre de points du globe, l'épaisseur qu'aurait la couche de pluie én un an, si elle restait tout entière à la surface du sol.

Généralement, les jours de pluie sont plus nombreux l'hiver que l'été, mais toujours la quantité de pluie recueillie est plus grande l'été que l'hiver : ce qui prouve que les ondées sont plus fortes dans la saison chaude.

Règle générale, il pleut davantage dans les régions voisines de l'équateur. A Saint-Domingue, il tombe plus de 3 mètres d'eau par an, à Lille 76 centimètres, à Paris 57 centimètres. — De plus, il tombe plus d'eau sur les côtes que dans l'intérieur des terres.

En un mot, la pluie tombe surtout là où elle s'est formée.

4º La neige.

243. La neige est de l'eau congelée et cristallisée. Elle se forme quand un nuage a été soumis à une température de 0º. Chaque flocon de neige est formé de petits cristaux d'une texture délicate et régulière (fig. 113). Tandis que la pluie tombe plus abondante dans les

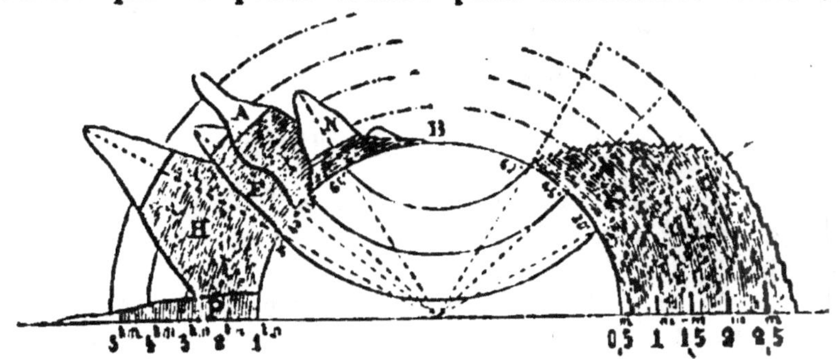

Fig. 150. — Hauteur moyenne des neiges persistantes et des pluies sous différentes latitudes.

P, Pichincha. — H, Hymalaya. — E, Etna. — A, Alpes.
— N, monts de Norwège.

contrées équatoriales, la neige est plus fréquente dans les régions polaires. Elle devient, au contraire, plus rare à mesure qu'on descend vers l'équateur. La température élevée de certains pays fait que la neige y est tout à fait inconnue.

Toutefois si, sous ces climats peu chauds, la neige ne se voit jamais sur le sol au niveau de la mer, il suffit de regarder soit les cimes des plus hautes montagnes, soit les nuages les plus élevés, pour y voir encore de la neige (fig. 150). La pluie n'est souvent que de la neige qui a fondu en traversant l'air chaud. Souvent, par exemple, il neige sur le Puy de Dôme quand il pleut à 1,100 mètres plus bas, à Clermont.

Sous l'influence du froid excessif qui règne dans les hauteurs, la neige forme des nuages blancs et allongés appelés *queue de chat*, qu'on observe aussi bien l'été que l'hiver. Quand cette neige tombe, elle se maintient partout où la température n'est pas supérieure à 0°. Aussi les plus hautes montagnes sont-elles couronnées de neiges éternelles. Un courant d'air soufflant dans une atmosphère humide y produit un nuage de neige s'il est assez froid. Maupertuis raconte dans son expédition en Laponie qu'à Tornéa, « lorsqu'on ouvrait la porte d'une chambre chaude, l'air du dehors convertissait aussitôt en neige la vapeur qui s'y trouvait et en formait de gros tourbillons blancs. »

QUESTIONS

1. Pourquoi mouille-t-on une feuille de papier avant de coller ses quatre coins sur une planche de dessin? (9-235)

2. Pourquoi une feuille de papier tendue sur un cadre rend-elle un son plus ou moins sourd, suivant l'état d'humidité ou de sécheresse de l'air? (235)

3. Pourquoi les cordes de violon s'allongent-elles? Pourquoi les cheveux bouclés se défrisent-ils dans une salle remplie de monde? (235)

4. Pourquoi a-t-on parfois tant de peine à ouvrir certaines portes quand il fait humide? (235)

5. Pourquoi, durant l'été, le temps est-il lourd et étouffant quand le ciel est couvert de nuages ? (237)

6. Pourquoi Dieu, qui a donné la rosée aux plaines, l'a-t-il refusée aux déserts ?

7. Pourquoi les gouttes de rosée roulent-elles sur les feuilles de chou ? (47)

8. Pourquoi les cheveux et la barbe se couvrent-ils parfois de givre pendant l'hiver ? (172)

9. Pourquoi les verres de lunettes se voilent-ils ou s'éclaircissent-ils, suivant les circonstances, en entrant dans une salle ? (187)

10. Pourquoi l'eau coule-t-elle le long des murailles au moment du dégel ? (187)

11. De quelle direction viennent, pour la France, les vents à la fois chauds et humides ?

12. Pourquoi voit-on le brouillard du matin se dissiper peu à peu ? (240)

13. Pourquoi les nuages en queue de chat ne nous donnent-ils pas de neige en été ? (243)

14. Pourquoi les hirondelles volent-elles fort bas lorsqu'il va pleuvoir, et fort haut lorsque le temps est sec ?

15. Pourquoi les cultivateurs redoutent-ils moins pour leurs cultures les froids de l'hiver, quand la terre est couverte de neige? (220)

16. Pourquoi les neiges perpétuelles se tiennent-elles à une hauteur d'autant plus grande que l'on approche plus de l'équateur ? (243)

17. D'où vient le proverbe :

> Bourgeon qui pousse en avril
> Met peu de vin en baril ?   (239-1)

18. Expliquer, d'après les lois de la physique, les phénomènes météorologiques poétiquement interprétés dans le morceau suivant.

LA MÉTÉOROLOGIE DE LA GRAND'MÈRE

1. Grand'mère, écoute comme le méchant vent bourdonne dans la plaine et siffle à travers la feuillée.

— C'est parce que les petits anges filent aujourd'hui. Viens, mon enfant, je veux te l'expliquer. Ils sont assis dans la grande salle du ciel ; chacun tient son fuseau, et tous ces fuseaux réunis font un bourdonnement qui retentit jusque dans notre monde.

II. Mais regarde comme la pluie se précipite maintenant, comme un torrent, sur la terre.

— Les petits anges sont maintenant descendus dans leur jardin ; chacun d'eux arrose les fleurs de son parterre. Il prend l'eau de la source fraîche qui bouillonne dans le paradis. Ce sont ces fleurs nouvellement écloses qui montrent le soir, à travers la voûte du ciel, leurs étoiles blanches et bleues.

III. Bonne maman, quand le tonnerre gronde, les petits anges en sont-ils aussi la cause ?

— On entend alors leurs boules rouler ; maintenant ils préparent tout pour le jeu ; le plus jeune dresse les quilles, un autre verse le vin avec ardeur, car ils boivent le vin du ciel dans le calice parfumé des lis.

IV. Oh ! dis, que font-ils de plus que nous puissions voir encore sur la terre ?

— Ils n'ont jamais les mains inoccupées. Souvent ils font le blanchissage, et quand debout, là, tout près de leurs cuvettes, ils font jouer la mousse, alors chez nous il tombe de la neige blanche qui couvre nos arbres, nos toits et nos champs.

V. Le matin, quand les coqs chantent et que l'aurore luit à la voûte du ciel, c'est la lueur que les roses du ciel projettent agréablement sur la terre. Les anges les ont répandues avec leurs prières devant le trône du Tout-Puissant, tandis qu'en s'accompagnant sur la harpe sonore ils célébraient sa magnificence sur le ton de la jubilation.

VI. Et quand, après les fatigues accablantes de la journée, le soir arrive doux et clair, ils célèbrent invisiblement la sainte messe dans la cathédrale du ciel. Le soleil doré est l'ostensoir que le prêtre élève au-dessus de tous les fronts, et le chœur des petits anges s'agenouille dans la poussière, devant la splendeur du Très-Haut...

(Traduit de Hermann Sprecher.)

ROLE PHYSIQUE DE L'EAU DANS LA CRÉATION

> Quoi de plus ingénieux et de plus beau que ce procédé si simple, d'après lequel nos campagnes sont arrosées par les nuages, nos rivières nourries par les montagnes, et l'Océan maintenu dans les limites qu'il ne peut franchir.　(HERSCHELL.)

I. Les océans : courants marins. — II. Les montagnes : influence de l'altitude sur la température. — III. L'atmosphère.

244. L'eau, cet élément indispensable à la vie des animaux comme à celle des végétaux, nous est maintenant mieux connue sous chacun des trois états qu'elle peut prendre. Nous la voyons *liquide* à la surface du globe, *solide* dans la neige, le givre, le verglas ou la grêle; enfin elle est répandue à l'état *gazeux* et invisible dans l'atmosphère. Puisque c'est la chaleur du soleil qui opère ces diverses transformations, il ne sera pas inutile, comme conclusion de ce livre *de la chaleur*, de déterminer le but et l'utilité des divers changements physiques que l'eau éprouve.

245. LES OCÉANS. — Les régions des tropiques, qui sont le plus fortement chauffées par les rayons du soleil, sont aussi couvertes des eaux les plus abondantes. Par suite de cette élévation de température, des courants d'eau chaude se forment à la surface de ces océans; ils coulent sur l'eau plus froide et plus lourde, comme nos fleuves d'eau douce sur nos continents. Leur direction générale les entraîne vers le nord, et ainsi ils apportent sur les côtes de l'Amérique du Nord et sur celles de la France un peu de la

chaleur des tropiques. Cette première raison suffirait déjà à nous expliquer pourquoi les côtes du Finistère, et généralement le littoral des contrées occidentales de l'Europe, ont une température plus élevée que les régions prises à la même latitude dans l'intérieur des terres.

Mais en même temps qu'elle s'échauffe, l'eau de la mer *s'évapore* et disparaît en partie. Cette évaporation, on le prévoit, sera plus active à la surface des mers équatoriales : l'immense étendue de ces eaux, l'intensité de la chaleur solaire, la violence du vent et des tempêtes, tout contribuera à y augmenter la quantité de vapeur qui s'élève de la mer (186).

Il est vrai que d'autres causes retarderont, là comme partout ailleurs, l'activité de cette évaporation. La pression moyenne de l'air est toujours plus élevée à la surface de la mer; en outre il faut, pour transformer l'eau en vapeur, une énorme quantité de chaleur. Malgré ces deux obstacles constants à la rapidité d'évaporation de l'eau, il n'en reste pas moins certain que la couche d'eau qui s'évapore annuellement à la surface de la mer est considérable; elle peut atteindre jusqu'à sept mètres d'épaisseur (242). La température de ces climats torrides en est diminuée d'autant; et, d'autre part, le vent qui chasse ces colonnes de vapeur et de nuages vers nos régions plus froides, où elles se résolvent en pluie, nous fait profiter de la chaleur qui accompagne cette condensation (202).

246. Les montagnes. — La température va en diminuant à mesure qu'on s'élève (93-1). Sans doute la chaleur du soleil est plus vive dans les hautes régions, puisque les couches d'air moins épaisses absorbent moins de chaleur. Mais l'air y est plus froid, et en outre il demande, pour s'échauffer, plus de chaleur. Aussi tous les voyageurs qui ont gravi les hautes montagnes, ou les aéronautes qui se sont élevés en ballon, ont-ils éprouvé ces vives impressions de froid que ressentait Gay-Lussac lorsque, parti de Paris en juillet par une température de $+$ 30°, il se trouva bientôt à 7000 mètres, dans une atmosphère où son thermomètre marqua — 10°.

L'observation a montré que, en moyenne, une augmentation de 100 mètres en altitude correspond à quatre jours de retard pour la moisson.

Une partie de la vapeur d'eau soumise au froid intense des régions élevées ne tarde pas à s'y condenser et à se transformer en *neige*. C'est sous ce nouvel état que l'eau tombe sur les hautes montagnes. La neige s'y accumule durant toute l'année et y forme une couche de plusieurs mètres d'épaisseur. Au Saint-Gothard, il tombe fréquemment deux mètres de neige en une nuit; en moyenne, il tombe sur les Alpes dix mètres de neige par an.

Toutefois l'énorme pression à laquelle la neige est soumise la fait glisser sur les pentes pour la comprimer dans les ravins ou dans les plis de terrains. Sans doute il arrive trop souvent que des éboulements se produisent dans une substance aussi mobile que la neige; et alors les *avalanches* de neige arrachent les rochers et les arbres sur leur passage, écrasent ou engloutissent les habitations, remplissent le lit des torrents, et provoquent dès lors de redoutables inondations. Mais, en règle générale, la neige des montagnes, suffisamment comprimée, durcit comme un boulet de neige qu'on a serré quelque temps entre les mains; elle devient bientôt dure comme le rocher, limpide comme le cristal, et en même temps elle reste plastique comme une molle argile.

Le *glacier* est la nouvelle forme que prend la neige comprimée des montagnes. Cette glace des hauts sommets s'étend comme un lac ou même comme une mer dans les cirques entourés de toutes parts par des cimes couronnées de neige ; parfois encore elle coule ou plutôt elle glisse sur les pentes comme un torrent dont les eaux auraient été surprises par le froid. Ces mers ou ces fleuves de glace, si communs en Suisse, alimentent les grands fleuves du Rhin, du Rhône et du Danube.

Et remarquez une fois de plus, dans cette circonstance, comment, par les plus simples dispositions, la divine Providence a pourvu à notre sûreté et à notre bien. Si la glace demandait moins de chaleur pour fondre (168), la neige serait fondue presque aussitôt que tombée, et l'eau coulerait en abondance dans le lit des torrents de montagnes; elle emporterait tous les obstacles sur son passage, et nos fleuves, à l'époque de la fonte des neiges, causeraient chaque année d'épouvantables inondations.

Mais, comme il faut beaucoup de chaleur pour la fusion de la glace, l'eau coulera peu à peu à la limite inférieure des glaciers; les rivières, moins rapidement grossies, tariront aussi moins vite, et, alors même que les vents chauds du Midi amèneront une fonte plus générale des neiges, le retard qu'apportera nécessairement la difficile fusion de la glace diminuera les chances des crues abondantes et des inondations.

C'est donc sur ces hauteurs glacées que se trouvent les réservoirs d'eau qui s'épanchent vers la mer en suivant le lit des rivières ou des fleuves ; fort rapide près de leur source, le cours de ces rivières se ralentit à mesure qu'il approche de la mer. Au début, quand sa pente est trop raide, la rivière n'est pas navigable, mais alors sa force motrice est heureusement utilisée par l'industrie dans tous les pays de montagnes ; puis, quand son lit est devenu plus large et plus profond, le fleuve offre à la navigation et au commerce une voie de communication commode et toujours ouverte.

247. L'ATMOSPHÈRE. — La neige ou l'eau qui s'évaporent avec plus ou moins d'activité, sous l'influence du soleil, répandent dans l'air d'abondantes vapeurs.

C'est à leur présence qu'il faut d'abord attribuer la couleur bleue du ciel. Sur les hautes montagnes le ciel paraît plus sombre; il devient noir à mesure qu'on s'élève en ballon, et l'on prévoit qu'à une hauteur suffisante il sera complètement obscur. La couleur du ciel dépend donc de l'épaisseur de la couche d'air et de vapeur que traverse la lumière. Ainsi, même lorsque nous tournons le dos au soleil, le ciel nous paraît éclairé et coloré, tandis que dans le vide complet nous ne verrions de lumière et de couleur que dans la direction même des astres.

Mais l'atmosphère qui nous enveloppe joue un autre rôle au point de vue de la chaleur. Par elle-même, elle laisse passer difficilement la chaleur obscure (224). Et, en effet, qui n'a observé que le soleil, à son coucher, est à la fois moins brillant et moins chaud? Or, à ce moment, les vapeurs formées durant toute la journée sont plus abondantes dans l'air, et les rayons du soleil, les traversant sous une plus grande épaisseur, perdent à la fois de leur éclat et de leur chaleur. Si le soleil paraît rouge à l'horizon, c'est que la vapeur d'eau, qui est bleue par réflexion, absorbe tous les rayons, autres que le rouge, qui la traversent.

Dès lors la chaleur de la terre se perd moins rapidement, puisqu'elle est conservée à sa surface par l'enveloppe de vapeur qui l'entoure. On a donc pu dire avec raison que, grâce à la vapeur d'eau atmosphérique, nous voyageons à travers les régions si froides de l'espace comme dans une serre chaude [1].

Autre conséquence : le refroidissement pour une

---

[1] Dieu dit à Job : « Où étais-tu lorsque je donnais à la mer les nuées pour vêtement, et que je l'enveloppais de vapeurs, comme des langes du premier âge? »

contrée de la terre sera moins sensible si la vapeur d'eau y est plus saturée; plus rapide, au contraire, si elle y est plus rare. Aussi les nuits sont-elles très fraîches dans les déserts, tandis que la température reste plus constante et plus modérée sur le littoral de la mer.

Conclusion. — En résumé, l'eau, sous chacun de ses trois états, a un rôle providentiel à remplir. Elle nous apparaît comme l'agent principal qui préside à la distribution et à la conservation de la chaleur sur toute la surface du globe. Grâce à sa présence, la température ne s'abaisse que lentement quand le soleil nous refuse sa chaleur, et elle ne s'élève aussi que graduellement quand il nous la rend. Pour atteindre ces diverses fins à la fois, il a suffi à Dieu de faire de l'eau le corps qui demande le plus de chaleur pour se dilater, pour fondre ou pour bouillir. Ces propriétés physiques achèvent de donner à cet élément une place à part dans la création.

QUESTIONS

1. Quels sont, en France, les vents secs et les vents humides? (247)

2. Quelles sont les particularités que présente la vie sur les montagnes au point de vue de la lumière, de la chaleur, de la combustion, de la respiration, des sons? (227, 186, 193, 124, 246)

3. Comment expliquer la présence de nuages formés de flocons de neige durant l'été? (247)

4. Quelles sont les propriétés principales de l'air au point de vue de la lumière, de la chaleur et des sons? (219, 118, 124)

5. Donnez une idée des nombreux bienfaits du vent, de ses désastres et des causes qui le produisent.

(*Certif. d'études sup., Ardennes.*)

6. Dire pourquoi les vents du sud et de l'ouest amè-

nent plus souvent la pluie que les vents du nord et de l'est.   (*Certif. d'études sup., Ardennes.*)

7. Pourquoi la couche de neige accumulée sur les plus hautes montagnes n'augmente-t-elle pas indéfiniment d'épaisseur?

8. Décrire le voyage circulaire d'une goutte d'eau ?

9. Quelles sont, pour les animaux qui vivent dans l'eau, les conditions de la vie, au point de vue de la chaleur, de l'acoustique, des pressions et de la lumière? (153-245-117-40-72)

LUMIÈRE

> La lumière vient de Dieu aux astres,
> et des astres à nous.   (JOUBERT.)

Propagation de la lumière. — Ombre et pénombre. — Éclipses.

248. LUMIÈRE. — Rien n'est beau comme un rayon de lumière. Partout où il pénètre, il permet de distinguer les contours et les proportions des objets; il en fait saisir les détails et la beauté en même temps qu'il leur donne la couleur et l'éclat. La lumière est même tellement inséparable de la beauté des formes, qu'on peut dire qu'elle en est la condition principale, et que, à proprement parler, rien n'est beau sans elle. Mais si l'artiste voit dans le rayon lumineux ce qui charme le regard, le physicien y observe ce qui parle à son intelligence : car rien n'est instructif comme ce même rayon; lui seul nous a apporté, des régions de l'infini, la réponse aux questions que notre esprit se posait sur la distance, la nature, l'état et la température des astres placés aux dernières limites du monde; c'est encore à lui que nous devons les nouvelles les plus récentes au sujet des révolutions ou des bouleversements qui se passent à leur surface [1].

Pour nous, qui nous proposons des vues moins élevées, nous demanderons à ce livre *de la lumière* l'explication des phénomènes les plus communs que cet agent mystérieux et insaisissable étale à chaque instant sous nos regards; et, tout d'abord, nous étudierons la propagation de la lumière.

249. VITESSE DE PROPAGATION DE LA LUMIÈRE. — L'œil de l'homme n'a jamais surpris d'intervalle sensible entre le moment où l'on allume une bougie et celui où l'on en aperçoit la lumière. Il n'y a que la pensée qui puisse rivaliser de vitesse avec la lumière. On sait, en effet, que ce rapide rayon parcourt 70,000 lieues par seconde; ainsi, pendant l'une des oscillations du pendule à seconde, la lumière aurait fait 7 fois le tour de la terre, tandis que le son bien plus lent n'aurait parcouru que le tiers d'un kilomètre. Le soleil demande 8 minutes 18 secondes pour nous envoyer sa lumière, à nous qui en sommes éloignés de 38 millions de lieues. En sorte que ce ne sera que dans un peu plus de 8 minutes que nous pourrons observer l'une des flammes qui s'élèvent en ce moment à la surface de cet astre.

250. MODE DE PROPAGATION DE LA LUMIÈRE. — La lumière, en venant d'une bougie à notre œil, se propage, en réalité, comme l'ébranlement que produit un caillou à la surface de l'eau, comme le son qui parvient à notre oreille (fig. 85); elle produit des ondes, des cercles qui vont en s'élargissant à mesure

---

[1] Rien ne peut être beau dans la matière que par l'impression de la pensée ou de l'âme, excepté la lumière, belle par elle-même ou plutôt par l'impression de son principe immédiat, qui est Dieu.
(JOUBERT.)

qu'elle se propage. Par suite de ces ébranlements que toute lumière détermine dans l'espace qu'elle éclaire, la propagation se fait dans les conditions suivantes.

I. LE RAYON LUMINEUX EST RECTILIGNE. — *Expériences.* — (*a*) Laissez entrer par un trou pratiqué dans le volet d'une chambre un rayon de lumière OA' (fig. 151), vous verrez, en vous plaçant sur le côté qu'il trace, dans l'air une ligne parfaitement droite, rendue visible par les poussières qu'il illumine.

(*b*) Percez un trou au centre de trois disques de carton égaux, dont vous placerez l'un au milieu et les deux autres aux extrémités d'un tube. Le rayon de lumière que vous ferez entrer dans ce tube par deux de ses trous sortira toujours par le troisième. La lumière va donc en ligne droite.

251. II. LA LUMIÈRE SE PROPAGE DANS TOUS LES SENS, comme les ronds se forment régulièrement tout autour du point où la pierre est tombée dans l'eau. On voit, en effet, une bougie dans toutes les directions où l'on se place.

252. III. LA LUMIÈRE S'AFFAIBLIT A DISTANCE. — 1° A mesure qu'elle s'éloigne de sa source, la lumière diminue d'intensité, comme le son s'affaiblit à distance, comme les rides produites à la surface de l'eau s'effacent graduellement, en s'éloignant du centre autour duquel elles se sont formées. On prévoit que, à une distance suffisante, une lumière sera assez affaiblie pour qu'on ne puisse plus la distinguer. C'est ainsi que le soir, dans la campagne, on ne commence à apercevoir la lumière qui brille aux fenêtres des maisons que si on en est suffisamment rapproché. 2° D'autres causes contribuent, avec l'éloignement, à rendre invisible une source de lumière. Si tous les astres ne sont pas également visibles, cela tient sans doute, en partie du moins, à ce qu'ils ne sont pas également lumineux; mais il est certain qu'à une

distance plus petite on en découvrirait qu'on ne voit pas à l'œil nu; aussi dit-on que les lunettes *rapprochent* les astres, parce qu'elles les rendent visibles.

3° Enfin on découvre, durant certaines nuits, des astres qu'on ne distingue pas en temps ordinaire. L'atmosphère n'est donc pas toujours également pure et suffisamment transparente pour les laisser voir. Mais pourquoi ces astres qui brillent le soir au-dessus de nos têtes n'apparaissent-ils plus en plein jour? La raison en est qu'une lumière plus vive, comme celle du jour, et surtout celle du soleil, en éclipse une autre qui est trop pâle. Une bougie nous éclaire le soir, tandis qu'au grand jour c'est à peine si nous nous apercevons qu'elle est allumée.

Conclusion. — Ainsi la distance, l'état de l'atmosphère et la différence d'éclat contribuent à rendre plus ou moins visibles les corps lumineux.

283. FORMATION DES IMAGES DANS LA CHAMBRE NOIRE. — *Expériences.* — Supposons que tous les volets

Fig. 151. — Formation des images dans la chambre noire.

d'une salle ont été assez bien fermés pour faire la *chambre obscure;* faisons un petit O trou à un volet avec une vrille (fig. 151), aussitôt la lumière pénétrera dans la chambre par cette ouverture, et elle sera plus ou moins vive, suivant l'éclat des objets placés en dehors.

Une feuille de papier placée à un décimètre de l'ouverture, se recouvrira d'un dessin dans lequel on découvrira le bleu du ciel, les nuages et tout le paysage qui s'étend devant la fenêtre ; mais ce tableau, peint par la lumière elle-même, sera dans une position renversée. L'image que l'on obtient ainsi augmente de dimension quand on éloigne le papier de l'ouverture ; elle diminue si on l'approche.

Ainsi, dans la chambre noire, les images sont *réelles,* puisqu'elles se peignent d'elles-mêmes ; *renversées,* par rapport à l'objet lumineux ; plus ou moins *grandes,* suivant la distance.

Explication. — Ces effets lumineux s'expliquent par la direction rectiligne que suit la lumière : le point A, suivant dans sa marche la droite OA, se peint en A' ; de même, le point inférieur B donne sa lumière en B'.

254. Préparation d'une chambre noire. — On peut se faire une petite chambre noire avec une boîte à sardines ou à biscuits, dont le couvercle est remplacé par une feuille de papier huilé qu'on a bien tendue. Un trou fait avec un clou, au milieu de la paroi opposée, sera l'ouverture pour l'entrée à la lumière. Si l'on dirige cette ouverture du côté d'une maison, on la verra se dessiner sur le papier transparent, mais on distinguera plus aisément son image renversée en tendant un voile au-dessus de la tête, ou en plaçant un livre de manière à diminuer la lumière extérieure qui se reflète sur le fond du tableau.

Applications. — 1. Dirigez la chambre noire du côté du soleil S, vous verrez une petite tache E ronde et lumineuse qui en représentera l'image (fig. 152) ;

changez l'inclinaison de la boîte, vous observerez en même temps que l'image E′ se déformera, elle s'allongera.

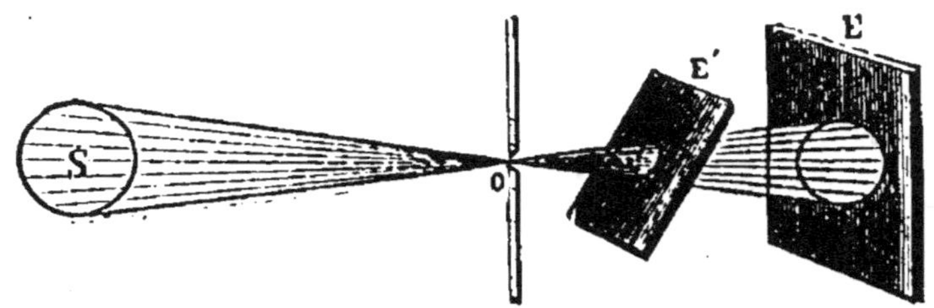

Fig. 152. — Forme de l'image produite dans la chambre noire.

2. Mettez une carte percée d'un trou d'épingle devant le soleil, puis approchez la main en la tenant en dessous de votre petit écran, vous reverrez encore, au milieu de l'ombre, l'image circulaire du soleil.

255. FORMATION DES OMBRES ET PÉNOMBRES. — Les images renversées observées dans la chambre noire, aussi bien que les ombres portées par un objet exposé à la lumière, proviennent du mode de propagation rectiligne de la lumière (fig. 153).

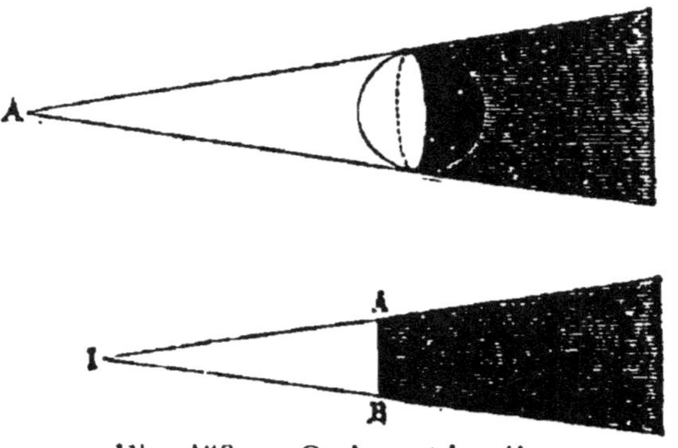

Fig. 153. — Ombre et lumière.

Une silhouette découpée dans une carte de visite intercepte la lumière qui est placée devant elle; elle ne laisse derrière elle que l'ombre ou l'obscurité. Les rayons lumineux qui éclairent notre écran frôlent les découpures de ses bords et vont dessiner sur la muraille une ombre dont les dimensions grandissent avec la distance de la silhouette [1].

[1] Observé de plus près, ce phénomène de l'ombre présente une

256. Applications. — Phases de la lune. — La lune est un globe opaque et obscur par lui-même. Il ne reçoit de lumière que du soleil, et il ne se montre à nos regards qu'autant qu'il nous envoie de lumière. Chacun sait que la lune, au commencement de son mois, est invisible : on dit alors qu'elle est *nouvelle;* puis elle nous découvre un *croissant,* portion fort étroite de sa surface; quelques jours plus tard c'est un disque à moitié éclairé ou *premier quartier;* puis le disque est tout entier lumineux : c'est la *pleine lune.* À partir de ce jour, la lune décroît et montre successivement un quartier, puis un croissant.

Il y a donc, à la surface de la lune, une distribution très variée d'ombre et de lumière dont il importe d'expliquer le jeu. Pour cela, mettez une bougie au centre d'une table ronde, puis placez devant vous,

ligne de démarcation moins nette. La séparation de la lumière et de l'ombre se fait par la *pénombre,* la lumière allant graduellement en s'affaiblissant jusque dans l'intérieur de l'ombre (fig. 154). *L'épaisseur* de la pénombre dépend des dimensions de l'objet lu-

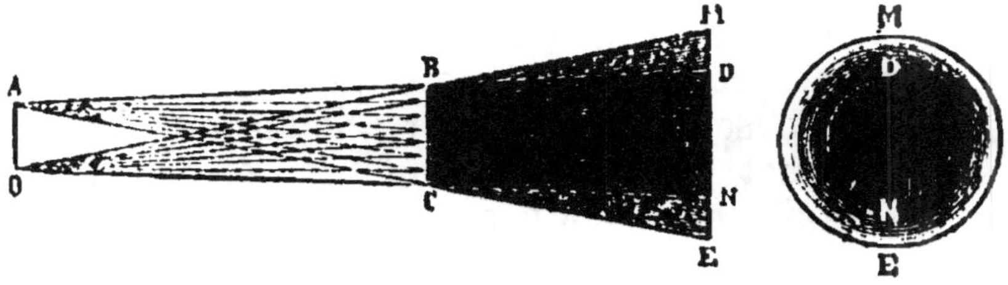

Fig. 154.

mineux. Le point A de l'objet lumineux AO (fig. 154) projetterait l'ombre DBCE s'il était seul; mais il éclairerait la région située au-dessus de la ligne DB. Pareillement le point O donne une ombre limitée par les lignes MBNC. Tous les points compris entre O et A donnent pareillement de la lumière entre les lignes BM et BD, CN et CE. Les contours plus rapprochés des limites extérieures BM, CE reçoivent plus de lumière; ceux qui sont plus voisins de BD, CN en reçoivent moins, comme l'indiquent d'ailleurs les cercles concentriques ME, DN, qui donnent la section de ces différentes nappes d'ombre, de pénombre et de lumière.

sur le bord de la table, une lampe non allumée avec son globe de verre dépoli. La bougie figurera le soleil, le globe obscur sera la lune. Tout d'abord, quand la lampe sera entre la bougie et votre œil, le globe vous présentera un disque obscur : ce sera la *nouvelle lune*. — Déplacez la lampe vers la droite en la maintenant toujours sur le même cercle, vous apercevrez alors sur le globe un *croissant* lumineux et une partie fort large et non éclairée de sa surface. Voici successivement le premier quartier, le disque n'est éclairé qu'à moitié; puis la surface lumineuse s'élargit; quand elle a fait un demi-tour, la lampe présente un globe tout entier éclairé : c'est la *pleine lune*. Le déplacement que l'on continue de donner à la lampe amène les autres phases semblables aux précédentes.

Éclipses. — Il y a éclipse chaque fois qu'un corps jusque-là éclairé entre dans l'ombre. Dans l'expérience précédente, l'observateur qui se tient derrière le globe de la lampe est dans l'obscurité : il est éclipsé.

1. Une boule qu'on tiendrait à la main pour la mettre successivement devant la bougie ou derrière le globe serait tour à tour éclairée ou obscure. Si on admet qu'elle représente la terre, on s'expliquera aisément que le soleil devient invisible, et par suite qu'il s'éclipse pour nous, quand la terre se plonge dans l'ombre que projette le globe lunaire. C'est donc l'interposition de la lune entre le soleil et la terre qui produit les *éclipses de soleil.*

2. Placez, au contraire, la boule tenue à la main entre la bougie et la lampe. Aussitôt la lune s'éclipse, car elle est plongée dans l'ombre projetée par la terre. Les *éclipses de lune* tiennent, en effet, à l'interposition de la terre entre le soleil et la lune.

Conclusion. — 1. La lumière se propage en ligne

droite. — 2. Elle se répand dans tous les sens. — 3. Les délimitations d'ombre et de lumière dépendent

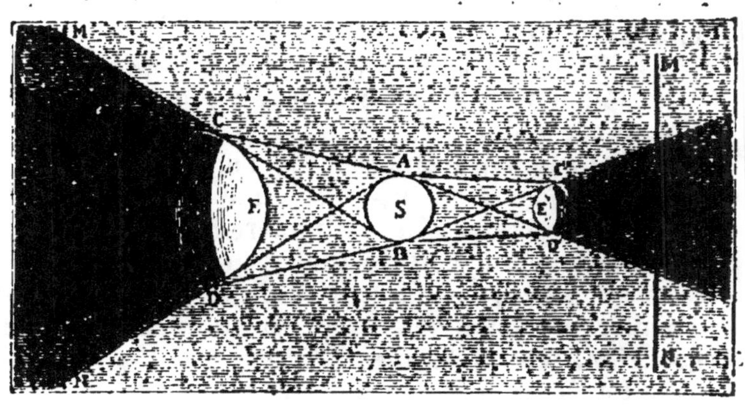

Fig. 155. — Ombre et pénombre circulaires.

S, soleil. — E, la terre. — E', la lune. — MN, section faite dans les cônes d'ombre et de lumière.

à la fois des deux lois précédentes et de la forme des écrans, qui interceptent la lumière, comme le montre la figure 155.

QUESTIONS

1. Pourquoi regarde-t-on une règle dans sa longueur pour s'assurer qu'elle est droite? (250-1)

2. Pourquoi ne peut-on pas voir le soleil quand on est à l'ombre? (250-1)

3. Pourquoi découvre-t-on plus d'étoiles au sommet d'une montagne? (252)

4. Pourquoi voit-on dans un corridor obscur autant d'images arrondies du soleil qu'il y a de trous aux volets qui ferment les fenêtres? (253)

5. Pourquoi, dans une allée ombragée, voit-on par terre une multitude de taches lumineuses plus ou moins allongées? (253)

6. Pourquoi ne découvre-t-on les vers luisants que pendant la nuit? (252)

7. Pourquoi l'éclipse de soleil ne s'observe-t-elle qu'en

certains points de la terre, tandis que l'éclipse de lune se voit de tout un hémisphère? (256)

8. Pourquoi l'éclipse de lune ne se produit-elle qu'au moment de la pleine lune?

9. Pourquoi le photographe, avant d'opérer, se couvre-t-il la tête d'un voile pour observer l'image sur le fond de la chambre noire? (252)

10. Pourquoi les ombres que l'on produit sur la muraille avec la main sont-elles d'autant plus grandes que la main est plus près de la lumière? (255)

11. Le jour, on voit de l'intérieur d'une salle ce qui se passe dans la rue sans être vu de l'extérieur; la nuit, on ne voit rien dans la rue, et on est vu dans la salle éclairée. D'où vient cette différence? (252)

12. La lune recevant sa chaleur du soleil, pourquoi nous renvoie-t-elle cependant beaucoup moins de chaleur et de lumière? (252)

RÉFLEXION DE LA LUMIÈRE

> Une seule expérience sur la ré-
> flexion de la lumière donne toute la
> théorie des miroirs.   (D'ALEMBERT.)

Réflexion. — Propriétés des miroirs plans établies expérimentalement.

257. RÉFLEXION DE LA LUMIÈRE. — *Expériences.* — 1. Un rayon lumineux AB (fig. 156), reçu sur un morceau de verre ou de métal poli B, se brise au point où il rencontre la surface brillante, et change aussitôt de direction en se relevant suivant CB : on dit qu'il se *réfléchit*. Le même phénomène se repro-

duit quand on ouvre une fenêtre dont les vitres
sont frappées par les rayons du soleil; les rayons

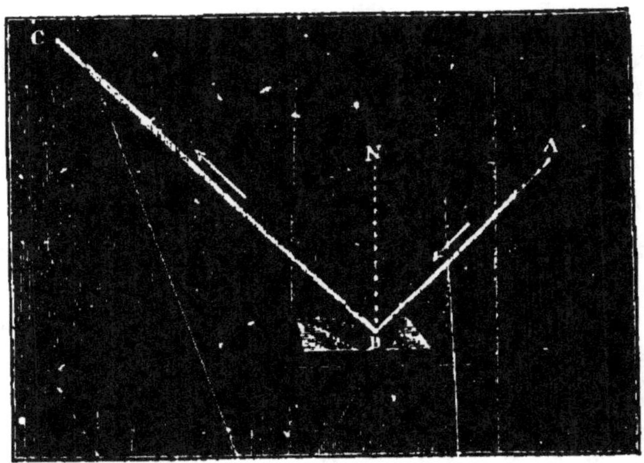

Fig. 156. — Réflexion de la lumière.

lumineux, rapidement déplacés, décrivent dans l'espace un trait de lumière qui souvent étonne ou
éblouit.

2. Si on observe de plus près le rayon qui s'est
réfléchi sur la surface polie du verre, on constate qu'il
est toujours aussi incliné sur la surface que le rayon
direct ou incident. Aussi ces deux rayons se portent-
ils l'un vers l'autre quand augmente l'angle que fait
le rayon incident avec cette surface.

Conclusion. — Ces simples expériences nous permettent de conclure que la lumière change de direction à la rencontre d'une surface polie, comme le son
qui frappe un obstacle (fig. 85), comme une bille qui
rebondit au contact d'une surface élastique.

258. Lois de la réflexion. — *Appareil et démonstration.*—L'appareil que nous allons construire,
si simple qu'il soit, suffi. pour établir et pour démontrer les lois de la réflexion.

Traçons au crayon une perpendiculaire qui divise en deux parties égales une planchette rectangulaire grande comme ce livre ouvert (fig. 157), puis, traçant du pied de cette perpendiculaire une demi-circonférence, nous prendrons de part et d'autre de la perpendiculaire quatre arcs de cercle égaux deux à deux.

Fixons maintenant sur la planchette, avec des crochets en fer ou en cuivre, quatre bouts de tube de verre ou de fer-blanc, en ayant soin de les placer sur la direction des quatre rayons menés du centre aux quatre extrémités des arcs de cercle.

Il nous suffira de fixer en M, avec deux pointes, les bords d'un morceau de verre, nu ou étamé, au bord de la planchette marqué par le centre du cercle, pour terminer notre appareil de démonstration.

Expériences. — 1. Une allumette enflammée est placée devant l'ouverture I d'un premier tube (fig. 157) : on constate qu'il faut placer l'œil en R et non en R' pour en voir la lumière dans le miroir M. Ce résultat prouve d'abord que le rayon réfléchi RM reste dans la surface de la planchette, c'est-à-dire dans le plan d'incidence.

Il montre ensuite que l'angle d'incidence IMN est égal à l'angle de réflexion NMR.

On voit que ces angles d'incidence et de réflexion sont compris entre les rayons incident ou réfléchi et la perpendiculaire élevée sur le miroir au point d'incidence.

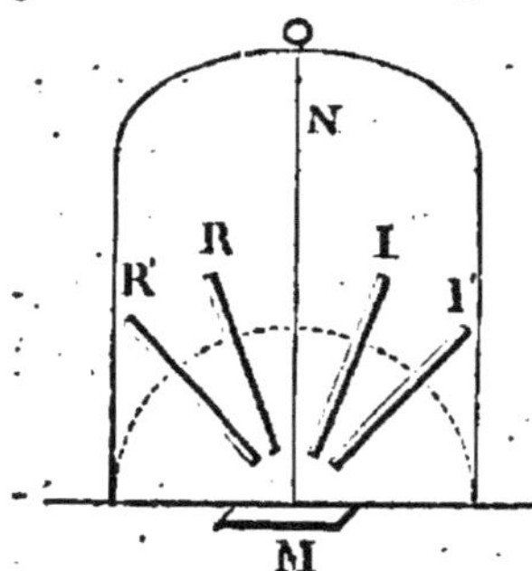

Fig. 157.
Lois de la réflexion.

2. L'œil placé en R' voit bien le miroir, mais n'aperçoit plus le rayon qui vient suivant la direction IM. Ce qui démontre que la réflexion ne s'opère que suivant une direction déterminée.

3. Mais la lumière s'aperçoit par ce tube R' dès qu'on

la transporte de I en I'. Une fois encore, on constate ici l'égalité des angles d'incidence et de réflexion.

Conclusion. — Le résultat principal de ces expériences est que les angles d'incidence et de réflexion sont égaux.

MIROIRS PLANS

259. QU'APPELLE-T-ON MIROIR PLAN? — Toute surface brillante dressée comme une lame de verre peut servir de miroir plan. Les miroirs ordinaires ont une de leurs faces étamée, c'est c' ? qui réfléchit la lumière; les plaques d'argent trè. polies sont les miroirs les plus parfaits.

Que voit-on dans un miroir plan. — On sait de toute antiquité que l'on voit dans un de ces miroirs l'image exacte des objets qui se trouvent placés vis-

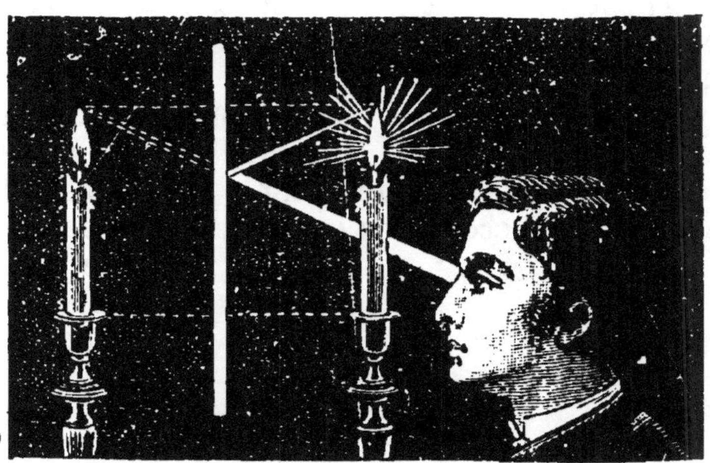

Fig. 158. — Image vue sur un miroir plan.

à-vis. Et bien que cette observation, aussi fréquente que commune, ne nécessite point de longs développements, il ne sera point inutile toutefois d'énoncer les propriétés de l'image du miroir plan.

1. Regardons dans le miroir l'image de la main

droite, dont la paume est tournée vers la surface polie. Inutile de chercher derrière le miroir, comme le chat de la fable [1], l'image qu'on aperçoit à sa surface; car elle n'est ni derrière ni dans le miroir. Si, en effet, elle était sur le miroir, on la verrait de partout, tandis que l'on sait qu'il faut se placer dans une position convenable et déterminée pour l'apercevoir. L'image ne se forme que dans l'œil; elle n'est donc pas réelle, on l'appelle *virtuelle*.

2. L'image est, de plus, égale et *symétrique*, comme les deux mains qui, placées à droite et à gauche du corps, sont à la fois égales et symétriquement placées. Aussi l'image de la main droite ressemble à la main gauche vue à travers le miroir.

3. En outre, l'objet et son image sont à la même distance du miroir; ils s'en écartent ou s'en rapprochent en même temps et également, comme on peut le vérifier en approchant ou éloignant la main ou une bougie du miroir (fig. 158).

260. Ou FAUT-IL SE PLACER POUR VOIR UNE LUMIÈRE DANS UN MIROIR? — *Expérience.* — Avant de répondre à cette question, nous voudrions faire une expérience. Recouvrons un petit miroir de verre MM'

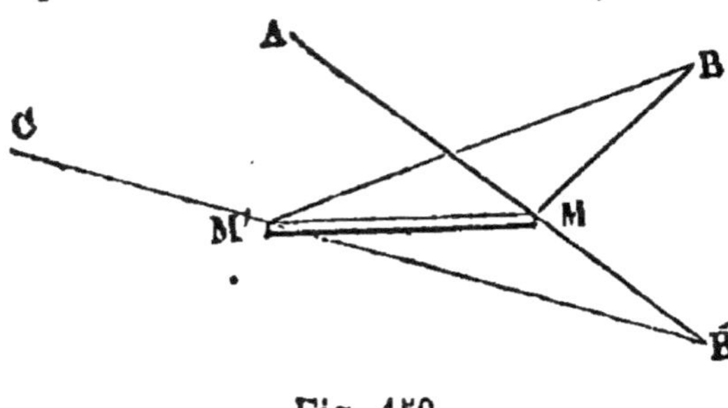

Fig. 159.

d'une feuille de carton ou de papier noir, puis faisons dans le papier deux trous aux extrémités M et M' du miroir, de manière à ne laisser voir que deux points de sa surface brillante. Plaçons le miroir sur une table, à quelque distance d'une bougie B. Si

<hr>

[1] V. *Le Chat et le Miroir,* de Florian.

l'expérience se fait dans l'obscurité, et qu'on ne laisse passer la lumière de la bougie que par une ouverture faite dans un écran, deux rayons seulement BM et BM' tomberont sur le miroir et se réfléchiront à sa surface; on pourra les suivre dans l'espace, et l'on constatera qu'ils vont en s'écartant ou en divergeant. Mais, si l'on regarde dans la direction de l'un de ces deux rayons AM ou CM', on croit apercevoir l'image de la bougie en B', derrière le miroir et à la même distance que la flamme. Ce sont, en effet, ces rayons divergents qui forment l'image virtuelle du miroir. Découvrons maintenant sa surface, l'image ne changera pas de position, mais elle gagnera en intensité. On voit que tous les rayons qui tombent de la bougie sur le miroir sont compris entre les deux rayons extrêmes AB' et CB' que nous avions commencé par tracer.

Conclusion. — 1. Ainsi, pour décider d'où l'on peut voir un objet B dans un miroir, il faut abaisser de l'objet sur le miroir une perpendiculaire qu'on prolonge d'une égale longueur derrière sa surface, puis mener de ce point symétrique B' des droites aux bords du miroir. Ces lignes limitent l'espace où il faut se placer pour voir l'objet lumineux.

2. Inversement, si l'on place l'œil où était tout à l'heure la bougie, on ne pourra de ce point B découvrir dans le miroir que les objets compris entre les lignes AB', CB' passant par les bords du miroir.

OBJET LUMINEUX PLACÉ ENTRE DEUX MIROIRS

261. Miroirs parallèles. — Quand, dans une salle, deux miroirs, deux glaces AA', BB', sont en face l'une de l'autre, les objets, les lustres, par exemple, placés entre elles, s'y reproduisent indéfiniment. On aperçoit, à travers l'encadrement des deux glaces (fig. 160), une longue galerie qui se prolonge dans les deux sens, et dans laquelle le même objet O se répète de place en place. L'illusion est d'autant plus

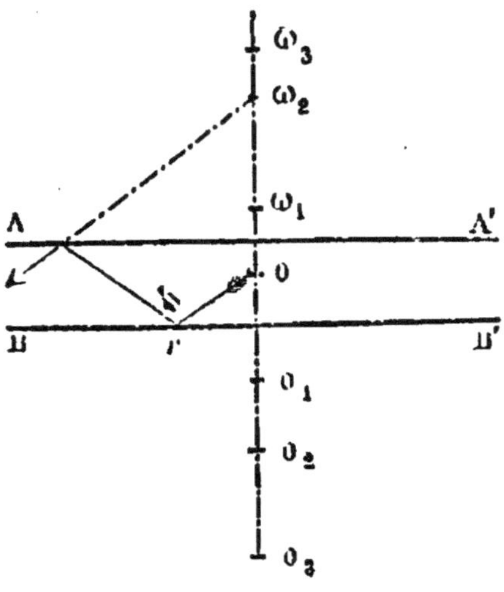

Fig. 160. — Miroirs parallèles.

complète, que les dernières images qu'on peut distinguer sont petites et peu éclairées, comme tout objet que l'on voit dans le lointain.

On conçoit d'ailleurs que les rayons lumineux envoyés par l'objet éclairé se réfléchissent successivement sur chaque miroir, en passant de l'un à l'autre, comme une bille qui, fortement lancée, toucherait à plusieurs reprises deux bandes opposées d'un billard.

262. MIROIRS INCLINÉS. — Ces réflexions multiples se font encore, mais en moindre nombre, lorsque l'objet lumineux est placé entre deux miroirs inclinés A et B. Si l'angle est droit (fig. 161), on voit trois images C', C'', C''' et l'objet C; il y a donc une lumière réelle ou virtuelle dans chacun des quatre angles égaux que font les miroirs prolongés au delà de leur ligne d'intersection.

Expériences. — 1. Dans le kaléidoscope, deux

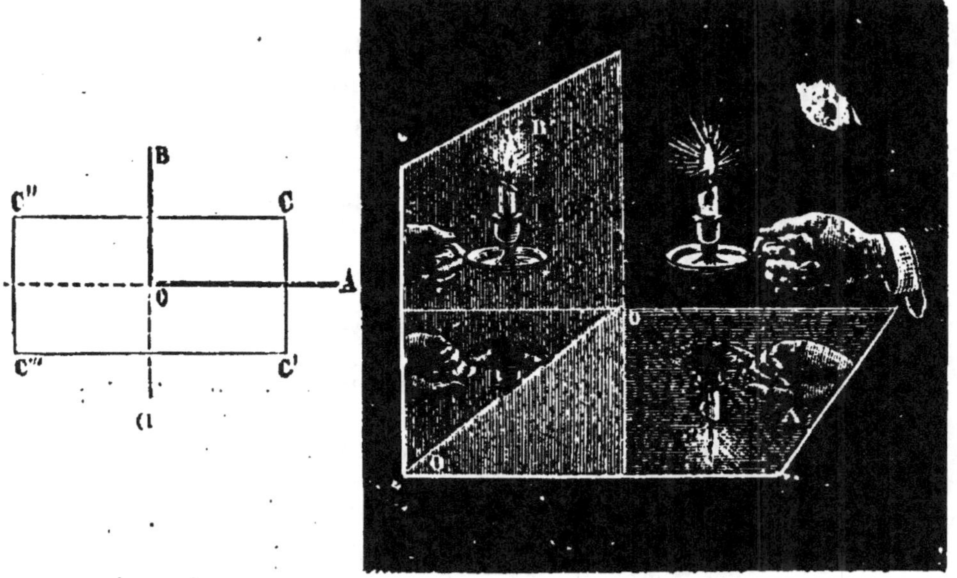

Fig. 161. — Miroirs rectangulaires.
1. Théorie. — 2. Expérience.

miroirs sont inclinés de 60°, leur angle est donc le sixième d'une circonférence. Aussi un même point, une branche de mousse, un morceau de verre coloré dónne-t-il cinq images symétriquement placées par rapport aux miroirs; il se forme ainsi des étoiles à six pointes. Et, comme les quelques objets colorés qu'on a placés entre les miroirs varient de position pendant le mouvement que l'on imprime au tube qui contient les miroirs, les dessins formés varient à l'infini.

Fig. 162.

2. Dressez l'un contre l'autre deux miroirs M, M', de manière à resserrer entre eux un jeton de damier,

mi-partie blanc, mi-partie noir, et vous le verrez se reproduire nombre de fois dans ces deux miroirs (fig. 162). L'angle qu'ils comprennent entre eux diminuant ou augmentant, suivant que le jeton est éloigné ou rapproché de la ligne de contact des miroirs, on voit en même temps augmenter ou diminuer le nombre des images observées. Un morceau de papier taillé en pointe et placé entre les deux miroirs donne des étoiles dont on multiplie les rayons à volonté.

QUESTIONS

1. Pourquoi voit-on dans l'eau l'image renversée des objets placés sur la rive? (257)

2. Pourquoi, le soir, voit-on dans les vitres l'image de tout ce que renferme une chambre éclairée? (257)

3. Pourquoi accroche-t-on son miroir à une fenêtre quand on veut faire sa barbe en plein jour?

4. D'où viennent les cercles concentriques qui se forment au plafond, au-dessus d'une cheminée de lampe? (257)

5. Comment peut-on s'assurer que l'on est vu dans un miroir? (260)

6. A quoi servent les miroirs placés près du bord extérieur de certaines fenêtres? (257)

7. Pourquoi est-il préférable, pour lire, de tourner le dos au jour et de présenter le livre à la lumière?

8. Quelle est la meilleure direction de la lumière pour écrire?

MIROIRS SPHÉRIQUES

> Ce sont les miroirs qui donnent des
> yeux aux astronomes et nous dévoilent
> la prodigieuse magnificence de ce monde,
> presque uniquement habité par des
> aveugles. (FONTENELLE.)

**Propriétés des miroirs concaves et des miroirs convexes
établies expérimentalement.**

203. EXEMPLES DE MIROIRS SPHÉRIQUES. — Un miroir sphérique est une calotte sphérique ou portion de la surface d'une sphère qui est brillante ou polie. Le miroir est concave si l'intérieur réfléchit la lumière; il est convexe si c'est l'extérieur.

Les miroirs concaves sont fort communs. On peut donner pour exemples les réflecteurs adaptés aux lanternes des voitures, les miroirs métalliques échancrés qui projettent sur les étalages la lumière du gaz; au besoin, on pourrait même montrer l'intérieur de la cuvette d'une montre, une des faces concaves d'un verre de lunette ou le fond d'un verre à boire. Ces miroirs se prêtent tous à la reproduction plus ou moins parfaite des expériences que nous allons citer, et qui suffiront pour nous donner l'idée des propriétés principales de ce genre de miroirs.

PROPRIÉTÉS DES MIROIRS CONCAVES

264. I. FOYER PRINCIPAL. — *Expériences.* — Un miroir concave MN en métal ou en verre est tourné du côté du soleil : il en reçoit la lumière et la concentre en un point ou *foyer* F (fig. 163). Une feuille de papier placée en ce point y est, en effet, plus vivement éclairée que partout ailleurs (fig. 141).

Mais, pour nous rendre compte de la formation de ce foyer, faisons les expériences suivantes.

1. Un écran formé d'une feuille de carton est placé entre le foyer et le miroir, les rayons lumineux

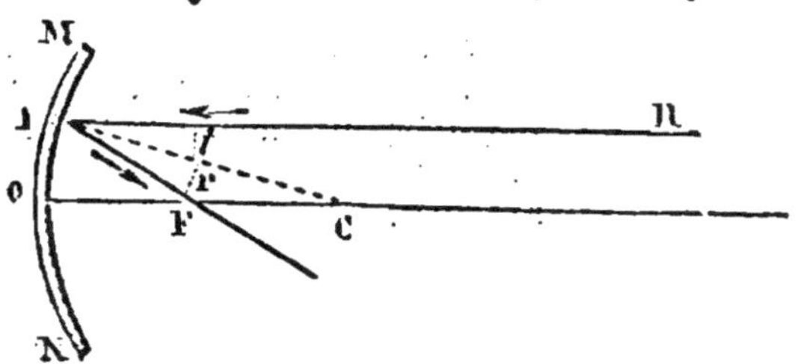

Fig. 163. — Des rayons parallèles forment un foyer principal.

y forment un cercle lumineux dont le diamètre diminue à mesure que l'on s'éloigne du miroir pour aller vers le foyer. Au delà du foyer, le cercle augmente, au contraire. Ce fait nous prouve que les rayons forment un faisceau de lumière convergente vers le foyer, mais divergente à partir de ce point.

2. Afin de démontrer que les rayons se coupent au foyer, faisons dans une feuille de carton des trous de

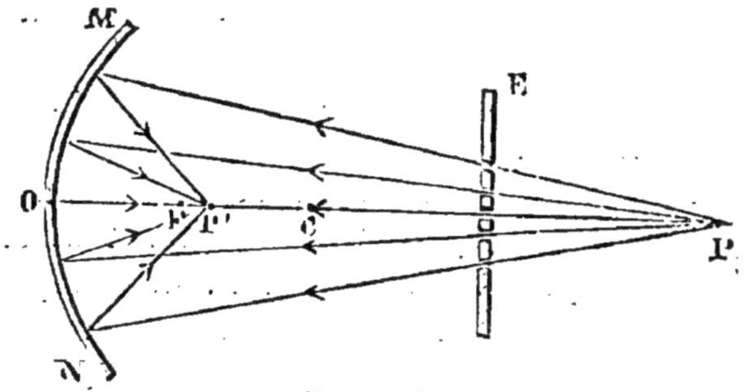

Fig. 164.
Vérification expérimentale de la direction des rayons réfléchis.

différentes formes (fig. 164) : l'un carré, l'autre rond, le troisième triangulaire, etc.; puis fixons ce carton en E au delà du foyer. Cinq rayons seulement, venant du soleil ou d'une bougie P et passant par ces trous, peuvent tomber sur le miroir. Le foyer qu'ils forment à l'endroit où ils se coupent a la même position que si le faisceau lumineux était complet. Interceptons les cinq rayons à l'aide d'une carte placée entre le miroir MN et le foyer F, et notons la position de chacune des taches ronde, carrée ou triangulaire qu'ils y produisent, nous remarquerons que ces positions seront renversées si nous portons la carte au delà du foyer. Tel faisceau qui était en haut avant de passer au foyer est en bas après ce point. Les rayons lumineux se coupent donc au foyer.

265. APPLICATION. — Pour utiliser cette propriété des miroirs concaves, on place d'ordinaire à leur foyer les lumières dont on veut projeter les rayons dans une direction déterminée. Car, de même que les rayons parallèles du soleil IR, oC (fig. 163), se rencontrent au foyer F du miroir, les rayons issus du foyer deviennent à leur tour parallèles après s'être réfléchis sur le miroir. C'est grâce à cette propriété qu'on peut projeter à une grande distance la lumière d'une lampe ou d'une bougie, en se servant d'un simple miroir concave en verre étamé ou en métal argenté (fig. 87).

266. II. FORMATION DES IMAGES. — Les images formées par les miroirs concaves varient de position, de grandeur et de nature, suivant la position que l'on donne à l'objet lumineux. Aussi, pour rendre compte des phénomènes que les miroirs concaves permettent d'observer, devient-il nécessaire de faire des expériences dans deux positions différentes de l'objet lumineux.

1. *L'objet lumineux est au delà du foyer principal.* — *Expériences.* — Notre objet lumineux est une bougie allumée qu'on place devant le miroir dans la chambre noire. L'image qu'elle forme est recueillie soit sur la muraille, soit sur une carte servant d'écran.

Dans un premier cas (fig. 165), la bougie est placée

en B un peu *au delà du foyer* du miroir M; grâce à un déplacement convenable de l'écran B', on recueille l'image : elle se forme d'elle-même, et par suite elle

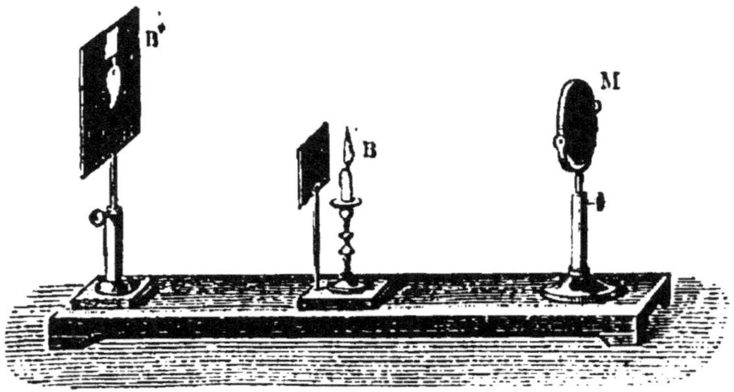

Fig 165. — Image réelle formée par un miroir concave.

est *réelle;* elle est *renversée*, puisque la pointe de la flamme est en bas dans l'image; enfin elle est *plus grande* que la flamme. On peut encore constater aisément que cette image apparaît à une distance plus grande que le double de la distance du foyer au miroir.

Si, dans une seconde expérience, on place la bougie à la distance où l'on vient de recueillir une image, on verra se former une image à l'endroit même qu'occupait primitivement la bougie. Cette image sera encore réelle et renversée, mais elle sera plus petite que la flamme, et par suite plus brillante que la première.

Autre expérience. — Il serait curieux de répéter cette expérience avec un carton dans lequel on a découpé une figure, un mot ou une flèche. Cet écran, exposé au soleil et placé devant le miroir, ne laisse passer qu'un faisceau de lumière auquel il donne sa forme. On recueille alors sur la carte une image retournée et réelle du dessin lumineux qu'on avait employé.

267. 2. *L'objet lumineux est entre le foyer et le miroir.*— *Expériences.* — (a) Une bougie placée

en P dans ces conditions ne forme plus d'image que
l'on puisse recevoir sur un écran. Le carton servant

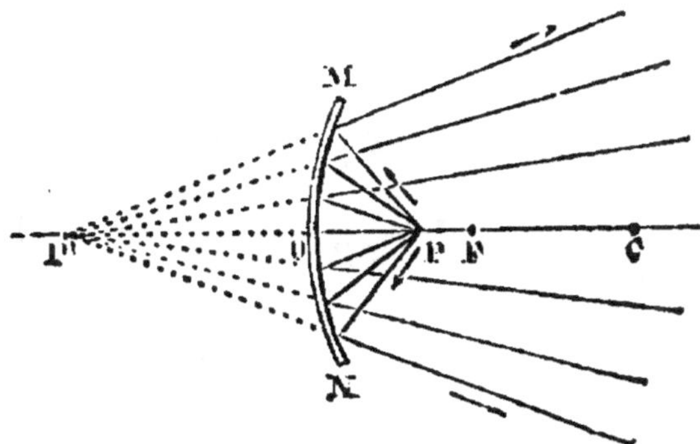

Fig. 166. — Formation du foyer virtuel.

d'écran se couvre bien de lumière, mais aucun con-
tour ne se dessine; les rayons lumineux vont, en
effet, en divergeant à partir du miroir (fig. 166).

Toutefois on peut encore *voir* l'image de la bougie, mais il faut pour cela la chercher dans le miroir;
elle s'y montre en P' virtuelle, comme l'image dans
un miroir plan (259-1), et en même temps elle apparaît ici droite et plus grande que la flamme.

(*b*) La figure 167, en reproduisant un autre phéno-

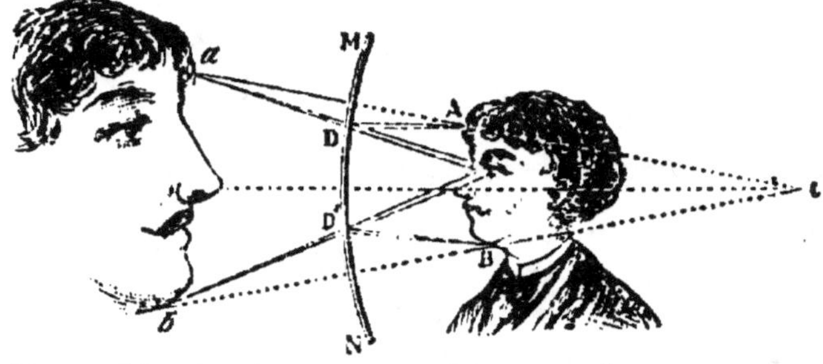

Fig. 167. — Marche des rayons qui forment une image virtuelle.

mène, rend compte de la formation de ce nouveau
genre d'images. Celui qui se regarde dans un miroir
s'y voit une figure agrandie et dans une situation
normale. En effet, le faisceau de lumière issu du

point A, devenu divergent après sa réflexion en
sur le miroir, ne donne d'impression lumineuse uniqu

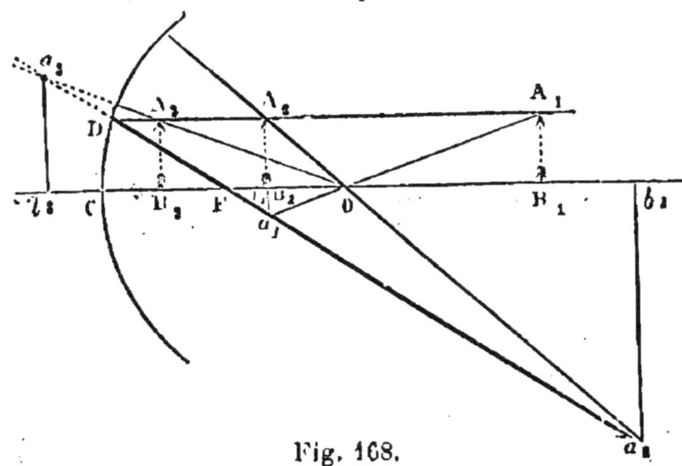

Fig. 168.

Trois images d'un même objet AB placé en trois positions différente

qu'au point *a*, où ses divers rayons semblent se rer
contrer. Pareillement, le faisceau issu du point B pa
raît venir du point *b*. Comme ces nouveaux poin
sont plus écartés l'un de l'autre que les points A et
l'image paraît agrandie.

CONCLUSION

La figure 168 va nous permettre de résumer ce qui précède
déterminant les diverses relations de position et de grandeur d'u
objet et de son image.

OBJET LUMINEUX PLACÉ	L'IMAGE FORMÉE PAR LE MIROIR CONCAVE
1. Au delà du double de la distance focale. — Objet A_1B_1	Est plus petite, réelle et renversée. — Image a_1b.
2. Au double de la distance focale	Est égale, réelle et renversée.
3. Un peu au delà du foyer F, en A_2B_2	Est plus grande, réelle et renversée. — Image a_2b_2.
4. En deçà du foyer F, en A_3B_3	Est plus grande, virtuelle et droite. — Image c_3b_3.

268. EXEMPLES DE MIROIRS CONVEXES. — Toute boule
ou sphère dont la surface extérieure est brillante
forme un miroir convexe. Ainsi les boules de verre
argentées ou dorées, la surface arrondie d'une théière
d'argent ou d'une soupière, sont des miroirs convexes
plus ou moins réguliers et brillants.

Propriétés. Les miroirs convexes ne donnent lieu
qu'à un nombre fort restreint d'observations.

Une boule de verre installée devant un objet, un
paysage, un jardin, en donne une image droite, virtuelle, et qui paraît d'autant plus nette, plus vive et
plus lumineuse, qu'elle est réduite à de plus petit s

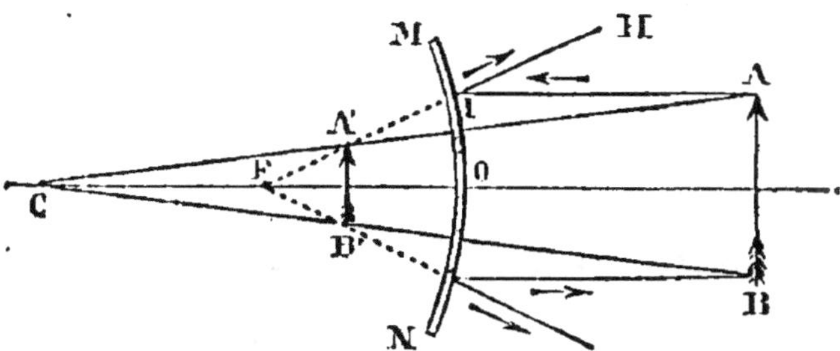

Fig. 169. — Images virtuelles des miroirs convexes.

dimensions. Comme nous venons de le dire, ces
images, étant virtuelles, sont tout entières dans l'œil
qui les observe; on ne saurait donc songer à les recueillir sur un écran.

Ce fait donne déjà à supposer que les rayons, tels
que IA, réfléchis sur cette surface, sont rendus divergents suivant IH. Leurs points de rencontre A′,B′
semblent se trouver derrière la surface du miroir MN,
ce qui rend l'image A′B′ virtuelle.

QUESTIONS

1. Dans quels cas les miroirs sphériques donnent-ils
des images réelles ou virtuelles? (267 et 268)

2. Où placer l'objet devant un miroir sphérique concave pour avoir une image droite et plus grande? (266)

3. Les images droites sont-elles toujours plus grandes que l'objet ? (267-268)

4. De deux images d'un objet, l'une plus petite et l'autre plus grande, quelle doit être la plus brillante?

5. Deux observateurs voient-ils dans un miroir convexe la même image d'un paysage? (267)

6. Pourquoi la chaleur et la lumière sont-elles plus vives au foyer d'un miroir concave? (264)

7. Pourquoi voit-on son image droite et réduite sur l'œil de son interlocuteur? (268)

8. Comment s'assure-t-on qu'un disque de métal ou de verre est plan, ou concave ou convexe?

RÉFRACTION — RÉFLEXION TOTALE —
MIRAGE

Telle ou voit du soleil la lumière éclatante
Briser ses traits de feu dans l'onde transparente.
(Henriade, ch. x.)

269. PHÉNOMÈNE DE RÉFRACTION. — Quand, dans une chambre obscure ou faiblement éclairée, on fait tomber un rayon lumineux AB à la surface de l'eau (fig. 170), on le voit se briser suivant la ligne BC, à partir de la surface libre du liquide. On dit alors que la lumière se *réfracte*.

Ce phénomène de la réfraction se reproduit dans tous les liquides transparents chaque fois que le rayon lumineux est incliné sur la surface du liquide. Un rayon qui suivrait la direction NN' du fil à plomb resterait rectiligne.

En observant de plus près ce qui se passe dans cette simple expérience, on constate que le rayon BA se rapproche de la perpendiculaire NN′ en passant, suivant BC, de l'air dans l'eau. Au contraire, si la lumière venait du point C, le rayon CB, en traversant l'air, s'écarterait de cette même ligne NN′ et prendrait la direction BA.

On dit qu'un milieu est *plus réfringent* qu'un autre quand il rapproche davantage de la perpendiculaire menée à sa surface le rayon qui le traverse; l'air est donc moins réfringent que l'eau, et l'eau à son tour est moins réfringente que le verre.

On peut dire, en général, que les corps les plus lourds sont aussi les plus réfringents. Cependant cette relation n'est pas absolument vraie, car l'alcool, plus léger que l'eau, est cependant plus réfringent.

Fig. 170.
Phénomène de réfraction.

La perpendiculaire NN′, élevée au point d'incidence, s'appelle la *normale*. Le rayon AB est *incident*, BC est le rayon *réfracté*; l'angle d'*incidence* est NBA, l'angle de *réfraction* CBN′. On voit ici que l'angle NBA est plus grand que l'angle CBN′.

270. Conséquences. — Si simples qu'ils soient, les principes que nous venons d'exposer permettent d'expliquer plusieurs phénomènes d'observation journalière qui sont dus à la réfraction.

1. *Réfraction atmosphérique.* — La lumière que nous envoient les astres n'arrive jusqu'à nous qu'en

traversant l'atmosphère. Si peu réfringent que soit ce milieu transparent, il fait pourtant dévier le rayon lumineux : aussi nous ne voyons ni les étoiles ni le soleil dans leur vraie position, à moins qu'ils ne soient au-dessus de nos têtes. La déviation que l'air fait éprouver aux rayons lumineux est toutefois assez faible ; elle ne surpasse pas l'angle sous lequel nous voyons le disque du soleil. Un astre est toujours en réalité plus bas qu'il ne paraît ; une étoile placée en A paraît en A'. Quand le soleil ou la lune sont à l'horizon (fig. 171), la déviation qu'éprouve la lumière envoyée

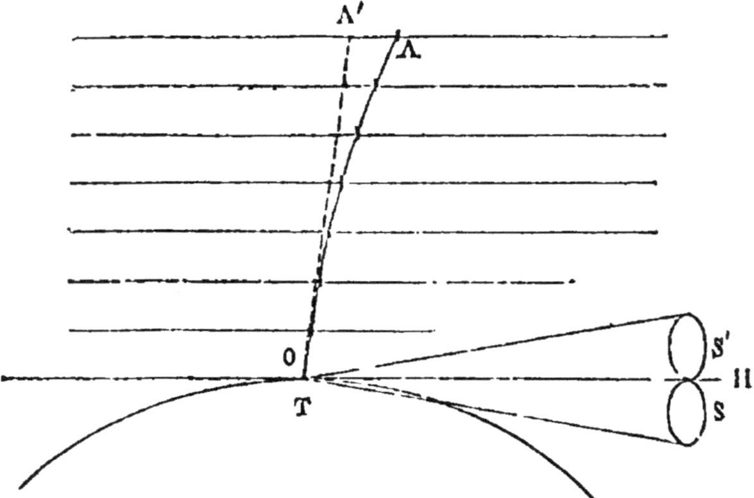

Fig. 171. — Réfraction atmosphérique.

par ces astres est la plus forte, à cause de la plus grande épaisseur des couches d'air dans cette direction ; chacun de ces astres est en réalité tout entier en S en dessous de l'horizon OH, alors qu'il nous semble qu'il s'apprête seulement à descendre de S' en S.

2. *Médaille vue dans l'eau.* — Quand nous regardons un objet dans l'eau, les rayons réfractés qui frappent nos yeux ont passé d'un milieu plus réfringent dans un autre qui l'est moins ; ils viennent de

l'eau dans l'air : leur marche est donc inverse de celle que nous avons observée jusqu'ici. Ce changement de direction, qui est très fréquent, produit des phénomènes curieux.

Expérience. — Une pièce de monnaie est placée en *a* au fond d'un bassin. Tous ceux qui veulent observer le phénomène de réfraction s'éloignent assez pour que les bords du vase leur cachent la pièce (fig. 172).

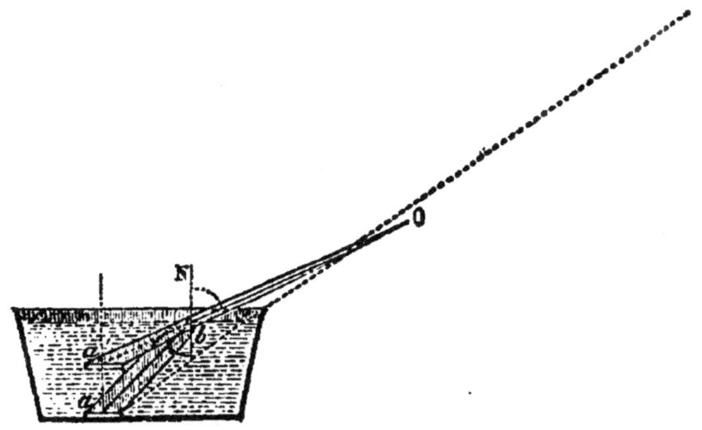

Fig. 172. — Déplacement produit par réfraction.

Puis on verse de l'eau; à un moment donné la pièce reparaît, et elle continue à se relever à mesure qu'on verse de l'eau. Ce déplacement, qui évidemment n'est qu'apparent, s'explique à l'aide de la figure 172. La ligne ponctuée représente le dernier rayon lumineux émis par l'objet *a*, rayon qui jusque-là passait au-dessus de l'œil placé en *o*. Mais le rayon réfracté *bo*, qui correspond au rayon incident *ba*, fait paraître la pièce *a* sur le prolongement de la ligne *bo*, aussi la voit-on en *a'* plus rapprochée de la surface.

Si on répète cette expérience en parsemant le fond du bassin de gouttes de cire, on voit, d'un point *o*, un nombre d'autant plus grand de ces taches de cire, que l'eau qui les couvre a une plus grande épaisseur.

3. *Bâton brisé dans l'eau.* — Un bâton plongé dans l'eau paraît brisé à l'endroit où il y pénètre; la partie immergée semble plus rapprochée de la surface de l'eau. Tous les rayons partis des différents points du bâton qui sont immergés se rapprochent, en effet, de la surface de l'eau par suite de la réfraction.

271. 4. RÉFLEXION TOTALE. — *Expérience.* — Il y a réflexion totale lorsque la lumière qui traverse l'eau ou tout autre milieu transparent se réfléchit sur la surface libre ou de séparation.

Mettez une pièce d'argent M (fig. 173-1), ou mieux encore une bougie allumée derrière un bocal plein

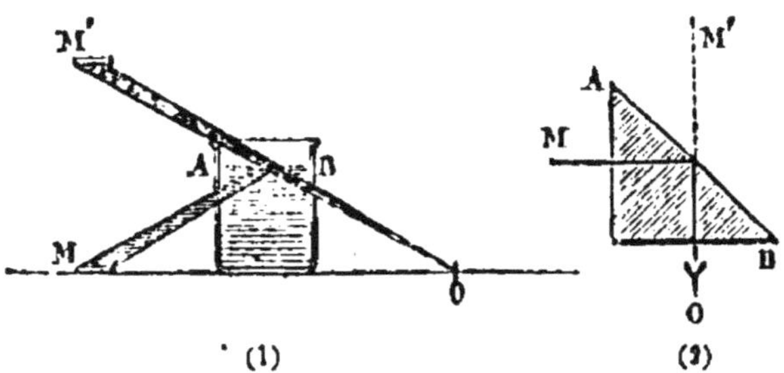

Fig. 173. — Déplacement des objets par réflexion totale.
1. Cuve à eau. — 2. Prismes à réflexion totale.

d'eau, puis regardez du point O vers la surface intérieure AB du liquide, vous verrez sur la surface AB, comme dans un miroir, l'image renversée de l'objet lumineux; elle vous apparaîtra en M'. Rapprochez la médaille M de l'eau, et le phénomène ne se produira plus.

Explication. — Le rayon lumineux s'écarte toujours plus de la normale, dans le milieu le moins réfringent. On voit, en effet, dans la figure 172, le rayon *bo* plus écarté de la normale N*b* que le rayon *ab* qui traverse l'eau. Dans l'air, il se rapproche donc plus que le rayon réfracté de la surface de séparation; aussi rase-t-il déjà cette surface alors que le rayon qui traverse l'eau est encore fort éloigné de cette surface. Mais, quand le rayon incident, qui, parti du point M (fig. 173), traverse l'eau est trop rapproché de la surface, il ne peut plus se réfracter; il se réfléchit complètement, *totalement* sur la face de sortie; et la surface AB de l'eau du bocal, ou la face AB du prisme, jouant le rôle de miroir, renvoient la lumière dans une autre direction OM' et suivant les lois ordinaires de la réflexion (258).

C'est à la réflexion totale que la lumière éprouve sur le verre qu'il faut attribuer l'aspect brillant et métallique que prend un tube de verre plongé dans l'eau. Son éclat disparaît si on remplit le tube avec de l'eau.

272. 5. *Mirage.* — Sur un sol suffisamment chauffé par le soleil et dans un air calme il arrive souvent de

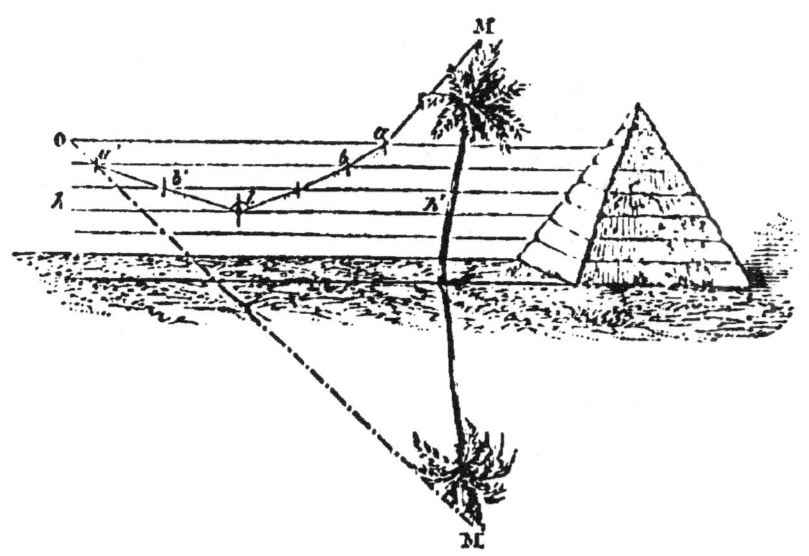

Fig. 174. — Théorie du mirage.

voir les objets, les arbres, les nuages, le bleu du ciel se réfléchir comme à la surface de l'eau (fig. 174).

Ce mirage est une illusion d'optique qu'on observe sur le sable de nos côtes françaises, dans la baie de Saint-Michel, par exemple, aussi bien qu'en Égypte [1].

Par suite de l'élévation de température, les couches d'air qui reposent sur le sable sont plus légères, et par suite moins réfringentes que les couches supérieures. La lumière partie d'un point élevé, du point M par exemple, n'entre en *a*, dans ces couches d'air de densité décroissante, que pour s'écarter graduellement de la normale. Arrivé en *l*, le rayon lumineux subit la réflexion totale, puis reprend une marche inverse, et l'œil placé en *o* aperçoit, ou du moins croit voir en M′, dans une position renversée, l'objet M. La réflexion s'opère ici sur la couche d'air *hh′* et non plus à la surface de l'eau ; mais, comme on est habitué à ne la voir se produire que sur ce liquide, on est aisément trompé, et l'on s'imagine qu'il y a de l'eau là où il n'y a qu'une image aérienne [2].

273. 6. *Lames parallèles.* — Les principes précédents suffiront pour expliquer le déplacement apparent qu'éprouve la lumière en traversant une lame de verre. Un rayon AI de soleil qui tomberait dans une direction oblique sur une des faces de la cuve (fig. 170) pénétrerait dans l'eau dans la direc-

---

[1] Les soldats de l'armée d'Égypte (1798), trop souvent jouets du mirage, ne le voyaient plus se reproduire sous leurs yeux sans en éprouver un étonnement mêlé de frayeur. Si les explications de Monge parvinrent à les rassurer, il fallut encore bien des observations suivies d'amères déceptions pour leur apprendre enfin à distinguer ces images aériennes de celles qui se forment à la surface de l'eau.

[2] Ces phénomènes de réfraction se produisent aussi dans les régions boréales. « Scoresby en cite des exemples étonnants dans son voyage de Groënland. Un jour, il reconnut dans la réfraction des nuages le vaisseau de son père, dont il était éloigné de plus de trente milles. Il nota l'heure à laquelle il avait fait cette observation, et, quelques jours après, lui-même la confirma. »

(X. MARMIER.)

tion IR (fig. 175), et en sortirait dans une direction RA′ parallèle à celle qu'il avait à l'entrée suivant IA.

Des lignes parallèles et verticales, tracées sur une feuille de papier qu'on a collée contre une des faces d'un flacon plat à moitié rempli d'eau, semblent également déplacées quand on les regarde oblique-

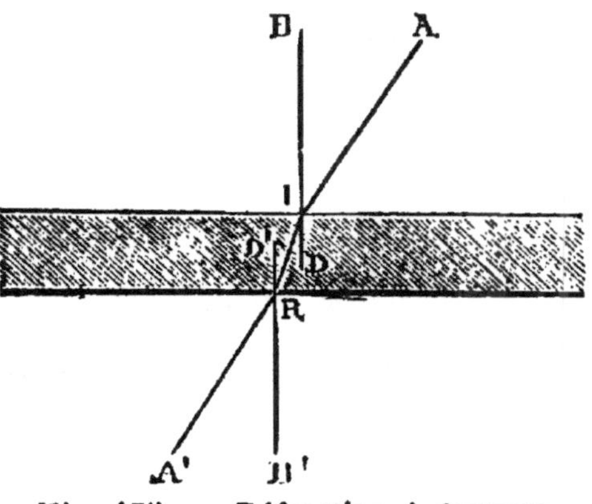

Fig. 175. — Réfraction à travers une lame à faces parallèles.

ment, et leur changement apparent de position est d'autant plus marqué, que le flacon est plus large et l'inclinaison des rayons plus grande.

QUESTIONS

1. Pourquoi faut-il tirer plus bas pour atteindre un poisson dans l'eau ? (270-2)

2. Pourquoi les rames paraissent-elles brisées dans l'eau ? (270-3)

3. Pourquoi la main immergée dans l'eau semble-t-elle allongée ? (270-2)

4. Pourquoi un bâton paraît-il brisé en plusieurs morceaux, si on le plonge dans un bocal qui contient de l'eau, du sulfure de carbone et de l'essence de térébenthine ? (270-3)

5. Pourquoi un verre plein d'un liquide transparent paraît-il moins profond lorsqu'on regarde la surface du liquide ? (270-2)

6. Pourquoi un verre plein d'essence de térébenthine paraît-il moins profond qu'un verre plein d'eau ? (270)

7. Pourquoi une médaille paraît-elle double si on la met sous un verre retourné sur l'eau et présentant un niveau supérieur à celui du bassin sur lequel on fait l'expérience ?

8. Les anciens avaient observé qu'une bague mise au fond d'un vase devient visible en versant de l'eau : comment expliquer ce phénomène? (270-2)

PRISMES — DISPERSION
DÉCOMPOSITION ET RECOMPOSITION DE LA LUMIÈRE — SPECTRE SOLAIRE — ARC-EN-CIEL

> Le spectre est aux yeux ce que la
> gamme est aux oreilles. (TYNDALL.)

274. PRISMES. — La lumière du soleil se jouant dans les cristaux d'un lustre projette dans l'espace des faisceaux de lumière colorée. Parallèles jusque-là, les rayons solaires se dispersent en traversant ces verres taillés, et cette lumière qui était blanche semble, en même temps qu'elle se brise, se teindre des couleurs les plus variées de l'iris, même au sortir du plus limpide cristal. Qui n'a observé, d'ailleurs, le brillant aspect que prennent les contours des objets lorsqu'on place contre l'œil un de ces pendants de lustre? Ce morceau de verre aux arêtes aiguës, aux faces polies, est un prisme; et ce prisme, si simple qu'il soit, est un précieux instrument d'optique.

Les prismes dont on se sert en physique sont des morceaux de cristal taillé, présentant deux bases triangulaires et trois faces rectangulaires (fig. 176-1,2). L'essentiel dans un prisme c'est l'inclinaison de deux de ces faces. L'angle AB qu'elles forment est l'angle réfringent du prisme; la face opposée est la *base* du prisme. Ce prisme, étant adapté à une monture *a* supportée par un pied *t* à tirage, peut prendre la hauteur et la direction qu'on veut (fig. 176-3).

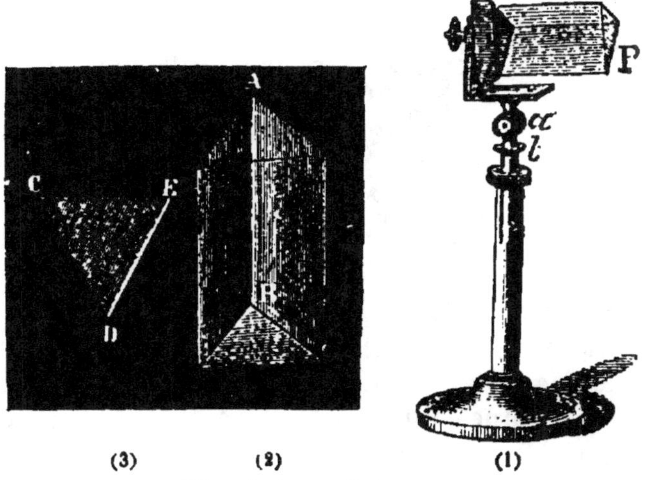

(3)   (2)   (1)

Fig. 176. — Prismes.
1. Prisme avec sa monture. — 2. Prisme isolé. —
3. Section de prisme.

Le prisme fait éprouver à la lumière qui le traverse deux changements : un changement de direction, puisqu'il la dévie; un changement d'aspect, car il la colore en dispersant ses rayons. La *déviation* et la *dispersion* sont donc les deux effets d'un prisme.

275. Déviation. — *Expérience.*— Placez un prisme sur le trajet de la lumière solaire qui traverse une salle, et vous la verrez changer de direction (fig. 179). Le rayon lumineux réfracté par le prisme se dirigera à volonté en haut, en bas, à droite, à gauche, suivant la position que vous donnerez à l'angle réfringent du prisme. La lumière se porte, en effet, toujours vers la base du prisme, c'est-à-dire vers la face opposée à cet angle réfringent. Elle reste donc dans un plan horizontal, si l'arête du prisme est verticale; dans un plan vertical, si l'arête est horizontale.

Tandis que le prisme est traversé par le rayon lumineux et que son arête est verticale, faites-la tour-
ner sur elle-même, et, quel que soit le sens de cette rotation, vous ver-
rez que le rayon ré-fracté et coloré ne se rapproche pas du rayon direct RR' (fig. 179) au delà d'une certaine li-

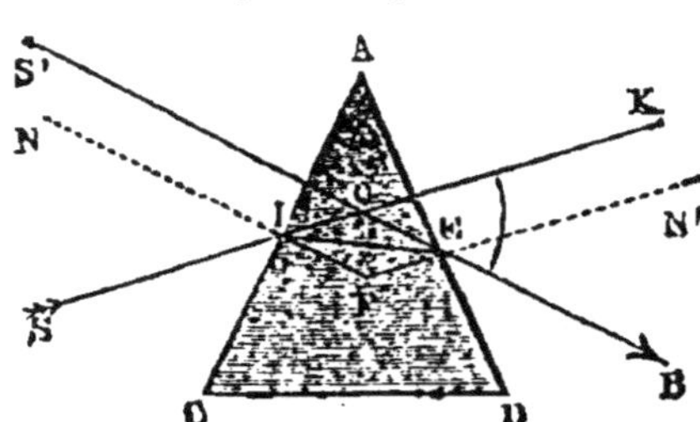

Fig. 177. — Réfraction à travers un prisme.

mite. La déviation de la lumière peut bien grandir, elle ne saurait diminuer davantage.

Explication. — Le rayon SI qui tombe sur la face AC du prisme (fig. 177) se réfracte en le traversant suivant IE; au point E de la face AD de sortie, le rayon, en s'écartant de la normale EN', prend la direction EB. La lumière, qui se dirigeait suivant SK, paraît dès lors venir suivant S'B. Il résulte de ce changement de direction une *déviation* mesurée par l'angle KOB.

276. DISPERSION. — La lumière déviée par un prisme s'étale sur une plus grande surface, elle se disperse. Et comme cette dispersion ne se fait pas sans *coloration*, ces deux mots sont devenus syno-nymes. La dispersion est donc la coloration du rayon réfracté par un prisme. Trois observations résument pour nous cette propriété des prismes, qui est la plus remarquable.

1° *Les couleurs sont inégalement réfrangibles.* — Deux bandes de papier, l'une bleue (*b*), l'autre rouge (*r*), sont collées à la même hauteur sur un fond noir (fig. 178); observées à travers un prisme, elles ne pa-raissent plus à la même hauteur; si l'angle réfringent du prisme est placé en haut, le bleu est plus haut (*b'*), et le rouge (*r'*) semble plus bas. Ainsi ces deux rayons,

qui marchaient de front en entrant dans le prisme,
ont été séparés en le traversant, parce qu'ils ne se ré-
fractent pas également; le rayon b', plus dévié vers la
base horizontale du prisme, a fait paraître sa bande
colorée plus haut et plus rapprochée de l'arête réfringente.

277. 2° *La lumière du soleil se compose de sept
couleurs principales.*

Un faisceau délié RR' de lumière solaire, rencon-
trant un prisme A
dans la chambre
noire, se disperse
et forme sur la
muraille MN une
bande nuancée de
couleurs aussi vi-
ves que variées
(fig. 179). Cette
bande colorée est
d'autantplusétroi-
te, qu'on rappro-

Fig. 178.

che davantage le prisme de l'écran où elle se forme.
Il faut en conclure que les rayons réfractés par le
prisme s'écartent, s'étalent à la manière des lames
d'un éventail. Ainsi ces rayons, qui étaient venus du
soleil en suivant des voies parallèles, n'ont pas plus
tôt traversé le prisme, qu'ils fuient dans des directions divergentes.

Nouvelle preuve que ces rayons sont inégalement
réfrangibles; car, s'ils subissaient tous la même déviation, leur marche serait brisée par le prisme; mais
ils reprendraient, aussitôt après l'avoir traversé, les
voies parallèles de la lumière blanche.

L'ensemble des couleurs que donne le prisme forme
le *spectre solaire* (fig. 179). Comme rien ne se fait
au hasard dans l'œuvre de Dieu, et que tout, au con-

traire, y obéit à des lois constantes, il est important d'observer la superposition de ces couleurs. A une

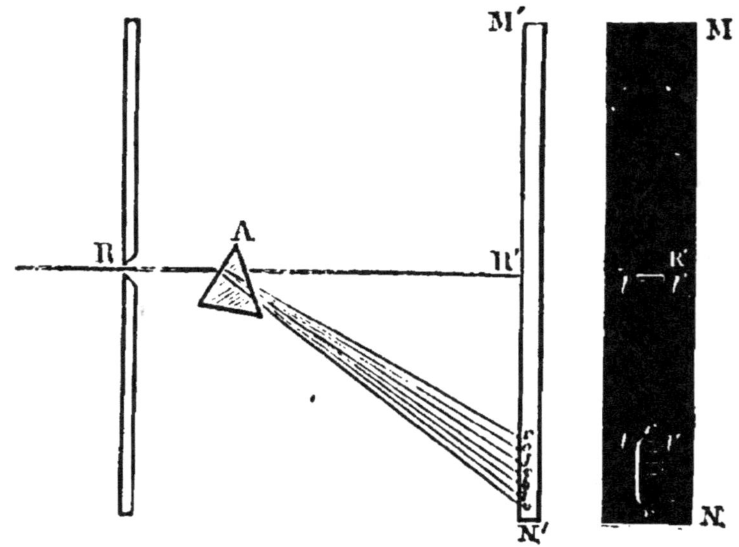

Fig. 179. — Formation du spectre.

extrémité du spectre se trouve toujours le violet *v*; à l'autre bout le rouge *r*; entre ces limites la suite des couleur est :

Violet, indigo, bleu, vert, jaune, orangé, rouge.

Le violet est la couleur la plus réfrangible, puisqu'il est plus rapproché de la base, et le rouge la moins réfrangible, parce qu'il est plus rapproché de l'angle A réfringent du prisme. D'ailleurs, l'étendue du spectre varie avec la nature du prisme; on a pu obtenir des spectres qui ont 15 et même 30 mètres de longueur. Comme le montre la fig. 180 de la planche en couleurs, le spectre solaire est en outre traversé par des *raies obscures* qui viennent irrégulièrement couper ses bandes lumineuses et diminuer son éclat. Le spectre d'une bougie, ne donnant pas de raies, est *continu*. Chaque raie du spectre est désignée à l'aide d'une lettre ou d'un chiffre.

278. 3° *La recomposition des couleurs du spectre donne de la lumière blanche.*

La coloration du faisceau lumineux n'est pas due à un changement que lui a fait éprouver le prisme qu'il a traversé, il provient uniquement de la dispersion des rayons. Rapprochez ces rayons, ils reformeront la vive et incolore lumière qu'on appelle *lumière blanche* [1].

Voici quelques expériences où cette recomposition se trouve réalisée.

1. Une auge prismatique (fig. 181) en verre est divisée en deux par une lame de verre mise en diago-

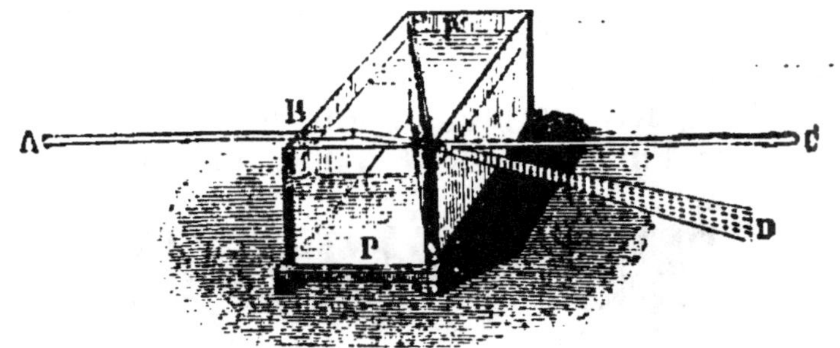

Fig. 181. — Auge prismatique.

nale. Chacun de ses compartiments rempli d'eau devient un prisme liquide. Si, dans une première expérience, on ne verse de l'eau que d'un seul côté, le rayon lumineux AB qui traverse le prisme liquide P dévie et se colore (en D), et un spectre se forme sur la muraille. — Si, au contraire, on verse de l'eau des deux côtés, la déviation disparaît avec la coloration. Le second prisme P' a détruit l'effet du premier, les rayons dispersés forment de nouveau en C de la lu-

[1] Quand Newton publia ses expériences sur l'analyse de la lumière, il les fit précéder de cette devise :

Nec variat lux fracta colorem.
La lumière se brise en gardant ses couleurs.

mière blanche. La figure 182 montre la disposition de
ces deux prismes mis en sens contraire, et prouve

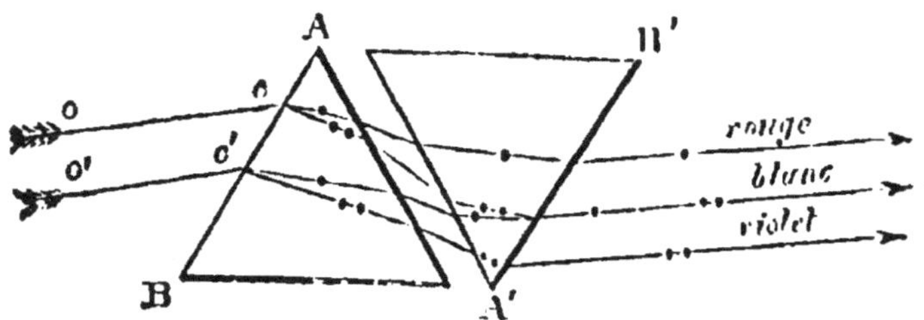

Fig. 182. — Recomposition de la lumière blanche à l'aide
de deux prismes.

que les rayons moyens se réunissent pour former
du blanc.

2. Le spectre formé par un prisme P (fig. 183), et
reçu sur l'une des faces d'une lentille, donne une

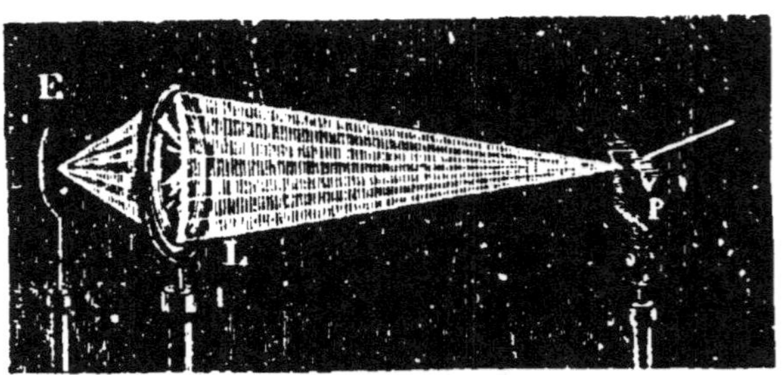

Fig. 183. — Synthèse de la lumière blanche à l'aide d'une lentille.

tache lumineuse et blanche au foyer de la lentille L.
Une feuille de papier E, servant d'écran, qu'on
place de l'autre côté de la lentille, montre que les
rayons colorés se réunissent en un point où le papier
reprend encore sa teinte blanche.

3. Un petit *disque* (fig. 184) de carton est peint
des couleurs du spectre ou couvert de secteurs de
papier coloré, puis adapté à l'arbre d'un moulinet
d'enfant. Une corde qu'on tire suffit pour le faire tour-

ner vivement, et, dans ce cas, on voit toutes les couleurs du disque se fondre en une
teinte uniforme plus ou moins
voisine du blanc.

Conclusion. — Ajoutons, pour
conclure, que la lumière solaire
est composée de sept couleurs
principales et inégalement réfrangibles, puisque le prisme qui permet d'en faire l'analyse la disperse
ou la recompose à volonté. — Si
merveilleuse que soit la découverte de Newton, il fait
bon de rappeler toutefois, avec le poète, que :

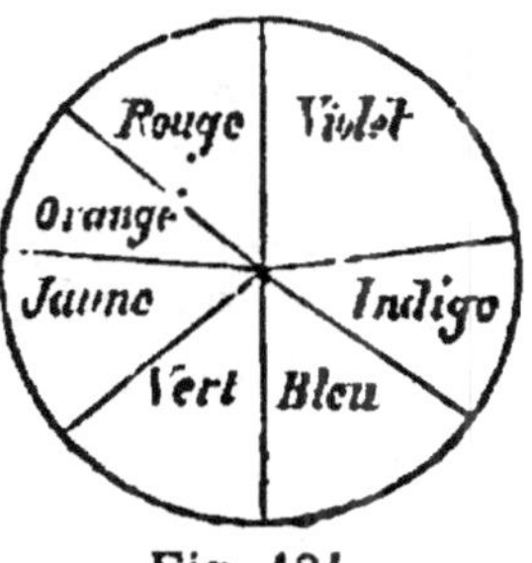

Fig. 184.
Disque de Newton.

> Dans les mains de l'enfant un globe de savon
> Dès longtemps précéda le prisme de Newton [1].

Cependant, comme disait Fontenelle, Newton gardera
la gloire « d'avoir fait l'anatomie de la lumière ».

279. COULEURS DES OBJETS. — Les couleurs des
objets sont pareillement composées, et c'est encore
le prisme qui permet de le reconnaître.

1. La lumière d'une *bougie* donne, elle aussi, son
spectre, on si l'examine à travers un prisme (fig. 180).

2. Les couleurs des *étoffes* se dédoublent également,
grâce au même instrument d'analyse. Une étoffe violette doit en réalité sa teinte particulière au rouge, au
violet, à l'indigo même, qui se réunissent pour composer sa nuance. Mais pourquoi telle étoffe, tel morceau de verre, tel pétale de fleur ont-ils une couleur
plutôt qu'une autre, lorsque ces objets sont éclairés
par une seule et même lumière, celle du soleil, par
exemple? En réalité, ces objets ne sont pas lumineux
par eux-mêmes, ils ne peuvent que réfléchir une
portion de la lumière qui les éclaire. Seule la nature
de leur surface ou celle de la teinture qu'ils ont reçue

[1] Delille.

les rend aptes à réfléchir telle couleur à l'exclusion des autres. Ainsi la lumière blanche aux sept couleurs se divise en deux parts quand elle éclaire une fleur : une partie est absorbée, disparaît, et une autre partie est réfléchie, et le prisme seul permet de reconnaître les rayons qui ont été épargnés et donnent aux pétales de la fleur leur coloration.

Ces objets qui ne sont colorés que par réflexion changent nécessairement de teinte suivant la couleur de la lumière qui les éclaire. Aussi les étoffes de couleur ont des nuances différentes à la lumière du jour ou le soir, à la clarté des lampes. Il devient même impossible de distinguer le soir la vraie couleur des corps en les éclairant avec la flamme jaune de l'alcool salé.

3. Pareillement, un verre bleu ou rouge ne doit cette couleur qu'au changement qu'il fait éprouver à la lumière qui le *traverse*. Tous les rayons, sauf le bleu ou le rouge, sont absorbés; seules ces deux couleurs sont transmises. Il s'ensuit que, si ces deux verres avaient des couleurs bien franches, il suffirait de les superposer pour supprimer toute la lumière; car le verre bleu ne laisserait passer que cette couleur, et, le rouge absorbant toute autre couleur, l'ensemble des deux verres devrait être aussi opaque qu'un verre noir.

280. Arc-en-ciel. — Les couleurs du spectre, qui s'étalaient en bandes derrière le prisme, forment un arc irisé dans l'arc-en-ciel. D'un côté, la décomposition est due au prisme; de l'autre, elle provient des gouttes d'eau éclairées par le soleil[1]. Pour observer

---

[1]   . . . Ce rayon qui, traversant les cieux,
Frappe de ses éclairs le berceau des orages,
De leurs franges d'argent entoure les nuages,
Se brise en sept couleurs dans le prisme des airs,
Et court en flèches d'or sur le cristal des mers.

(CHÉNEDOLLÉ.)

le spectre solaire, le prisme doit se trouver entre la lumière et l'observateur; pour voir l'arc-en-ciel il faut, au contraire, que l'observateur soit placé entre le nuage et le soleil. On a toujours le soleil derrière soi lorsqu'on voit l'arc-en-ciel, et généra'ement cet astre est alors assez bas. Plus il descend, plus aussi

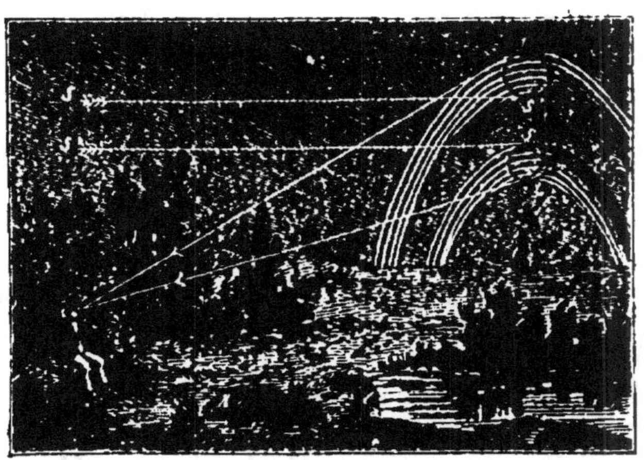

Fig. 185. — Double arc-en-ciel.

paraît se relever et s'élargir l'arc coloré qu'il dessine et qu'il peint sur les nuages. En réalité, cet arc de l'iris est une illusion due à la réflexion totale que les rayons du soleil *ss* éprouvent en *i* à l'intérieur des gouttes d'eau (fig. 185), comme ils la subiraient dans un prisme à réflexion totale (fig. 173). Ce brillant météore s'observe pareillement quand la lumière du soleil éclaire les nappes d'eau d'une cascade ou les gouttes de pluie d'un jet d'eau. Dans chacun de ces cas le rouge est au sommet de l'arc, le violet est en bas; et, comme toutes les gouttes d'eau placées sur un même arc de cercle décomposent semblablement la lumière, le spectre solaire s'étale en lignes courbes à la surface des nuages.

Les gouttes d'eau placées plus haut encore peuvent

faire voir des rayons dispersés à la suite d'une double réflexion intérieure. Cette dispersion donne alors un second arc de plus grand diamètre, mais présentant le rouge en bas et le violet en haut [1].

QUESTIONS

1. Comment faut-il rapprocher deux prismes de même nature pour que la lumière les traverse sans déviation ni dispersion? (278)

2. Pourquoi un spectre lumineux disparaît-il lorsqu'on le regarde à travers un prisme? (278)

3. Où faut-il mettre une feuille de papier pour que les rayons d'un spectre recueillis sur un miroir concave donnent une tache blanche? (264)

4. D'où vient qu'un faisceau de lumière qui illumine un lustre projette des spectres lumineux dans différentes directions? (275)

5. Pourquoi une étoffe qui est bleue à la lumière du jour paraît-elle verdâtre à la flamme jaune du gaz? (279)

6. Citez les différents phénomènes dans lesquels vous avez observé les couleurs du spectre. (276-278-280)

[1] *Symbolisme de l'arc-en-ciel.* — Voici quelles pensées élevées suggérait à Faraday la vue de l'un de ces arcs-en-ciel formés par les cascades.

« Aujourd'hui toutes les chutes (du Giessbach) écumaient ; le courant d'air qu'elles produisaient en défendait les approches ; le soleil brillait derrière nous. Au milieu de la poussière d'eau soulevée de toutes parts se montraient des arcs-en-ciel magnifiques. Au fond d'une des chutes les plus furieuses, on en distinguait un surtout lumineux et charmant. Autour de lui tout était agitation et désordre. Les brouillards de vapeur, les nuages de rosée engendrés par les éclaboussures de la chute, se tordaient furieux, précipités et brisés sur le rocher même qui servait de base au météore. Cependant celui-ci, brillant et radieux comme un pur esprit ferme dans la foi et fort au milieu des passions qui l'assiègent, ne disparaissait que pour revivre. Toujours appuyé sur le roc, il semblait, comme au temps de Noé, recevoir d'en haut l'espérance pour la réfléchir et la répandre ; et les gouttes d'eau irritées qui, se précipitant sur lui, menaçaient d'en effacer les couleurs, ranimant au contraire leur éclat, ne faisaient qu'ajouter à son calme et à sa beauté. » (*Éloge de Faraday*, par DUMAS.)

7. Cherchez dans le règne minéral des corps qui présentent chacune des couleurs du spectre.

8. Formez avec des fleurs la gamme des couleurs du spectre. (277)

9. Peut-on voir, à travers un verre rouge, un dessin fait en bleu sur un fond noir ? (279-3)

LENTILLES — LUNETTES — TÉLESCOPE — PHOTOGRAPHIE

> Le télescope est l'auteur de l'as-
> tronomie.   (H. TAINE.)

I. LENTILLES CONVERGENTES

281. Une lentille est un verre taillé qui présente au moins une surface sphérique.

Une lentille est *convergente* lorsqu'elle réunit au même point les rayons du soleil. On la reconnaît aisément à ce qu'elle a toujours des *bords minces* (fig. 186). Les lentilles convergentes les plus communes sont *bi-convexes*.

282. LES RAYONS PARALLÈLES DU SOLEIL DONNENT AVEC UNE LENTILLE CONVERGENTE UN FOYER PRINCIPAL. — Cette proposition peut se vérifier même sans lentille ; un petit ballon plein d'eau, exposé aux rayons solaire, donne, en effet, un foyer de lumière et de chaleur. Placé fort près de sa surface, à l'endroit où se concentre la chaleur du soleil, il est facile d'allumer de l'amadou ; aussi donne-t-on à ce point le nom de *foyer*. Les cordonniers se servent

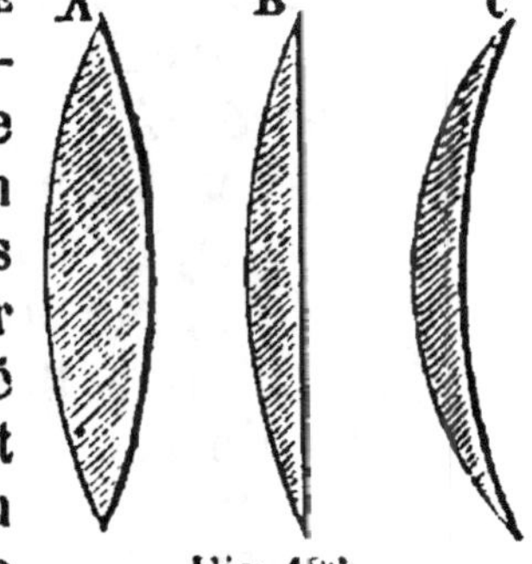

Fig. 186.
Lentilles convergentes.

parfois d'une grosse boule en verre pleine d'eau pour mieux éclairer leur ouvrage.

Une lentille ordinaire, un verre de presbyte donnent pareillement un foyer. On observe que la distance de ce foyer à la lentille varie avec la courbure de ses faces. Il est plus rapproché pour les lentilles plus convexes, qui sont dès lors plus convergentes.

Deux verres de presbytes superposés donnent un foyer ou une image plus rapprochés.

Il est important de remarquer que tous les rayons, jusque-là simplement parallèles, se réunissent au foyer F de la lentille et qu'en même temps ils s'y croisent. Ceux qui venaient d'en haut vont en bas, et *vice versa*. Plaçons, pour le prouver, sur le trajet

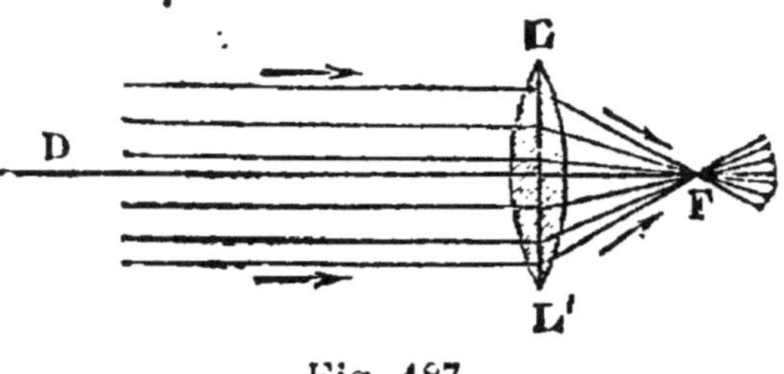

Fig. 187.

de la lumière solaire un carton percé de quatre petits trous : l'un rond, l'autre triangulaire, le troisième carré, le quatrième en losange. Quatre rayons lumineux ainsi limités tombent sur la lentille L' pour se rapprocher ensuite après l'avoir traversée. Une feuille de papier placée entre la lentille et son foyer F donne quatre points lumineux plus ou moins séparés. Au foyer F ils se coupent, plus loin ils se séparent; et, si l'on couvre le trou supérieur du carton, c'est le rayon inférieur qui est supprimé au delà du foyer.

Mais, puisque tous les rayons se coupent au même point, il suffira d'en savoir tracer deux pour obtenir le point de rencontre des autres. Cette dernière observation simplifie beaucoup la construction des images données par les lentilles.

283. Tout objet placé au dela du foyer d'une lentille convergente donne une image réelle. — *Expé-*

rience. — Si l'on place un carton, dans lequel on a découpé une lettre ou une flèche, sur le trajet du faisceau de lumière solaire qui pénètre dans la chambre obscure, on obtient derrière la lentille convergente une image qu'on peut recevoir sur une feuille de papier.

Au surplus, on peut se passer de la lumière solaire. Une bougie placée dans une salle peu éclairée permet de vérifier les propriétés principales des lentilles convergentes. Pour cela on dresse d'un côté de la lentille un carton servant d'écran, et de l'autre on place une bougie.

1. Si la bougie est au double de la distance focale,

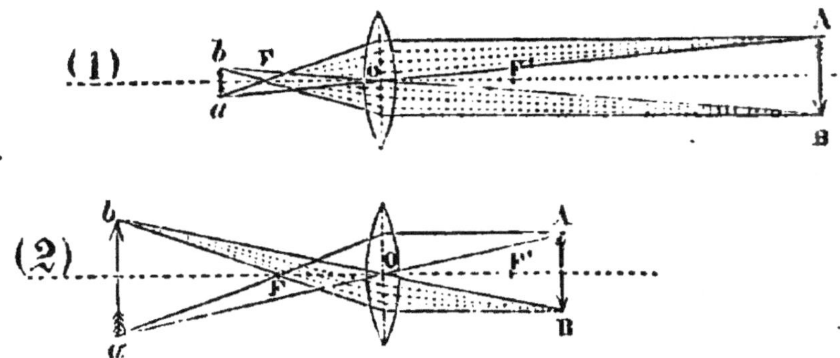

Fig. 188. — Images réelles des lentilles convergentes.
1. Distance de l'objet : $d > 2f$. — 2. Position de l'objet : $2f > d > f$

son image se forme à une distance égale sur l'écran. On voit se former une flamme dans une position renversée et de même grandeur.

2. Si l'on écarte la bougie AB de la lentille, il faut rapprocher l'écran, et l'image *ab*, encore réelle, est renversée et plus petite (fig. 188-1).

3. Approche-t-on enfin la bougie AB (fig. 188-2), l'image *ba* se fait plus loin; on peut, à volonté, la projeter sur la muraille. Elle est plus grande, mais encore renversée et réelle. Ces expériences peuvent se

répéter avec un verre grossissant ou un verre de presbyte.

Explication. — Comme nous l'avons vu (282), deux rayons issus du point A (fig. 188-1) suffisent pour en déterminer le foyer *a*. L'un qui est parallèle passe, après sa réfraction, par le foyer F de la lentille ; l'autre A*a* traverse la lentille en son centre *o*, sans dévier : l'intersection *a* de ces deux rayons donne le foyer du point A. On obtient de même le foyer *b*.

284. UN OBJET PLACÉ ENTRE UNE LENTILE CONVERGENTE ET SON FOYER DONNE UNE IMAGE VIRTUELLE. — Cas d'une *loupe*. — La bougie placée entre la lentille et son foyer ne donne plus d'image ; elle éclaire l'écran, mais ses rayons divergents ne forment plus d'image. Toutefois on peut encore la voir, à condition de placer l'œil sur la direction des rayons qui ont traversé la lentille.

La lentille devient alors une *loupe*. Une loupe est donc une lentille convergente qui permet de voir les objets de plus près. L'œil rapproché d'une loupe pour examiner une fleur

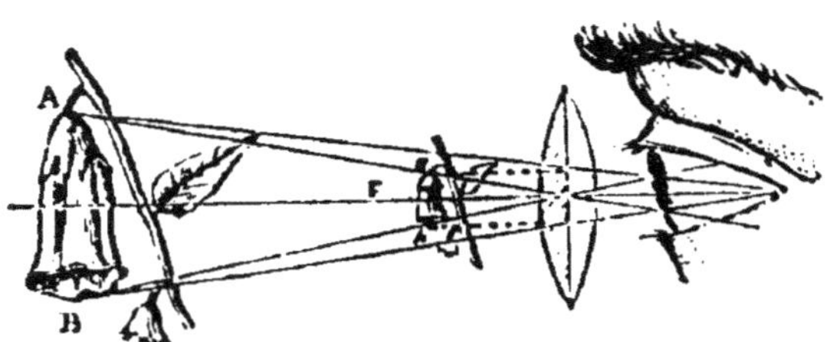

Fig. 189. — Image virtuelle dans la loupe.

ab en voit une image AB *droite* et *plus grande* qui semble se former à la portée ordinaire de la vue, au-delà du foyer F.

Expérience. — Les caractères d'un livre paraissent plus gros lorsqu'on les regarde, soit avec les verres de lunette d'un vieillard (presbyte), soit à travers un petit ballon plein d'eau. Les nervures des feuilles sont vues plus épaisses à travers les gouttes de rosée.

II. LENTILLES DIVERGENTES

285. Une lentille est divergente lorsqu'elle écarte les rayons parallèles du soleil. L'espace éclairé par les rayons qu'elle transmet s'élargit à mesure que la

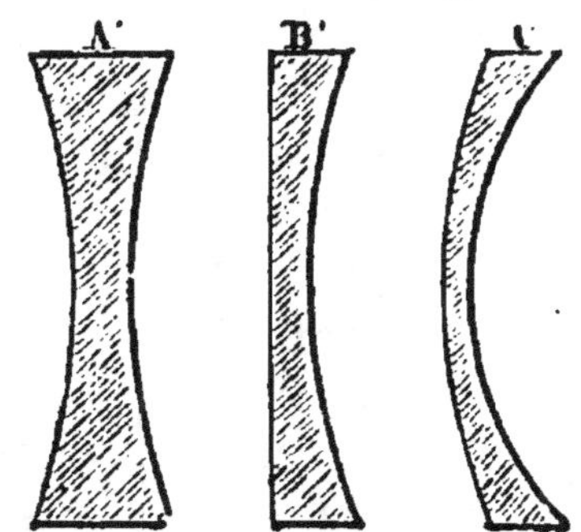

Fig. 190. — Lentilles divergentes.

lentille s'éloigne de l'écran. Ces lentilles ont des *bords épais* : tels sont les verres de myopes (fig. 190).

Le carton percé de quatre ouvertures, placé derrière la lentille divergente L sur le trajet des rayons solaires (fig. 191), donne quatre rayons, dont l'écartement

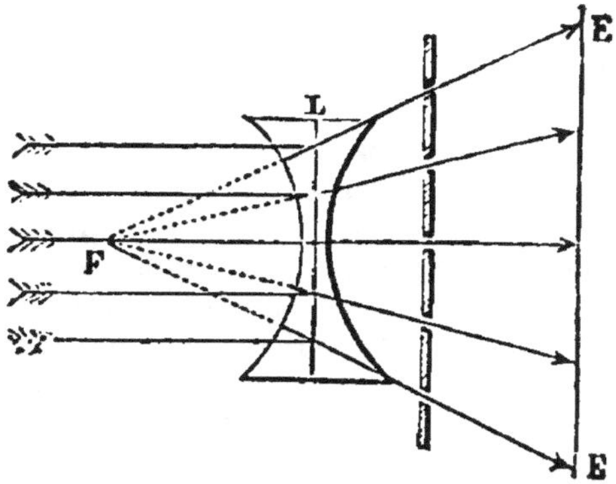

Fig. 191. — Foyer principal d'une lentille divergente.

augmente à partir de la lentille. Leurs directions prolongées aboutissent en F. Aussi ces sortes de verres ne donnent-ils pas de foyer réel, et leurs images sont virtuelles. Ainsi les *myopes* regardant à travers leurs lunettes divergentes voient des images droites, mais plus petites, et virtuelles des objets.

LUNETTES

286. Sous ce nom général de *lunettes* on peut comprendre tous les instruments d'observation. Leur caractère commun est de contenir tous des lentilles; l'agencement de ces verres ou leurs propriétés établissent toutefois entre eux de profondes différences[1].

Microscope. — Cet instrument sert à observer les détails d'objets qui sont à la fois petits et fort rapprochés (fig. 192). Une patte d'insecte, un œil de mouche, vus au microscope, prennent des dimensions fabuleuses et révèlent des détails infinis. Si déjà le moindre insecte est une merveille pour celui qui en observe la structure et les mœurs, comment ne pas admirer cette Providence, qui a disposé avec un art si parfait les moindres détails de leur organisation? Car, suivant le poète,

> C'est dans un *frêle insecte,* imperceptible ouvrage,
> Que l'art de l'ouvrier se montre davantage.

Le microscope comprend un *tube* AB garni de verres

---

[1] *Invention des lunettes.* — Vers l'année 1600, dans une ville de Hollande, à Alcmaër, vivait un fabricant lunettier, nommé Jacob Metzu. Son fils courait dans la boutique, jouait avec les verres, essayant les lunettes, et, quoique toujours réprimandé, recommençait toujours. Un jour qu'il tenait à la main deux verres, l'un bombé, l'autre creux, par amusement ou par hasard, il approche le verre concave de son œil et éloigne un peu le verre convexe, afin de voir à travers les deux. Quelle est sa surprise! des objets éloignés et que leur éloignement rapetissait ou obscurcissait pour lui, lui apparaissent clairs, grands, distincts. Metzu examine, répète l'expérience, la trouve exacte, et les lunettes astronomiques sont créées; et dix ans plus tard le grand Galilée, à l'aide de cet instrument, publie sous le titre magnifique de *Messager céleste* un livre qui rapportait effectivement des nouvelles de l'immensité!   (LEGOUVÉ, *Voy. scient. d'un ignorant.*)

à ses extrémités, une *platine* P sur laquelle se fixe l'objet, et un *miroir* M pour l'éclairer. La lentille B

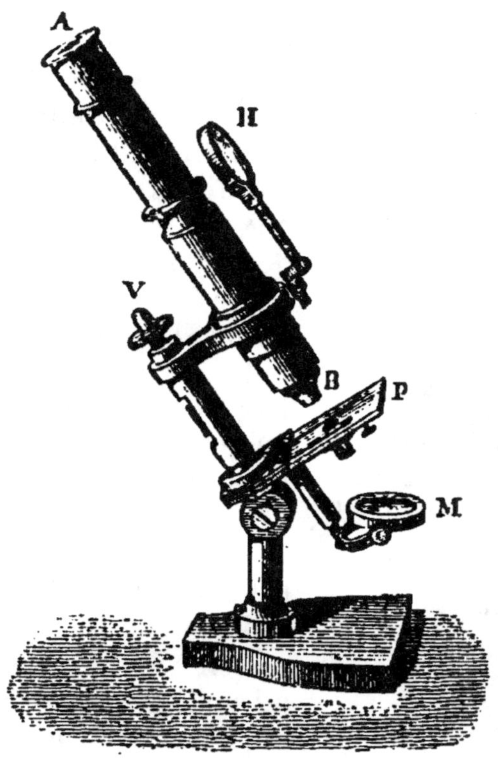

Fig. 192. — Microscope composé.

AB, corps de l'instrument. — A, oculaire. — B, monture de l'objectif. — V, vis qui déplace le tube tout entier. — P, platine. — H, lentille qu'on abaisse pour éclairer la surface des corps opaques. — M, miroir pour éclairer les corps transparents.

plus rapprochée de l'objet est l'*objectif*; celle contre laquelle on place l'œil est l'*oculaire* A.

Mode d'emploi. — Pour se servir d'un microscope on regarde par l'oculaire, tandis qu'on fait mouvoir à la main son miroir, afin d'obtenir un éclairement uniforme. Puis on place sur la platine l'objet collé préalablement sur une petite lame de verre. On place alors l'objectif contre cette lame, et graduellement on soulève, à l'aide de la vis V, le corps de l'instrument. Quand l'objectif est amené à la distance convenable, l'objet apparaît; il suffit ensuite de quelques tâtonnements pour donner aux détails toute leur netteté[1].

287. LUNETTES. — On réserve d'ordinaire ce nom de lunettes aux instruments qui permettent de découvrir les objets éloignés. On les nomme communément *lunettes d'approche*.

1. La *lunette astronomique* (fig. 193) comprend essentiellement deux verres convergents : l'un, plus large et à long foyer, est l'*objectif* L; l'autre, plus petit et placé à l'autre bout du tube, est l'*oculaire* L'. Cet instrument fait apparaître, à la distance de vision distincte, des images agrandies mais renversées des objets. Ce qui ne présente aucun inconvénient pour les astronomes, puisqu'il leur est facile de tenir compte de ce renversement apparent; l'objet, au lieu de paraître plus près, semblerait fort éloigné si on regardait par le gros *bout* de la lunette[2]. Un cercle R traversé par deux fils d'araignée et placé à l'intérieur de la lunette

Fig. 193. — Lunette astronomique.

L, objectif. — L', oculaire. — LL', corps de l'instrument. — BL, porte-objectif. — DC, porte-réticule. — EL', porte-oculaire.

---

[1] La Fontaine avait vu le microscope quand il écrivait :

> ... L'un d'eux était de ces conteurs
> Qui n'ont jamais rien vu qu'avec un microscope.

[2]
> Chacun de nous a sa lunette,
> Qu'il retourne suivant l'objet :

fournit au point de croisée des fils un point de repère pour les observations. Ce cadre s'appelle *réticule*.

Mode d'emploi. — Pour se servir de cette lunette, on pousse le porte-oculaire EL' de matière à voir nettement le réticule fixé en C; puis on fait mouvoir le porte-réticule DC jusqu'à ce que l'image de l'objet visé soit dans le plan C du réticule.

2. Les *longues-vues* sont des *lunettes terrestres*. Grâce à l'emploi de deux autres lentilles placées à l'intérieur de l'instrument, ces lunettes donnent une image droite et encore amplifiée des objets. Le tube à tirage qui porte ces différentes lentilles est nécessaire pour la mise au point.

3. Les *lorgnettes de spectacle* ou *jumelles*[1] sont de petites lunettes qui donnent des images droites et

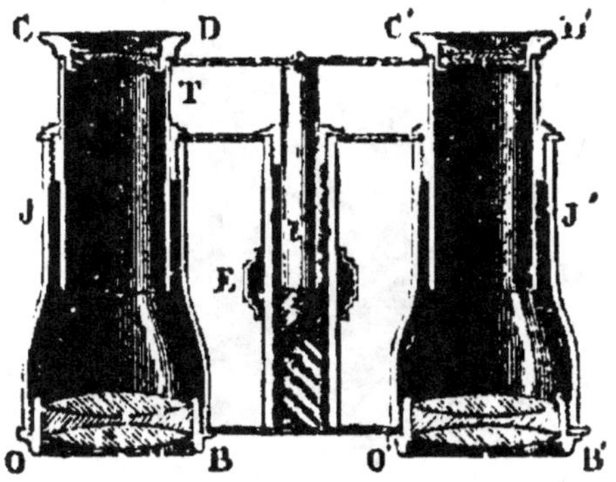

Fig. 194. — Lorgnette de spectacle.

agrandies (fig. 194). Elles offrent surtout l'avantage d'être peu encombrantes et de permettre d'observer des deux yeux à la fois. Leur grande lentille OB, O'B,

[1]
On voit là-bas ce qui déplaît,
On voit ici ce qu'on souhaite.
  (FLORIAN, *le Chat et la Lunette.*)

Il rencontre (le chat) un petit tuyau noir
Garni par ses deux bouts de deux glaces bien nettes :
C'était une de ces lunettes
Faites pour l'opéra... (FLORIAN, *ibid.*)

est convergente; la plus petite CD, C'D', servant d'*oculaire*, est *divergente*.

Mode d'emploi. — Ces deux lunettes sont à tirage. La mise au point s'obtient en faisant tourner entre les doigts la tête E d'un bouton traversé par une vis intérieure. Les presbytes, qui voient mieux de loin, doivent écarter les verres, tandis que les myopes les rapprochent.

288. TÉLESCOPES. — *Les télescopes*, le nom seul suf-

Fig. 195. — Télescope de Foucault.

O, ouverture du télescope. — OC, tube en bois ou en métal du télescope. — M, place du miroir. — L, oculaire. — D et A, mouvements en déclinaison et en ascension droite de l'instrument.

firait pour le rappeler, permettent de voir de loin (fig. 195). Ces instruments ont pour *objectif* un miroir concave M, l'oculaire est une loupe ou un microscope L, permettant d'observer de près la petite image formée par le miroir (266). L'image que donnent ces puissants appareils doit son éclat à la grandeur et surtout au brillant du miroir. Herschell employait un télescope dont le corps était deux fois plus haut que son habitation, et Foucault polit de ses mains des miroirs d'argent donnant les images les plus parfaites. Grâce à ces observations télescopiques, les astres les plus éloignés nous apparaissent comme nos plus proches voisins[1], et les détails de leur surface nous sont mieux connus que certaines régions de notre globe.

289. Lanterne magique. — La lanterne magique n'est pas une lunette d'approche, mais un instrument de projection. Elle permet donc d'obtenir, sur l'écran tendu dans la chambre noire, des images réelles et amplifiées des objets. Comme ces images occupent une position renversée par rapport à l'objet, il suffit, pour les obtenir droites et dans leur situation normale, de placer retournés, dans la lanterne, les verres transparents sur lesquels les dessins sont tracés et peints en couleurs transparentes.

Description. — Toute lanterne magique doit pouvoir éclairer l'objet à projeter et en donner une image agrandie.

1. La lame de verre A placée dans la lanterne reçoit la lumière d'une lampe L condensée par une première lentille convergente A (fig. 196-2), parfois aussi par un miroir concave M. On a soin, avant toute expérience, de donner à la source de lumière la position la plus avantageuse pour éclairer uniformément l'écran H'.

---

[1] Le télescope Eichens et Martin, de l'observatoire de Paris, a 1ᵐ20 de diamètre, 7 mètres de long; il s'oriente et se déplace avec la régularité d'une horloge. Un de ses oculaires permet de voir la lune comme à 30 lieues de distance. Ce précieux instrument n'a coûté que 200,000 francs.

2. Une seconde lentille O, enchâssée dans un tube métallique à tirage, donne sur l'écran une image réelle du dessin fait sur verre. L'image ne prend sur

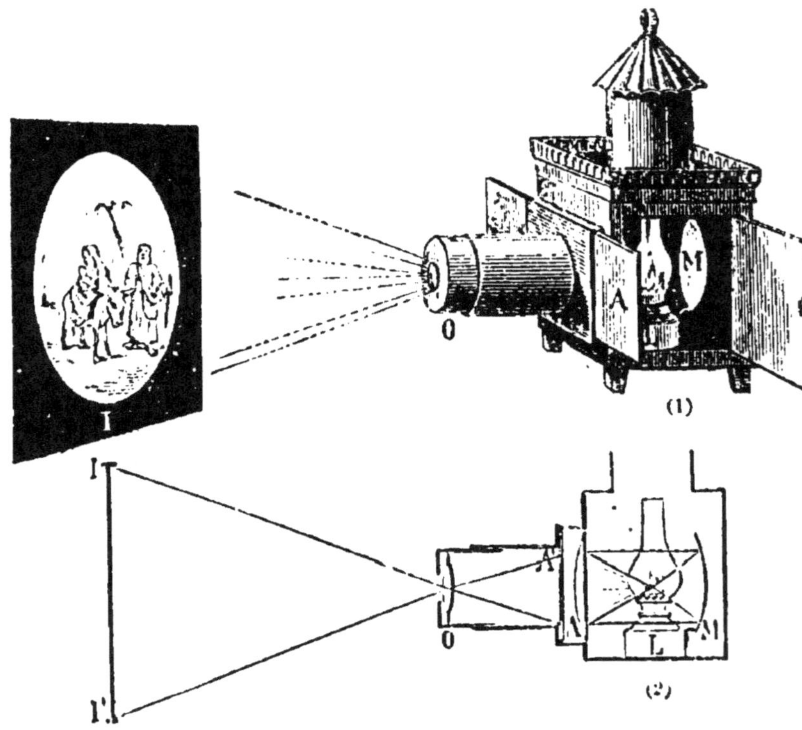

Fig. 196. — Lanterne magique.
1. Appareil et expérience. — 2. Marche de la lumière.

l'écran toute sa netteté qu'au moment où l'on a mis le tube à tirage à une distance convenable du verre. D'ailleurs on peut encore, pour faciliter la mise au point, rapprocher ou écarter la lanterne de l'écran. Sans doute on se gardera bien d'oublier « d'éclairer la lanterne »; mais il est bon aussi d'observer que la netteté et l'éclat des images dépendent de l'obscurité de la salle et du pouvoir éclairant de la lampe.

PHOTOGRAPHIE

200. *Appareil.* — La photographie est l'art d'obtenir, de fixer et de reproduire des images lumineuses.

Les instruments d'optique nous ont donné des images, soit réelles, comme celle de la bougie qui se peignait sur la muraille; soit virtuelles, comme celles d'une loupe.

L'appareil employé en photographie pour obtenir les

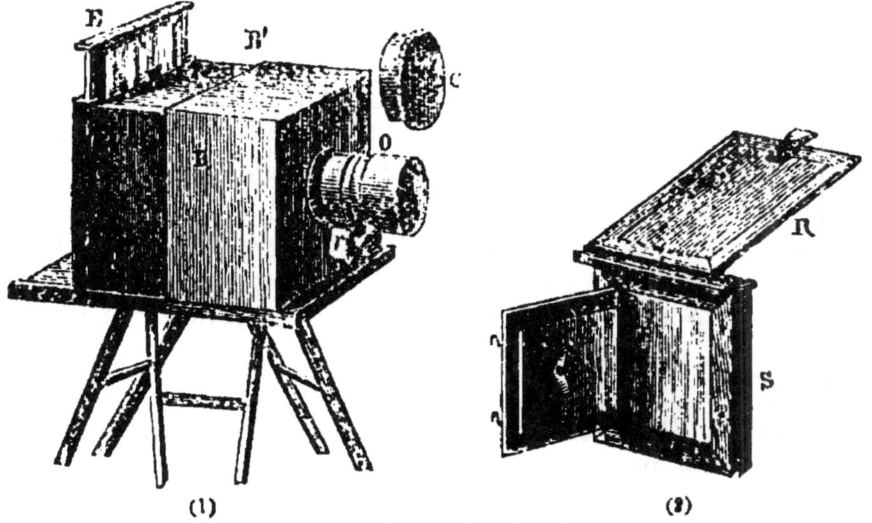

Fig. 197. — Chambre noire de photographe.

1. Chambre noire à tiroir : O, tube de l'objectif avec son pignon denté r. — C, obturateur. — B' Boîte ouverte rentrant dans la chambre D. — E, verre dépoli. — 2. Chassis S avec sa planchette R à charnières.

images réelles des objets est la chambre noire. Il comprend une boîte en bois à tiroir ou une caisse à soufflet (fig. 197), portant d'un côté un objectif O, à l'autre extrémité un cadre S ou une lame de verre E sur laquelle se forment les images.

La lame de verre destinée à recevoir l'image se place dans un chassis S. La porte munie d'un ressort la maintient en se refermant, et la planchette R à charnières la découvre au moment de la soumettre à l'action de la lumière. L'objectif O donne de l'objet à reproduire une image réelle, renversée, plus petite, et d'une grande netteté, qui se forme sur le verre E (fig. 188-1).

Mais toutes ces images sont essentiellement fugitives. La photographie les fixe à l'aide de la lumière elle-même [1]. Une épreuve photographique définitive suppose deux sortes d'opérations : l'une qui donne un cliché *négatif* sur verre, l'autre un *positif* sur papier.

291. Cliché négatif. — Un cliché est une planche préparée pour la reproduction d'un dessin ; il est *négatif* si les parties ombrées de l'objet sont représentées dans l'image par des parties claires, et inversement (fig. 193). Dans la photographie aux sels d'argent, une lame de verre recouverte dans l'obscurité d'un composé d'argent qui s'altère à la lumière, est placée dans la chambre noire à l'endroit exact où se forme l'image. La lumière noircit l'argent partout où elle tombe ; elle laisse, au contraire, blanches et intactes les régions sombres de l'image. Le dessin se fait donc sur le verre avec des teintes renversées. L'épreuve lavée puis observée au jour donne bien les contours des objets ; mais ce qui était brillant est obscur, ce qui était sombre est transparent sur le verre. Le cliché est par suite *négatif* (fig. 198-2).

292. Positif sur papier. — Ce verre qui porte l'image en négatif est placé sur un papier sensible, préparé, lui aussi, aux sels d'argent, puis il est exposé à la lumière. Les lignes noires du verre, représentant

---

[1] Le soleil était peintre, il se fit photographe...
Il fit de la science, et d'un simple rayon
Remplaça le burin, la plume et le crayon. (CHANDON.)

les vitres ou le ciel, interceptent la lumière, aussi en
ces endroits le papier reste blanc ; les régions claires,
qui figurent le feuillage, les murailles, transmettent

(1)   Fig. 198.   (2)

1. Épreuve positive. — 2. Épreuve négative.
(Beffroi et hôtel de ville de Douai.)

la lumière, et le papier est noirci en ces endroits. Le
dessin est donc reproduit sur le papier en *positif*,
puisque les lumières y sont régulièrement distribuées.
Le verre négatif permet de tirer autant d'épreuves
qu'on désire ; c'est donc un véritable *cliché*.

Expérience. — On trouve dans le commerce du papier sensible dont on se sert pour tirer les épreuves photographiques. Même, à défaut de cliché négatif, on pourra reproduire sur ce papier les nervures d'une aile de libellule ou de mouche, ou celles d'une feuille desséchée, ou encore le dessin d'une dentelle, en posant une vitre sur l'objet à reproduire mis à la lumière sur le morceau de papier sensible. Un lavage à l'hyposulfite de soude, puis à l'eau, permettra de conserver l'épreuve obtenue.

QUESTIONS

1. Pourquoi donner des verres divergents aux myopes et convergents aux presbytes? (284 et 285)

2. Un myope qui lit sans lunettes ne voit-il pas les caractères plus gros que celui qui a une vue normale? ne distingue-t-il pas mieux les détails des objets? (284 et 285)

3. Quelle lunette fait-on avec deux verres convergents de dimensions différentes?

4. Le myope et le presbyte qui regardent à travers leurs lunettes voient-ils des images réelles ou virtuelles des objets?

5. Pourquoi les verres des lunettes astronomiques ou des jumelles ne sont-ils pas fixés à une distance invariable? (287)

6. Pourquoi appelle-t-on verres ardents les lentilles convergentes? (282)

7. Pourquoi une épreuve positive ne peut-elle être exposée à la lumière sans une préparation spéciale? (292)

ÉLECTRICITÉ

> L'électricité est nécessaire au monde,
> comme le feu et la lumière.
>
> (DE MAISTRE.)

Production d'électricité par le frottement et par influence.

I. PRODUCTION D'ÉLECTRICITÉ PAR LE FROTTEMENT

203. On donne le nom d'*électricité* à la propriété que présentent les corps d'attirer les corps légers. Ce nom d'électricité vient d'un mot grec qui signifie *ambre*, parce que cette résine a servi la première à attirer les corps légers.

204. 1° LE FROTTEMENT DÉVELOPPE DE L'ÉLECTRICITÉ. — 1. Un morceau d'ambre frotté avec un morceau de

Fig. 199. — Électrisation de la cire à cacheter.

drap attire des barbes de plume, des grains de poussière, des morceaux de fil, de la sciure de bois. Une tige de verre, un bâton de résine ou de cire à cacheter, un porte-plume en caoutchouc durci présentent, après frottement, les mêmes phénomènes d'attraction. Une bougie frottée sur un morceau de drap attire pareillement des balles de sureau.

D'ailleurs, une simple feuille de papier suffit pour ces premières expériences. On la prend assez forte, et, après l'avoir chauffée pour la dessécher, on la frotte avec du drap, en la passant entre le bras et le corps appliqués l'un contre l'autre. On constate ensuite qu'elle attire à distance des bandes de papier ou des figures en papier découpé. Elle-même peut être attirée par le doigt et rester un instant suspendue à la main. Le doigt approché du papier électrisé donne des étincelles visibles dans l'obscurité.

2. Remarquons aussi que ces mêmes corps qu'on électrise avec du drap s'électrisent pareillement si on

Fig. 200. — Soufre électrisé par simple frottement sur le verre.

les frotte avec de la soie, une peau de chat, la main sèche, ou encore avec une feuille de papier de chocolat. Un porte-plume en caoutchouc s'électrise quand on le fait tourner dans un tube en cuivre, comme celui d'un porte-crayon.

3. Le frottement d'un *liquide* suffit même pour électriser. Une tige de verre agitée dans du mercure chaud s'électrise. Quelques gouttes de mercure qu'on fait tournoyer dans un verre à boire bien sec le rendent électrique.

4. D'ailleurs, il ne faudrait pas croire qu'il faille un frottement énergique pour électriser. Un morceau de soufre retiré d'un verre, où il a été coulé et moulé, attire les barbes de plume ou des rognures de papier. La fleur de soufre soufflée à la surface d'une plaque d'ébonite reproduit en lignes jaunes tous les traits que l'on y avait tracés avec l'ongle.

Concluons en disant qu'il y a *une classe de corps qui s'électrisent par toute espèce de frottement*.

5. Il en est beaucoup d'autres pour lesquels ces expériences ne réussissent pas. Ainsi on chercherait vainement à électriser par frottement des tiges de métal ou des morceaux de bois tenus à la main.

295. 2⁰ ÉLECTRISATION PAR COMMUNICATION. — Toutefois ces derniers corps, qui ne s'électrisent pas quand on les tient à la main, attireront les corps légers si l'on adopte la disposition suivante.

Expériences. — 1. On fait reposer une tige de fer ou de cuivre, une clef ou un porte-plume, sur un bouchon couvert de résine et adapté au bord d'un verre à boire (fig. 201), puis on suspend à proximité un pendule électrique P à fil de lin. Aussitôt que le bâton de cire à cacheter E électrisé est approché de la tige c, le pendule dévie. Un petit tube plein d'eau et placé sur le bouchon isolant donnerait le même résultat. Le pendule retombe aussitôt que l'on touche la tige électrisée; ce qui prouve à la fois que le métal et que le corps humain conduisent bien l'électricité.

Un bâton de cire à cacheter mis à la place de la tige c ne donnerait aucune déviation du pendule. On peut

encore montrer cette attraction à distance à l'aide d'une
tige métallique *t, t'*, suspendue par des fils de soie

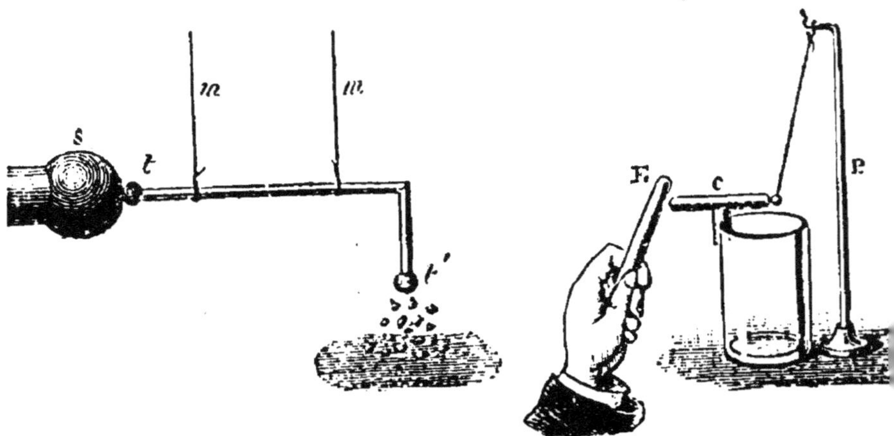

Fig. 201. — Conductibilité différente des corps.

m, m, et rapprochée d'une machine ou d'une source
électrique *s* quelconque (fig. 201).

Conclusion. — Il faut donc conclure de ces expériences qu'il y a des corps, comme le bois et les
métaux, qui conduisent bien l'électricité; et d'autres,
tels que le verre et la résine, qui ne la conduisent
point. Les premiers sont appelés *bons conducteurs,*
les seconds *mauvais conducteurs* ou *isolants.*

Applications. — Un fil de cuivre recouvert de
gutta-percha est d'un emploi fort commode pour faire
agir à distance une source électrique. Tenu à la main,
ce fil relié à la machine attire le pendule électrique
ou la flamme d'une bougie.

2. Parmi les liquides, l'eau et le mercure sont bons
conducteurs; l'huile et l'essence de térébenthine sont
isolants.

3. Les gaz secs, et particulièrement l'air chaud et
desséché, sont isolants; humides, ils ne conduisent
que trop bien l'électricité. Aussi est-on obligé de
chauffer les machines électriques pour en montrer les

effets. La terre est le *meilleur des conducteurs;* il
suffit de faire communiquer avec le sol un corps
électrisé pour le décharger aussitôt.

**296. 3°. LES CORPS BONS CONDUCTEURS S'ÉLECTRISENT
SI ON LES ISOLE.** — La queue d'un bouton de cuivre
est enfoncée dans le bout d'un bâton de cire qui ser-
vira de support; on frotte le bouton sur du drap,
aussitôt il donne des signes d'électricité. Un simple
bouchon de liége adapté à un tube de verre et frotté
s'électrise pareillement. Il suffit même de faire passer
rien qu'un pinceau sur un bouton bien isolé pour l'é-
lectriser.

Ainsi les corps qui ne s'électrisaient pas, lorsqu'on
les tenait à la main, s'électrisent aussi bien et même
mieux que les autres pourvu qu'on les isole. La résine, la cire à cacheter, le verre, permettent donc
d'électriser ces bons conducteurs sans permettre à
leur électricité de se perdre.

Chaque fois donc que l'on voudra conserver l'électricité sur un corps, on prendra soin de l'isoler, soit
en le suspendant avec des fils de soie, qui sont isolants,
soit encore en le supportant avec des pieds de verre.

Conclusion. — Tous les corps peuvent donc s'électriser aisément; mais, d'ordinaire, l'électricité ne se
conserve pas, faute de corps suffisamment isolants.

II. DEUX SORTES D'ÉLECTRICITÉ

297. 1° IL Y A DEUX SORTES D'ÉLECTRICITÉ. — Cette
nouvelle proposition se démontre à l'aide du pendule
électrique.

1. Celui dont nous allons nous servir est formé
d'une petite balle de sureau B, suspendue par un fil
de *soie* F à un support en verre C. Ainsi disposé, ce
pendule constitue un corps léger qui peut subir l'attraction électrique, recevoir une charge d'électricité

et la conserver, puisqu'il est isolé par la soie et le verre, et que l'air qui l'entoure est supposé sec.

2. Une tige de verre V frottée avec du drap est approchée de la balle de sureau B; celle-ci est attirée comme d'ordinaire, puis, après avoir touché le verre,

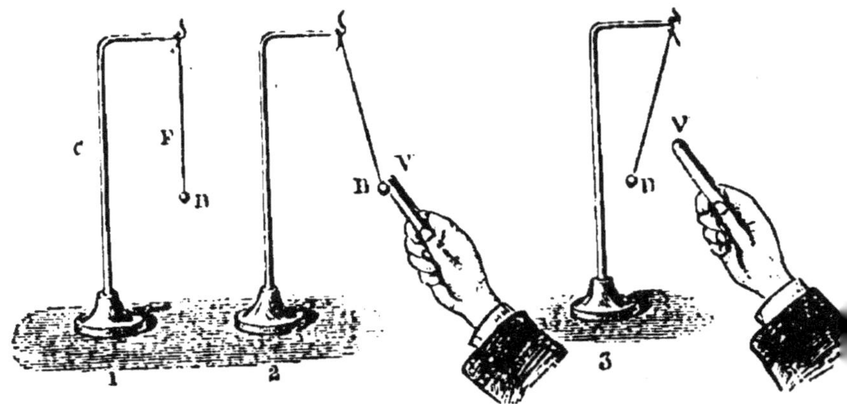

Fig. 202. — Il y a deux sortes d'électricité.
1. Pendule isolant. — 2. Attiré. — 3. Repoussé.

elle est vivement repoussée (fig. 202-3). Cette *répulsion* électrique est un phénomène que nous n'avions pas encore observé.

3. Si à ce moment on approche de la balle de sureau un bâton de résine frotté avec une peau de chat, on la voit vivement attirée par cette nouvelle source électrique. La résine électrisée n'agit donc pas comme le verre sur la balle électrisée, puisqu'il y a attraction d'un côté et répulsion de l'autre.

Cette expérience, que l'on a renouvelée de bien des manières différentes, a fait admettre qu'il y a deux sortes d'électricité, attendu que l'électricité produit deux sortes d'effets. Les corps qui, en présence de la balle électrisée par le verre, se comportent comme la résine frottée avec la peau de chat, portent de l'électricité *résineuse*, appelée aussi *négative*. Ceux qui repoussent cette balle, comme le fait le verre frotté avec du drap, sont chargés d'électricité *vitrée* ou *positive.*

297. 2° PROPRIÉTÉS DE CES DEUX FLUIDES. — (*a*) *Ces deux sortes d'électricité s'attirent.* — La balle de sureau, dans l'expérience précédente, a été électrisée par le verre, donc elle porte la même électricité que lui; l'attraction que détermine l'approche du bâton de résine prouve donc que l'électricité du verre est attirée par celle de la résine. En d'autres termes, *l'électricité positive est attirée par l'électricité négative.*

D'ailleurs, la balle de sureau repoussée par le verre, après avoir été chargée de son électricité, montre que *deux électricités de même nom se repoussent.*

Ainsi deux bandes étroites de papier sec passées entre les doigts se repoussent et divergent, parce qu'elles ont été électrisées de la même manière. Deux pendules à fil de lin, suspendus à un anneau de cuivre, divergent si on passe dans l'anneau une tige d'ébonite ou de verre électrisée.

(*b*) *Ces deux sortes d'électricité se développent en même temps.* — Si le frottement qu'une peau de chat développe sur la résine lui communique de l'électricité, il est tout au moins probable que la peau de chat est, elle aussi, électrisée; car ce frottement est mutuel. Et, en effet, ces deux sortes d'électricité se développent simultanément par le frottement.

Expériences. — 1. Une expérience de Faraday montre ce résultat d'une façon aussi nette qu'elle est simple. On coiffe le bout d'un bâton de résine d'un petit bonnet de soie auquel pend un cordonnet de soie qui permet de retirer le bonnet. Le frottement qui

Fig. 203.
Soie et résine
électrisées.

accompagne ce mouvement développe une quantité suffisante d'électricité. La résine, approchée du pendule, l'attire, puis le repousse; le bonnet de soie, approché à son tour, attire le pendule repoussé.

2. Un morceau de caoutchouc vulcanisé et une tige

Fig. 204. — Les deux électricités se produisent simultanément.

de verre (fig. 204) permettent de répéter cette expérience.

3. Quand le morceau de soufre est retiré du verre où il a été moulé (233·4), le verre s'électrise aussi bien que le soufre.

4. Deux tiges de verre frottées l'une contre l'autre s'électrisent également.

(c) *Un même corps peut prendre les deux sortes d'électricité.* — La nature de la charge électrique d'un corps dépend du corps employé à le frotter. Une tige de verre s'électrise positivement avec le drap et négativement avec la peau de chat ou une feuille d'étain. Deux bandes de fort papier qu'on a desséchées et placées en croix s'électrisent quand on les fait passer l'une sur l'autre; bien qu'elles soient aussi semblables que possible, leurs charges électriques sont pourtant différentes.

III. PRODUCTION D'ÉLECTRICITÉ PAR INFLUENCE

298. Le frottement n'est pas indispensable pour électriser un corps, le voisinage seul d'une source électrique suffit. A distance, un corps électrique développe de l'électricité sur tous les corps voisins, et, comme nous allons le voir, ces charges électriques peuvent être conservées et utilisées.

1. Un petit cylindre C en métal ou en bois recouvert de papier d'étain est placé sur le verre qui lui sert de support; on approche à distance un bâton de cire E électrisé, aussitôt le pendule à fil de lin est attiré.

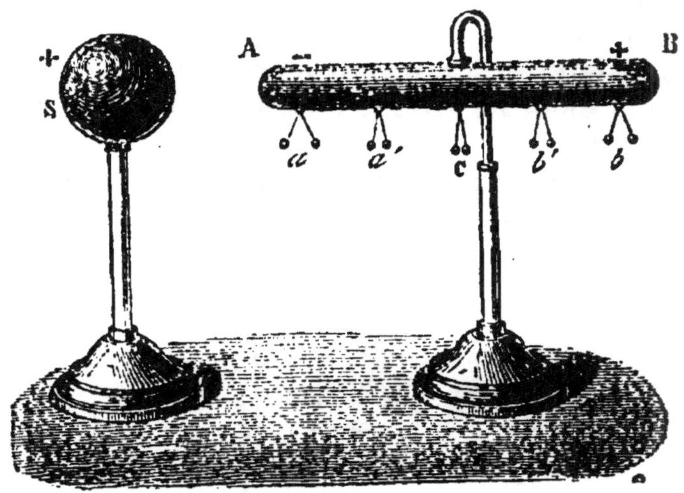

Fig. 205. — Électrisation par influence.

Il retombe dès qu'on éloigne le corps électrisé qu'on avait approché, ou dès qu'on enlève, par le contact de la main, la charge de ce même corps (fig. 201). On emploie généralement, dans les cabinets de physique, un cylindre AB en cuivre, isolé et garni de pendules (fig. 205), et une sphère S électrisée et isolée pour montrer ces phénomènes d'influence.

2. Le pendule ne cesse pas de dévier, lors même qu'on touche du doigt le cylindre conducteur isolé C, tandis que la source électrique est maintenue en présence.

3. Si l'on retire d'abord le doigt qui touchait le cylindre, puis la cire électrisée, le pendule dévie encore; donc le cylindre demeure électrisé. Il faut en conclure que l'électricité se développe par *influence* et à distance aussi bien que par le frottement. Évidemment ce pendule retombera dès qu'on touchera le cylindre.

4. On reconnaît, par des essais faits avec un pendule isolé, que l'électricité que le cylindre a prise par influence est de nom contraire à celui de la source. La résine ou la cire qui représentait la source électrique étant *négative*, le cylindre sera chargé *positivement*.

5. *Double pouvoir des pointes.* — Si le conducteur isolé est terminé par une pointe qu'on dirige du côté

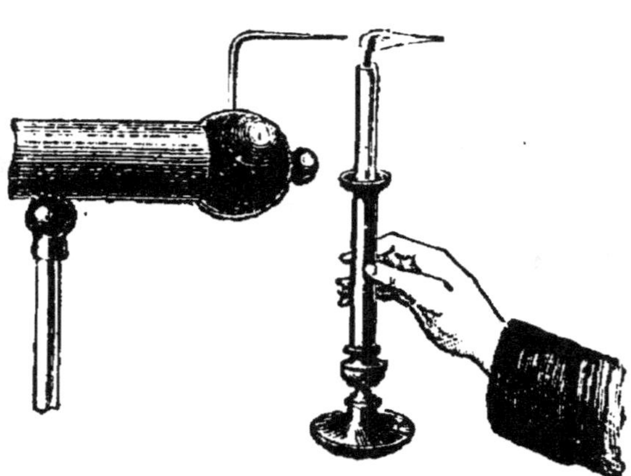

Fig. 206. — Pouvoir des pointes.

de la source, les mêmes phénomènes se reproduisent, du moins en apparence : le pendule est attiré, mais on reconnaît que le conducteur se charge du *même* fluide que la source, et en même temps la source perd de son électricité, la pointe ayant laissé s'écouler du fluide contraire qui a diminué la charge de la source. Tout se passe dans ce dernier cas comme si une partie de l'électricité de la source se rendait sur le conducteur; aussi Franklin disait-il qu'une pointe *soutire* le fluide d'une source voisine.

Une pointe adaptée au conducteur d'une machine électrique en fait écouler tout le fluide. Le courant d'air qui se produit suffit même pour souffler une bougie (fig. 206).

Le *tourniquet électrique* repose sur cette même propriété. Quatre épingles repliées et soudées à une capsule servant de chape se mettent à tourner en sens contraire de leurs pointes, dès qu'on pose la capsule sur une pointe dressée sur une machine électrique en activité.

Conclusion. — L'influence électrique développe donc à distance de l'électricité, et l'on peut, suivant les dispositions que l'on adopte, obtenir de l'électricité semblable ou contraire sur le conducteur soumis à cette influence.

APPLICATIONS

299. I. DANSE DES PANTINS. — APPAREIL A GRÊLE. — Les balles de sureau, ou des pantins petits et légers, faits de moelle de sureau, sont placés entre deux plaques de métal. On fait communiquer la plaque supérieure avec un corps électrisé, une machine électrique, par exemple, et l'on voit aussitôt les balles et les pantins se soulever, toucher la plaque métallique qui forme le plafond de leur appartement, puis retomber sur le sol pour remonter ensuite.

L'influence électrique rend compte de ces phénomènes.

Supposons la plaque électrisée positivement, cette électricité développe de l'électricité contraire sur la partie la plus voisine des corps légers soumis à son influence. Ces deux électricités contraires s'attirent, les pantins et les balles sautent; puis chargés, par le contact, d'électricité positive, ces corps sont repoussés, et retombent pour communiquer à la terre leur électricité; et le phénomène peut recommencer de nouveau et indéfiniment. — Une plaque d'ébonite, une simple feuille de papier électrisées suffisent pour faire danser de la sorte des bonshommes découpés dans un papier léger.

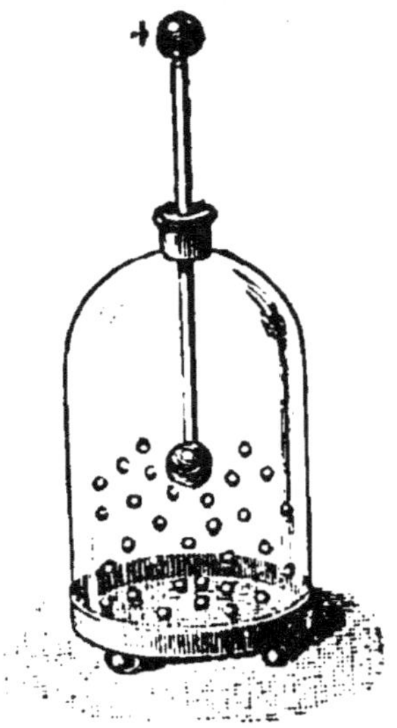

Fig. 207.—Appareil à grêle.

300. II. Pendule de lin et pendule a fil de soie. — *Expérience.* — Un tube de verre C électrisé positivement est placé entre deux pendules : l'un *l* est à fil de lin bon conducteur, l'autre *s* à fil de soie isolant. Le premier dévie plus que le second. Aussi convient-il mieux quand il ne s'agit que de reconnaître si un corps est électrisé.

Explication. — Cette différence de déviation dès pendules s'explique par l'influence. Le fluide positif du verre développe, de part et d'autre, sur les parties voisines des balles du fluide négatif *a* qui est attiré; mais en même temps il produit plus loin du fluide positif. Cette dernière électricité *b* suit le fil de lin et le support pour aller se perdre dans la terre, dans le premier pendule; tandis que, ne pouvant s'écouler dans le second pendule, elle gêne l'action de la charge voisine et négative; aussi la déviation est-elle moins forte pour le pendule à fil de soie.

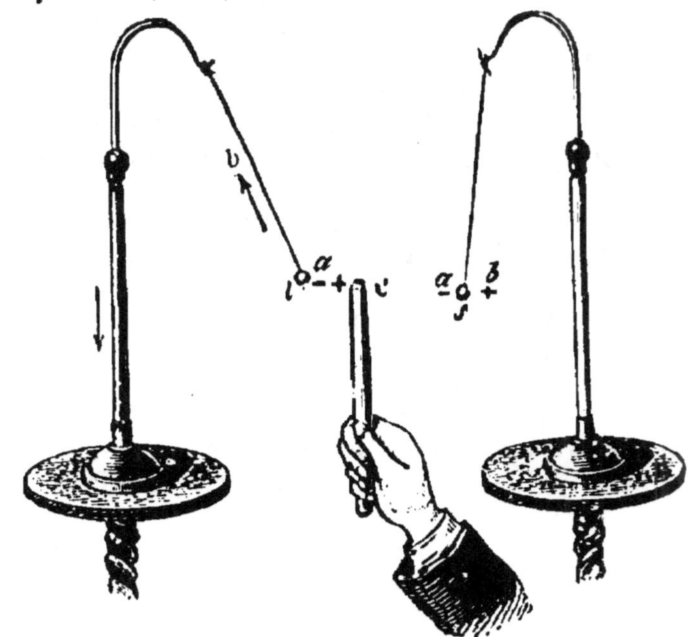

Fig. 208.
Action d'un corps électrisé sur les deux pendules électriques.

Conclusion. — Le pendule à fil de lin convient mieux pour reconnaitre la *présence* de l'électricité, et le pendule à fil de soie peut seul servir pour en déterminer le nom ou la *nature* (297).

QUESTIONS

1. Pourquoi les ouvriers qui frottent une muraille au papier de verre pour enlever le papier qui la recouvrait reçoivent-ils parfois des commotions? (293)

2. Pourquoi les deux fils d'un double pendule à fil de lin divergent-ils à l'approche d'une tige de verre électrisée? (297-298)

3. Montrer dans l'attraction d'un corps léger une application des lois ordinaires de l'influence et des attractions électriques? (297-298)

4. Pourquoi le doigt attire-t-il une feuille de papier électrisée? (208)

5. Pourquoi deux bandes de papier passées en même temps entre les doigts divergent-elles? (297)

6. Pourquoi une feuille d'étain développe-t-elle, par frottement, plus d'électricité qu'un morceau de drap?

7. Pourquoi chauffer la feuille de papier à électriser? (294)

8. Pourquoi rend-on lumineuse la chambre d'un baromètre dans l'obscurité, si on fait osciller le mercure dans le tube?

9. Deux bas de soie mis l'un dans l'autre et chauffés rien qu'en y passant le bras s'électrisent quand on les sépare; pourquoi s'attirent-ils alors? (297)

10. Pourquoi un chat qui se chauffe près du feu se montre-t-il agacé si on le caresse à rebrousse-poil? D'où viennent les lueurs qu'on observe alors dans l'obscurité?

SOURCES D'ÉLECTRICITÉ

MACHINES ÉLECTRIQUES

Électrophore et machine de Ramsden.

Les machines électriques sont des appareils destinés à produire de l'électricité. La plus simple de ces machines est l'électrophore.

301. ÉLECTROPHORE. — *Disposition.* — La plus simple des machines électriques est formée d'un gâteau de résine et d'un plateau métallique. L'ensemble de ces deux disques forme l'*électrophore* (fig. 209).

Le *gâteau* de résine S s'obtient en coulant dans un moule en bois un mélange fondu de cire et de résine.

La surface unie et brillante de ce gâteau se fendille rapidement, il est vrai, mais il est aisé de la faire refondre pour combler les crevasses, soit avec un fer chaud, soit avec la flamme du gaz.

Le *plateau* métallique C, à bords arrondis, peut être un simple disque de bois recouvert de papier d'étain. Un manche en verre ou des cordonnets de soie, fixés à la surface supérieure, permettent de soulever le plateau.

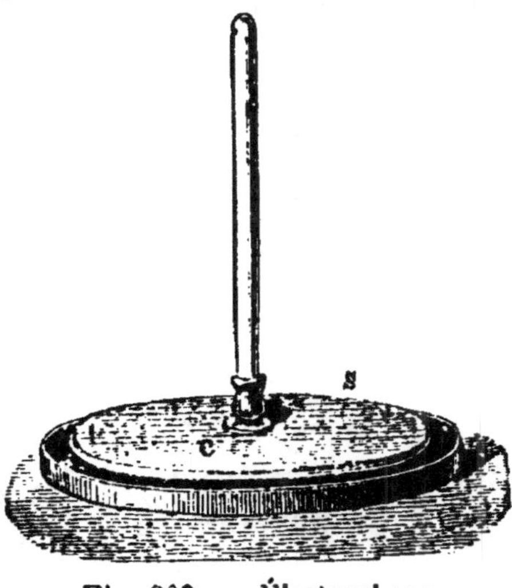

Fig. 209. — Électrophore.

302. MODE D'EMPLOI. — 1. Un électrophore ne donne d'électricité qu'à la condition qu'on *charge* son gâteau, qui est le réservoir ou la source électrique. Pour cela, on frotte ou l'on bat la surface de la résine avec une peau de chat ou une queue de renard, ou encore avec un morceau de flanelle chaude. La résine, approchée ensuite du pendule, donne à distance des signes non équivoques d'électricité, qui est *négative* (296).

2. L'électricité une fois *produite*, il s'agit de la *recueillir*. A cet effet : 1° on place le plateau sur la résine; 2° on touche le plateau du doigt, n'importe où; 3° on retire le doigt; 4° on soulève le plateau. Si à ce moment on approche le doigt, on obtient une étincelle.

Cette manœuvre en quatre temps peut se répéter indéfiniment dans une atmosphère desséchée. Le gâteau, une fois amorcé, conserve parfois durant des mois sa charge électrique.

Il ne sera pas sans intérêt de recommencer cette expérience d'une façon plus complète.

Un support métallique, terminé à sa partie supérieur par un double pendule p (fig. 210) à fil de lin, est placé sur le plateau de l'électrophore. On tient le plateau par sa tige de verre isolante et on le fait descendre sur la résine électrisée. Même avant le contact, l'influence du gâteau fait déjà diverger les pendules (298). Tandis que le plateau C repose sur la résine SS', les deux pendules p devient fortement (fig. 210, 1). On touche le plateau, aussitôt les pendules p retombent (fig. 210-2), parce que le fluide repoussé qui chargeait ces pendules s'écoule dans le sol. On retire le doigt, puis on soulève le plateau (fig. 210, 3); les pendules divergent plus que jamais, car l'électricité de la surface inférieure s'est répandue sur tout le plateau. On touche alors le plateau, il est déchargé aussitôt que l'étincelle en a jailli, et les pendules retombent.

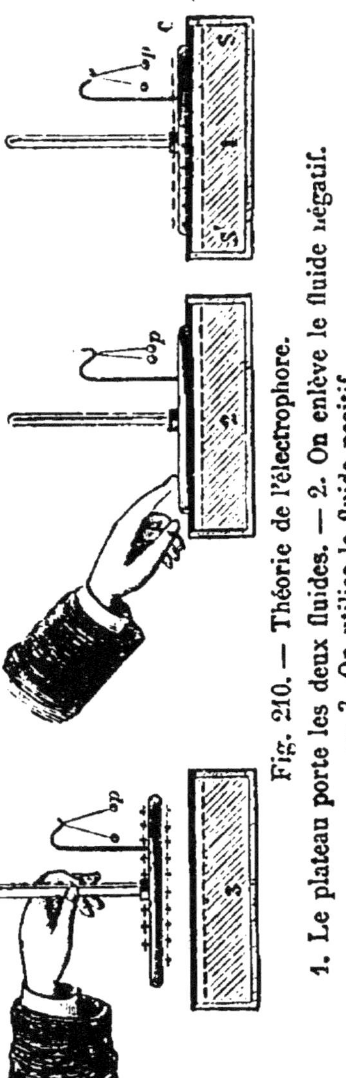

Fig. 210. — Théorie de l'électrophore.

1. Le plateau porte les deux fluides. — 2. On enlève le fluide négatif. — 3. On utilise le fluide positif.

Expériences. — 1. Des morceaux de papier que l'on jette sur le plateau, tandis qu'il repose sur le gâteau, sont projetés dans toutes les directions aussitôt qu'on soulève le plateau, à cause du fluide de même nom dont ils sont chargés.

2. Des losanges de papier mince, des bonshommes en papier, posés sur une table, se mettent à danser si on place au-dessus le plateau électrisé (fig. 210-3).

303. USAGES DE L'ÉLECTROPHORE. — Cet instrument, qui vient de nous permettre de vérifier les lois de l'influence électrique, peut attirer les corps légers et soulever des pantins; il peut encore servir à faire détoner le *pistolet de Volta*.

1° On appelle ainsi un vase en métal (fig. 211-2) dans lequel on fait détoner un mélange d'air et d'hy-

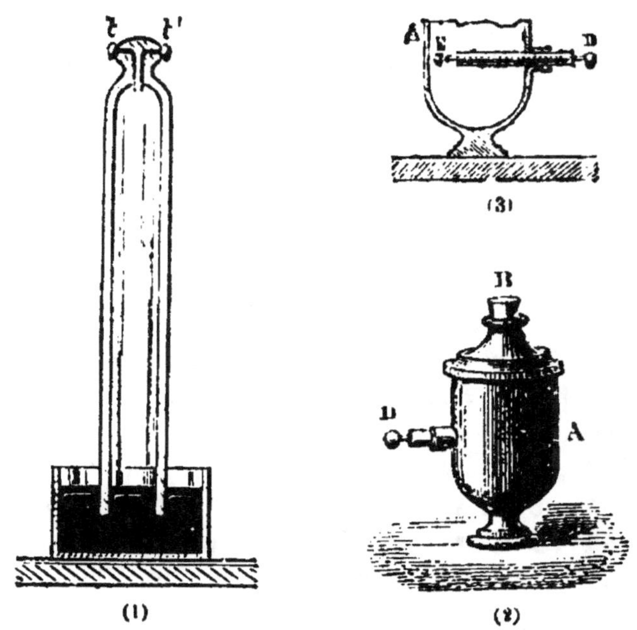

Fig. 211. — Eudiomètre et pistolet de Volta.
1. Eudiomètre. — 2. Pistolet de Volta. —
3. Section verticale du pistolet de Volta.

drogène ou de gaz d'éclairage. Ce vase A, qu'on peut faire en zinc, mais qui d'ordinaire est en cuivre, est à deux ouvertures : l'une, qui est latérale D, laisse passer une tige de cuivre isolée qui s'arrête en E, à quelque distance de la paroi opposée; l'autre ouverture B permet d'introduire un peu d'hydrogène ou de gaz d'éclairage qui se mélange à l'air. Le vase fermé avec un bouchon de liège B, est prêt pour l'expérience. Il suffit d'approcher du plateau de l'électrophore le bouton D du pistolet pour que la détonation se produise, et projette avec bruit le bouchon B à la suite de l'étincelle qui jaillit de E en A (fig. 211-3).

2° Dans un *eudiomètre* (fig. 211-1) deux fils de platine, qui traversent les parois d'un tube de verre sont maintenus à quelque distance; l'étincelle en jaillissant détermine pareillement la détonation du mélange de gaz qu'on a introduit dans ce tube.

MACHINE ÉLECTRIQUE DE RAMSDEN

304. DESCRIPTION. — Les organes essentiels de cette machine sont une roue en verre, des frottoirs, et un ou deux conducteurs (fig. 212).

La *roue en verre* DD' se met en mouvement à l'aide d'une manivelle M adaptée à l'axe qui passe par son centre.

Les *frottoirs* sont des coussins entre lesquels passe le disque en verre; leur surface est en peau, que l'on recouvre d'or massif, ou d'un amalgame métallique pour la rendre plus conductrice. On emploie deux paires de coussins; ils sont fixés aux montants BB', qui supportent l'axe de la machine, et sont placés aux extrémités d'un même diamètre.

Le *conducteur* simple ou double est formé d'un ou de deux cylindres en cuivre C,C', réunis à une de leurs extrémités par une traverse du même métal. Ces cylindres sont supportés par des pieds isolants, e leurs extrémités sont arrondies. A l'extrémité libre de chacun d'eux est vissée une machoire en cuivre F, F', armée de deux rangées de dents aiguës, entre lesquelles tourne le disque de verre.

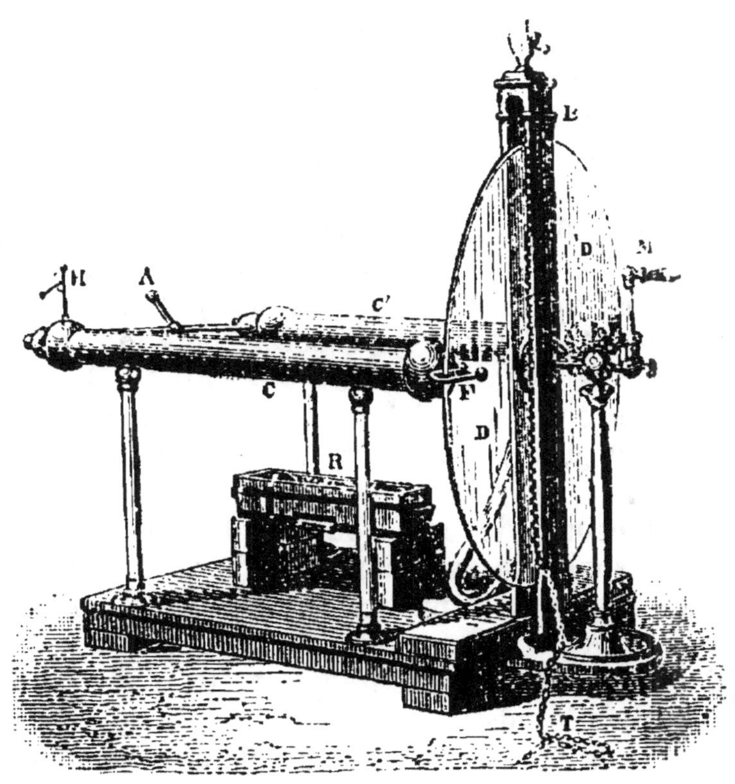

Fig. 212. — Machine électrique de Ramsden.

DD', plateau en verre. — M, manivelle. — B, montants. — F, F', mâchoires. — C, C', conducteurs. — A, tige mobile du conducteur. — H, pendule de Henley. — T, chaîne qui rattache les montants au sol. — R, réchaud.

305. ÉTAT ÉLECTRIQUE D'UNE MACHINE ÉLECTRIQUE. — Pour obtenir d'une machine électrique le meilleur effet, il faut chauffer l'atmosphère dans laquelle elle est placée. Il est bon de placer un réchaud sur R la table de la machine pour dessécher l'air, de frotter les supports isolants de la roue de verre avec une flanelle chaude, et renouveler l'or mussif des coussins; on pourra aussi faire sur chacune des faces du verre quelques raies de suif ou de paraffine qui écarteront l'humidité.

Ces précautions une fois employées, il sera utile de reconnaître l'état électrique des conducteurs et de la roue en verre.

Pendules. — La *roue* et les *conducteurs* sont électrisés, puisqu'ils attirent le pendule à fil de lin ou une simple bande de papier qu'on en approche. Ils portent la même électricité, puisque le pendule à fil de soie, après avoir été attiré et chargé, puis repoussé par la roue, est encore repoussé par le conducteur (297). De leur côté, les *pointes* des machines laissent écouler de l'électricité; car, dans l'obscurité, chacune d'elles est terminée par une aigrette lumineuse.

Il résulte de cet écoulement d'électricité par les pointes que la roue en verre perd son électricité en passant par les mâchoires. Aussi est-on obligé de tourner constamment la roue pour charger les conducteurs. On a reconnu que cette machine donne de l'électricité positive.

On obtient des effets semblables en adaptant des pendules au conducteur. Le *pendule de Henley* II (fig. 212), formé d'une tige légère, mobile et terminée par une balle de sureau, dévie au premier tour du plateau; mais sa déviation n'augmentant plus après un certain nombre de tours, il faut en conclure que la machine a atteint alors sa limite de charge.

Des bandes de papier suspendues au même crochet, ou adaptées au même montant, des houppes de fil accrochées au conducteur de la machine divergent dans tous les sens dès que la machine est en activité.

306. Effets de la machine. — *Étincelles.* — L'étincelle jaillit d'un conducteur électrique dès lors qu'on en approche le doigt. La machine est d'autant plus puissante que l'étincelle est plus longue. On obtient de plus longues étincelles en approchant du bout du conducteur un plateau métallique tenu à la main.

Dans ce cas, le doigt et le corps humain s'électrisent par influence. Mais on voit mieux encore que le corps humain est électrisable en employant un tabouret. On fait monter une personne sur un tabouret en bois à pieds de verre, ou sur un gâteau de résine bien isolé, et tandis que sa main repose sur le conducteur électrisé, on voit ses cheveux se dresser

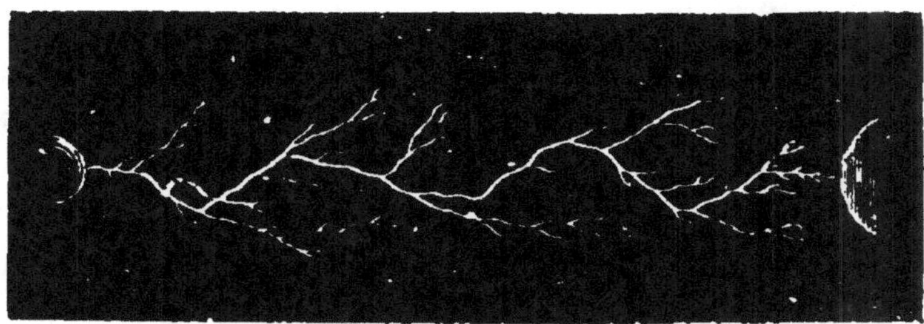

Fig. 213. — Étincelle électrique.

comme les houppes des expériences précédentes (305). Le sujet électrisé peut tirer des étincelles de sa main libre, approchée des corps voisins ; et, d'autre part, à cause de sa communication avec la source d'électricité, il suffit d'approcher le doigt de sa figure pour en tirer des étincelles, comme on le ferait d'un conducteur métallique.

D'ailleurs, il n'est pas besoin de machine électrique pour électriser le corps humain. Le sujet à électriser, étant placé sur le tabouret, se passe un peigne dans les cheveux et le donne ensuite à une autre personne, qui le décharge. Ce même mouvement, répété une dizaine de fois, développe assez d'électricité pour faire dévier le pendule à l'approche du corps électrisé (Tyndall).

Combustion. — Un vase métallique contenant quelques gouttes d'éther est approché du conducteur de la machine ; une étincelle jaillit à travers le liquide, elle suffit pour l'enflammer. — La personne qui se place sur le tabouret peut provoquer cette étincelle et cette combustion rien qu'en approchant le doigt de l'éther ou du liquide inflammable.

Un bec de gaz ouvert s'allume à la moindre étincelle, qu'elle jaillisse d'un conducteur ou du doigt d'une personne isolée. Cette dernière expérience reproduit, sans bruit, la combustion qui avait fait détoner le pistolet de Volta (303).

Aigrette électrique. — Les aspérités ou les pointes des conducteurs de la machine électrique donnent des aigrettes de lumière violette, qu'on observe d'autant plus facilement qu'il y a moins de lumière. Pour reconnaître la forme de ces aigrettes, on reçoit sur un gâteau de résine une étincelle électrique, puis on projette à la surface du gâteau isolant un mélange de soufre et de minium, et l'on voit se produire aussitôt en jaune ou en rouge la forme très curieuse de ces aigrettes.

QUESTIONS

1. Qu'obtiendrait-on si l'on soulevait, sans l'avoir touché, le plateau d'un électrophore? (302)

2. Pourquoi met-on un manche isolant au plateau d'un électrophore? (302)

3. Pourquoi de légers morceaux de papier posés sur le plateau de l'électrophore s'envolent-ils dès qu'on soulève le plateau? (297)

4. Pourquoi le plateau mis au contact du gâteau de résine chargé négativement ne prend-il pas du fluide négatif? (295-1)

5. Montrer qu'un plateau d'électrophore, dont la face inférieure est armée d'une pointe, peut se charger de fluide négatif? (293-5)

6. Pourquoi emploie-t-on dans une machine électrique des coussins, des machoires armées de pointes et des conducteurs? (304)

7. Quelles sont les régions du plateau de verre en mouvement qui ont la plus grande, — la plus faible charge électrique? Comment le vérifier? (305)

8. Comment s'expliquent les attractions et répulsions successives d'un petit losange de papier mis sur la table de la machine électrique? (290)

9. Comment s'explique la répulsion qu'on observe entre les gouttes d'eau qui s'écoulent d'un entonnoir suspendu au conducteur d'une machine électrique? (297)

BOUTEILLE DE LEYDE

> Je veux vous communiquer une expérience nouvelle, que je vous conseille de ne point tenter vous-même.
> (*Lettre de Muschenbroeck à Réaumur.*)

Expérience. — Disposition d'un condensateur. — Charge et décharge. — État électrique et effets d'une bouteille de Leyde.

307. Expérience. — Un des personnages les plus distingués de la ville de Leyde, Cunéus, « homme curieux qui aimait la science et les savants, » voulant s'amuser à revoir chez lui les phénomènes électriques qu'il avait admirés chez d'autres physiciens de ses amis, commanda à l'un de ses aides d'électriser de l'eau. L'élève fit plonger une tige de cuivre dans l'eau qui remplissait une bouteille, approcha cette tige du conducteur de la machine électrique, et, croyant que le liquide était suffisamment chargé, il s'apprêtait à retirer la tige, lorsqu'il ressentit une secousse aussi violente qu'inattendue. La commotion lui parut si redoutable, qu'il disait ensuite à son maître qu'il ne voulait plus s'y exposer de nouveau, même pour tout le royaume de France. L'expérience fit époque dans la science (1646); l'Académie des sciences de Paris se hâta de la reproduire, sans se laisser arrêter par les recommandations de son correspondant hollandais. L'électricité devint du coup si célèbre, que, sortant du cabinet des savants, où jusque-là elle s'était renfermée, elle dut se donner partout en spectacle au peuple. Bien qu'on ait modifié depuis la forme de ces puissants appareils électriques, on continue à leur donner le nom de *bouteilles de Leyde*.

308. CONSTRUCTION D'UN CONDENSATEUR.—Trois choses sont essentielles à un condensateur :

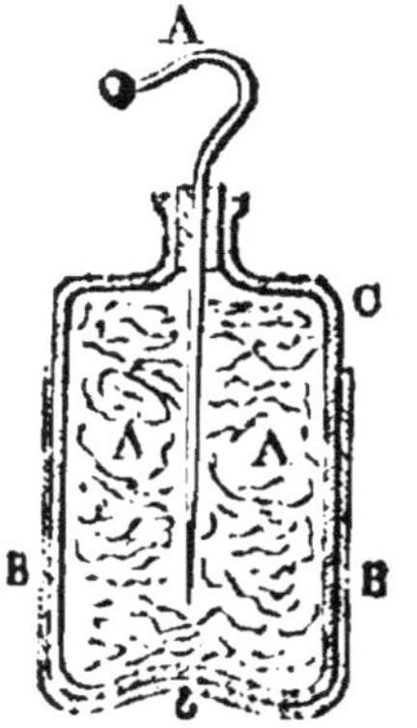

Fig. 214.

Bouteille de Leyde.

1. Deux lames ou surfaces métalliques A, B séparées par une feuille de verre C (fig. 215-1).

2. Dans la *bouteille de Leyde* ordinaire (fig. 214), le clinquant ou le papier d'étain qui la remplit, avec la tige recourbée qui plonge à l'intérieur, représente l'*armature intérieure*; le papier d'étain collé à l'extérieur forme l'*armature extérieure*.

3. Le *carreau fulminant* (fig. 215) se fait en collant de chaque côté d'un carreau de vitre une feuille d'étain qui n'en couvre pas toute la surface. On peut adapter à chacune de ces armatures un petit pendule ou une simple bande de papier. Il est également commode de faire tenir le

carreau sur un pied isolant ou dans un petit cadre en bois qui le maintient verticalement.

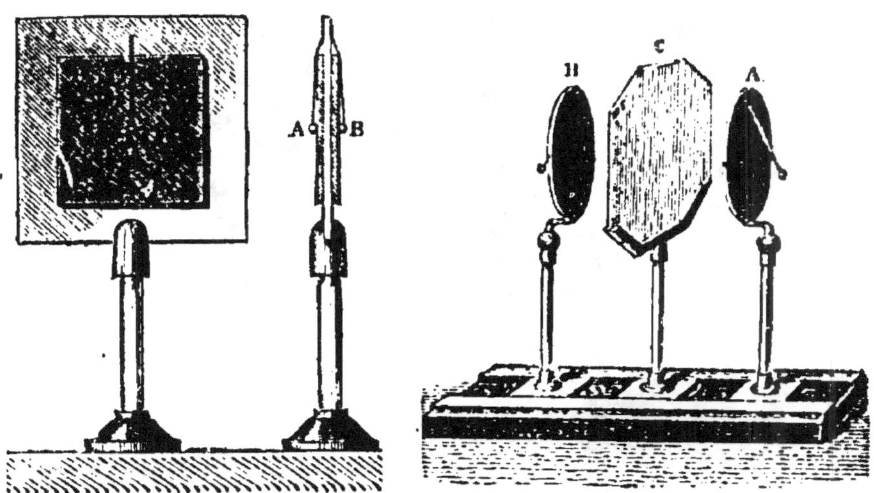

(2)   Fig. 215.   (1)
1. Condensateur d'Œpinus. — 2. Carreau fulminant.

4. Les *batteries électriques* (fig. 216) sont formées

Fig. 216. — Batterie électrique.

de grosses bouteilles de Leyde rapprochées et communiquant entre elles par leurs armatures.

309. CHARGE D'UNE BOUTEILLE. — Une bouteille de Leyde demande à être chargée à l'aide d'une machine électrique. A cet effet, on tient l'armature extérieure

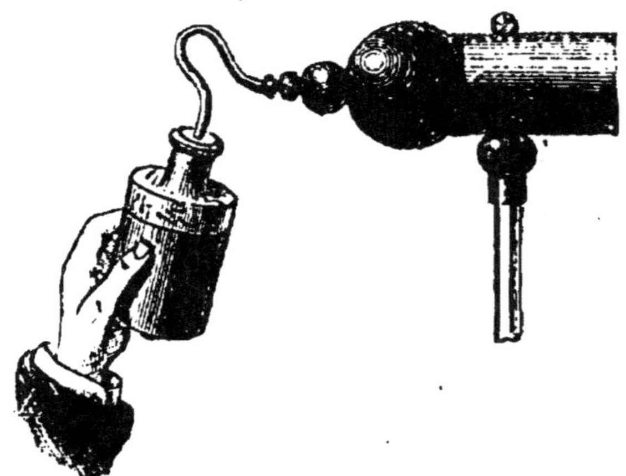

Fig. 217. — Charge d'une bouteille de Leyde.

à la main, tandis que l'on place l'armature intérieure au contact du conducteur (fig. 217). Si cette armature est à distance, il faut que des étincelles jaillissent pour charger la bouteille. On pourrait encore suspendre la bouteille par son crochet à la machine et toucher son armature extérieure avec une tige métallique.

310. DÉCHARGES. — 1. La décharge *instantanée* s'obtient en faisant communiquer entre elles les armatures de la bouteille de Leyde. On se sert pour cela d'un arc double en cuivre appelé *excitateur* C,C' (fig. 218). La bouteille étant posée sur une table, on met une branche de l'excitateur au contact de l'armature extérieure B, puis on approche l'autre branche du crochet A, et, même avant le contact, l'étincelle jaillit vive et bruyante.

2. Les *décharges successives* d'une bouteille ou d'un carreau fulminant se font en *isolant* le condensateur. La bouteille est posée sur un gâteau de résine; le carreau est suffisamment isolé s'il est sur son support.

On touche du doigt l'armature qui avait été mise contre le conducteur; on obtient une petite étincelle, et si les armatures portent des pendules, le pendule

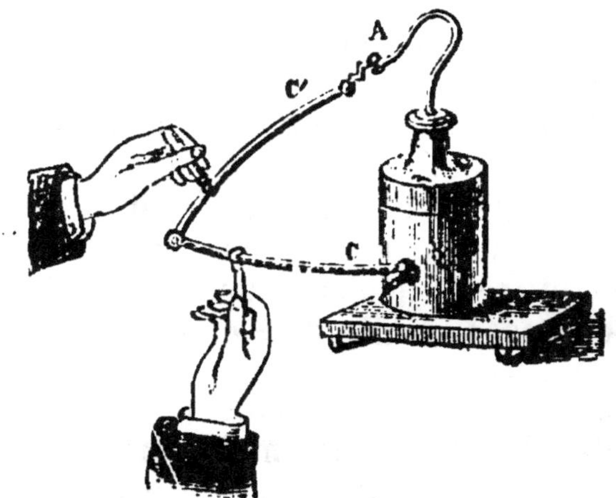

Fig. 218. — Décharge d'une bouteille de Leyde
à l'aide de l'excitateur.

de l'autre face dévie (fig. 215-1); on touche cette dernière armature, nouvelle étincelle, l'autre pendule dévie. On peut tirer ainsi plusieurs dizaines d'étincelles, qui sont de plus en plus petites.

3. *Décharges résiduelles*. — La décharge instantanée n'épuise pas toute la quantité d'électricité que renfermait le condensateur; après quelques instants on peut encore, avec l'excitateur, en retirer une et même plusieurs étincelles successives. Le fluide semble avoir de la peine à sortie du verre où il a pénétré; le vase en est saturé, comme le seau d'un puits qui a séjourné dans l'eau reste encore humide, même après avoir été vidé. L'électricité du verre forme donc des *résidus* qui se perdent par de petites décharges. — Ainsi la décharge d'une bouteille de Leyde se fait par décharges instantanées, successives ou résiduelles.

311. ÉTAT ÉLECTRIQUE D'UNE BOUTEILLE DE LEYDE. — Il y a dans tout condensateur de l'électricité *dissimulée*, de l'électricité *libre* et de l'électricité *condensée*.

Charge de fluide. — L'électricité est *dissimulée* sur l'armature extérieure d'une bouteille qu'on vient de charger, puisque ni la main ne tire d'étincelle, ni le pendule ne donne de déviation près de cette armature.

L'électricité est *libre*, du moins en partie, sur l'armature intérieure, puisque la bouteille posée sur la table et isolée nous a donné une déviation du pendule et une étincelle à la main, près de l'armature intérieure (310-2).

Enfin l'électricité est toujours *condensée* dans une bouteille de Leyde, comme on peut s'en convaincre par l'éclat de l'étincelle, par le bruit de la décharge, enfin et surtout par l'énergie de la secousse. Il suffit même pour cela d'approcher le doigt du crochet d'une bouteille chargée et posée sur la table.

312. NATURE DES FLUIDES. — Nous devons ajouter *que chacune des armatures porte un fluide différent.*

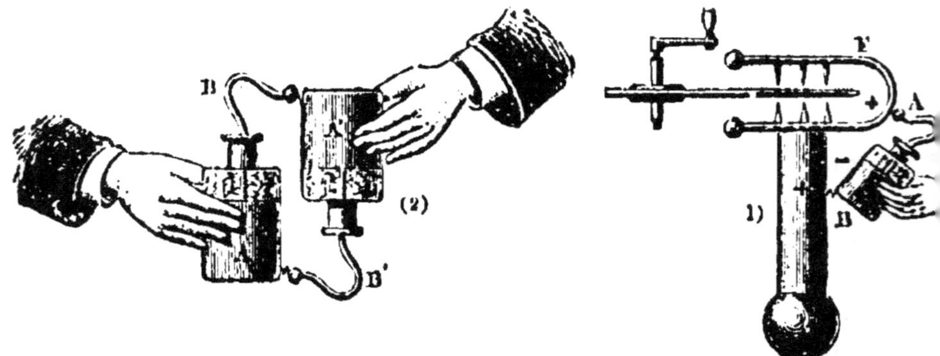

Fig. 219. — Une bouteille de Leyde porte les deux fluides.
1. Bouteille déchargée contre la machine.
2. Recomposition des électricités de deux bouteilles.

Car l'armature intérieure est chargée positivement, si on l'a mise au contact du conducteur de la machine, tandis que l'armature extérieure est chargée négativement.

1. Pour le prouver, rapprochons du conducteur l'armature extérieure tandis que le crochet reste appliqué contre la machine (fig. 219-1), l'étincelle jaillit entre le conducteur et l'armature extérieure. Or

Fig. 120. — Figures de Leichtenberg.

toute étincelle est due à la rencontre des deux électricités. Le conducteur étant positif, l'armature extérieure est négative, et par suite chargée d'un fluide contraire à celui que l'autre armature emprunte à la source.

2. On peut encore rapprocher deux bouteilles char-

gées de la même manière et mises dans des positions renversées ; une double étincelle jaillit alors (fig. 219-2) : nouvelle preuve que les armatures en présence portent des électricités contraires.

3. C'est encore à l'existence de ces deux électricités qu'il faut attribuer le phénomène suivant. On promène le bouton d'une bouteille chargée au-dessus et très près de la surface polie d'un gâteau de résine; d'invisibles étincelles jaillissent.

On pose la bouteille sur un morceau de verre pour l'isoler; on la saisit par le crochet, et on dessine une autre ligne sur la résine avec l'armature exté-rieure. On obtient ainsi une double ligne d'étincelles, les unes positives, les autres négatives.

Si maintenant on projette à la surface du gâteau un mélange de soufre et de minium renfermé dans une étoffe claire que l'on secoue avec la main, on voit se dessiner sur le fond noir de la résine deux lignes d'aigrettes et de points, avec leur forme et leur couleur différentes. (Figures de Leichtenberg [1].)

EFFETS D'UNE BOUTEILLE DE LEYDE

313. SECOUSSE ÉLECTRIQUE. — La secousse électrique se ressent chaque fois que la recomposition des électricités se fait dans le corps.

1. On l'éprouve plus ou moins forte en approchant la main gauche du crochet, tandis qu'on tient l'armature extérieure de la main droite.

2. On la ressent encore, quoique moins bien, si, posant la bouteille non isolée sur une table, on vient à toucher son armature intérieure.

3. Pour varier l'impression produite, on peut mettre

---

[1] Ces figures de Leichtenberg ont suggéré à Chladni l'idée de saupoudrer de sable les plaques vibrantes pour en étudier les vibrations (114).

un carreau fulminant à plat sur une table, de manière qu'une chaîne métallique soit saisie entre la table et le carreau; puis on fait communiquer le conducteur de la machine avec la face visible du carreau. Si maintenant on pose le pied sur la chaîne, et qu'on essaye de saisir une clef placée sur l'armature extérieure, on éprouve une secousse dans le jarret.

4. Cette commotion peut se transmettre à plusieurs personnes qui se donnent la main pour *faire la chaîne*. Celle qui est à une extrémité pose la bouteille contre le conducteur de la machine; puis, quand on croit la charge suffisante, on fait toucher le conducteur par la personne qui occupe l'autre extrémité de la chaîne, et la secousse passe à la fois dans tous les bras [1].

314. PERCE-CARTE ET PERCE-VERRE. — Une carte ou une mince lame de verre c, placées entre deux pointes rapprochées A et B, se laissent percer par l'étincelle de la bouteille de Leyde, pourvu qu'on fasse communiquer, d'une part, l'une des deux pointes avec l'armature extérieure par une chaîne, tandis que l'on approche l'autre armature de la pointe A.

On peut encore placer plusieurs cartes l'une sur l'autre; et pour le verre, on réussit plus facilement à le percer en circonscrivant, avec un cercle de gouttes de stéarine, l'endroit où doit jaillir l'étincelle. On perce aisément une carte de visite en la tenant de la main gauche sur le trajet de l'étincelle, entre

[1] L'abbé Nollet, qui a multiplié sur ce sujet ses expériences, fit faire la chaîne à 240 gardes du roi, à Versailles, en présence de la cour. « Le coup que chacun reçoit part en même temps, rapporte l'histoire de l'Académie; il est singulier de voir la multitude de différents gestes et d'entendre l'exclamation instantanée que la surprise arrache à la plus grande partie de ceux qui éprouvent la commotion; mais l'impression est différente dans les différents sujets suivant leur tempérament, et ne dépend nullement du rang qu'ils occupent dans la chaîne. »

C′ et A (fig. 218), tandis qu'on décharge la bouteille
avec l'excitateur manié de la main droite.

Combustion. — Pour répéter les expériences de

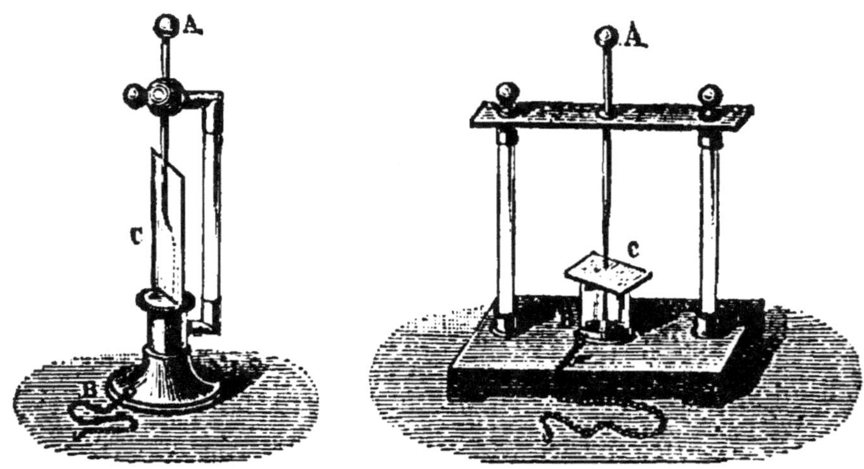

Fig. 221. — Effets mécaniques de l'électricité.
1. Perce-carte. — 2. Perce-verre.

combustion (306), on enveloppe la boule C′ de l'excitateur d'un tampon de ouate qu'on plonge ensuite
dans l'éther ou dans le sulfure de carbone. L'étincelle
qui jaillit de cette boule enflamme le liquide. On peut
encore se contenter de saupoudrer la ouate de colo-
phane.

QUESTIONS

1. Pourquoi une bouteille de Leyde suspendue au conducteur d'une machine électrique se charge-t-elle si on
adapte à son armature extérieure une chaîne qui tombe
à terre, ou une pointe, ou encore une bougie allumée? (309)

2. Une bouteille pleine d'eau, plongée dans un vase
plein d'eau, a été électrisée comme une bouteille de Leyde
ordinaire; comment la décharger? (310)

3. Pourquoi le verre d'une bouteille de Leyde est-il
parfois percé par l'étincelle? (312)

4. Une bouteille de Leyde dont le verre est fendu ou perforé peut-elle encore servir? (308)

5. Deux plaques de métal mises en présence et maintenues à distance ne pourraient-elles pas former un condensateur? (308)

ÉLECTRICITÉ ATMOSPHÉRIQUE

> Fais donc que mon tonnerre à ta voix adouci,
> Quand tu l'appelleras, réponde : Me voici !

I. La foudre est un phénomène électrique. — II. Il y a toujours de l'électricité dans l'air. — III. Causes de l'électricité atmosphérique. — IV. Comment disparaît l'électricité atmosphérique : paratonnerre.

I. LA FOUDRE EST UN PHÉNOMÈNE ÉLECTRIQUE

318. HISTORIQUE. — Cette proposition, que formulait déjà l'abbé Nollet en 1746, à la suite de ses nombreuses expériences sur l'électricité, fut définitivement établie par les expériences directes que Franklin fit à Philadelphie, et Dalibard et Romas en France, durant les années 1752 et 1753.

Le meilleur moyen de constater cette identité entre la foudre et l'électricité de nos machines était de la faire descendre jusqu'à nous, afin d'en étudier les effets et de les comparer à ceux que l'électricité produit entre les mains des physiciens. Pour appeler à volonté la foudre sur la terre, on eut recours aux cerfs-volants ou aux tiges conductrices dressées sur

des points élevés au-dessus de la surface du sol.
Franklin, qui imagina et réalisa le premier l'expérience, sortit dans la campagne avec son petit garçon,
et par manière de jeu il lança dans les airs un cerf-volant. La corde de lin se terminait par un fil de soie
tenu à la main ; il fallut attendre pour observer quelque
effet qu'une petite pluie eût rendu la corde plus conductrice ; mais alors les étincelles jaillirent en grand
nombre d'une clef suspendue à la corde de lin. Le
succès était complet ; Franklin, rayonnant de joie,
rentra dans Philadelphie. L'histoire, qui nous apprend
que son fils portait le cerf-volant avant l'expérience,
ne nous dit pas qui l'a rapporté. « Il est permis de
croire, dit Jamin, que ce fut Franklin[1]. »

Dalibard, qui fit l'expérience à Marly, près Paris,
tira de longues étincelles du mât qu'il avait dressé en
terre ; il chargea des bouteilles de Leyde avec cette
source naturelle d'électricité et obtint d'épouvantables
décharges. En un mot, toutes les expériences classiques d'électricité purent se répéter avec la foudre.
La mort du physicien russe Richman (1753), qui fut
foudroyé pour s'être approché trop près de son appareil, acheva de prouver l'identité de ses effets, et
montra surtout avec quelle prudence doivent être répétées ces sortes d'expériences.

D'ailleurs, comme nous allons le voir, la foudre,
dans l'air, produit les mêmes phénomènes que les décharges électriques dans nos cabinets de physique ; il
n'y a de différence que dans l'intensité des effets.

316. (1) CARACTÈRES DE L'ÉCLAIR. — L'*éclair* est
le phénomène lumineux que produit à travers l'air

---

[1] Cette expérience de Franklin mit le comble à sa renommée
scientifique. A son passage à Paris, Turgot salua l'inventeur du
paratonnerre et le libérateur de l'Amérique par ce vers connu :

Eripuit cœlo fulmen sceptrumque tyrannis.
Il ôte aux cieux la foudre et le sceptre aux tyrans.

la recomposition des fluides électriques de l'atmosphère.

Sa forme. — 1. On distingue deux formes principales de l'éclair : les uns sont *rectilignes* ou en
zigzag; ils émettent latéralement des ramifications
plus ou moins longues (fig. 213).

2. D'autres éclairs beaucoup plus rares sont nommés *éclairs en boule* : ce sont des boules de feu
qui tombent sur le sol, y font explosion pour se partager en plusieurs sphères enflammées qui rebon-
dissent, puis s'évanouissent.

3. Les éclairs de *chaleur* sont dus à la réverbération
sur les nuages des éclairs en zigzag qui éclatent en
dessous de l'horizon ou derrière des nuages qui
forment écran.

Sa longueur. — Arago admet qu'il y a des
éclairs de trois à quatre lieues de longueur; toutefois il faut reconnaître que, malgré son énorme
tension, l'électricité atmosphérique n'est pas encore suffisante pour opérer sa recomposition entre
des nuages si éloignés. Il faut donc, pour expliquer
la formation d'aussi longues étincelles, tenir compte
de la vapeur d'eau et des lambeaux de nuages
qui relient les centres principaux où réside l'électricité.

Il se passe alors dans l'air un phénomène comparable à celui que produit le *tube* ou le *carreau étin-
celant* (fig. 222). Des bandes d'étain assez étroites ont
été collées à la surface du verre, puis divisées à
l'aide d'un canif en petits losanges isolés. Quand on
approche de la machine une des extrémités de cette
série de corps conducteurs, tandis que par la main
on met l'autre extrémité en communication avec le
sol, une longue étincelle se produit, et, dans l'obscurité, on voit apparaître en traits de feu la figure
formée par les découpures des bandes d'étain. En réa-

lité, cette longue étincelle, qui paraît unique, est formée par une suite de petites étincelles qui ont jailli entre les losanges d'étain avec assez de rapidité pour que toutes ces impressions multiples arrivent en même temps à l'œil.

Ainsi l'éclair brille parfois aux yeux sur une im-

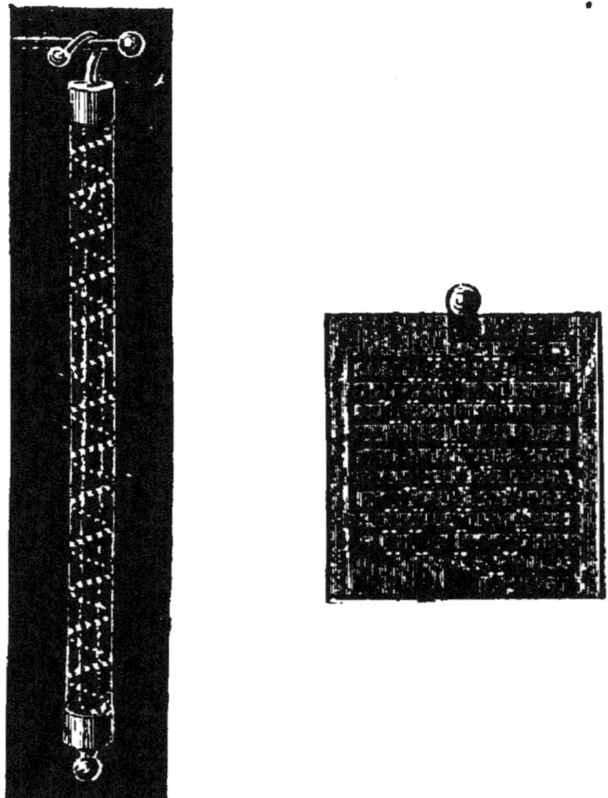

Fig. 222. — Carreau et tube étincelants.

mense étendue, grâce uniquement à la rapidité avec laquelle l'électricité se propage et à la persistance des impressions lumineuses sur la rétine.

Sa durée. — Aucun phénomène ne se produit ici-bas avec la rapidité de l'éclair. Les coursiers les plus rapides semblent immobiles durant le court instant où il jaillit. Toutefois on a pu photographier très nettement des éclairs, bien qu'il soit démontré que la durée de l'éclair est inférieure à $\dfrac{1}{10\,000}$ de seconde.

317. Tonnerre. — Le tonnerre est le bruit occasionné par la décharge des nuages électriques ; sa durée et ses roulements s'expliquent par la longueur et la forme en zigzag de l'éclair.

Car, pour ce qui est de la *durée* du tonnerre, elle est égale à la différence de temps que le son demande pour arriver de chacune des extrémités de l'éclair jusqu'à l'oreille. Un roulement de tonnerre qui se prolonge pendant 12 secondes indique un éclair qui a au moins 4 kilomètres de longueur.

Si la durée du tonnerre dépend de la longueur de l'éclair, le *retard* du tonnerre sur l'éclair correspond à la distance du nuage orageux. L'éclair est vu aussitôt qu'il éclate ; mais chaque seconde de retard du tonnerre, ou, si l'on veut, chaque battement du pouls correspond à une distance de 333 mètres environ parcourus par le son. Pour un retard de trois secondes, on a une distance de 1 kilomètre ; pour 15 secondes, 5 kilomètres.

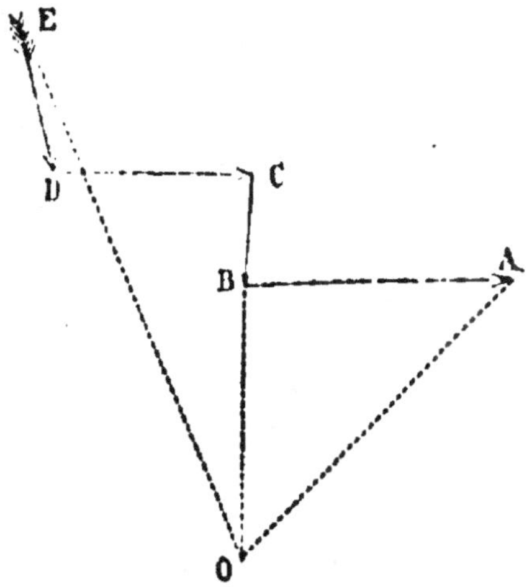

Le *roulement* du tonnerre s'explique, soit par

Fig. 223.
Roulement du tonnerre.

les échos que forment les nuages, soit encore par les distances différentes qui séparent l'oreille supposée en O des points D, C, B, A entre lesquels se forme l'éclair.

318. (2) EFFETS DE LA FOUDRE. — Les puissantes décharges de la foudre brisent les corps non conducteurs qu'elles rencontrent; les arbres volent en éclats; les murailles sont traversées ou renversées, parfois même elles se trouvent déplacées. Les conducteurs métalliques assez fins, comme les fils de sonnettes, sont volatilisés; les barres plus épaisses sont parfois fondues. Mais les effets les plus redoutables sont ceux que la foudre produit sur les animaux. Elle les blesse ou les brûle; souvent même elle les tue d'un seul coup, et les laisse dans l'attitude où elle les a surpris. On a vu des corps foudroyés se réduire en cendres.

La taille influe peu sur le danger d'être foudroyé: car il n'est pas rare de voir des moutons foudroyés dans la plaine.

En France, il y a en moyenne cent habitants tués par la foudre chaque année. Ces cas de mortalité sont plus fréquents dans les pays de montagnes que dans les plaines, et surtout que dans les villes; plus communs aussi dans les étés plus chauds, sous les abris élevés, les arbres ou les clochers, à proximité des voies ferrées ou dans un courant d'air.

II. IL Y A TOUJOURS DE L'ÉLECTRICITÉ DANS L'AIR

319. Même en dehors des temps d'orage, dans l'atmosphère la plus sereine, on remarque toujours qu'il y a de l'électricité dans l'air. Ces constatations ont été faites et se renouvellent chaque jour dans plusieurs observatoires. D'ailleurs, Babinet a indiqué plusieurs moyens faciles de les répéter.

Expériences. — On laisse partir dans l'air un petit ballon d'enfant auquel on a suspendu un fil métallique ou un fil de lin mouillé, et on observe que l'extrémité de ce fil donne au pendule des signes d'électricité. — On peut encore adapter au bout d'une canne à pêche un long fil métallique relié à la canne par un bâton de cire pour l'isoler, et terminé, à son autre extrémité, par un double pendule pour observer les déviations électriques. En rase campagne, il suffit de soulever la canne pour voir les pendules diverger.

III. CAUSES DE L'ÉLECTRICITÉ ATMOSPHÉRIQUE

320. L'électricité, nous l'avons vu, se produit si aisément, et tant de causes diverses contribuent à en remplir l'atmosphère, que l'on doit se demander comment les phénomènes électriques n'y sont pas plus sensibles ni plus communs.

La surface du globe est toujours électrisée, d'ordinaire négativement; mais en certains pays[1] le sol est si fortement chargé, qu'il suffit de faire quelques pas sur un tapis en traînant les pieds, pour produire assez d'électricité pour allumer du doigt un bec de gaz. La charge d'électricité négative que porte la terre suffit pour produire dans l'air les deux fluides contraires par influence (298); mais le moindre frottement de l'air sec contre les édifices, contre le sol ou les arbres des forêts, donne à son tour et partout de l'électricité. La vapeur d'eau, qui se condense au sor-

---

[1] *Les pays électriques.* — Il existe des *pays électriques* où l'électricité s'échappe du sol et remplit l'air. « A New-York, pendant la nuit, les tapis épais des salons chauffés font entendre de petits craquements; ils brillent lorsqu'on se promène dessus, et si l'on passe deux ou trois fois avec rapidité, ce jet peut atteindre quelques *centimètres* de longueur, de façon à faire sentir une piqûre cuisante. Un objet de métal, comme par exemple le bouton d'une porte, envoie une étincelle à la main qui approche, et parfois elle effraye les enfants. » (FOURNET.) Ces phénomènes sont même si communs dans ces pays électriques, qu'on finit par ne plus y prendre garde.

tir d'une locomotive, est électrique, et pareillement l'évaporation de l'eau, phénomène si actif à la surface du globe, donne aussi de l'électricité.

Expériences. — 1. Un pendule à fil de lin vient se coller contre les parois du tube où l'on fait l'expérience de la pluie de mercure (fig. 48).

2. Si, après avoir calciné du sable dans une capsule en métal, on y laisse tomber quelques gouttes d'eau qui s'évaporent, on constate, au moment de l'évaporation, que le pendule est attiré par les bords de la capsule.

IV. COMMENT DISPARAIT L'ÉLECTRICITÉ ATMOSPHÉRIQUE

321. CAUSES GÉNÉRALES DE LA DISPARITION DE L'ÉLECTRICITÉ. — L'électricité disparaît de l'atmosphère par suite de son écoulement dans le sol, ou plus généralement parce que les charges de fluides contraires se recomposent, comme dans l'éclair.

L'électricité s'écoule dans le sol, soit avec la pluie, soit par les trombes qui établissent une communication directe, bien que momentanée, entre la mer ou les continents et les nuages, soit enfin par la cime des arbres ou des montagnes qu'enveloppent les nuages électrisés.

Grâce à la sève qui circule sous leur écorce, les arbres, les peupliers surtout, attirent la foudre pour la répandre dans le sol : ce sont donc des paratonnerres naturels dont l'action est fort efficace.

322. PARATONNERRE. — Un paratonnerre est un appareil destiné à neutraliser l'action de l'électricité atmosphérique sur la terre.

Dispositions essentielles. — Un paratonnerre se compose essentiellement d'une tige en fer, qui communique avec le sol par des conducteurs métalliques.

Cette tige et ses conducteurs doivent réunir les conditions suivantes :

1. Leur section sera assez grande pour que la foudre ne les fonde pas (318).

2. La communication avec la terre ne sera interrompue en aucun point, depuis l'extrémité supérieure de la tige jusqu'à l'endroit où le conducteur plonge dans le sol, afin d'éviter des décharges et des étincelles toujours dangereuses.

Tige. — La tige T d'un paratonnerre (fig. 224-2) se dresse sur le point le plus élevé de la construction à

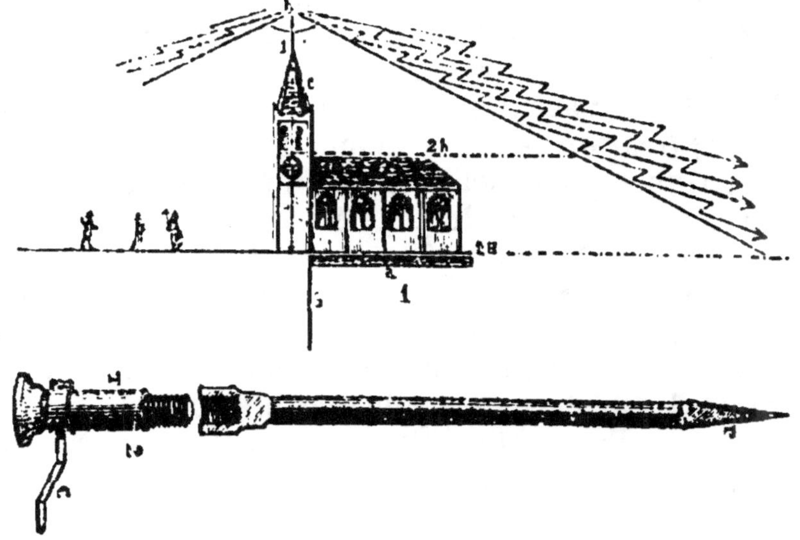

Fig. 224. — Paratonnerre.
1. Installation et zone de protection du paratonnerre.
2. Tige, pointe et conducteur.

protéger. Sa hauteur varie entre 4 et 9 mètres; son diamètre ne doit pas être inférieur à 2 centimètres.

Son extrémité libre est terminée par une pointe P très aiguë de cuivre doré.

Conducteur. — La base de la tige du paratonnerre est reliée à une barre de fer C fixée sur le faîte de l'édifice. D'autres tiges reliées à la première suivent les contours du bâtiment; elles communiquent avec un câble en fil de fer galvanisé, qui plonge dans le sol et mieux encore dans une nappe d'eau *a, b.*

323. EFFICACITÉ D'UN PARATONNERRE. — On admet que le cercle de protection d'un paratonnerre a un rayon double de la hauteur de la pointe au-dessus de la surface à protéger (fig. 224). Si la pointe est à 20 mètres au-dessus de la terre, le cercle de protection aurait par suite un diamètre de 80 mètres. On a reconnu qu'il est mieux de multiplier les tiges de paratonnerre au-dessus d'un bâtiment. Le plus parfait serait de l'envelopper d'un réseau de fil de fer terminé en haut par des pointes [1], disposition que M. Melsens a adoptée pour l'hôtel de ville de Bruxelles.

Explication. — Un paratonnerre décharge les nuages électriques qui passent à proximité, comme une pointe dirigée vers un conducteur électrique lui enlève, lui *soutire* son fluide, comme disait Franklin (298-5). Si la tige A est isolée (fig. 225-1), aussitôt qu'elle est approchée de la machine, on voit le pendule H retomber, et le pendule P attiré, comme si le fluide avait passé du conducteur sur la tige effilée.

Si la pointe B (fig. 225-2) est tenue à la main, le pendule du conducteur retombe, mais la tige B ne donne pas trace d'électricité; l'action de la tige est

---

[1] *Les paratonnerres du temple de Salomon.* — Le temple de Salomon, avec ses lances de fer doré dressées tout autour de son toit couvert de métal également doré, avec ses conduites métalliques qui amenaient les eaux de pluie dans de vastes citernes, apparaît à Arago comme le premier édifice protégé par un paratonnerre; et l'illustre savant reconnaît que ce mode de protection fut aussi parfait qu'efficace. « Le temple de Jérusalem, ajoute-t-il, resté intact pendant plus de mille ans, peut être cité comme la preuve la plus manifeste de l'efficacité des paratonnerres. »

alors plus efficace, elle décharge plus complètement encore la machine.

Dans le cas où le fluide qui s'écoule par la pointe

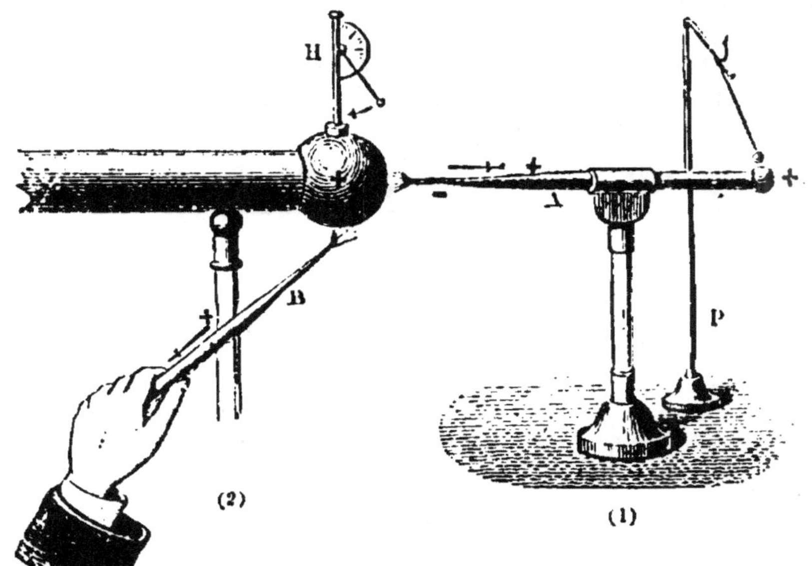

Fig. 225. — Action d'une pointe sur un conducteur.
1. Pointe isolée. — 2. Pointe non isolée.

ne suffirait pas à neutraliser la source électrique, nuage ou conducteur de la machine, une étincelle jaillirait; mais l'électricité s'écoulerait par la tige dans la terre, ce qui se ferait sans aucun danger.

QUESTIONS

1. Pourquoi la foudre passe-t-elle entre le bois et l'écorce des arbres qu'elle frappe? (294-2)

2. Pourquoi s'arrête-t-elle d'ordinaire à un mètre environ du sol, dans les arbres qu'elle a frappés? (294-3)

3. Où se trouve-t-on en danger, où se trouve-t-on en sûreté pendant un orage? (321-323)

4. Les soldats de César, voyageant la nuit par un temps orageux, virent les pointes de leurs piques et de leurs

lances terminées par des aigrettes de feu. Comment expliquer ce phénomène électrique? (298-5)

5. Ces lueurs électriques ne doivent-elles pas apparaître souvent à l'extrémité des mâts et des paratonnerres? (293-5)

6. Y avait-il avantage à terminer les paratonnerres par une boule, comme l'Angleterre l'a fait au temps de son hostilité avec l'Amérique? (323)

LA PILE ET SES PRINCIPAUX EFFETS

> La pile voltaïque est, quant à la singularité des effets, le plus merveilleux instrument que les hommes aient jamais inventé, sans en excepter le télescope et la machine à vapeur.
>
> (ARAGO.)

I. Principe de la pile. — II. Courant électrique. — III. Éclairage électrique. — IV. Galvanoplastie.

I. PRINCIPE DE LA PILE

324. EXPÉRIENCE DE GALVANI. — Ce professeur de la Faculté de médecine de Bologne avait préparé des cuisses de grenouille pour en faire un bouillon de malade; après les avoir dépouillées de leur peau, il les avait suspendues à son balcon. Il observa leurs contractions musculaires à chaque fois que le vent les chassait contre les tiges métalliques du balcon; mais il voulut répéter cette expérience dans des conditions bien déterminées. Pour le faire, après lui, on coupe une grenouille par le milieu, puis on enlève tout d'une pièce la peau de ses membres postérieurs. La grenouille ainsi dépouillée est suspendue à un support. Si maintenant on fait un arc métallique double de deux fils,

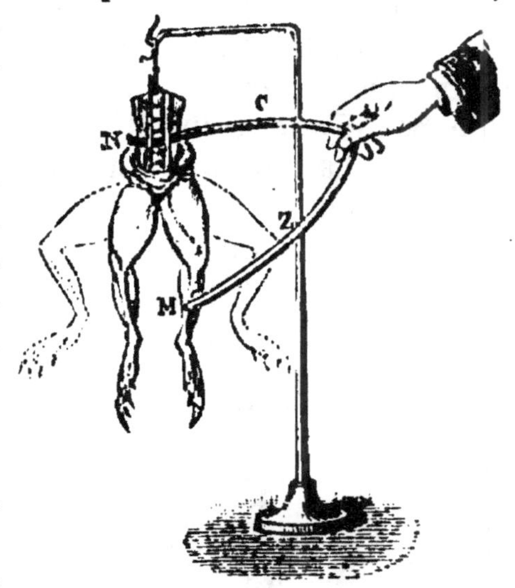

Fig. 226. — Expérience de Galvani.

l'un de fer ou de zinc et l'autre de cuivre, et qu'on engage l'un d'eux en N, derrière les deux nerfs blancs qui courent le long de l'épine dorsale, tandis que l'autre fil métallique est appliqué en M contre les muscles des pattes, on fait à chaque fois tressaillir l'animal mutilé. Cette importante observation fut faite en 1786; après avoir occupé toute l'Europe savante, qui varia l'expérience de cent manières différentes, elle devait mettre Volta sur la voie de la plus grande découverte de ce siècle.

325. Expérience de Volta. — Posez une pièce de cinq francs en argent sur un morceau de zinc propre qui soit plus large, puis placez sur l'argent une sangsue, et observez les mouvements de l'animal. Dès qu'il cherche à sortir de son cercle et qu'il se pose sur le zinc, il éprouve une secousse intérieure qui le fait se dresser; le même jeu se reproduit chaque fois que l'animal tente de toucher à la fois les deux métaux. Dans ces circonstances encore il y a, comme dans l'expérience de Galvani, un développement d'électricité. Volta s'assura, en effet, par des constatations directes, que *deux métaux en contact*, tels que le zinc et l'argent, donnent toujours de l'électricité.

Ces deux disques, l'un cuivre ou argent, l'autre

zinc, forment le *couple voltaïque;* leur charge électrique est, il est vrai, bien minime, mais le génie de
Volta lui fit découvrir que ces couples superposés,
empilés les uns sur les autres, produiraient plus d'é-
lectricité; cette intuition se trouva vérifiée par l'expérience. La pile était inventée (1800).

326. Qu'est-ce qu'une pile de Volta? — *Toute
pile est un ensemble de couples voltaïques.* — La

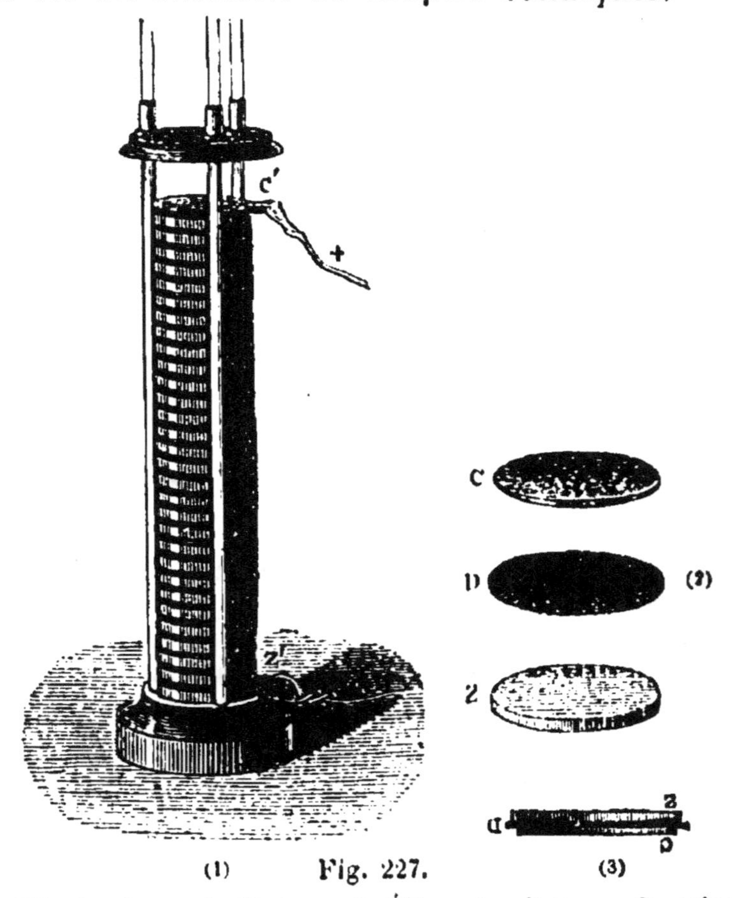

(1)   Fig. 227.   (3)

1. Pile à colonne de Volta. — 2. Élément voltaïque : C, cuivre;
D, drap; Z, zinc. — 3. CDZ, couple voltaïque.

plus simple de toutes les piles est la pile à colonne
de Volta. Voici comment elle se prépare : on pose

d'abord sur la table un disque de cuivre, grand au moins comme une pièce de cinq francs[1]; puis un morceau de drap de même dimension qu'on a trempé dans l'eau acidulée ou salée, puis un disque de zinc. Ces deux métaux, cuivre et zinc, séparés par un drap humide, forment un premier couple (fig. 227-3).

Au-dessus du zinc on place un second cuivre, puis un morceau de drap, puis un zinc, et après ce second couple on en ajoute vingt, trente autres semblables, disposés de la même manière; la pile est dès lors formée (fig. 227-1).

Un fil de cuivre soudé au premier cuivre, un second fil soudé au zinc, qui termine en haut la pile, sont ses *électrodes* : ce sont les conducteurs de l'électricité, les canaux dans lesquels elle pourra circuler. L'un C' est l'électrode ou *pôle positif* ($+$), l'autre Z' le *pôle négatif* ($-$).

Si cette pile de Volta est facile à monter, elle s'use aussi rapidement, et après une demi-heure on doit, pour de nouvelles expériences, en séparer tous les éléments, cuivre, zinc, drap, pour remettre le drap dans l'eau salée et la remonter de nouveau.

327. Pile-bouteille. — On fait d'autres piles plus commodes, plus puissantes et plus constantes. Une des plus répandues est la *pile-bouteille* ou pile au bichromate.

On verse dans une bouteille à large goulot de l'eau, puis du bichromate rouge de potasse pulvérisé, puis de l'acide sulfurique ; on obtient ainsi une liqueur rouge. Un ou deux charbons C,C plongent dans ce bain, et une tige de cuivre, qu'on peut faire mouvoir à volonté, permet de plonger une lame de zinc Z qui

---

[1] Hes couples métalliques dans les premières piles de Volta n'étaient guère plus larges qu'une pièce de cinq francs.

(ARAGO. — Volta.)

lui est soudée, au moment où l'on veut employer la pile.

Ici, *comme toujours, le zinc représente le pôle négatif — n,* le charbon est le pôle positif $p +$. Si l'on veut réunir deux ou plusieurs éléments de pile, il faut relier le pôle positif de l'un d'eux au pôle négatif de l'élément suivant ; les deux fils qui restent libres à chaque extrémité de la pile sont, l'un son pôle positif, l'autre son pôle négatif.

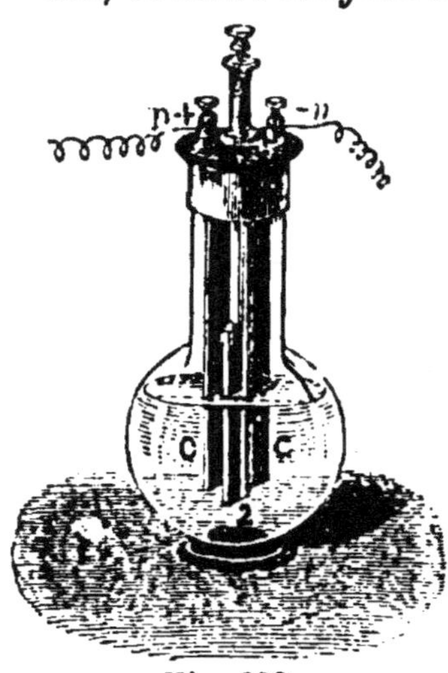

Fig. 223.

Pile au bichromate.

328. COURANT ÉLECTRIQUE. — 1. La pile est *ouverte* lorsque ses deux pôles sont séparés. Il serait inutile d'essayer de reproduire avec chacun de ces pôles les phénomènes ordinaires d'attraction et de répulsion électriques ; la quantité d'électricité qui arrive au bout de chacun des fils est trop faible pour obtenir quelque déviation avec les instruments ordinaires. Nous verrons toutefois des expériences dans lesquelles se manifestera la différence d'action des deux pôles de la pile (329-2).

2. La pile est *fermée* lorsqu'on réunit ses deux pôles. Rien de nouveau ne semble alors se produire ; le fil ne paraît nullement modifié, pas plus qu'on ne saurait dire, en voyant un tube de gaz ou un tuyau de conduite d'eau, si les communications sont établies, et si par suite les gaz ou l'eau circulent.

Cependant il suffit de tenir entre les doigts les deux extrémités d'une pile assez forte, qui dès lors est fermée par le corps, pour sentir une légère commotion, parfois même une vive impression de chaleur [1]. Ces deux électrodes de la pile, celle de Volta en particulier (376), appliquées contre les tempes mouillées, font passer des éclairs sous les paupières fermées. Les deux pôles appliqués sur les gencives excitent pareillement le système nerveux ; mis en relation avec les nerfs N d'une grenouille (fig. 226), ils la font tressaillir.

II. ACTION D'UN COURANT ÉLECTRIQUE

329. En dehors des effets qu'il exerce sur le système nerveux, le courant de la pile se révèle encore par d'autres actions que nous allons faire connaître.

Voltamètre. — Un voltamètre est un vase en forme d'entonnoir, dont le fond percé de deux trous laisse passer deux fils de platine (fig. 229).

1. Lorsque le vase contient de l'eau salée ou acidulée, et que, à l'aide des bornes P,P', on met chacun des deux fils de platine en communication avec une des électrodes de la pile, on voit aussitôt des bulles de gaz se former autour des fils ou des lames de platine. L'espèce d'ébullition qui se manifeste autour de ces deux pôles de la pile provient de la décomposition de l'eau.

Les petits tubes en verre fermés en haut, en forme d'éprouvette, qu'on a remplis d'eau salée et placés au-dessus de ces deux pôles, permettent de recueillir

---

[1] *Fils télégraphiques.* — Il ne faudrait pas se hâter de conclure, d'après cette expérience, qu'il est dangereux à un oiseau de se poser sur les fils télégraphiques. A lui seul, le courant qui circule dans ce fil ne présente aucun danger, car sa tension est toujours faible, et comme de deux résistances il choisit la moindre, il ne traverse pas le corps de l'oiseau. Mais, en temps orageux, la foudre suit ces fils métalliques, et puisqu'il devient nécessaire d'employer des parafoudres dans les postes télégraphiques, il n'est pas sans danger de s'approcher alors des fils des télégraphes. Ces fils télégraphiques sont faits de gros fils de fer galvanisé.

les gaz qui se dégagent ; l'un d'eux H est deux fois
plus abondant que l'autre ; il brûle si l'on approche
une allumette de l'ouverture de l'éprouvette : c'est de

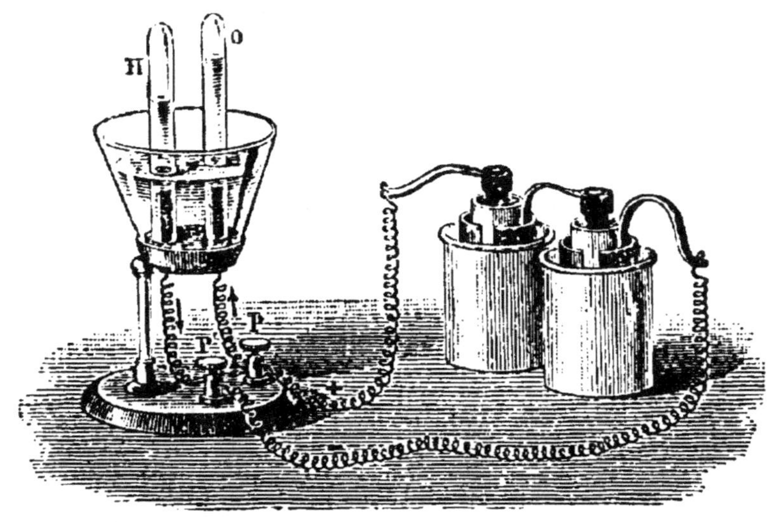

Fig. 229. — Voltamètre.

l'*hydrogène* ; l'autre O, obtenu en moindre quantité,
rallume l'allumette qui n'a plus qu'un point rouge :
c'est de l'*oxygène*. Ces deux gaz, mélangés et combinés
par la combustion d'une allumette, forment de l'eau.
Le voltamètre permet donc de décomposer l'eau.

2. Observons encore la place qu'occupent ces deux
gaz. L'hydrogène est au-dessus du pôle négatif de la
pile, l'oxygène au-dessus du pôle positif. Si l'on avait
interverti la communication des fils du voltamètre et
de la pile, la décomposition se serait faite encore ;
mais toujours l'hydrogène se serait porté au pôle négatif et l'oxygène au pôle positif. Ainsi se distinguent
par leur action chimique les deux pôles d'une pile.

330. DÉCOMPOSITION DU SULFATE DE CUIVRE PAR LA
PILE. — 1. On verse dans un tube en U une dissolution de sulfate de cuivre, puis on fait plonger dans

chacune de ses branches une lame de platine qui
communique avec un des pôles de la pile de Volta

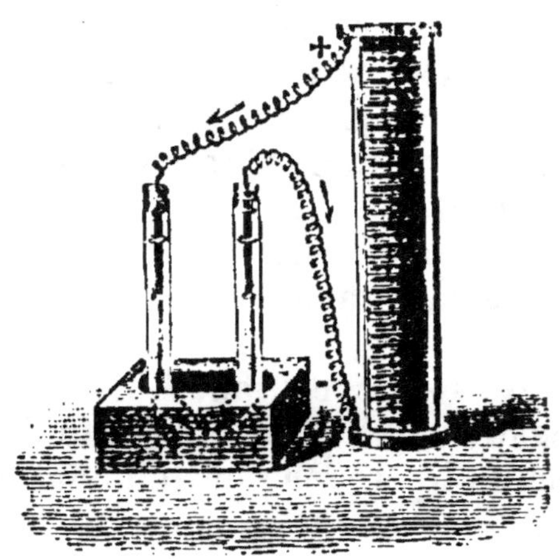

Fig. 230.
Décomposition d'un sel métallique.

(fig. 230) ou au bichromate (fig. 228). Après quelque
temps une des lames, celle qui se rattache au pôle
négatif, se couvre d'une couche rougeâtre de cuivre

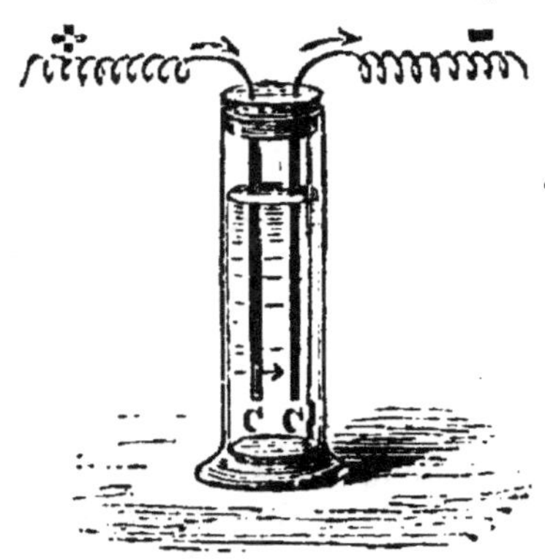

Fig. 231.
Emploi d'électrodes solubles.

métallique. Cette action, si elle était prolongée, fini-
rait par décolorer et décomposer complètement le sel

de cuivre. La pile décompose pareillement les sels ou autres composés des métaux.

2. Plus simplement on reproduit cette décomposition en faisant plonger dans une éprouvette ou un bocal plein de sulfate de cuivre en dissolution saturée deux fils de cuivre C, C. L'un d'eux s'épaissit, tandis que l'autre se dissout; tout se passe comme si le courant qui va du pôle positif au négatif, dans le sens des flèches, avait transporté le cuivre d'un fil au fil voisin.

Conclusion. — Le courant qui va du pôle positif au pôle négatif d'une pile transporte donc sur le pôle par où il *sort* l'hydrogène ou le métal renfermé dans le liquide qu'il décompose.

III. ÉCLAIRAGE ÉLECTRIQUE

331. PRINCIPE. — Si l'on fait plonger un des fils de la pile dans une goutte de mercure tandis qu'on place au contact de sa surface un *fin* fil de fer ou de pla-

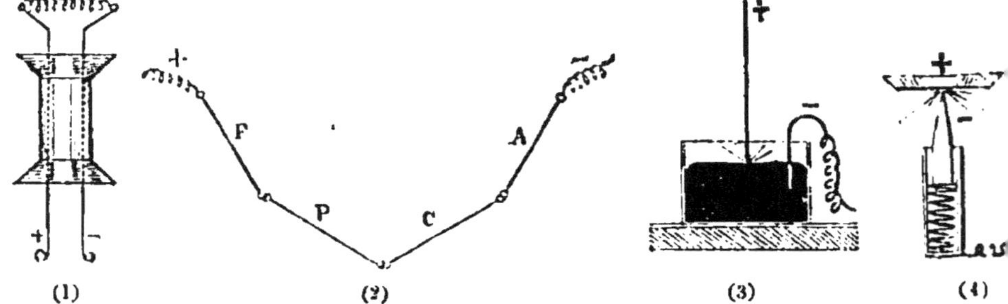

Fig. 232. — Échauffement produit par un courant.
1. Fil fin incandescent. — 2. Chaîne formée de métaux différents. — 3. Fusion d'un fil de platine à la surface du mercure. — 4. Incandescence d'un crayon de charbon.

tine rattaché à l'autre pôle de la pile (fig. 232-3), on voit le fil fin rougir et même fondre au point où il plonge dans le mercure. Cette expérience, en nous révélant la chaleur que la pile produit et transporte, nous donne une première idée du courant considéré comme source de lumière. D'ailleurs, un fin fil de fer intercalé dans le courant d'une petite pile-bouteille devient incandescent (fig. 322-1), et son augmentation de longueur devient surtout fort apparente quand on attache les électrodes de la pile aux pitons de notre pyromètre simplifié (fig. 100). Toutefois tous les fils métalliques ne s'échauffent pas également. Les fils bons conducteurs d'argent A ou de cuivre C demandent, pour rougir, un courant plus intense que les fils peu conducteurs de platine P ou de fer F (fig. 232-2).

332. ÉCLAIRAGE ÉLECTRIQUE. — Cette puissante source de lumière s'obtient en portant à une haute

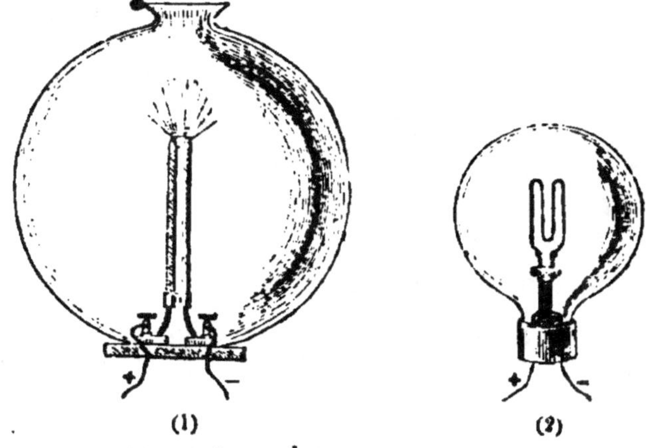

Fig. 233. — Éclairage électrique.
1. Bougie Jablochkoff dans un globe. — 2. Lampe Maxim.

température des crayons de charbon ou des fibres végétales carbonisées.

Dans la *bougie* Jablochkoff (fig. 233-1), deux minces crayons de charbon séparés par une baguette de plâtre sont traversés par le courant. La composition qui réunit les bouts de ces crayons parallèles s'allume, les charbons rougissent, et bientôt l'éclat de la lumière qu'ils projettent devient intolérable pour la vue. Une de ces bougies de charbon donne pendant les trois heures qu'elle met à brûler l'éclat de 40 lampes Carcel ou de 400 bougies.

Les *lampes à incandescence* sont d'un emploi encore plus commode (fig. 233-2). Une simple fibre de bambou, une mince bande de bristol calcinée à l'abri de l'air et repliée en forme de boucle est renfermée dans une ampoule en verre soigneusement privée d'air. Ses deux extrémités communiquent avec la source électrique, et, au passage du courant, le fil de charbon rougit sans brûler, devient éblouissant sans se consumer sensiblement. Ce n'est qu'après avoir servi pendant 2000 heures environ que la lampe est hors d'usage.

Plusieurs de ces lampes mises séparément en communication avec une même source d'électricité conviennent fort bien pour éclairer les divers ateliers d'une usine ou les salles d'une maison [1].

333. GALVANOPLASTIE [2]. — La galvanoplastie pourrait se définir un moulage de métaux obtenu par l'électricité. Grâce, en effet, au courant électrique, on est parvenu, depuis un demi-siècle, à former des dépôts

---

[1] *Et sic in tenebris quasi in luce ambulant,* avait dit Job : « L'homme se promènera durant les ténèbres de la nuit comme en pleine lumière. »

[2] *Invention de la galvanoplastie.* — « Vers 1838, Jacobi, savant allemand établi en Russie, vérifiait la résistance au passage de l'électricité des plaques poreuses qu'il employait comme diaphragmes de ses piles. Au fur et à mesure de ses vérifications, il séparait les bonnes des mauvaises, et, pour les reconnaître, il marquait au crayon d'une lettre G (*gut,* en allemand) toutes celles qu'il avait reconnues *bonnes.*

« Les bonnes furent seules employées naturellement, et lorsque, au bout de quelques jours, il vint à démonter sa pile pour la nettoyer, il fut tout étonné de voir tous les G couverts de cuivre. La plombagine dont le crayon était formé avait rendu la terre poreuse conductrice de l'électricité, et le cuivre s'était déposé à la surface. »   (BOUILHET.)

métalliques aussi compacts et aussi résistants que si ces métaux avaient été coulés au feu [1], plus délicats et plus fouillés que si le burin le plus habile les avait ciselés.

Les procédés de galvanoplastie varient suivant la nature du dépôt qu'on veut obtenir. Ce dépôt est *mince* et il adhère à l'objet, si l'on veut recouvrir un métal commun et oxydable par un métal plus *précieux* et moins sujet à se ternir. Tels sont les procédés d'argenture, de dorure, de cuivrage et de nickelage.

2. Ce dépôt est, au contraire, *épais*, et il doit se détacher du moule où il s'est formé, quand on veut reproduire un objet. Tel est le but spécial de la galvanoplastie.

334. EXPÉRIENCE. — Une expérience de galvanoplastie suppose un bain, un moule et une pile, ou du moins une source d'électricité.

Le *bain* que nous emploierons sera une dissolution concentrée de sulfate de cuivre renfermée dans un bocal A en verre ou en grès (fig. 234).

Le *moule* le plus convenable est fait de gutta-percha. Cette substance, ramollie dans l'eau chaude, prend par pression la contre-empreinte de la médaille que l'on veut reproduire. La médaille se forme alors en creux ; mais, pour faire arriver à sa surface le cuivre avec le courant, il faut avoir soin de la frotter avec de la mine de plomb. Un fil de cuivre chauffé dans la flamme d'une bougie et enfoncé dans la gutta permettra de suspendre la médaille M dans le bain.

La *pile* se prépare tout aussi simplement : on introduit dans le bocal qui va recevoir le sulfate de cuivre

---

[1]   *Quod fieri ferro, liquidove potest Electro,*
    Quantum ignes... valent.   (VIRGILE, *Énéide*, 8.)

Ces feux mettent le fer en fusion et font couler l'or et l'argent.

un vase B en terre poreuse, ou, à son défaut, une cheminée de lampe fermée en bas par un morceau de vessie. On remplit d'eau ce vase et on y fait plonger un morceau de zinc Z qui communique par un fil de cuivre isolé avec la médaille. La dissolution de sulfate de cuivre est versée dans l'espace qui sépare le bocal du vase poreux, la médaille plongeant dans ce bain. Puis, pour mettre l'appareil en activité, on verse quelques gouttes d'acide dans le vase poreux B, ou encore on y jette un peu de sel de cuisine. Il est bon de suspendre dans le bain de sulfate de cuivre un petit sac rempli cris detaux du même sel.

Après quelques jours, le dépôt rouge de cuivre formé sur la médaille est assez consistant pour qu'on puisse le détacher; la médaille est reproduite en relief.

335. Conclusion. — Nous aurons encore à mentionner d'autres effets de la pile. Ce que nous en avons dit suffit déjà pour démontrer l'importance de la découverte de Volta, et pour prouver combien sont fondées ces paroles de J.-B. Dumas, qu'on croirait exagérées, mais qui ne sont qu'exactes :

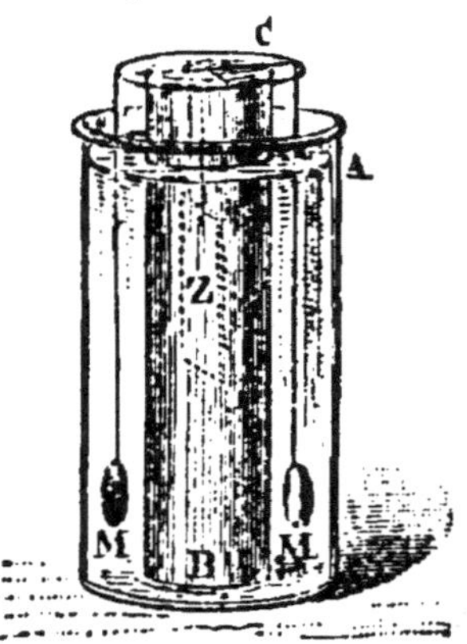

Fig. 234. — Appareil simple pour la galvanoplastie.

A, vase en verre.
B, vase poreux.
M, moule. — Z, zinc.
C, couronne en cuivre.

« En augmentant le nombre de ces couples métalliques, en étendant leur surface et en les plongeant dans un liquide salé ou acide, Volta avait construit sa célèbre pile, d'où il a surgi : *une chaleur et une lumière* comparables à celle du soleil, une *puissance chimique* supérieure à celle des volcans, un *magnétisme* égal à celui de la terre, des phénomènes *phy-*

siologiques considérés jusqu'alors comme propres aux seules manifestations de la vie [1]. »

QUESTIONS

1. Comment s'explique-t-on que l'électricité circule dans les électrodes réunies d'une pile? (297-328)

2. Pourquoi la pile n'est-elle jamais mieux en activité qu'au moment où ses deux pôles sont à la terre? (294-3)

3. Qu'arriverait-il si on recueillait dans la même éprouvette les gaz qui proviennent de la décomposition de l'eau pour les enflammer ensuite? (303)

4. Pourrait-on faire détoner le mélange d'oxygène et d'hydrogène sans introduire une flamme dans le mélange? (331)

5. Peut-on intervertir le courant dans un bain de galvanoplastie? (334-330)

6. A quelle condition pourrait-on recouvrir de cuivre une noix, une feuille d'arbre, une statue de plâtre? (334)

7. A quoi attribuer l'incandescence d'un fil de platine ou de fer traversé par un courant? (337)

8. Justifier par des exemples les paroles qui terminent le paragraphe 335.

MAGNÉTISME

> Le globe terrestre est le plus gros
> des aimants.   (GILBERT.)

I. Aimants. — II. Pôles. — III. Déclinaison et inclinaison de l'aiguille aimantée. — IV. Boussoles.

I. AIMANTS

336. DÉFINITION. — Un *aimant* est un corps qui attire la limaille de fer.

[1] Dumas, *Éloge de Faraday.*

Forme des aimants. — On donne aux aimants des formes très variées; les plus communes sont : l'ai-

Fig. 235. — Pôles d'un aimant.

mant *naturel*, composé de fer que l'on rencontre dans certains pays, et qui le premier a révélé cette curieuse propriété de l'attraction du fer.

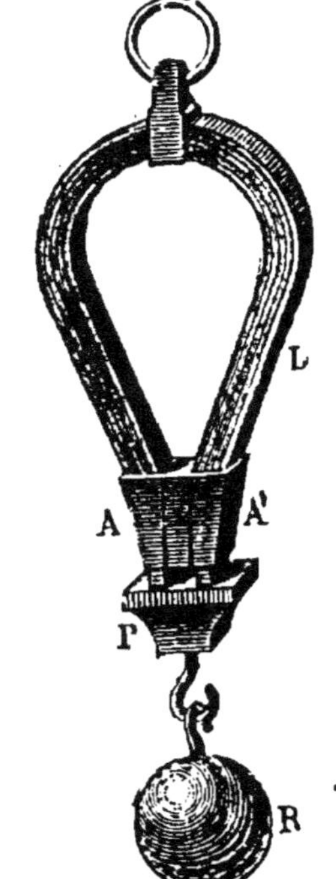

Fig. 236.— Aimant en fer à cheval. (Jamin.) L, lames d'acier concentriques. — AA', armures en fer doux.— P, portant.

Les aimants que l'on emploie d'ordinaire sont fabriqués ou *artificiels*. Les uns sont *rectilignes* (fig. 235) : ce sont des barreaux d'acier ou de simples aiguilles à coudre ou à tricoter; d'autres sont repliés en *fer à cheval;* leurs extrémités rapprochées augmentent leur force d'action (fig. 236). Les boussoles contiennent toujours une *aiguille* d'acier *aimantée,* taillée en losange et mobile sur un pivot (fig. 237).

Il est d'ailleurs aisé de modifier la forme et l'usage d'un aimant. Une bande de ressort longue de 15 centimètres et aimantée est un aimant *rectiligne;* repliée entre les doigts, elle forme le *fer à cheval;* placée dans un petit étrier de papier suspendu par un fil, elle devient *mobile* et s'oriente comme l'aiguille aimantée.

337. Propriétés générales des aimants. — Il existe
des propriétés communes
à toutes les formes des
aimants et à chacune de
leurs extrémités. Nous
devons les exposer tout
d'abord.

1. *L'action des aimants
est spéciale et réciproque.*

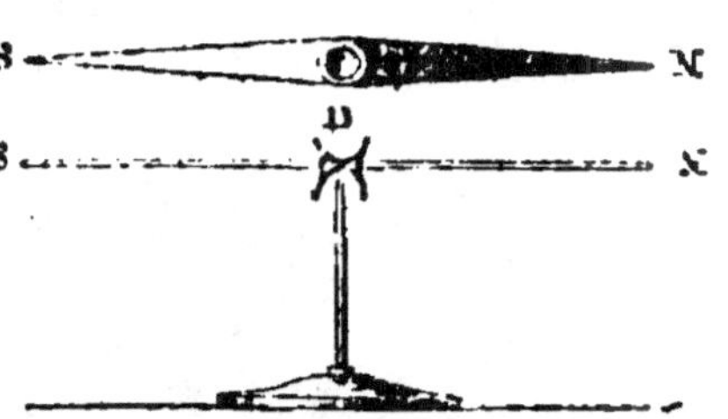

Fig. 237. — Aiguille aimantée.

Elle est *spéciale,* parce qu'un aimant n'attire, dans
les conditions ordinaires, qu'un nombre très restreint
de substances, parfois le nickel, le cobalt, mais surtout et toujours le fer ou l'acier. La limaille de cuivre
n'adhère pas à un aimant, pas plus que la limaille la
plus fine de zinc. Ainsi, tandis que l'électricité attire
tous les corps légers, le magnétisme n'attire guère
que le fer. Aussi utilise-t-on cette propriété pour séparer le fer en limaille ou en grains des autres poussières
auxquelles il serait mélangé. Il suffit de plonger à
plusieurs reprises un aimant dans de la limaille de fer
mêlée à d'autres corps en poudre pour retirer bientôt et
complètement tous les grains de ce métal.

Cette action est *réciproque,* car si l'aimant attire
le fer, s'il fait dévier, par exemple, un pendule formé
d'un clou suspendu à un fil; à son tour un clou, une
clef, permettent d'attirer une aiguille aimantée, mobile
sur son pivot, et de la faire tourner.

338. 2. *L'action des aimants se fait à distance.*
— Non seulement à travers l'air, comme viennent de
nous le prouver les déviations du pendule magnétique, mais même à travers le bois d'une table ou les
feuilles d'un livre. On peut ainsi, avec un aimant
caché derrière un livre incliné, en faire remonter la
pente à une aiguille ou à un clou.

L'expérience la plus remarquable en ce genre est
celle du *spectre magnétique.* On place un morceau

de verre sur un aimant, et on le saupoudre ensuite de limaille de fer assez fine. Les secousses que l'on im-

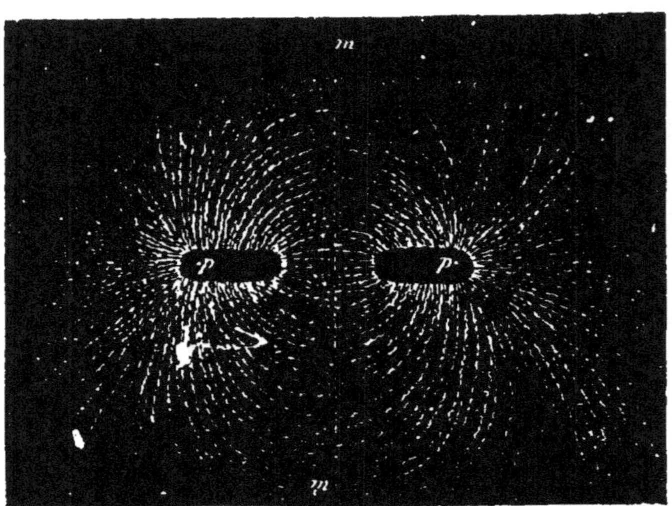

Fig. 238. — L'action magnétique s'exerce à travers
certaines substances.

prime avec le doigt au verre permettent à la limaille de fer de se disposer régulièrement (fig. 238). Ces grains métalliques dessinent alors des lignes dont la position et le rapprochement dépendent de l'aimant employé.

II. PÔLES

339. Les pôles d'un aimant sont leurs extrémités. Les propriétés particulières des pôles se rattachent aux différentes questions que nous allons étudier :

1. Présence des pôles ;
2. Nature différente des pôles ;
3. Actions réciproques des pôles.

1. PRÉSENCE DES PÔLES. — Il suffit de recouvrir un aimant de limaille de fer et de l'en retirer pour constater que le fer n'adhère point également en tous ses

points. Les houppes de limaille sont plus fournies aux extrémités, plus fines sur les faces, nulles sur sa plus grande étendue. Régulièrement, l'aimant n'attire le fer que par ses deux bouts. Ces deux points sont appelés ses *pôles*. Entre ces deux centres d'attraction s'étend une région où le magnétisme semble nul et qu'on appelle *ligne neutre* (fig. 235).

Toutefois il est bon de ne point s'en tenir uniquement à l'observation ; même pour les choses qui semblent les plus claires, il ne faut pas négliger de recourir à l'expérience ; car si l'on brise une longue aiguille aimantée et qu'on plonge dans la limaille de fer les deux points que la rupture vient de séparer, on les trouve l'un et l'autre aimantés ; d'autres houppes de limaille s'attachent encore partout où l'aimant est de nouveau brisé. Ces ruptures successives de l'aiguille montrent donc et font découvrir du magnétisme dans la ligne neutre, là même où l'on ne pouvait en soupçonner.

Conclusion. — Ainsi tous les points d'un aimant sont aimantés, mais le magnétisme ne se manifeste qu'aux pôles.

340. 2. NATURE DIFFÉRENTE DES PÔLES. — Jusqu'ici le magnétisme d'un barreau ne nous a montré que des phénomènes d'attraction ; en réalité la répulsion et l'attraction se manifestent dans tous les aimants.

Expériences. — (1) Une simple aiguille suspendue et mobile, comme l'aiguille aimantée des boussoles, se fixe d'elle-même dans une direction déterminée (fig. 237). Un de ses pôles regarde le nord, et l'autre le sud ; il suffira, pour les distinguer, de remarquer que sur le premier l'acier est généralement *bleu*, sur le second il est *blanc*. Retournée à la main, cette aiguille reprend d'elle-même sa première position ; ses deux pôles ne sont donc pas identiques, puisqu'une même extrémité ne se fixe pas indifféremment au nord ou au sud. Cette

propriété constante des pôles d'une aiguille aimantée
a fait nommer *pôle nord* l'extrémité qui se dirige vers
le nord, et *pôle sud* l'extrémité opposée.

(2) Un des pôles S' d'un barreau aimanté qu'on
tient à la main (fig. 239) est approché d'une extré-

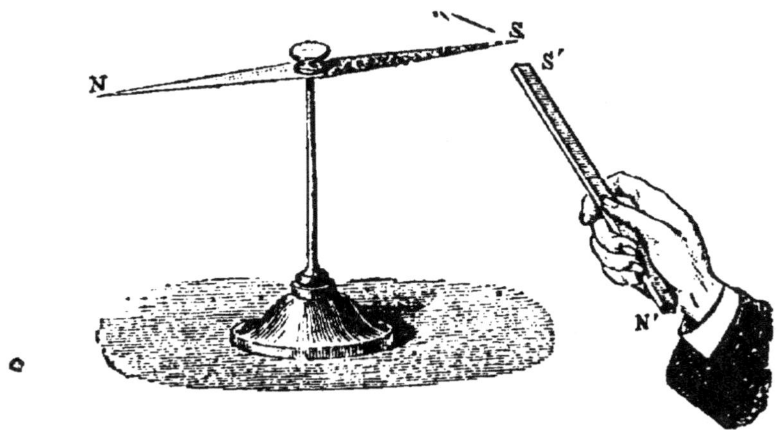

Fig. 239. — Nature différente des pôles.

mité N d'une aiguille aimantée; supposons qu'elle l'attire; approché ensuite de l'autre extrémité S, il
le repoussera sûrement. Ces deux extrémités de l'aiguille sont donc dissemblables, puisqu'elles se comportent d'une façon bien différente en présence du
même pôle du barreau; d'un côté il y a attraction, de
l'autre répulsion.

Applications. — Voici donc deux faits bien constatés : le fer *attire* n'importe quel pôle d'un aimant,
tandis qu'un aimant peut *repousser* ou *attirer* les
pôles d'un autre aimant. Grâce à cette différence, on
pourra distinguer un morceau de fer d'une lame d'acier
qui se sera aimantée. Dès qu'on voit une aiguille
d'acier *repousser* l'un des pôles d'une boussole, on
on peut donc en conclure qu'elle est aimantée.

341. 3. ACTIONS RÉCIPROQUES DES PÔLES. — Les phé-

nomènes d'attraction et de répulsion que nous venons
d'observer dans les aimants nous rappellent des actions du même genre qui se reproduisent dans les
corps électrisés. Les lois de ces phénomènes sont
d'ailleurs les mêmes dans le magnétisme et dans
l'électricité. .

(*a*) *Deux pôles du même nom se repoussent.* —
Deux pôles dirigés vers le même point du ciel sont
désignés par le même nom; les pôles nord de deux
aiguilles aimantées sont donc identiques et de même
nom, pareillement leurs pôles sud. Or il suffit de rapprocher l'un de l'autre deux pôles nord N,N' de deux
aiguilles voisines pour les voir aussitôt et s'écarter se
repousser (fig. 240). — L'expérience se répéterait en-

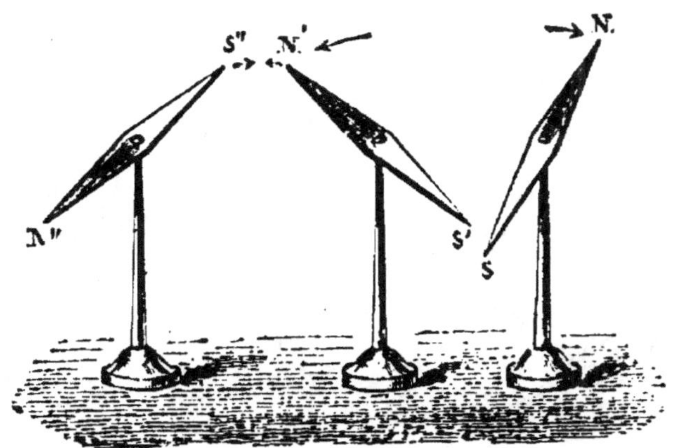

Fig. 240. — Action réciproque des pôles.

core en mettant sur l'eau deux aiguilles à coudre aimantées et placées sur une lame de liège, ou encore
deux aiguilles aimantées renfermées dans des fétus
de paille.

(*b*) *Deux pôles de nom contraire s'attirent.* —
Le pôle nord N' d'une aiguille attire le pôle sud d'une
autre aiguille S''. Rapprochés à une distance suffisante,
ces deux pôles semblent se chercher; ils s'attirent et

finissent par adhérer entre eux ou par se mettre en ligne droite, dirigés l'un vers l'autre. Cette loi est générale : les deux pôles d'*un même* aimant s'appliquent l'un sur l'autre si on le replie pour les rapprocher : expérience facile à réaliser avec un ressort d'acier aimanté.

342. Applications. — 1. Cette dernière loi permet de reconnaître la présence des pôles et d'en déterminer les noms dans un barreau aimanté. — Les tiges

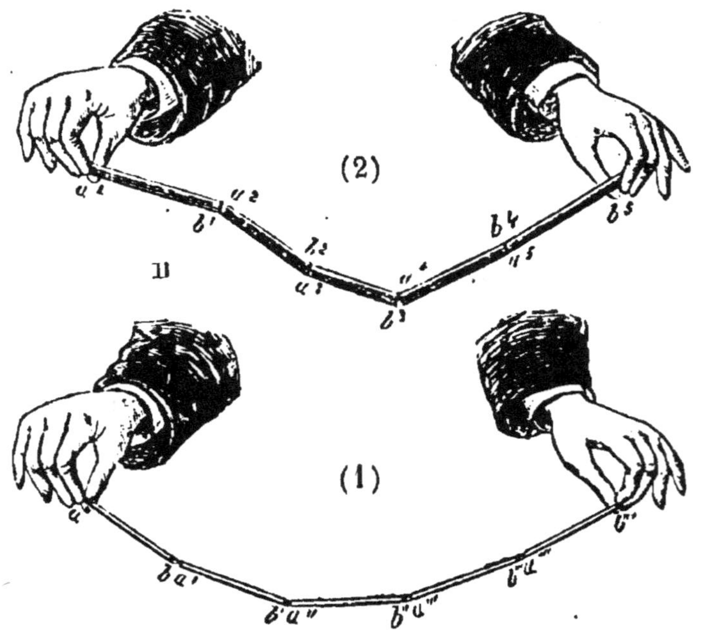

Fig. 241. — Chaînes d'aiguilles aimantées (1) et d'aimants brisés (2).

de fer qui servent à fermer les portes ou les fenêtres s'aimantent sous l'influence de la terre. En effet, une de leurs extrémités attire un pôle d'une aiguille aimantée, tandis que l'autre extrémité du même barreau repousse ce même pôle. L'extrémité inférieure de ces tiges verticales repoussant le pôle nord de l'aiguille est donc aussi un pôle nord ou austral.

2. Des aiguilles à coudre aimantées se rapprochent et se soudent par leurs pôles de nom contraire *b*, *a*, et forment ainsi une chaîne aimantée (fig. 241-1).

3. Les fragments d'une aiguille à tricoter brisée (339) sont de petits aimants qui permettent de renouveler cette expérience des tiges articulées (fig. 241-2).

4. Les barreaux de fer doux, les anneaux de fer qui se collent les uns aux autres en présence ou au

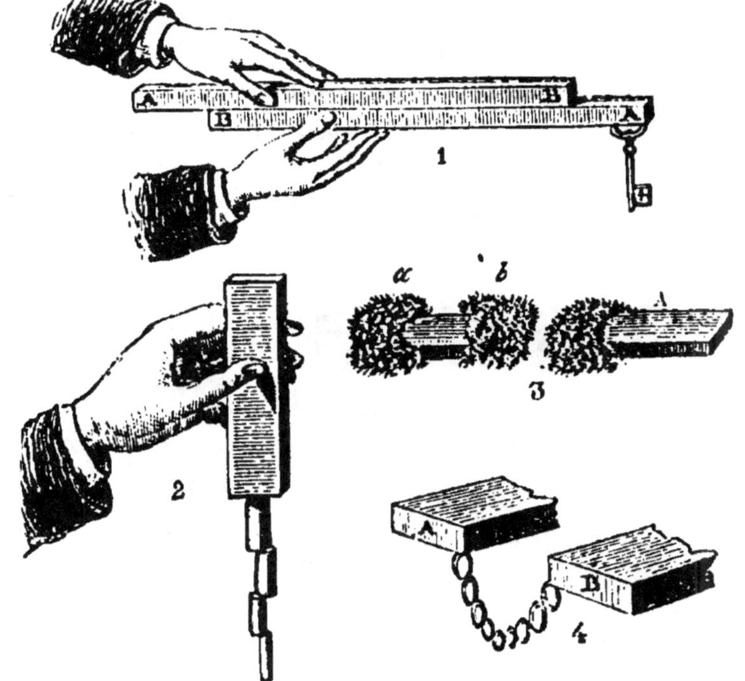

Fig. 242. — Aimantation du fer doux par influence.
1. Deux aimants superposés. — 2. Chaîne de prisme de fer doux. —
3. Houppes de limaille. — 4. Chaîne d'anneaux.

contact d'un aimant, doivent leurs pôles à l'influence de l'aimant et leur adhérence à la loi des attractions (fig. 242-2, 4).

5. Les houppes de limaille qui s'attachent aux pôles des aimants, les lignes des spectres magnétiques s'expliquent également par l'aimantation du fer doux et par l'attraction des pôles de nom contraire (fig. 242 et 238).

III. DÉCLINAISON ET INCLINAISON DE L'AIGUILLE AIMANTÉE

343. ACTION DE LA TERRE SUR UN AIMANT. — Tout aimant libre d'obéir à l'influence de la terre se met dans une direction déterminée qui est à peu près celle du nord au sud.

Une aiguille mobile sur son pivot offre le moyen le plus facile de faire cette observation. On peut encore placer une aiguille à tricoter, soit dans un étrier de papier suspendu par un fil non tordu, soit encore sur

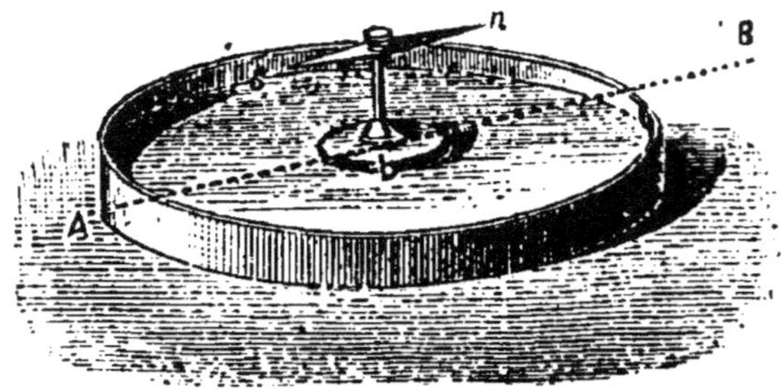

Fig. 243. — Orientation de l'aiguille aimantée sous l'influence de la terre.

un morceau de liège qui flotte sur l'eau (fig. 243). Il est encore fort commode de placer une grosse aiguille à coudre aimantée dans une paille qu'on fait flotter sur l'eau.

Quelle que soit la disposition adoptée, l'aiguille prend toujours la même direction. On remarque qu'elle dévie du nord au sud; mais, rigoureusement, elle n'est nullement attirée vers le nord. L'action que la terre exerce sur cette aiguille mobile est comparable à celle d'un barreau aimanté. Si, en effet, on place une aiguille aimantée *sn* entre les pôles d'un aimant SN, on la voit se fixer dans le plan de ses pôles.

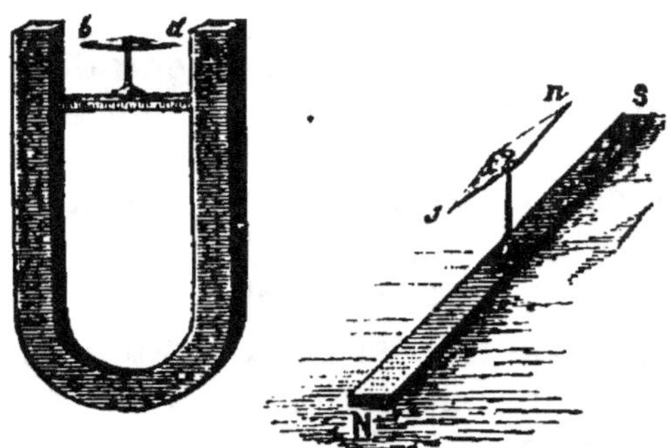

Fig. 244. — Orientation d'une aiguille aimantée dans le plan
d'un aimant.

L'expérience se fait aussi en plaçant une aiguille *ab* entre les pôles d'un aimant AB en fer à cheval (fig. 244). En vain fait-on tourner l'aimant, l'aiguille lui reste parallèle; en vain fait-on tourner l'aiguille à la main, elle revient se placer de la même manière au-dessus des pôles de l'aimant.

La fixité de cette orientation est rendue nécessaire par les lois des actions réciproques des pôles. Les deux pôles en présence doivent être de nom contraire, puisqu'ils s'attirent (341-*b*).

D'après cette expérience, on admet que la terre est un aimant invisible qui agit sur l'aiguille aimantée. Le pôle nord B de la terre s'appelle aussi pôle boréal, son pôle sud A pôle austral. Les pôles de l'aiguille qui sont attirés sont : vers le nord, le pôle *austral n;* vers le sud, le pôle *boréal s* (fig. 243).

De là vient cette anomalie curieuse que le pôle *nord* de l'*aiguille* s'appelle aussi *austral,* et son pôle sud pôle *boréal.*

344. DÉCLINAISON. — Il était important de connaître

exactement la direction de l'aiguille aimantée. Sans doute elle se dirige vers le nord, chacun le sait et peut dire avec le poëte :

> Ici, sur son pivot vers le nord entraîné,
> L'aimant cherche à mes yeux son point déterminé [1].

Mais le marin, en particulier, ne saurait se contenter de cette trop vague indication. Il devient donc nécessaire de préciser la relation qui existe entre la position de l'aiguille et la direction exacte du nord. D'ordinaire, une déviation existe; ces deux lignes, l'une qui est l'axe de l'aiguille ab (fig. 246), l'autre le méridien ns du lieu, font un angle. On appelle *déclinaison* l'angle compris entre l'aiguille aimantée et la direction du nord. La déclinaison se définit également l'angle compris entre les deux méridiens, l'un géographique, l'autre magnétique d'un lieu (fig. 245-1). Pour un point O, le méridien géographique est le plan NOS qui passe par le point O et par les pôles N,S de la terre. Le méridien magnétique est le plan qui passe par les pôles A,B de l'aimant terrestre. L'angle *noa* compris entre ces deux plans donne par suite la déclinaison magnétique au point O.

En France, l'aiguille se porte environ à 17° à l'ouest du nord. Aussi dit-on que la déclinaison y est *occidentale*.

345. Boussoles. — Une boussole est un instrument qui permet de mesurer exactement la déclinaison magnétique. — L'aiguille d'une boussole donnant la direction *approchée* du nord, il suffit de savoir de combien de degrés s'écarte vers la droite ou vers la gauche la ligne exacte du nord au sud pour trouver en tout temps la position exacte du nord, ce qui suffit pour s'orienter.

---

[1] Colardeau.

La partie essentielle d'une boussole est donc une aiguille aimantée mobile sur son pivot. L'axe de rotation de l'aiguille *ab* (fig. 246) est fixé au centre d'un cercle gradué dont les divisions sont faites à partir

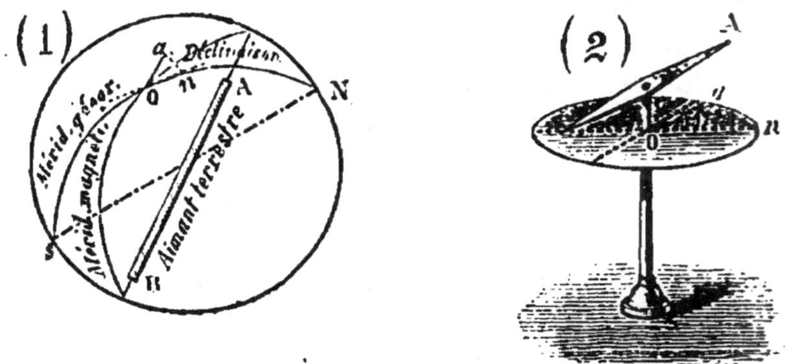

Fig. 245. — Angle de déclinaison magnétique.
1. Figure théorique. — 2. Représentation pratique.

d'un diamètre désigné par les initiales du nord et du sud (N., S.). Pour s'orienter parfaitement en un

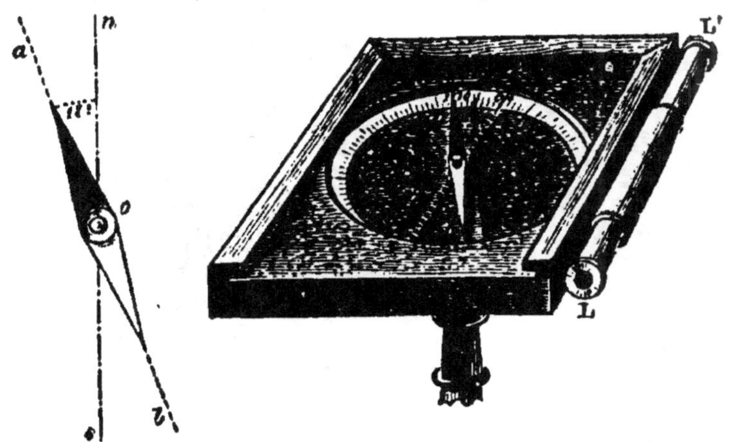

Fig. 246. — Boussole de déclinaison.

lieu dont la déclinaison connue est égale à 20°, par exemple, il faut faire tourner le cadre de la boussole jusqu'à ce que la ligne N.-S., mise à droite de l'ai-

guille, fasse avec elle un angle de 20°. L'opération se
fait plus simplement encore à l'aide d'un cercle de
carton traversé par le pivot de l'aiguille (fig. 245); on
amène un diamètre tracé *no*, par une rotation convenable, à faire avec l'aiguille l'angle de déclinaison
connu *aon*.

Les marins emploient la boussole pour connaître

Fig. 247. — Boussole d'inclinaison.
VV', cercle vertical mobile au centre duquel se trouve l'axe
horizontal de l'aiguille; — HH', cercle horizontal fixe sur son pied A.

leur route en mer. Sachant que la ligne qu'ils doivent
suivre fait un angle connu avec la direction de l'aiguille, ils font tourner sur lui-même le navire, de
manière à mettre son cap sur la ligne déterminée.

346. INCLINAISON. — Les boussoles ordinaires ont
un pivot vertical et une aiguille mobile dans un plan

horizontal. Les boussoles d'inclinaison, ayant, au contraire, un axe horizontal, se meuvent dans un plan vertical (fig. 247).

La boussole d'inclinaison doit d'abord être amenée à se mouvoir dans le plan où se fixe l'aiguille aimantée. L'angle qu'elle forme alors avec l'horizon est appelé l'*inclinaison* de l'aiguille aimantée. Cette nouvelle direction fait connaître la position qu'occupe dans l'espace l'aimant terrestre, dont l'existence expliquerait l'orientation de l'aiguille aimantée.

QUESTION

1. Pourquoi fait-on tomber une clef qui adhère à un pôle d'un aimant si on place au-dessus un pôle contraire (p. 384)? (341-*a*)

2. Pourquoi ne peut-on soulever un aimant indifféremment avec l'un des pôles d'un autre aimant? Quel est le pôle qu'il faut rapprocher? (341-*b*)

3. Pourquoi deux clous suspendus à deux fils et placés au contact divergent-ils dès qu'on approche un aimant? (341)

4. Le magnétisme d'un barreau se perd-il, comme l'électricité d'une source, au simple contact des mains?

5. Ne pourrait-on pas employer aussi des aiguilles mobiles et électrisées pour vérifier les lois des attractions et des répulsions électriques? (297-341)

6. Est-il vrai qu'il n'y a pas de magnétisme sur la ligne neutre d'un aimant? (339)

7. Où est pour nous le pôle boréal de l'aimant terrestre? (344)

8. Signaler les remarquables propriétés du verre au point de vue de la transmission (224), de la conductibilité, de la chaleur (213), de la lumière (257, 269), de l'électricité (297) et du magnétisme (338).

9. Comment vérifier et comment expliquer que les limes d'acier sont d'elles-mêmes aimantées? (338).

ÉLECTRO-MAGNÉTISME

> Vous ne savez pas que la matière
> n'est que le canal où coule l'esprit.
> (LACORDAIRE.)

**I. Galvanomètre. — II. Aimantation par les courants.
III. Électro-aimant. — IV. Télégraphe électrique.
— V. Induction magnétique.**

347. Dans ce chapitre de l'électro-magnétisme, nous allons étudier l'influence que le courant de la pile exerce sur les substances magnétiques telles que le fer et l'aiguille aimantée. La conclusion de cette étude sera que l'électricité et le magnétisme sont des forces semblables, puisque avec de l'électricité on fait des aimants, et qu'avec des aimants on produit de l'électricité. En effet, le magnétisme ne diffère pas de l'électricité.

I. GALVANOMÈTRE

348. LOI D'AMPÈRE (1820). — Notre grand physicien français [1] a formulé en ces termes l'action d'un courant sur une aiguille aimantée : *Le courant porte toujours à sa gauche le pôle austral d'une aiguille*

---

[1] « Ampère, dit Jamin, fut un singulier mélange de pénétration et de naïveté. Prodige de mémoire et d'application quand il était enfant, poète en sa première jeunesse, savant mathématicien à son âge mûr, physicien de génie, qui se révéla sur le tard, à quarante-cinq ans, pour mourir à soixante. » — Ampère mourut à Marseille en 1836, en tournée d'inspection. A son lit de mort, un de ses amis lui proposa de lui lire un chapitre de l'*Imitation de Jésus-Christ :* « Je la sais par cœur tout entière, » lui répondit ce grand chrétien.

aimantée. — Pour comprendre ce que l'on entend par la *gauche* d'un courant il faut faire avec l'ingénieux physicien l'hypothèse suivante.

On suppose un observateur, qu'on appelle le *bonhomme* d'Ampère : le courant lui entre par les pieds et lui sort par la tête; ses regards sont toujours fixés sur l'aiguille, et nécessairement il a une droite et une gauche. Or il résulte de toutes les observations faites par Ampère, et renouvelées après lui par tous les physiciens, que le pôle austral de l'aiguille se porte toujours vers la gauche du courant ainsi entendue.

Expérience. — L'aiguille aimantée AB est mobile sur son pivot; elle peut, nous le savons, être remplacée par une simple aiguille à coudre suspendue par un fil ou placée sur un disque de liège, qu'on lesterait au besoin avec une épingle.

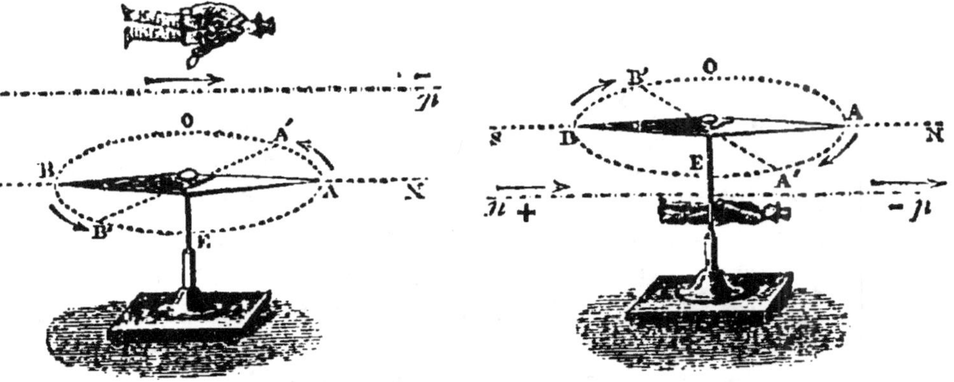

(1)   Fig. 248. — Loi d'Ampère.   (2)
1. Courant au dessus. — 2. Courant en dessous de l'aiguille.

Le courant, dans la figure, est représenté par la ligne ponctuée *np*; il va du pôle positif (+) au pôle négatif (—). Dans un premier essai (fig. 248-1) on le met au-dessus de l'aiguille. Le pôle austral A de l'aiguille se porte en A', à la gauche du courant supérieur. — On le place ensuite en dessous de l'aiguille (fig. 248-2); la gauche du courant est en avant du papier; c'est également de ce côté que se porte le pôle austral, puisqu'il vient de A en A'[1].

349. GALVANOMÈTRE. — *Définition.* — Un galvanomètre est un instrument qui permet de reconnaître l'existence, la direction, et, dans une certaine mesure, l'intensité d'un courant.

Construction. — Le cadre en bois ou en ivoire que l'on voit sous la cloche, à la partie inférieure de l'in-

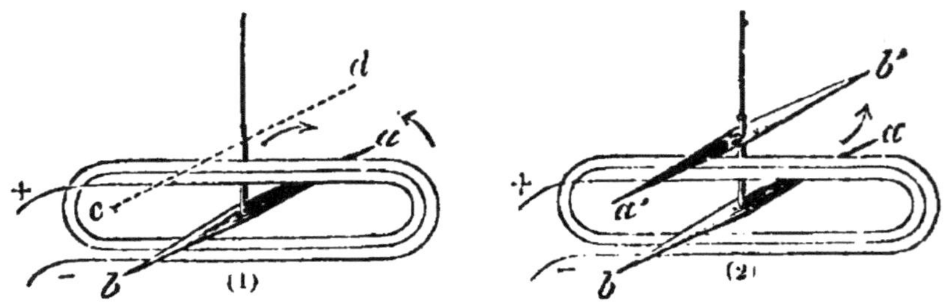

Fig. 249. — Multiplicateur (1) à une, (2) à deux aiguilles.

strument (fig. 250), porte un fil fin de cuivre enroulé dont les spirales sont isolées par de la soie. A l'intérieur de ce cadre se meut une aiguille aimantée *ab* (fig. 249) fixée à une tige légère de métal et suspendue par un simple fil de cocon. Une seconde aiguille aimantée *ab* ou une aiguille indicatrice en cuivre *cd*, pareillement adaptée à cette tige, se dé-

---

[1] *Découverte d'Œrsted.* — La loi qui régit les mouvements d'une aiguille aimantée soumise à l'influence d'un courant a été formulée par Ampère; mais la découverte de ce phénomène est due à Œrsted. On rapporte que ce physicien danois avait essayé de mille manières l'action de l'électricité sur un aimant mobile; à maintes reprises, il avait approché successivement des pôles de l'aimant chacune des électrodes de la pile. Un jour que, terminant sa leçon publique, il faisait part à ses auditeurs de ses insuccès, il réunit, sans y prendre garde, les deux électrodes qu'il tenait à la main, et aussitôt l'aiguille aimantée, que les électrodes isolées n'avaient pu ébranler, se mit à dévier sous l'action du courant. Œrsted venait de découvrir le phénomène fondamental de l'électromagnétisme (juillet 1820).

place au-dessus du cadre, et ses mouvements dépendent de ceux de l'aiguille intérieure.

La base du galvanomètre porte encore deux bornes,

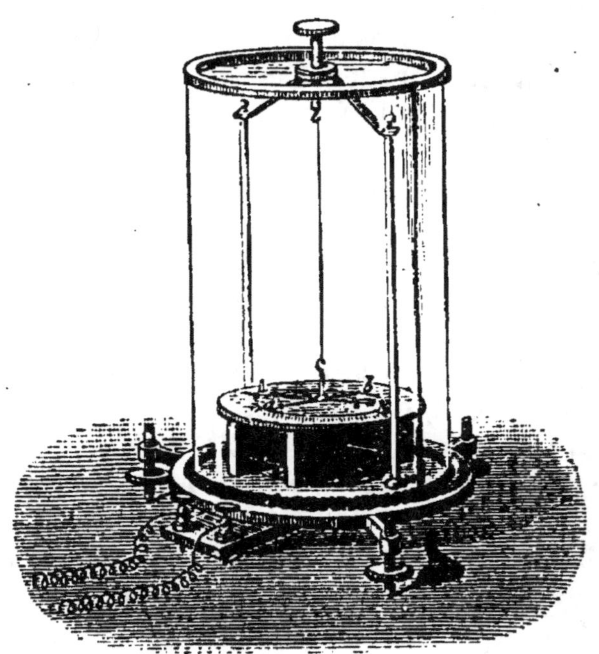

Fig. 250. — Galvanomètre.

reliées aux bouts de fil du cadre multiplicateur. Elles servent à mettre les électrodes de la pile en communication avec l'appareil.

350. EXPÉRIENCES. — 1. Deux simples fils, l'un de cuivre, l'autre de fer ou de zinc, plongent dans l'eau salée; on les attache aux bornes du galvanomètre. Aussitôt une déviation de l'aiguille se produit. Ces deux fils métalliques constituent donc une pile, et la présence de son courant est reconnue à l'aide de l'instrument. Il suffit même de plonger dans l'encre une aiguille à coudre et un fil de cuivre reliés au galvanomètre, pour obtenir aussitôt une déviation. Il y a donc une action électrique qui ne cesse de s'exer-

cer sur nos plumes métalliques, tandis que nous écrivons.

2. L'aiguille du galvanomètre prend une direction constante tant que passe le courant. Elle se fixe au-dessus d'un certain degré de la graduation, lorsqu'on laisse le couple voltaïque immergé dans l'eau et en communication avec le circuit du cadre. Le zinc de ce couple représente le pôle négatif, le cuivre son pôle positif. Si on tient note du sens de la déviation de l'aiguille, et si l'on marque sur les bornes les signes $+$ et $-$ correspondant aux pôles de la pile, il deviendra facile de reconnaître, d'après la déviation de l'aiguille, la *direction* d'un nouveau courant que l'on voudra essayer. En effet, si l'aiguille dévie dans le même sens, c'est que le pôle relié à la borne positive $(+)$ est un pôle positif. Le renversement des pôles donnerait une déviation contraire.

3. Dans le même bain d'eau salée, deux lames, l'une de cuivre, l'autre de zinc, suffisamment rapprochées, imprimeraient à l'aiguille une déviation plus grande qui pourrait atteindre 90°, grâce au courant de plus grande *intensité* qu'elles produiraient.

Il sera facile de se construire un galvanomètre provisoire à l'aide d'une boîte à plumes sur laquelle on enroulera du fil ordinaire de cuivre, de manière à en séparer les spires pour qu'elles ne se touchent pas. Les deux grands côtés de la boîte une fois enlevés, on pourra suivre facilement les mouvements de l'aiguille qu'on y aura renfermée, après l'avoir suspendue à un fil fin de soie traversant le couvercle de la boîte.

II. AIMANTATION PAR LES COURANTS

351. EXPÉRIENCES. — 1. Un simple clou autour duquel on enroule un fil de cuivre recouvert de soie ou de coton devient aimanté aussitôt qu'on fait passer

le courant dans ce fil. Jusque-là sans action sur la limaille de fer, il l'attire vivement et forme à ses extrémités des houppes abondantes de limaille dès qu'on le soumet à l'influence du courant. Les deux extrémités de ce clou sont en même temps devenues des pôles d'aimant. Car l'une d'elles attire et l'autre repousse le pôle nord de l'aiguille aimantée.

2. L'expérience se répète d'ordinaire à l'aide d'une hélice en fil de cuivre enroulée sur un tube de verre. Les extrémités de ce fil se rattachent aux pôles de la

Fig. 251. — Action d'une hélice sur une aiguille d'acier.

pile (fig. 251). A l'intérieur du tube on place des fils de fer *ab*, et l'on reconnaît qu'aimantés aussitôt, leurs pôles s'intervertissent si on renverse le courant ou qu'on retourne le fil de fer. On met des fils de cuivre, et ils ne subissent aucune action ; des fils d'acier, des aiguilles à tricoter, et elles s'aimantent et conservent leur magnétisme avec leurs pôles.

3. Il suffit donc d'une pile pour se faire des aimants. Les barreaux d'acier que l'on veut aimanter sont introduits dans une petite bobine traversée par le courant de la pile. L'aimantation de l'acier augmente en faisant glisser la bobine, à plusieurs reprises, le long du barreau.

III. ÉLECTRO-AIMANT

352. CONSTRUCTION. — Un électro-aimant est une pièce de fer doux qui devient aimantée sous l'influence d'un courant. — Le clou qui nous a servi dans les expériences précédentes est le plus simple des électro-aimants. Les électro-aimants plus communément employés sont en fer à cheval. Les deux branches

du fer à cheval sont garnies d'une bobine de fil de
cuivre à spires isolées. Le même fil recouvre les deux

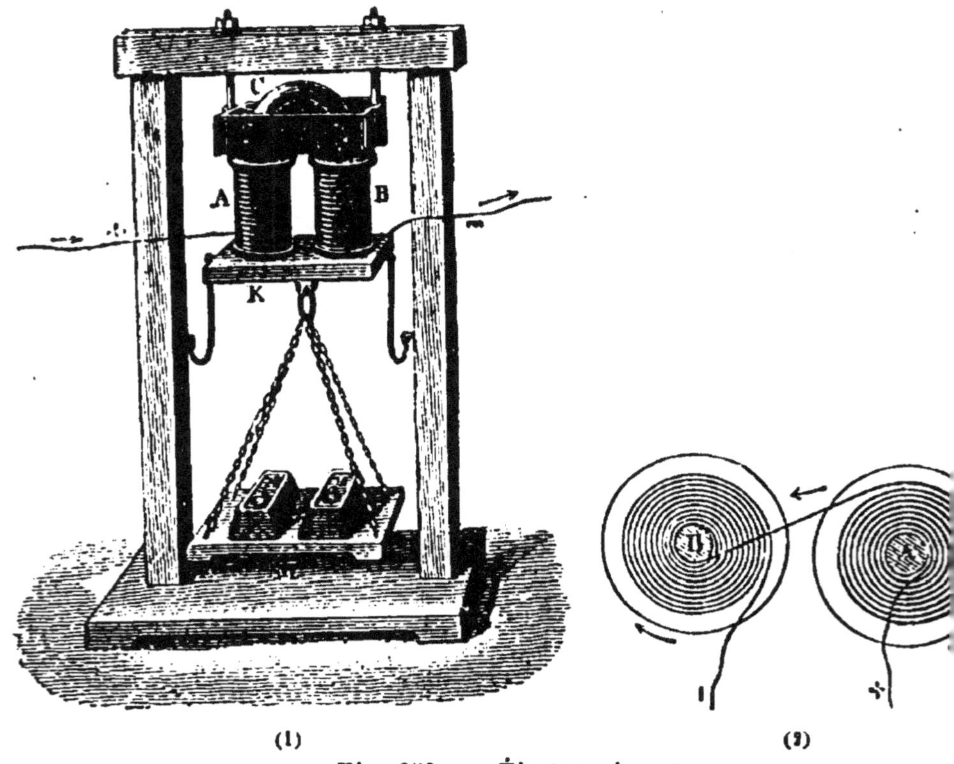

Fig. 252. — Électro-aimant.

1. Installation de l'appareil. — 2. Enroulement du fil de la bobine.

branches, l'enroulement se faisant dans le sens indiqué par la figure 252-2.

L'électro-aimant est souvent adapté à un support
qui permet d'essayer sa force d'attraction (fig. 251-1).

353. PROPRIÉTÉS DE L'ÉLECTRO-AIMANT. — 1. Le
magnétisme d'un électro-aimant est à la fois instantané et temporaire.

Il est *instantané*, car il se développe aussitôt que
les bouts de fils de ses bobines (+ et —) communiquent avec la pile.

Il est *temporaire*, car l'armature K de fer doux, qui s'était appliquée fortement contre les pôles de l'aimant, s'en sépare aussitôt que le courant est interrompu. Si le fer n'est pas parfaitement doux ou pur, l'arrachement n'est pas subit, et l'armature, pour tomber aussitôt, doit être séparée des pôles par une feuille de papier.

2. *Ce magnétisme est puissant.* — Un électro-aimant est toujours beaucoup plus puissant qu'un aimant d'acier du même poids. Cette puissance dépend des dimensions des noyaux de fer doux, du fil des bobines et de l'intensité du courant. Il est facile de soulever avec un électro-aimant le poids d'un homme. On observera enfin que la force d'un électro-aimant n'augmente pas avec le temps pendant lequel la pile a exercé son action.

3. Enfin le magnétisme se produit à *toute distance*. La pile peut être à Paris et l'électro-aimant à Marseille, l'armature sera attirée et rendue adhérente chaque fois que ces deux villes seront mises en communication par les fils métalliques.

IV. TÉLÉGRAPHE ÉLECTRIQUE

354. DÉFINITION. — Un *télégraphe* est un appareil qui permet de transmettre des signaux à distance. Jusqu'au commencement de ce siècle on ne connaissait, pour correspondre, que les signaux aériens. On voit encore au sommet de certaines tours élevées des pièces de bois articulées dont les positions variées, observées à distance, permettaient jadis d'établir des communications entre des postes éloignés. Ces télégraphes sont aujourd'hui abandonnés et immobiles [1].

---

[1] On connaît la boutade du chansonnier Nadaud :

Que fais-tu, mon vieux télégraphe,
Au sommet de ton haut clocher,
Sérieux comme... une épitaphe,
Immobile comme un rocher ?

Les télégraphes *électriques* utilisent, pour transmettre les signaux, les phénomènes magnétiques produits par des courants électriques.

355. Principe des télégraphes. — *Sonnette électrique.* — Une sonnette électrique, avec ses avertissements prolongés, représente le plus simple des modes de communication électrique.

Disposition. — Cette sonnette comprend un électro-

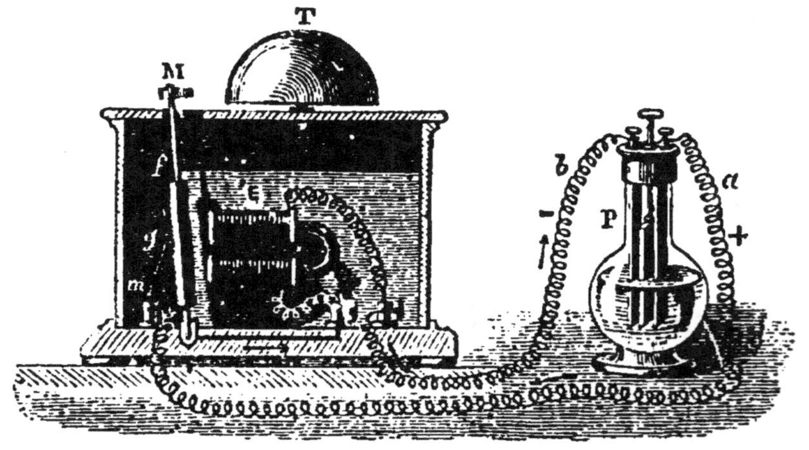

Fig. 253. — Sonnerie à trembleur.

aimant E, un timbre T et un marteau M qui frappe sur le timbre.

La tête de ce marteau est portée par une lame métallique élastique *f* qui appuie contre un ressort *g*, quand la sonnerie est silencieuse. Au milieu de cette tige est fixée une armature de fer doux qui peut être attirée contre les pôles d'un électro-aimant E.

Le courant de la pile, ici le courant d'une pile-bouteille, amené par le fil *a*, arrive à la borne *m*, se répand dans le ressort *g*, passe dans la tige *f* du marteau, et de là se rend, par une lame de cuivre, dans le fil qui entoure l'électro-aimant E, pour retourner à la pile par le fil *b*.

Fonctionnement. — Le courant, une fois établi, circule en suivant le chemin que nous venons de décrireet que des flèches rappellent sur la figure ; mais aussitôt l'électro-aimant en activité attire l'armature opposée, et la tête du marteau donne un signal en frappant sur le timbre T.

Ce mouvement du marteau n'a pu se produire sans interrompre le courant, puisque sa tige a cessé de toucher le ressort *g*, contre lequel elle s'appuyait. L'électro-aimant se désaimante à l'instant, le marteau retombe pour se relever aussitôt, puisque son contact avec le ressort vient de rétablir le courant. Ainsi, grâce aux propriétés magnétiques que le courant développe dans l'électro-aimant, on obtient dans un temps très court une série d'interruptions et de sons qui peuvent servir d'avertissements.

Communication avec la terre. — On peut avec avantage supprimer l'un des deux fils qui relient la pile à la sonnette. Si, par exemple, on coupe le fil qui va du pôle positif *a* à la borne *m*, il suffira, pour obtenir les mêmes signaux que précédemment, de faire communiquer chacun des deux bouts de fil avec la terre. Pour que la communication soit mieux établie, on attache ces deux portions de fil à un tuyau de conduite d'eau ou de gaz.

356. Principe des télégraphes de Morse. — Le télégraphe de l'Américain Morse (1837) est un des plus simples et, pour cette raison, un des plus employés. Son fonctionnement nous permettra de comprendre la disposition générale des télégraphes. Il y a dans tous les télégraphes : un *manipulateur* au poste expéditeur, et un *récepteur* pour recevoir une dépêche. Ces deux organes en supposent deux autres non moins essentiels : la *pile*, qui lance le courant, et les *fils de ligne* pour les communications.

Le manipulateur et le récepteur de Morse ont ce

caractère de simplicité, qu'ils comprennent l'un et
l'autre un levier dont deux extrémités sont reliées par
le fil de ligne. Les relations qui existent entre ces
deux organes se comprennent aisément, dès lors, si
l'on suppose deux leviers AC, A'C' reliés par un fil CC'

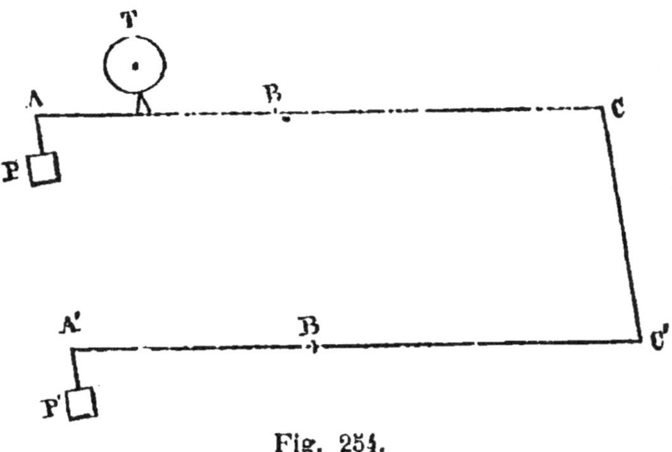

Fig. 254.

et chargés à leur extrémité libre d'un contre-poids P,P'.
On voit au premier examen que si, à l'aide de la
main, on fait remonter le contrepoids inférieur P',
l'autre montera pareillement, et aussi qu'ils descen-
dront l'un et l'autre en même temps. Le cordon CC'
représente le fil de ligne, et des deux leviers l'un est
le manipulateur, l'autre le récepteur. Une pointe
adaptée au levier récepteur permet d'inscrire les con-
tacts sur une roue T qui tourne. Ce diagramme des
télégraphes Morse est de MM. Michaut et Gillet.

**357. MANIPULATEUR DE MORSE. — Le manipula-
teur d'un télégraphe sert à l'expédition des signaux.

Disposition. — Le manipulateur de Morse est
formé d'un levier métallique en cuivre *ll'* et d'une
table que surmontent trois bornes métalliques dispo-
sées en ligne droite : *d*, A, *b*.

Une première borne *d* reçoit le fil de la pile P, une

deuxième reçoit le fil de ligne L; elle supporte en même temps l'axe autour duquel se fait le mouvement du levier, et qu'un ressort *f* tient relevé. La

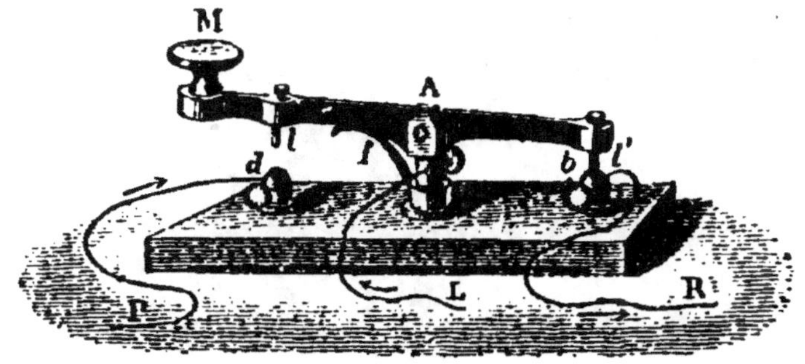

Fig. 255. — Manipulateur de Morse.

troisième borne *b* reçoit le fil qui se rend au récepteur R; quand le manipulateur est en repos, un de ses bras de levier repose sur la tête de cette troisième borne (fig. 255).

Emploi. — 1. Quand le manipulateur est au repos, comme l'indique la figure 255, le courant peut passer du fil de ligne L dans le bras de levier Al' pour se rendre au récepteur R par la borne *b*. Cette position du manipulateur permet donc de *recevoir une dépêche.*

2. Pour *envoyer une dépêche,* on appuie avec la main sur le bouton M qui termine le bras du levier MA; cette pression fait descendre le levier jusqu'au contact de la première borne *d*. Le courant de la pile se répand dès ce moment dans le fil de ligne sans pénétrer dans le récepteur du lieu, puisque l'autre bras de levier *l'* ne touche plus la troisième borne.

Ce courant continuera de passer dans le fil de ligne aussi longtemps que le bouton sera abaissé et maintenu au contact du fil de la pile *d*. Il est donc loisible à l'employé qui envoie la dépêche de faire passer, de prolonger ou d'interrompre le courant dans le fil de ligne, et par suite de régler à volonté son action. Nous allons voir comment, pour transmettre des signes de convention, on doit ménager ces temps d'*émission* du courant.

358. RÉCEPTEUR DU TÉLÉGRAPHE MORSE. — Le ré-

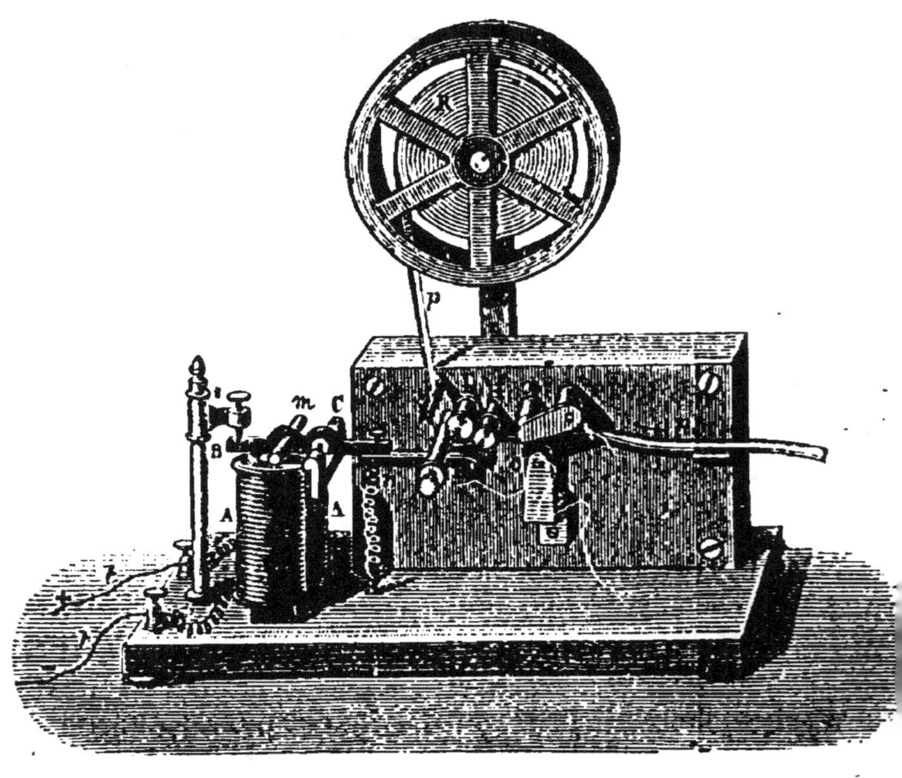

Fig. 256. — Récepteur de Morse.

AA, électro-aimant. — BB, levier. — C, son axe. — *m*, armature de fer doux. — *r*, ressort antagoniste. — *t*, pointe sèche. — R, rouleau de papier. — *pp*, bande de papier. — *n*, *o*, deux rouleaux formant laminoir. — H, roue à encrer. — L, tampon cylindrique.

cepteur est, dans un télégraphe, l'organe qui rend visibles les signaux envoyés par le manipulateur.

Disposition. — Le récepteur de Morse comprend un électro-aimant AA, un levier BB, et une bande de papier *pp* entraînée par un mouvement d'horlogerie.

L'*électro-aimant* AA est vertical : des deux extrémités du fil de cuivre qui le recouvre, l'une *t* communique avec la terre, l'autre *l* avec le fil de ligne.

Le *levier* est mobile autour d'un axe *c*, qui le divise en deux bras : l'un d'eux porte une armature en fer doux *m*; l'autre se termine par une pointe *i* en métal, ou mieux pa. une lame appelée *couteau*. A l'état de repos, un ressort à boudin *r*, appelé ressort de rappel ou antagoniste, sollicite ce dernier bras et empêche le contact de l'armature et de l'électro-aimant désarmé. D'ailleurs deux vis butoires, placées en dessous et au-dessus du bras B, limitent d'ordinaire ses oscillations.

La *bande de papier* est portée par un rouleau R. Son extrémité libre s'engage entre deux cylindres *n, o*, qui forment laminoir, tandis qu'une autre partie de sa longueur vient passer en dessous d'une molette H imprégnée d'encre bleue. Un mouvement d'horlogerie renfermé dans une caisse fait tourner un des deux cylindres du laminoir. Le papier serré entre ces deux surfaces en contact se déroule vers la droite, tandis que la molette se couvre d'encre en frottant contre un tampon cylindrique L chargé d'encre grasse.

359. FONCTIONNEMENT. — Une sonnerie à trembleur, installée sur le fil de ligne, annonce au bureau récepteur qu'une dépêche va être expédiée. On établit la communication entre le récepteur et le fil de ligne, en même temps qu'on laisse agir le mouvement d'horlogerie.

Deux mouvements importants se produisent ensemble. L'un est un mouvement oscillatoire du levier. Son armature s'applique contre l'électro-aimant chaque fois que le courant passe, et son couteau *i* se soulève aussitôt contre la bande de papier.

Pendant ce temps, cette bande de papier est entraînée de gauche à droite par le frottement des cy-

lindres du laminoir. Au point où elle est serrée entre
la molette à encre et le couteau, elle est marquée d'un

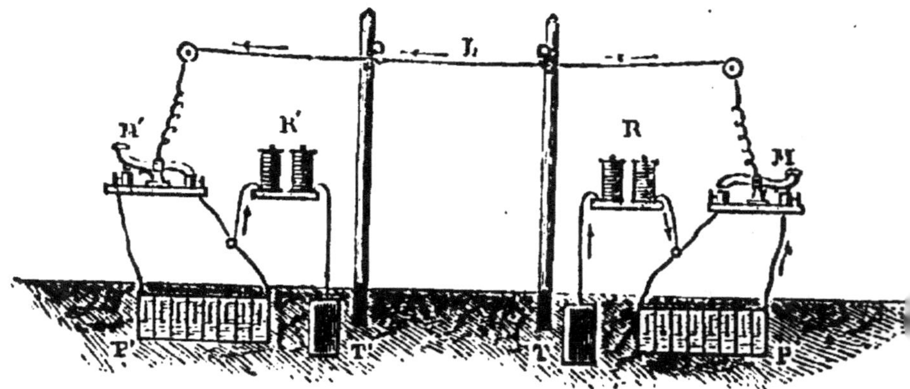

Fig. 257. — Installation des postes télégraphiques.

P, P', piles de chacun des deux postes. — T, T', communications
avec le sol. — M, M', manipulateurs. — R, R', récepteurs. —
L, fil de ligne. — Le poste M envoie une dépêche reçue au bureau M'.

trait qui se prolonge tant que dure le contact de l'armature et de l'électro-aimant. A chaque interruption
du courant on observe, par suite, un nouveau soulève-
ment de l'armature et un nouvel intervalle entre les
traits bleus marqués sur le papier.

Alphabet. — Le télégraphe de Morse emploie deux
signes rectilignes : le *trait* et le *point,* qui est trois
fois moins étendu que le trait. La combinaison de ces
deux éléments permet de représenter tous les chiffres
et toutes les lettres de l'alphabet. Les mots sont séparés par des intervalles plus grands que les signes qui
forment les lettres [1].

[1] *Un projet de télégraphie au XVIIIe siècle.* — Certains télégraphes
utilisés dans les chemins de fer comprennent une aiguille se déplaçant vis-à-vis des lettres tracées sur le cadran d'une horloge. Un
mouvement d'horlogerie détermine les mouvements de l'aiguille,
le courant électrique les règle, la sonnerie d'un timbre les annonce. Il est curieux de constater quel pressentiment un homme

V. INDUCTION MAGNÉTIQUE

360. L'électro-aimant, dont nous venons d'étudier les propriétés et les principales applications, va nous permettre d'indiquer les principes d'une nouvelle source d'électricité découverte par Faraday. Il peut produire, en effet, des courants d'*induction*, dont le peu de durée et l'énergie ne sont comparables qu'aux effets des machines électriques ordinaires.

361. EXTRA-COURANT. — L'extra-courant se produit dans une bobine au moment de l'établissement ou de la rupture du courant de la pile.

Expériences. — 1. Un des pôles d'une pile P est relié à l'un des bouts de fil d'un électro-aimant E; l'autre pôle plonge dans un verre à pied ou dans un godet I contenant un peu de mercure, et la seconde extrémité du fil de l'électro-aimant est tenue à la main.

d'esprit du xviii⁰ siècle, l'abbé Barthélemy, avait de ces ingénieux appareils. Voici ce qu'il écrivait à Mᵐᵉ du Deffant (1732) :

« Avec deux pendules, dont les aiguilles sont également aimantées, il suffit de mouvoir une de ces aiguilles pour que l'autre prenne la même direction : de manière qu'en faisant sonner midi à l'une, l'autre sonnera la même heure (concordance d'ailleurs aussi hypothétique qu'irréalisable; mais poursuivons la citation). Supposons que l'on puisse perfectionner les *aimants artificiels* au point que leur vertu puisse se communiquer d'ici à Paris. Vous aurez une de ces pendules, nous en aurons une aussi : au lieu des heures nous trouverons sur le cadran les lettres de l'alphabet. Tous les jours, à certaines heures, nous tournerons l'aiguille; votre secrétaire assemblera les lettres et lira : Bonjour, chère petite fille... Ce sera la grand'maman qui aura tourné. — Vous sentez qu'on peut faciliter encore l'opération, que le premier mouvement de l'aiguille peut faire mouvoir un *timbre* qui m'avertira que l'oracle va parler. Cette idée me plaît infiniment. On la corromprait bientôt en l'appliquant à la politique, mais elle serait bien agréable dans le commerce de l'amitié. » Ainsi un homme d'esprit imaginait, près d'un siècle avant l'invention du télégraphe, tous les organes d'un service télégraphique. Ce que l'abbé Barthélemy avait rêvé en 1732, Ampère devait le premier le réaliser en 1820.

On fait plonger ce fil dans le mercure, le courant s'établit, aucun effet remarquable ne s'observe; on

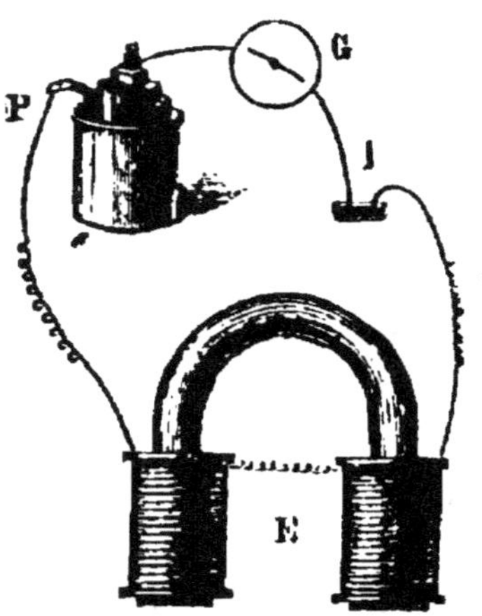

Fig. 258.

Production d'extra-courants.

retire ce fil, une étincelle brillante et bruyante se produit. Cette étincelle de rupture est un phénomène important à observer, car le courant seul de la pile ne donne jamais d'étincelle; notre extra-courant produit, au contraire, de l'électricité de tension plus élevée et détermine l'étincelle.

2. Un tube de Geissler, contenant un gaz raréfié, est introduit en G, par exemple, dans le circuit de la pile et de l'électro-aimant; une rupture de courant est provoquée, aussitôt une lueur apparaît dans le tube observé dans l'obscurité. L'extra-courant que nous venons de constater suffit à illuminer ce tube à gaz.

3. Faisons dans entrer le courant le corps humain, en faisant tenir dans chaque main une poignée M, M' qui reçoit le courant (fig. 259), puis provoquons des fermetures ou ruptures de courants fort rapprochées en soulevant ou abaissant le fil en *b*. A chaque fois une secousse ébranlera les mains de celui qui tient les deux poignées. Ces commotions deviendront plus rapides et plus douloureuses en faisant passer un des bouts de fil sur une lime reliée à l'autre bout. L'interruption devient plus régulière et plus rapide en intercalant dans le courant une sonnerie électrique (fig. 253) agissant comme interrupteur.

4. On pourrait encore introduire le galvanomètre G (fig. 258) dans le circuit, et l'on verrait que son aiguille prendrait des déviations opposées, selon que le courant serait ouvert ou fermé. Ces déviations

subites et temporaires ne s'observent d'ailleurs qu'au
moment précis où le courant est ouvert ou fermé;

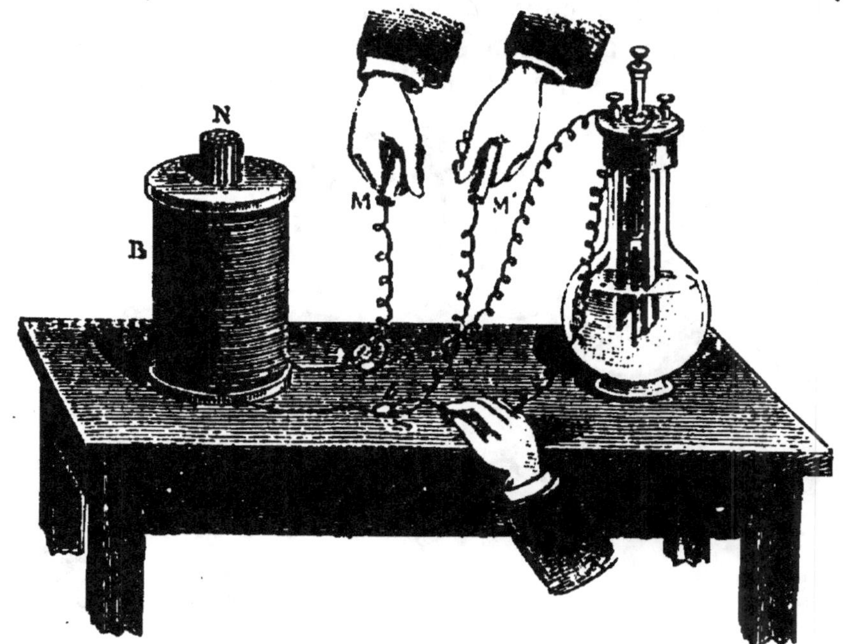

Fig. 259. — Effets physiologiques des extra-courants.

et, par ce caractère, elles diffèrent essentiellement
de celles que produit le courant de la pile.

362. INDUCTION MAGNÉTIQUE. — Un courant traversant une bobine peut déterminer la production d'un
courant dans une bobine voisine, séparée, isolée et
à l'état neutre. Ce courant nouveau, uniquement dû
à l'influence, s'appelle en général courant induit; et,
dans les conditions de notre expérience, c'est un courant d'induction magnétique.

Expériences. — 1. Les deux bouts de fil d'une
des bobines d'un électro-aimant E communiquent avec
une pile P, les deux extrémités du fil de la seconde
bobine sont reliées au galvanomètre. Aucun phénomène particulier ne se produit tant que le courant circule librement dans la première bobine. Mais il suffit

de rompre ce courant pour voir l'aiguille du galvanomètre violemment déviée dans un sens; la déviation
prend une direction contraire, comme si le courant
reculait au moment où l'on rétablit ensuite le cou-

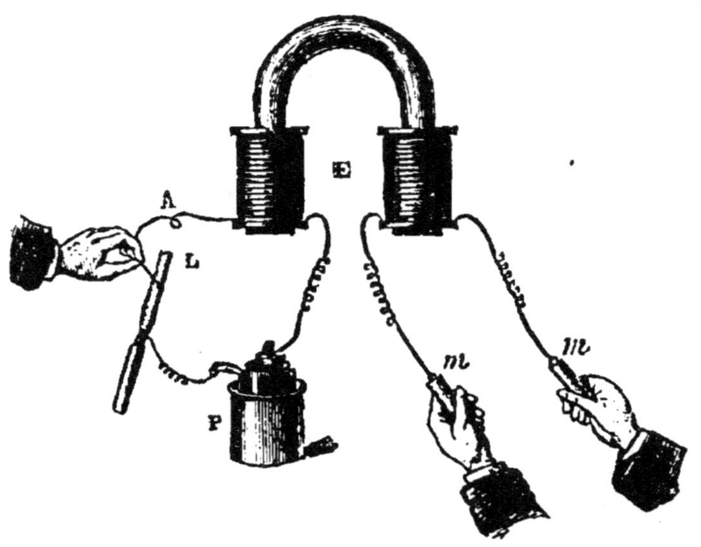

Fig. 260. — Commotions dues aux courants d'induction.

rant. Aucun *changement* ne peut se produire dans le
courant principal de la pile sans qu'il y ait aussitôt
un contre-coup et comme une image réfléchie dans le
circuit voisin, neutre et inactif jusque-là. A distance
un courant s'y produit, et ce courant se révèle par
les effets ordinaires.

2. Les mains qui saisissent les extrémités *m, m* du
fil induit (fig. 260) ressentent une excitation nerveuse à
chaque rupture ou à chaque fermeture du courant de la
pile déterminées en faisant passer le fil A sur la lime L.

Il existe des machines puissantes d'électricité qui
ne doivent leur courant qu'aux phénomènes d'induction dont nous venons d'indiquer le principe : ce sont
les machines magnéto-électriques.

CONCLUSION

363. Comme conclusion à ce livre de l'électricité, nous donnerons le caractère des trois sources d'électricité qu'utilisent la science et l'industrie tel que le décrit Dumas dans l'*Éloge de Faraday :* « Celle qui se développe dans les anciennes machines à plateau de verre ; celle qui provient de la pile de Volta ; celle que produisent les machines fondées sur l'induction.

« Les anciennes machines fournissent une électricité peu abondante ; mais le ressort en est tellement tendu, qu'au moment où elle abandonne les corps qui la supportent pour se précipiter dans le sein de la terre, elle brise tout ce qui s'oppose à son passage.

« La pile de Volta fournit une électricité abondante ; mais le ressort en est si faible, qu'elle agit sur les autres corps comme en passant d'une molécule à l'autre. Elle franchit difficilement de grandes distances à travers l'air.

« L'électricité des machines de verre et celle des nuées agissent par leur tension, celle de la pile par sa quantité.

« Il appartenait à Faraday de découvrir la troisième espèce d'électricité, celle dans laquelle les qualités des deux précédentes se trouvent réunies : car, comme la première, elle lance de longues et foudroyantes étincelles ; comme la seconde, elle pénètre dans l'intérieur des corps pour les échauffer, les fondre, les décomposer. »

Ampère avait donné l'explication des trois modes différents du fluide électrique. « L'ancienne électricité des machines de verre était un fluide en repos : c'était l'électricité *statique*. L'électricité de la pile de Volta était ce même fluide en mouvement, dans le sens de l'axe des conducteurs : c'était l'électricité *dynamique*. Dans l'aimant, ce même fluide tournait autour des molécules du fer ou de l'acier dans un plan perpendiculaire à l'axe qui en réunit les deux pôles : c'était le *magnétisme*. L'eau qui mouille la surface d'un corps solide nous représentait l'électricité statique; l'eau qui marche dans les tuyaux de conduite, l'électricité dynamique; l'eau qui parcourt les circuits d'une vis d'Archimède, le magnétisme [1]. »

QUESTIONS

1. Lorsqu'on présente la paume de la main à une aiguille aimantée, montrer que le courant électrique qui sort par les doigts dirige toujours l'aiguille du côté du pouce. (348)

2. Pourquoi y a-t-il avantage à détruire l'action du magnétisme terrestre sur l'aiguille aimantée soumise à l'action d'un courant? (349)

3. Comment un tube de Geissler peut-il servir à reconnaître la présence et la direction d'un courant? (361)

4. Comment avec le courant d'une pile distinguer le fer de l'acier? (351)

5. A quoi sert le mouvement d'horlogerie dans un télégraphe Morse? (358)

6. Dans quelles conditions le courant d'une pile donne-t-il des étincelles et des commotions? (361-3,362-2)

7. Pourquoi intercaler un parafoudre dans le fil de ligne d'un télégraphe? Pourquoi le placer avant le manipulateur? (319-357)

8. Les dépêches arrivent-elles encore au bureau récepteur, lorsque les fils de ligne sont accidentellement reliés entre eux par des cordes ou par des fils métalliques?

9. Que manquait-il au rêve de l'abbé Barthélemy (p. 404) pour devenir une réalité?

[1] J.-B. Dumas, *Éloge d'A. de la Rive.*

FIN

TABLE DES MATIÈRES

LIVRE III

CHALEUR

LIVRE IV

LUMIÈRE

LIVRE V

ÉLECTRICITÉ ET MAGNÉTISME

TABLE ALPHABÉTIQUE

(Les chiffres de cette table renvoient aux numéros des paragraphes.)

18010. — Tours, impr. Mame.

ALLIANCE DES MAISONS D'ÉDUCATION CHRÉTIENNE

Instruction religieuse (Cours d') à l'usage des maisons d'éducation, par M. l'abbé Cauly. Ouvrage honoré d'un bref de Sa Sainteté Léon XIII et approuvé par Son Éminence le cardinal Langénieux, archevêque de Reims. 4 vol. in-12.

Le Catéchisme expliqué. (Dogme, Morale, Sacrements, Culte.) 2e édition 3 75

Histoire de la religion et de l'église.

Recherche de la vraie religion. — Religion en général, Religion révélée, Judaïsme, Christianisme, Église catholique. 2e édition. . . . . 3 »

Apologétique chrétienne. — Les mystères en face de la raison, Accord des sciences et de la foi, Quest. historiques. 3 »

Grammaire française de Lhomond, revue et *complétée* par M. l'abbé A.-F. Maunoury, et suivie d'un traité d'analyse grammaticale et logique . . . . 1 »

Exercices gradués sur la grammaire française, par M. l'abbé A.-F. Maunoury. 1 25

Cahiers de conjugaisons françaises. Petit in-4o. . . » 15

— *Le cent.* . . . . 10 »

Analyse logique (Méthode élémentaire d'), par le P. A. Le Monnier. . . . . » 40

Dictionnaire des verbes irréguliers, défectifs et difficiles de la langue française, où sont résolues toutes les difficultés concernant la conjugaison, par M. l'abbé Noirot. . . . . 2 »

La Fontaine. — Fables, suivies d'un choix de Fables tirées des meilleurs fabulistes français. Édition classique, précédée de notices biographiques et littéraires et accompagnée de notes et remarques historiques, philologiques, littéraires et morales, par M. l'abbé O. Meurisse. 1 60

Recueil de poésies, par M. l'abbé E. Joleaud 1 25

Arithmétique élémentaire, par M. l'abbé Sinot . . . 2 »

Exercices gradués (Recueil d') et de problèmes variés sur toutes les parties de l'arithmétique; suivis de 500 problèmes donnés à divers examens, par M. l'abbé Germain. . . . . 2 »

Chimie (Notions élémentaires de) pour le premier enseignement de cette science (programme du brevet élémentaire), avec 110 figures intercalées dans le texte, par M. l'abbé Loridan. In-16. (*Sous presse.*)

Histoire naturelle (Éléments d'), avec de nombreuses figures dans le texte, par M. l'abbé E. C.

Zoologie. Première partie (Anatomie et Physiologie) . . 3 »

Zoologie. Deuxième partie (Classification et Description). 2 50

Botanique 2 50

Botanique (Cours élémentaire de), par les Religieuses Ursulines de Blois.

Tableaux d'histoire naturelle, par M. l'abbé A. Tholin. In-4o 2 50

Atlas de cartes écrites, (17) 21 cartes . . . . . . 4 »

Atlas de cartes muettes, (17) 21 cartes avec 87 devoirs cartographiques . . . . » 90

18231. — Tours, impr. Mame.